UI设计从业必读

网页+App UI配色设计教程

张晓景　编著

電子工業出版社
Publishing House of Electronics Industry
北京•BEIJING

内容简介

任何UI设计都离不开色彩，良好的配色是UI设计成功的基础。每一种色彩都有不同的属性和意象，掌握一定的配色方法和技巧，能够使我们在UI设计过程中更加精准地使用色彩。色彩给人的第一印象往往非常重要，成功的配色能够将UI设计所包含的信息快速准确地传递给受众群体。反之，如果配色不合理，则会使UI设计的表现效果大打折扣，甚至令人反感。

本书从研究色彩的构成开始，图文并茂、循序渐进地讲解色彩的原理、配色方法和技巧，通过对色彩理论、UI配色基础、UI配色基本方法、UI配色技巧、网站UI配色和移动端UI配色进行深入的讲解，同时结合相关案例的配色分析，全面提升读者的UI配色设计水平，能够真正达到学以致用的目的。

本书适合学习UI设计的初中级读者阅读，也可以作为设计人员在实际配色工作中的理想参考用书。

图书在版编目（CIP）数据

网页+App UI配色设计教程 / 张晓景编著. —北京：电子工业出版社，2021.6

（UI设计从业必读）

ISBN 978-7-121-41115-1

Ⅰ.①网… Ⅱ.①张… Ⅲ.①网页－制作－配色－设计－教材 Ⅳ.① TP393.092.2

中国版本图书馆CIP数据核字（2021）第081808号

责任编辑：陈晓婕　　特约编辑：田学清

印　　刷：中国电影出版社印刷厂

装　　订：中国电影出版社印刷厂

出版发行：电子工业出版社

北京市海淀区万寿路173信箱　　邮编：100036

开　　本：787×1092　1/16　印张：16.25　字数：468千字

版　　次：2021年6月第1版

印　　次：2021年6月第1次印刷

定　　价：89.80元

凡所购买电子工业出版社图书有缺损问题，请向购买书店调换。若书店售缺，请与本社发行部联系，联系及邮购电话：（010）88254888，88258888。

质量投诉请发邮件至zlts@phei.com.cn，盗版侵权举报请发邮件至dbqq@phei.com.cn。

本书咨询联系方式：（010）88254161～88254167转1897。

PREFACE 前言

人们在回忆所看到过的场景或事物时，对色彩的记忆要高于形态。也就是说，从视觉角度来看，一款产品给用户留下最深印象的往往是配色。对于设计师而言，色彩是伟大的工具，配色是每个设计师的必修课。无论是UI设计师、网页设计师，还是平面设计师和插画设计师，配色是设计中绕不开的环节。

本书力求跟随当前UI配色设计的潮流趋势，精选国内外的优秀UI设计作品作为本书的案例进行解析，提供最具吸引力的UI配色设计方案，帮助读者设计出更加出色的UI设计作品。

本书内容安排

配色是UI设计的重要基础，本书分为6章，采用基础知识与实际案例分析相结合的方式，由浅入深地对UI配色设计知识进行深入讲解，帮助读者在了解配色原理的同时将这些原理合理运用于实际的UI设计中，帮助读者完成从基本概念的理解到操作技巧的掌握。

第1章　色彩理论。本章将向读者介绍有关色彩的相关理论知识，使读者对色彩属性、色彩模式、配色的基础规律、色彩的视觉感受等有更深入的理解。

第2章　UI配色基础。本章将向读者介绍有关UI配色设计的相关基础知识，包括UI配色的基本步骤、影响UI配色的因素和感知色彩等内容，使读者认识UI配色设计。

第3章　UI配色基本方法。本章将向读者介绍有关UI配色的基本方法，包括色相配色、色调配色、融合配色、对比配色、文字配色和图标配色等方法。

第4章　UI配色技巧。本章将向读者介绍一些UI配色技巧，包括给你的配色做减法、突出界面主题的配色技巧、黑白灰配色技巧等内容，希望能够帮助读者少走弯路，快速提高UI配色水平。

第5章　网站UI配色。一个网站设计得成功与否，在某种程度上取决于设计师对色彩的运用和搭配。本章主要向读者介绍网站UI的配色方法与技巧，使读者能够更深入地理解针对网站UI的配色方法。

第6章　移动端UI配色。本章主要向读者介绍了移动端UI设计中的配色，包括移动端UI设计概述、移动端UI配色需要注意的问题、移动端UI配色的基本流程、使用HSB色彩模式进行配色、移动端UI设计常用配色方法、移动端UI配色技巧等内容，使读者能够深入理解并掌握移动端UI设计的配色方法和技巧。

本书特点

本书通俗易懂、内容丰富、版式新颖、实用性很强，涵盖了设计领域配色的多个方面，通过学习色彩的基础原理，感受色相变化带来的配色技巧变化，以此学习如何最大限度地活用色彩本身拥有的意义和信息，将最具感染力和最有效的配色方案应用到设计中去。

本书适合正准备学习或者正在学习配色设计的初中级读者阅读。本书充分考虑到初学者可能遇到的困难，讲解全面深入，结构安排循序渐进，使读者在掌握了知识要点后能够有效总结，并通过案例分析巩固所学知识，提高学习效率。

编　者

读者服务

读者在阅读本书的过程中如果遇到问题，可以关注“有艺”公众号，通过公众号中的“读者反馈”功能与我们取得联系。此外，通过关注“有艺”公众号，您还可以获取艺术教程、艺术素材、新书资讯、书单推荐、优惠活动等相关信息。

扫一扫关注“有艺”

投稿、团购合作：请发邮件至 art@phei.com.cn。

CONTENTS 目录

第4章 UI配色技巧

第5章 网站UI配色

第1章 色彩理论

色彩是丰富多彩、五彩斑斓的，它带给人们的吸引力是无限的。要掌握和运用好色彩，必须先理解色彩的基本要素。色彩往往是我们对设计作品的第一印象，所以想要设计出令人印象深刻的作品，就必须对色彩有深刻的了解。本章将向读者介绍有关色彩的相关理论知识，使读者对色彩属性、色彩模式、色调等有更深入的理解。

1.1 什么是色彩

色彩作为一种最普遍的审美形式，存在于人们日常生活的各个方面，人们的衣、食、住、行都与色彩有着密切的关系。色彩带给人们的魅力是无限的，色彩使宇宙万物都充满情感，生机勃勃。色彩是人们感知事物的第一要素，色彩的运用对于艺术设计来说起着决定性的作用。

1.1.1 认识色彩

在我们的日常生活中充满着各种各样的色彩，无论是平常看到的景象还是碰触的东西全都具有色彩，既有难以察觉的，也有鲜艳耀眼的。这些色彩都来源于光的存在，没有光就没有色彩，这是人类依据视觉经验得出的一个最基本的理论，光是人类感知色彩存在的必要条件。

色彩的产生是由于物体都能有选择地吸收、反射或折射色光。光线照射到物体之后，一部分光线被物体表面所吸收，另一部分光线被反射，还有一部分光线穿过物体被透射出来。也就是说物体表现了什么颜色就是反射了什么颜色的光。色彩也就是在可见光的作用下产生的视觉现象。

我们日常所见到的白光，实际上是由红、绿、蓝三种波长的光组成的，物体经过光源照射，吸收和反射红、绿、蓝三种不同波长的光，经由人的眼睛传达到大脑形成了所看到的各种颜色。也就是说，物体的颜色就是它们反射的光的颜色。

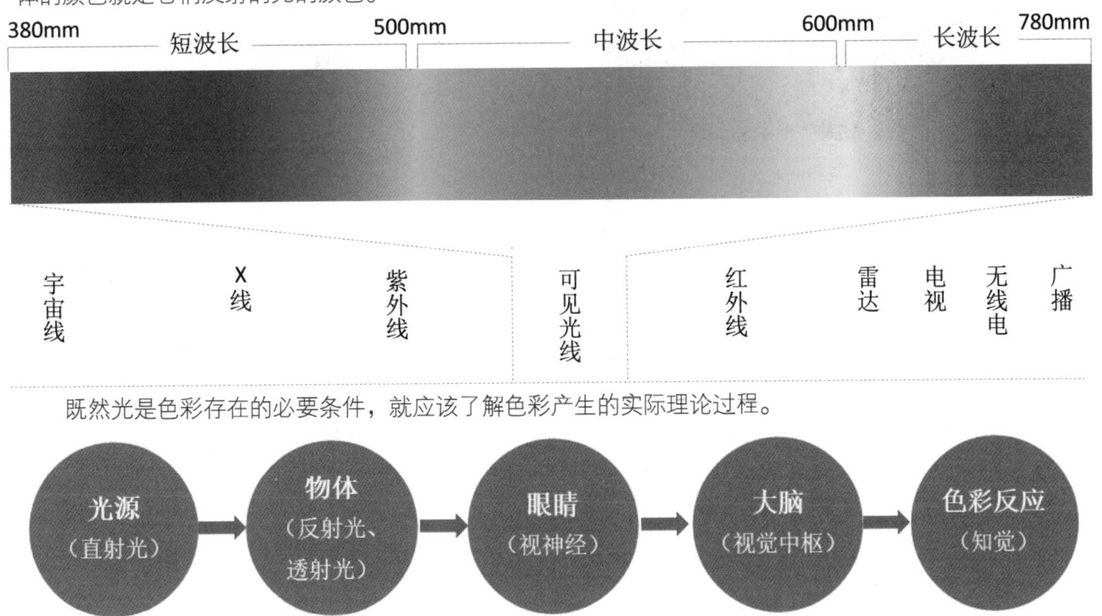

既然光是色彩存在的必要条件，就应该了解色彩产生的实际理论过程。

色彩作为视觉信息，无时无刻不在影响着人们的正常生活。美妙的自然色彩，刺激和感染着人们的视觉和心理情感，提供给人们丰富的视觉空间。

1.1.2 色光三原色与色料三原色

英国物理学家牛顿曾经揭开了色彩的奥秘，并提出了“物体色彩是光”的概念。没有光也就没有色彩，归根结底需要借助于光，人们才能观察到万物的外观和颜色，从而获得对客观世界的认识。

1. 色光三原色

早在17世纪初，英国科学家汤麦斯·杨就根据人眼的视觉生理特性提出了新的三原色理论，他认为色光的三原色并非是红、黄、蓝，而是红、绿、紫。在此之后，人们就根据汤麦斯·杨的观点得出结论，色光与颜料的原色及其混合规律是有区别的两个系统。

色光三原色是由朱红光、翠绿光、蓝紫光组成的，这三种色光不能用其他的色光相混而成，却可以互混出其他任何色光。

2. 色料三原色

在水粉色中，三原色是由大红（品红）、柠檬黄、湖蓝三种颜色组成的。在色料三原色中，两种颜色相混得到的是间色；三种颜色按一定比例相混所得到的颜色是复色。

在设计中，复色占有比例最大，这是因为复色的色彩既丰富又含蓄，并具有很强的稳定性，符合人们对色彩的多重需要。从严格意义上讲，复色也包括原色与黑、白、灰相混合所得到的各种灰色。

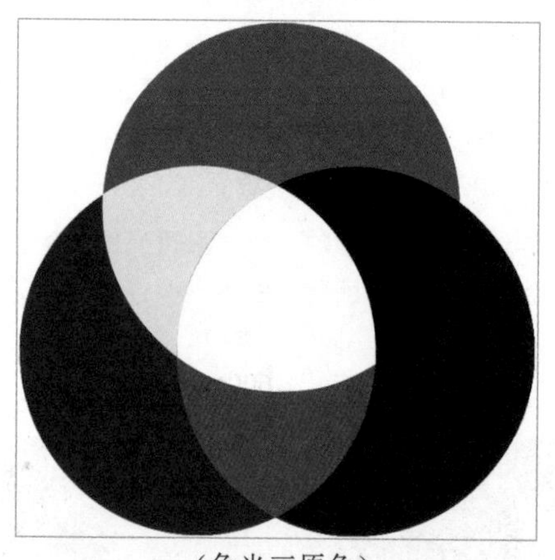

（色光三原色）

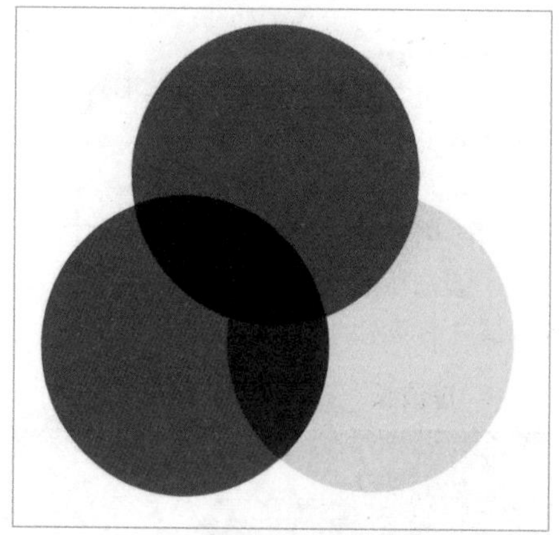

（色料三原色）

1.1.3 光源色与物体色

凡是自身能够发光的物体都被称为光源，物体色与照射物体的光源色、物体的物理特性有关。

1. 光源色

自然光和太阳光都是光源，它们都能够通过自身发出光亮，但随着人类文明的发展，人造光也成了主要的光源，如灯光、蜡烛光等。

不同的光源发出的光，由于光波的长短、强弱、光源性质的不同，而形成了不同的色光， 被称为光源色。同一物体在不同的光源下将呈现出不同的色彩。例如，一面白色的背景墙，在红光的照射下，背景墙呈现出红色；在绿光的照射下，背景墙呈现出绿色。

（原图效果）

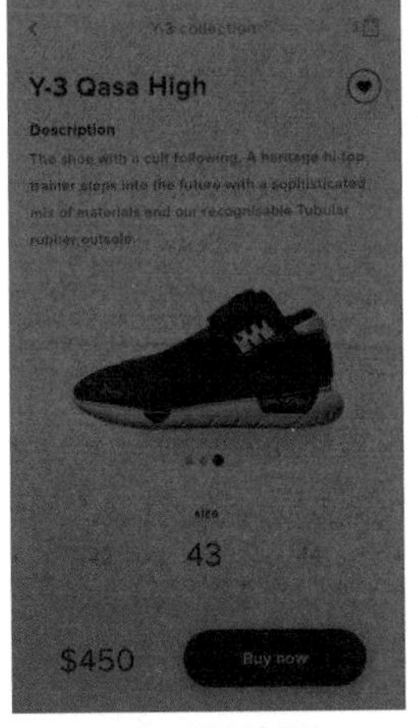

（红光照射效果）

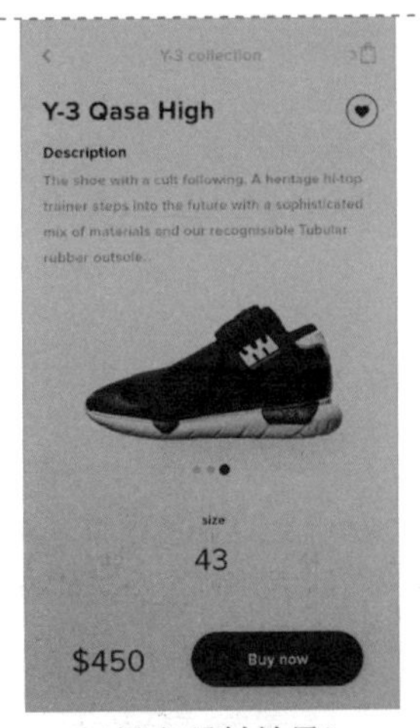

（绿光照射效果）

人们日常所看到的图像色彩都是受到了光源照射的影响。例如，移动电商App界面使用白色到浅灰色作为界面背景，搭配黑色的产品和文字，整体表现清晰、简洁。如果在红光的照射下，则整个界面呈现出红色调；如果在绿光的照射下，则整个界面呈现出绿色调，这就说明图像所表现的色彩受到了所照射光源的影响。

2．物体色

物体色的原理是指其自身没有发光能力，而是对经过其自身的光源进行吸收或反射，反映到视觉中心的光色感觉。例如，建筑物的颜色、动植物的颜色、服饰和产品的颜色等。而具有透明性质的物体所呈现的颜色是由自身所透过的色光决定的。

不透明材质的色彩由其所反射的色光决定，越靠近光源则受其光源色的影响越大。

蓝天、白云、蓝色的大海、绿色的树林，这些都是自然光经过反射和吸收后所表现出来的色彩。在该旅行App界面设计中，充分运用精美的高清晰风景图片来吸引浏览者的关注，大自然的色彩能够给人们带来一种真实和身临其境的感觉。

透明材质的颜色由其所透过的色光所决定。

在许多App界面设计中，常常会使用风景图片或与App主题相关的图片作为界面背景，突出界面的视觉表现效果，而界面中的一些元素常常采用半透明的颜色处理，这样既不会破坏背景图片的表现效果，又能够有效突出界面中的选项。合理地使用半透明效果会瞬间提升设计作品的档次。

物体可以分为不透明体和透明体两类，不透明体所呈现的色彩是由它反射的色光决定的，而透明体所呈现的色彩是由它所能透过的色光决定的。

自然界中的一切物体都有其固有的物理属性，对照射的日光都有固定的选择吸收特性，也就具有固定的反射率和透射率。因此人们在标准日光下看到的物体颜色是稳定的，如红色的草莓、绿色的草地、紫色的葡萄等。

大自然中的各种物体保持其原本的物体色，从而表现出产品绿色、健康的品质。

这是某天然食品的宣传网站设计，为了表现食品的纯天然与健康，在页面中使用了多种大自然中的树木、水果、蔬菜、藤蔓等素材图像进行合成处理，这些图像都是大自然中固有的色彩，通过固有的色彩表现出产品纯天然、健康的品质。

1.2 色彩属性

世界上的色彩千差万别，几乎没有完全相同的色彩，但只要有色彩的存在，每一种色彩就会同时具有三个基本属性：色相、明度和饱和度。它们在色彩学上被称为色彩的三大要素或色彩的三个属性。

1.2.1 色相表现出不同的色彩意象

色相是指色彩的相貌，是一种颜色区别于另外一种颜色的最大特征。色相体现着色彩外向的性格，是色彩的灵魂。各种色相是由射入人眼的光线的光谱成分决定的。

在可见光谱中，红、橙、黄、绿、蓝、紫每一种色相都有自己的波长与频率，它们从短到长按顺序排列，就像音乐中的音阶顺序，有序而和谐，光谱中的色相反射着色彩的原始光， 它们构成了色彩体系中的基本色相。

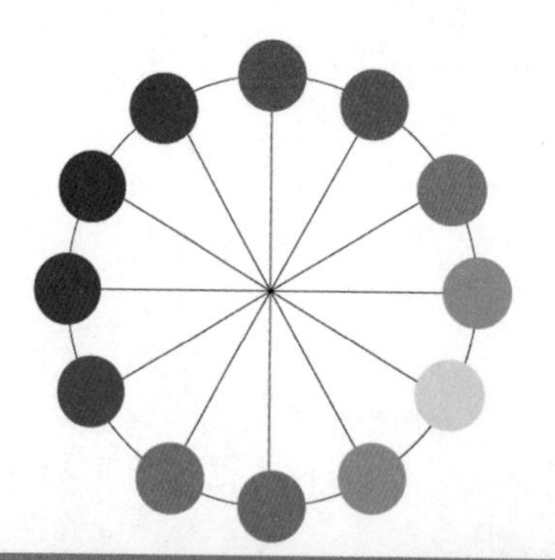

色相可以按照光谱的顺序划分为：红、红橙、黄橙、黄、黄绿、绿、绿蓝、蓝绿、蓝、蓝紫、紫、红紫12个基本色相。

12 色相的色调变化，在光谱色感上是均匀的。如果想要进一步找出其中间色，则可以得到 24 色相。基本色相之间取中间色，即得到 12 色相环，再进一步便可以得到 24 色相环。在色相环的圆圈里，各色相按照不同色度排列，12 色相环每一色相间距为 30°，24 色相环每一色相间距为 15°。

1.2.2 明度体现出色彩的明暗程度

明度是眼睛对光源和物体表面的明暗程度的感觉，主要是由光线强弱决定的一种视觉经验。

在无彩色中，明度最高的色彩是白色，明度最低的色彩是黑色。在有彩色中，任何一种色相都包含明度特征。不同色相的明度也不同，黄色为明度最高的有彩色，紫色为明度最低的有彩色。任何一种颜色加入白色，都会提高明度，白色成分越多，明度也就越高；任何一种颜色加入黑色，都会降低明度，黑色成分越多，明度也就越低。

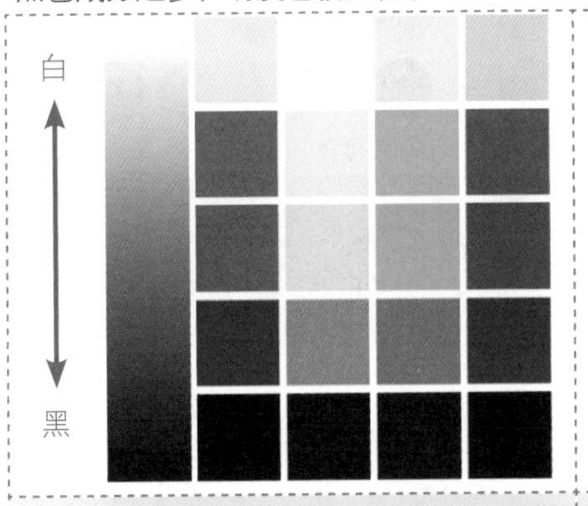

色彩的明度变化，越往上的色彩明度越高，越往下的色彩明度越低。

在该网站的页面设计中，使用不同明度的紫色搭配作为页面的主色调，这种明度差异大的色彩进行搭配，能够有效提高主题对象的清晰度，有强烈的力度感和视觉冲击力。

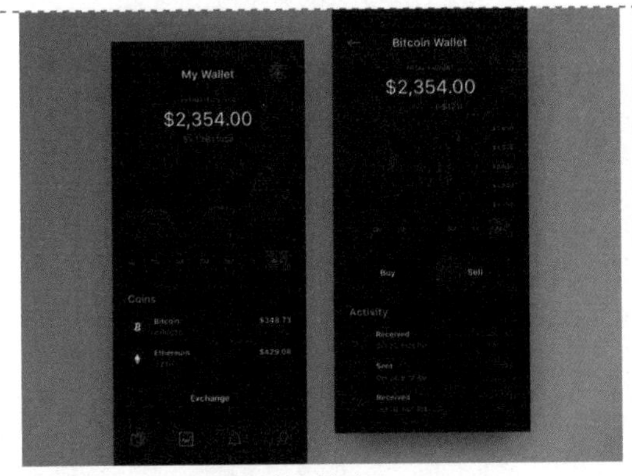

（明度差异较小）

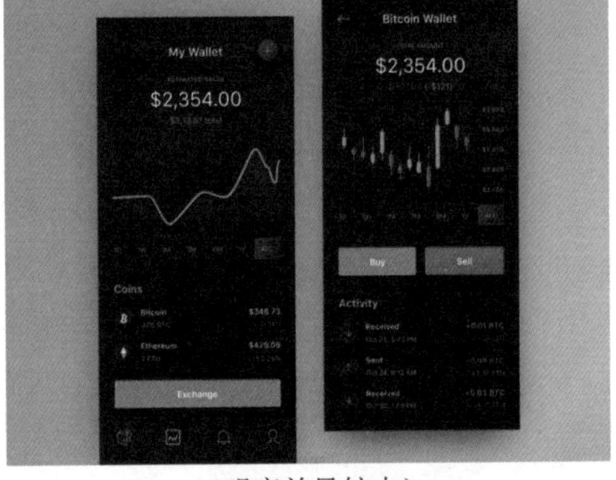

（明度差异较大）

在UI设计过程中，可以通过调整色彩的明度差异，从而使界面中的重要信息与功能操作按钮凸显出来，这样也能够有效增强界面的视觉层次感。

明度是全部色彩都有的属性，明度关系可以说是色彩搭配的基础。在设计中，色彩的明度最适合用来表现物体的立体感和空间感。

1.2.3 饱和度决定了色彩的鲜艳程度

饱和度是指色彩的强度或纯净程度，也称为彩度、纯度、艳度或色度。对色彩的饱和度进行调整，也就是调整图像的彩度。饱和度表示色相中灰色分量所占的比例，它使用0%（灰色）~ 100%的百分比来度量，当饱和度降低为0%时，就会变成一个灰色图像，提高饱和度会增加其彩度。在标准色相环上，饱和度从中心到边缘递增。

同一个色相的颜色，没有掺杂白色或黑色则被称为纯色。在纯色中加入不同明度的无彩色，会出现不同的饱和度。以红色为例，在纯红色中加入一点白色，饱和度下降，而明度提升，变为淡红色。继续增加白色的分量，颜色会越来越淡，变为淡粉色；如果加入黑色，则相应的饱和度和明度同时下降；如果加入灰色，则会失去光泽。

（饱和度阶段图）　　（饱和度的变化）

提示

饱和度受到屏幕亮度和对比度的双重影响，一般亮度、对比度高的屏幕可以得到很好的色彩饱和度。

在该移动端游戏App界面设计中，如果降低界面色彩的饱和度，虽然界面中的信息内容依然表现得十分清晰，但是界面感觉发灰，色彩的对比度不够强烈，给人一种灰蒙蒙、不清晰的感觉。

在该移动端游戏App界面设计中，提高界面中色彩的饱和度，使得界面中的图形效果表现更加突出、清晰，高饱和度的色彩搭配非常耀眼，能够为用户带来欢乐、兴奋的情绪。

提示

不同色相的饱和度也是不相等的。例如，饱和度最高的颜色是红色，黄色的饱和度也较高，但绿色的饱和度仅能达到红色饱和度的一半左右。在人们的视觉所能够感受到的色彩范围内，绝大部分是非高饱和度的颜色，也就是说，大量都是含有灰色的颜色，有了饱和度的变化，才使得色彩显得极其丰富。同一个色相，即使饱和度发生了细微的变化，也会带来色彩的变化。

1.3 无彩色与有彩色

色彩可以分为无彩色和有彩色两大类。无彩色包括黑、白和灰色，有彩色包括除黑、白和灰色以外的任何色彩。有彩色就是具备光谱上的某种或某些色相，统称为彩调。相反，无彩色就没有任何彩调。

1．无彩色

无彩色系是指黑色和白色，以及由黑白两色相混合而成的各种灰色系列，其中黑色和白色是单纯的色彩，而灰色却有着各种深浅的不同。无彩色系的颜色只有“明度”一种基本属性。

无彩色系的色彩虽然没有彩色系那样光彩夺目，却有着彩色系无法代替和无法比拟的重要作用，在设计中，它们会使画面变得更加丰富多彩。

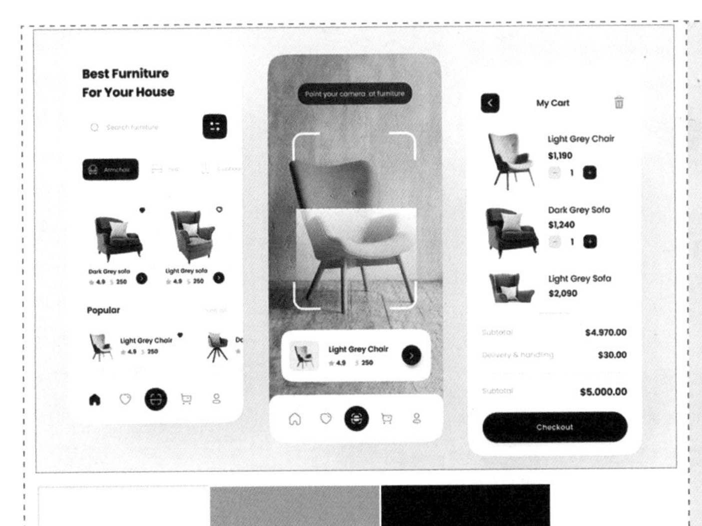

无彩色在移动端App界面设计中比较常用，特别是一些电商类App界面，通过无彩色的搭配能够有效凸显产品图片的表现效果。在该家居产品电商App界面设计中，使用纯白色作为背景，有效衬托家居产品图片的表现，并且该品牌的家产品主要以原木色和无彩色的设计为主，使得家居产品更加时尚、高档。界中关键功能操作按钮使用接近黑色的深灰色进行搭配，表现效果突出。

在该数码产品宣传网站界面设计中，使用不同明度的灰色与黑色的相机产品和文字相搭配，使得界面整体的色调统一，表现出很强的科技感和质感。在相机产品的镜头部分点缀少量有彩色光晕，突出产品的表现力。

2．有彩色

将无彩色系排除，剩下的就是有彩色系。有彩色系包括基本色、基本色之间的混合色或基本色与无彩色之间不同量的混合所产生的颜色等。

有彩色系中，各种颜色的性质都是由光的波长和振幅所产生的，它们分别控制色相和色调，即明度和饱和度，有彩色系具有色相、明度和饱和度三个属性。

在该金融理财类的移动App界面设计中，使用接近无彩色的深灰蓝色背景搭配白色的文字，使得界面中的信息非常清晰，局部搭配高饱和度鲜艳黄色的按钮和图标，与深灰蓝色的界面背景形成了鲜明的对比，有效突出相关功能选项。

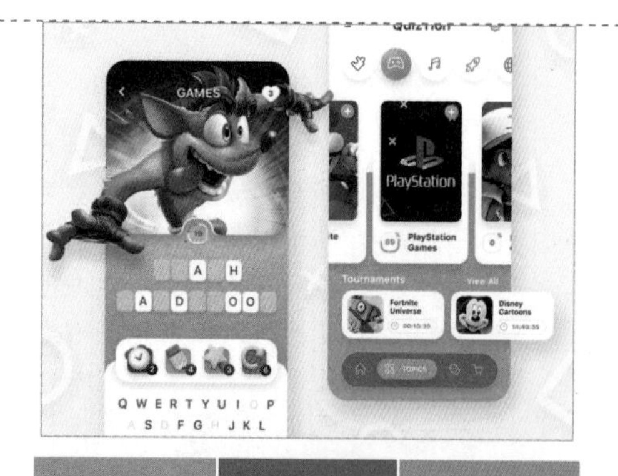

在该游戏App界面设计中，使用高饱和度的橙色作为背景主色调，使界面带给用户欢乐、愉悦的感觉。在界面中搭配多种高饱和度的有彩色，与橙色背景形成强烈的对比。多种鲜艳色彩的搭配，使界面表现得更加欢乐，符合游戏App的定位。

在该活动宣传网站中使用明度和饱和度都比较高的蓝色作为界面的背景主色调，体现出科技感，并给人一种清爽的感觉。页面中重要的两个选项分别使用了相同尺寸、不同颜色的按钮进行表现，通过色彩的对比吸引用户的注意力，从而在这两个选项之间做出选择。

1.4 色彩模式

最常用的色彩模式可以分为RGB模式和CMYK模式，通常我们在计算机屏幕上所看到的色彩就是RGB模式色彩，书本、杂志、海报等印刷品则使用CMYK模式色彩。

1.4.1 适合屏幕显示的色彩模式——RGB

显示器的颜色属于光源色。在显示器屏幕内侧均匀分布着红色（Red）、绿色（Green）和蓝色（Blue）的荧光粒子，当接通显示器电源时显示器发光并以此显示出不同的颜色。

显示器的颜色是通过光源三原色的混合显示出来的，根据三种颜色内含能量的不同，显示器可以显示出多达1600万种颜色，也就是说显示器所显示的所有颜色都是通过红色（Red）、绿色（Green）和蓝色（Blue）三原色的混合来显示的。我们将显示器的这种颜色显示方式统称为RGB 色系或RGB 颜色空间。

显示器颜色的显示是通过红色（Red）、绿色（Green）和蓝色（Blue）三原色的叠加来实现的，所以这种颜色的混合原理被称为加法混合。

当最大能量的红色（Red）、绿色（Green）和蓝色（Blue）光线混合时，我们看到的会是纯白色。例如，在舞台四周有各种不同颜色的灯光照射着歌唱中的歌手，但歌手脸上的颜色却是白色的，这种颜色就是通过混合最大能量的红色（Red）、绿色（Green）和蓝色（Blue）光线来实现的。

通过下面的图形，我们可以直观地观察到在混合最强的红色（Red）、绿色（Green）和蓝色（Blue）时能够得到的颜色。

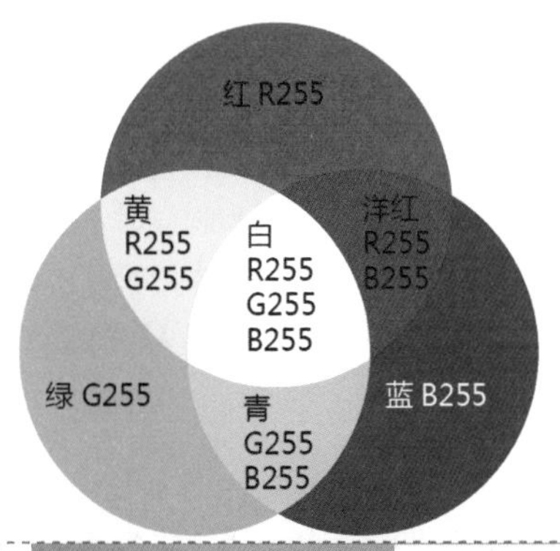

当三原色的能量都处于最大值（纯色）时，混合而成的颜色为纯白色。适当调整三原色的能量值，就能够得到其他色调（亮度与对比度）的颜色。

红色（Red）+绿色（Green）=黄色（Yellow）

绿色（Green）+蓝色（Blue）=青色（Cyan）

蓝色（Blue）+红色（Red）=洋红（Magenta）

红色（Red）+绿色（Green）+蓝色（Blue）=白色（White）

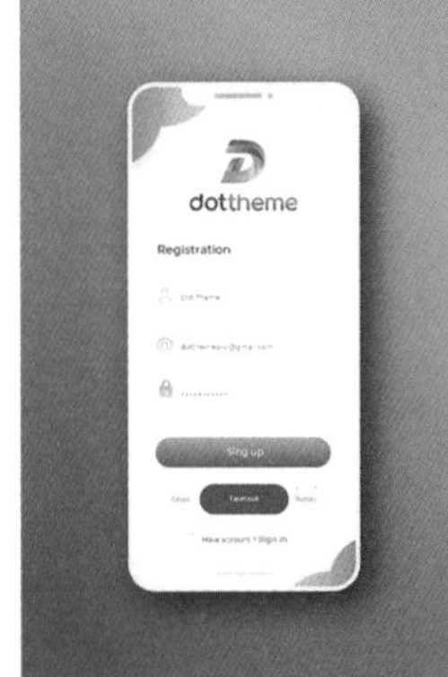

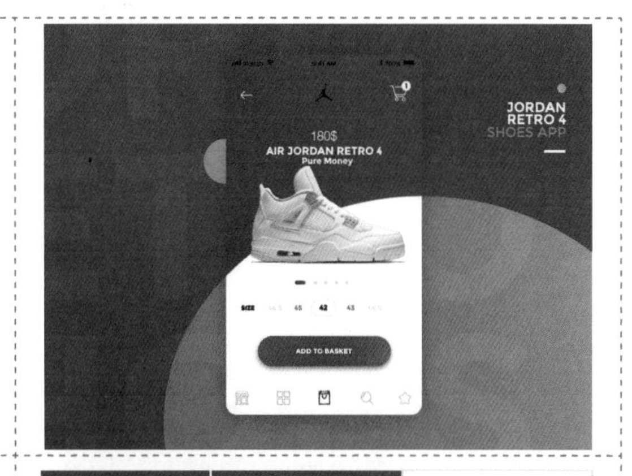

该移动端App的用户登录界面和注册界面使用了纯白色作为背景色，界面的内容表现清晰而整洁，在界面的左上角和右下角位置分别点缀绿色和橙色的圆形图形，与界面中该App的Logo色彩相呼应，同时也使App界面富有活力。

该运动鞋App界面使用蓝色到蓝紫色的微渐变颜色作为界面背景主色调，在界面下半部分则使用了纯白色对界面背景进行圆弧状分割，界面背景的色彩对比十分强烈，有效地吸引了用户的注意力。界面下方的“ADD TO BASKET”按钮同样使用了蓝色到蓝紫色的微渐变颜色，与界面背景形成呼应。

在该耳机产品的宣传网站界面设计中，使用多种明度和饱和度都比较高的背景颜色倾斜分割页面背景，来区分不同的产品图片，除产品图片，以及必要的品牌Logo等信息外，页面中并没有任何装饰元素，非常简洁。多种鲜艳背景颜色的运用，使整个网站界面表现出年轻、富有激情与活力的风格。

1.4.2 适合印刷品的色彩模式——CMYK

印刷或打印到纸张上的颜色是通过印刷机或打印机内置的三原色和黑色来实现的，而印刷机或打印机内置的三原色是指洋红（Magenta）、黄色（Yellow）和青色（Cyan），这与显示器的三原色不同。我们穿的衣服、身边的广告画等都是物体色，印刷的颜色也是物体色。当周围的光线照射到物体时，有一部分颜色被吸收，余下的部分会被反射出来，反射出来的颜色就是我们所看到的物体色。因为物体色的这种特性，所以将物体色的颜色混合方式称为减法混合。当混合了洋红（Magenta）、黄色（Yellow）和青色（Cyan）三种颜色时，可视范围内的颜色全部被吸收而显示出黑色。

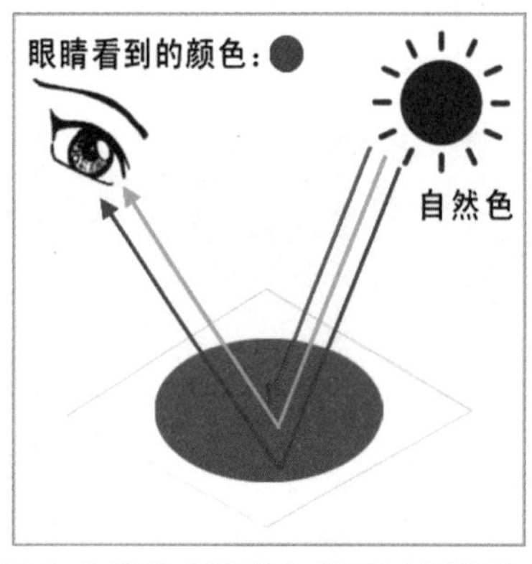

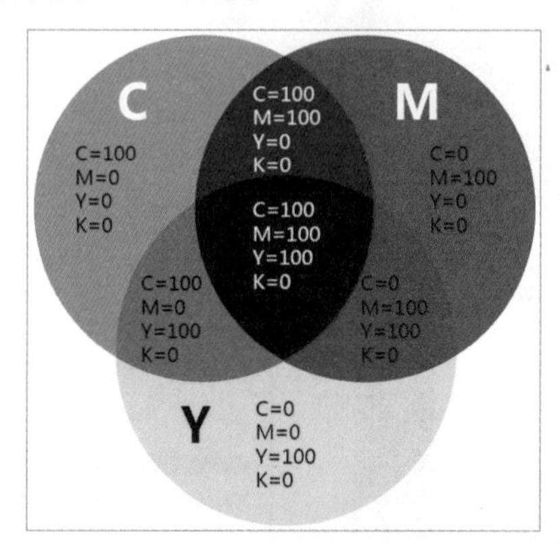

我们曾经在小学美术课堂上学习过红黄蓝三原色的概念，这里所指的红黄蓝准确地说应该是洋红（Magenta）、黄色（Yellow）和青色（Cyan）三种颜色。而通常所说的CMYK 也是由青色（Cyan）、洋红（Magenta）和黄色（Yellow）三种颜色的首字母加黑色（Black）的尾字母组合而成的。

虽然现在的书本杂志和图像设计都是使用计算机中的软件设计制作的，但是在制作成印刷品之前，只是凭借着显示器屏幕上所显示的图像，并没有办法去掌握印刷出来的成品效果，所以在制作CMYK 印刷品时，最好比照专用的CMYK 色表。另外，还有一种“专色”色表。在预先调好专色油墨时，利用专色专用的色票当成样本确认颜色。

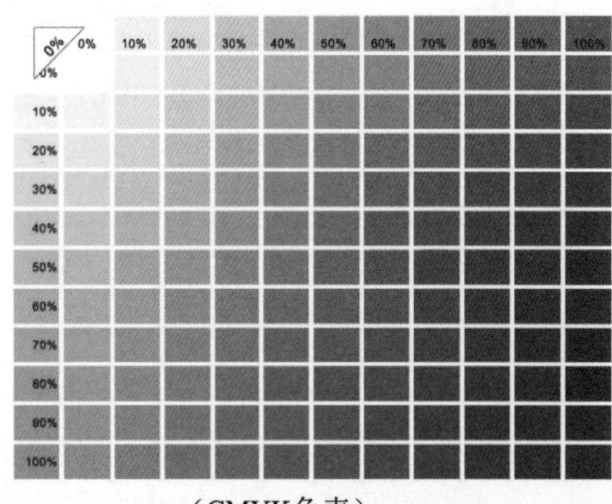

（CMYK色表）

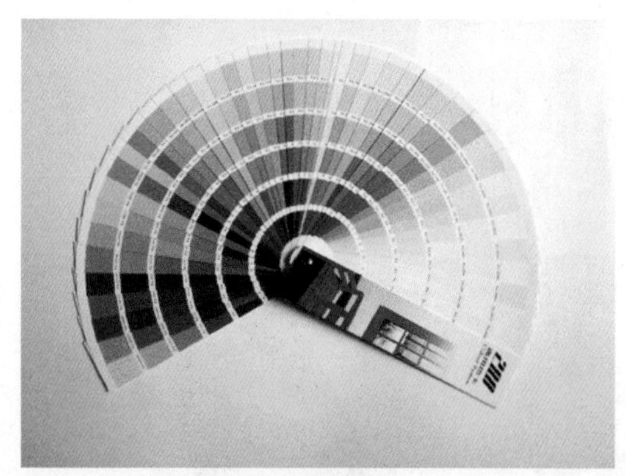

（印刷专用色票）

在设计制作 CMYK 印刷品时，只是根据显示器上的颜色和直觉做决定是行不通的，我们需要翻阅“CMYK 色表”进行参考，选择颜色。实际上，各式各样的 CMYK 的油墨都分别按比例标上 10% 的刻度（有的标记为 5%）以作为确认之用。

1.4.3 加法混合与减法混合

RGB模式的色彩是通过加法混合的方式得到的，加法混合将提高混合后颜色的亮度。例如，在混合红色（Red）和绿色（Green）时得到的黄色（Yellow）亮度要比原色——红色（Red）和绿色（Green）

的亮度高，所以在混合红色（Red）、绿色（Green）和蓝色（Blue）三种颜色时，将得到最亮的颜色——白色（White）。

CMYK模式的色彩是通过减法混合的方式得到的，减法混合将降低混合后颜色的亮度。例如，在混合洋红（Magenta）和黄色（Yellow）时得到的红色（Red）亮度要比原色——洋红（Magenta）和黄色（Yellow）的亮度低，所以在混合洋红（Magenta）、黄色（Yellow）和青色（Cyan）时，将得到最暗的颜色——黑色（Black）。

1.4.4 网页安全色

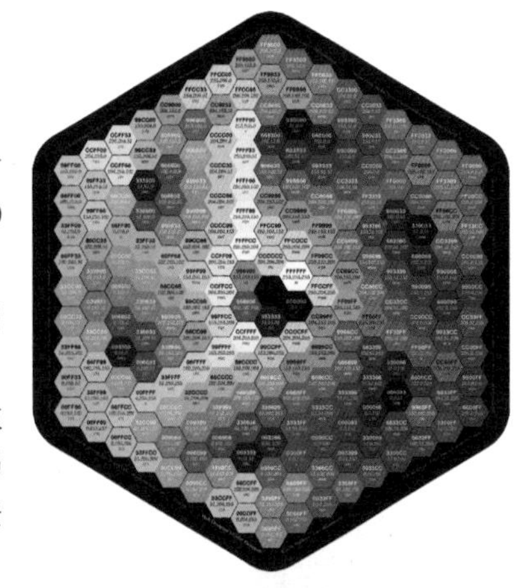

网页安全色是当红色（Red）、绿色（Green）、蓝色（Blue）颜色数字信号值（DAC Count）为0、51、102、153、204、255 时构成的颜色组合，它一共有6×6×6=216 种颜色（其中彩色有210种，非彩色有6 种）。

216 种网页安全色在需要实现高精度的渐变效果或显示真彩图像与照片时，会有一定的欠缺，但在显示图标或二维平面效果时，却是绰绰有余的。不过可以看到很多站点利用其他非网页安全色做到了新颖独特的设计风格，所以设计师并不需要刻意地追求使用局限在216 种网页安全色范围内的颜色，而是应该更好地搭配使用安全色和非安全色。

该汽车宣传网站界面使用深灰蓝色作为背景主色调，明度和饱和度都比较低，给人带来一种刚毅、男性的感觉。搭配高饱和度的红色汽车产品图片，与深暗的背景形成对比，有效地突出了界面中的汽车产品。在界面中局部点缀红色的图形，通过红色的图形来突出白色文字，有效地突出了界面中的信息，并且与红色的汽车相呼应。

局部点缀鲜艳的有彩色，突出重点信息。

在该网站的界面设计中，使用了无彩色系的黑、白、灰进行网页界面配色，形成视觉上的明度差异，体现出时尚、高贵的气质。在界面中点缀橙色的按钮图形，突出重点信息，也能够起到活跃页面的作用。

1.5 配色的基础规律——色系

配色又被称为色彩设计，即处理好色彩之间的相互关系。我们为了便于寻找所需要的标准色，将其秩序化地排列组合，并以特定的名称标识出来，这就是配色。想要学好配色，就需要先掌握配色的方法与规律。

1.5.1 原色

原色是指不能通过其他色彩的混合调配而得到的基本色。将原色按照不同的比例进行混合，就能够产生出其他的新色彩。

色光的三原色（R、G、B）是指红、绿、蓝，用于显示器、电视机、手机等屏幕显示，不同的色光混合会越来越亮。色彩的三原色（C、M、Y）是指青、品红、黄，即我们常说的“红黄蓝”，色彩三原色是彩色印刷品所使用的色彩模式，色彩三原色混合会越来越暗。

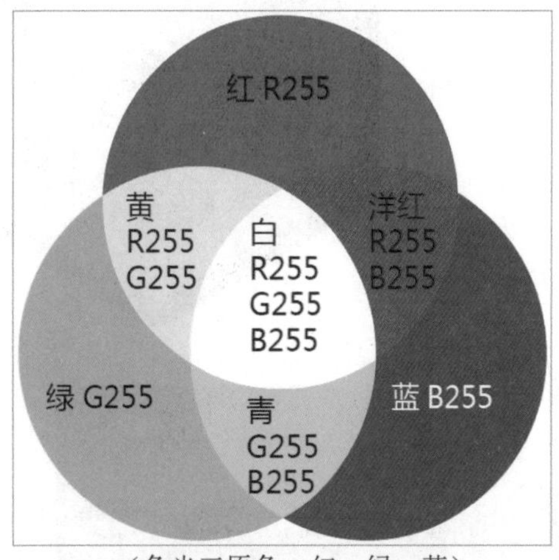

（色光三原色：红、绿、蓝）

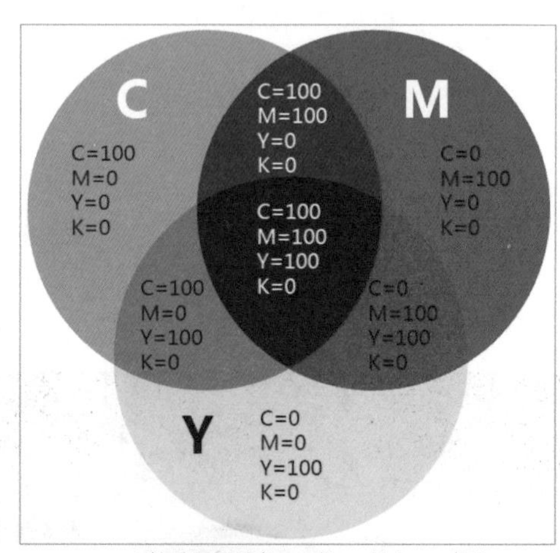

（色彩三原色：青、品红、黄）

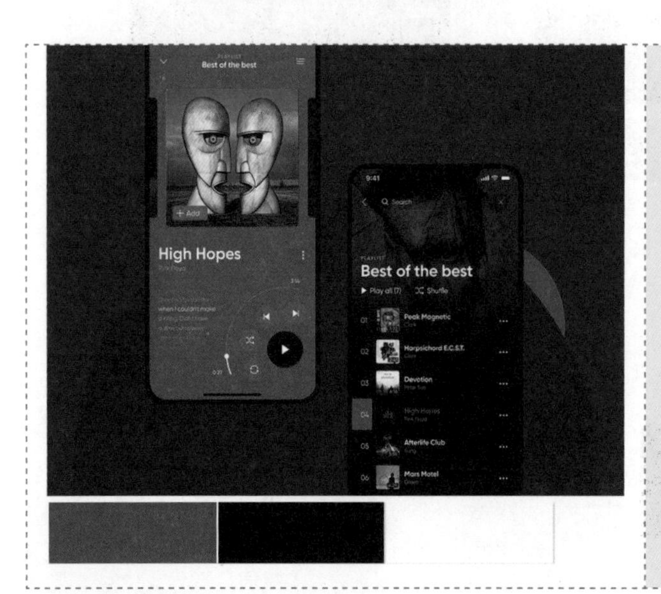

在该移动端音乐App界面设计中，主要使用无彩色的黑色与三原色中的红色作为界面的背景颜色。音乐列表界面使用黑色作为背景主色调，与专辑封面图片相结合，搭配白色的文字，表现效果直观而清晰，当前正在播放的音乐使用红色进行突出表现，使界面显得高档、大气。音乐播放界面则使用红色作为背景主色调，搭配白色的文字和功能操作按钮，给人一种热烈而富有激情的感觉。

1.5.2 间色

间色又被称为二次色，是由品红、黄、青三原色中的任意两种原色相互混合而成的。将品红与黄色混合就可以得到橙色，将黄色与青色混合则可以得到绿色，将品红与青色混合则可以得到紫色或蓝色。根据品红、黄、青三原色混合的比例不同，间色也会随之发生变化。

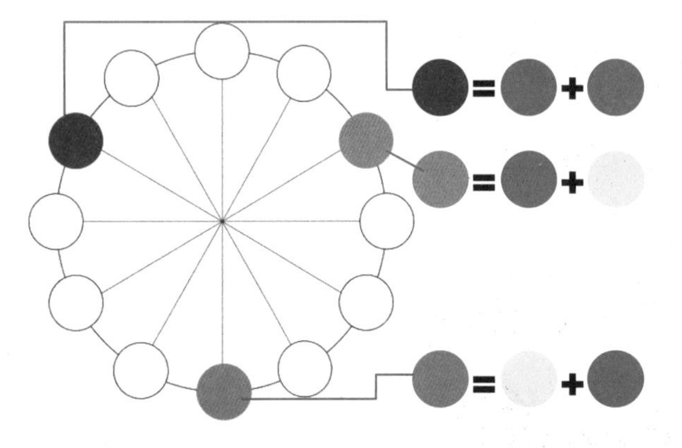

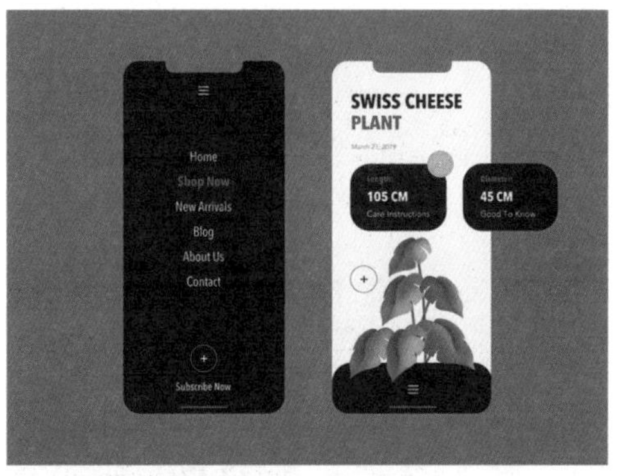

该网站页面使用模糊处理的风景图片作为页面背景，在页面中间位置通过多种明度和饱和度较高的间色来突出表现网站中不同的功能选项，使得各选项的划分明确，并且各间色都设置了相应的透明度，使得整个页面表现出很好的通透感。

1.5.3 复色

复色又被称为三次色，是由三种原色或间色与间色混合而成的，形成接近黑色的效果。复色的饱和度低、种类繁多、千变万化，但多数比较灰暗，容易显脏。

（间色与间色混合）

（间色与间色混合）

（三原色混合）

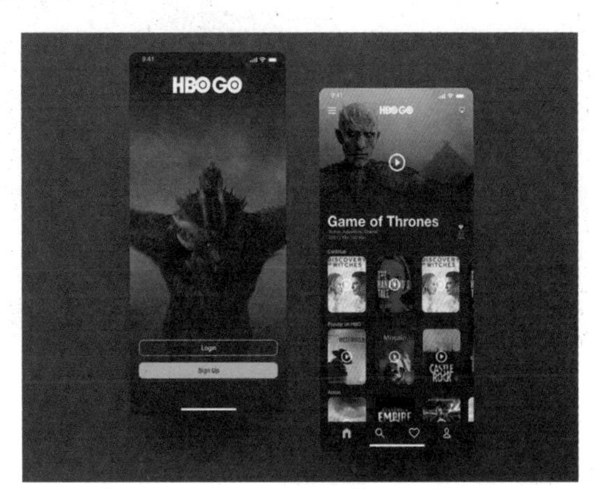

大多数复色的明度和饱和度都比较低，色调表现灰暗，在UI设计中适合作为界面的背景色，给人一种稳定而舒适的感觉。该移动端音乐App界面使用深灰蓝色作为背景主色调，让人感觉宁静而舒适，界面中的功能操作按钮与文字都使用了中等明度的棕色，与深灰蓝色的背景形成对比，整体视觉表现柔和、舒适，但又能够有效突出界面信息和功能操作按钮。

1.5.4 类似色

类似色往往是“你中有我，我中有你”。以红橙色与黄橙色为例，红橙色以红色为主，里面带有少量的黄色；而黄橙色则以黄色为主，里面带有少量的红色。在12色相环上相距60° 范围内的色彩，因为色相相近，统称为类似色。类似色由于色相对比不强，能够给人平静、统一的感觉，是比较常用的一种配色方式。

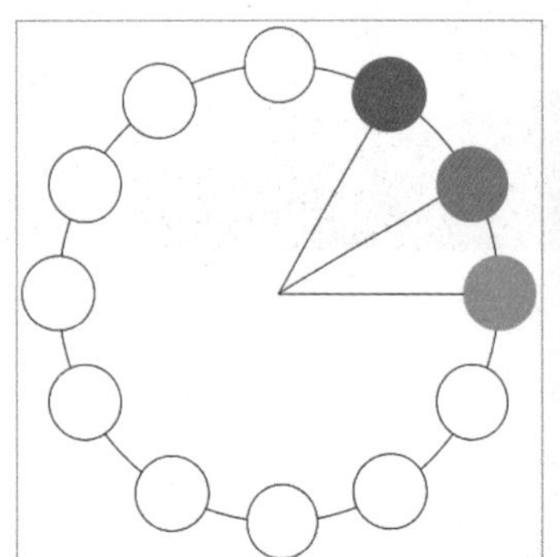

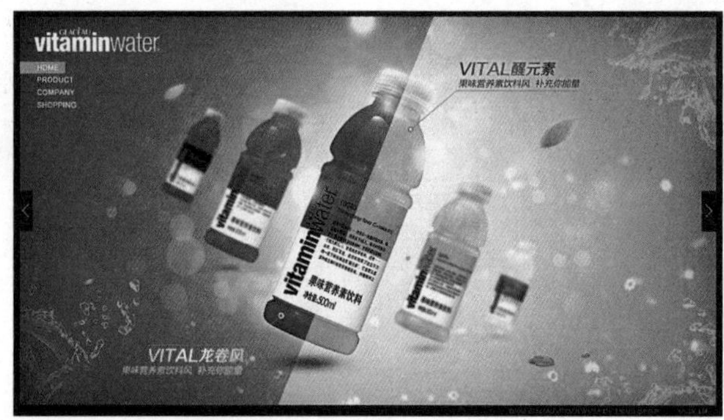

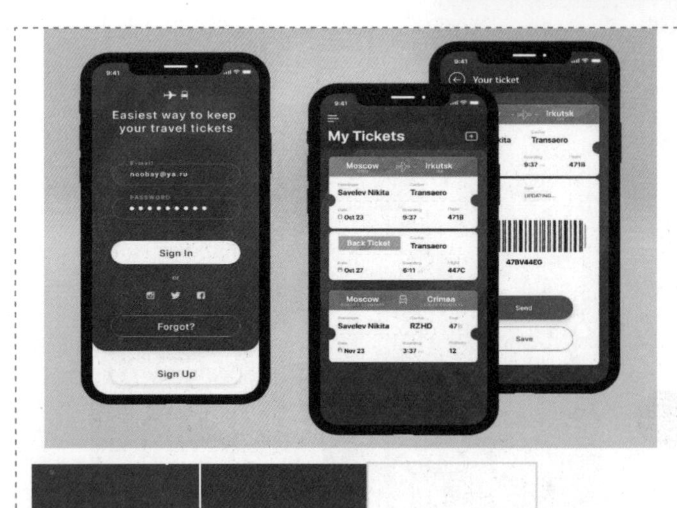

该机票预定App界面使用蓝色类似色进行配色处理，使用蓝色到蓝紫色的微渐变色彩作为界面的背景主色调，体现出和谐统一的效果，界面中白色的文字和其他图形元素与背景形成强烈的对比，表现效果清晰而直观。类似色的搭配使得该App界面表现出统一的色彩意象，给人富有科技感的视觉体验。

1.5.5 邻近色

邻近色是指在12色相环上相距90°范围内的色彩组合，这样的色彩搭配具有一定程度的色相差异，给人协调而生动的感觉。

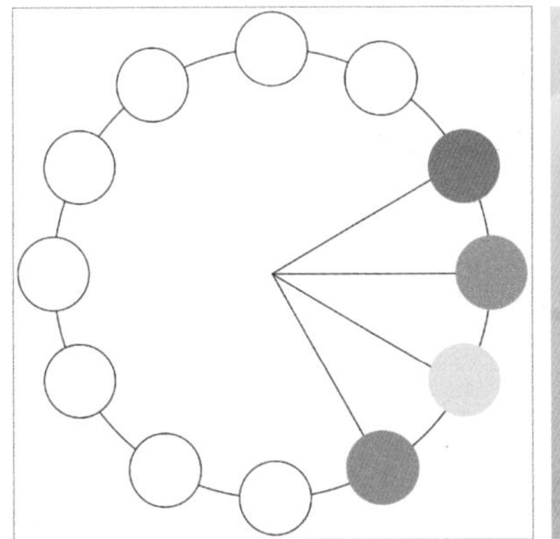

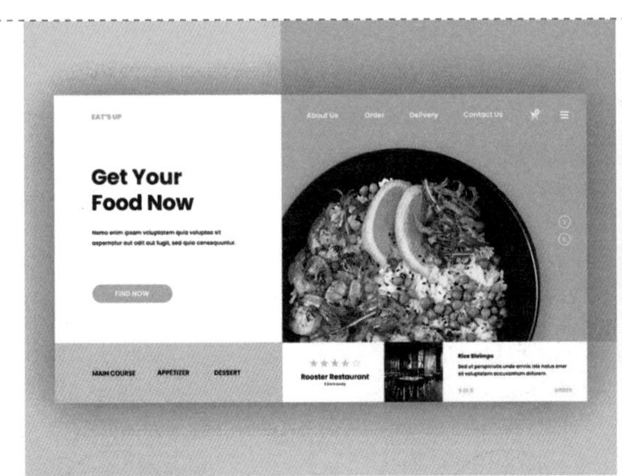

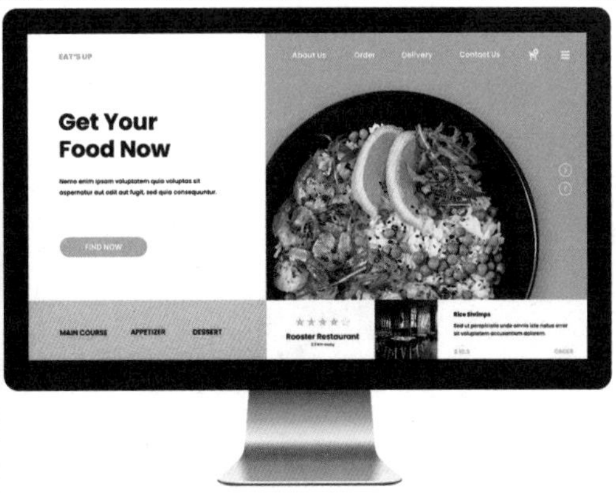

在该餐饮美食网站界面的配色设计中，使用高饱和度的黄绿色作为界面主题色，表现出美食产品的新鲜、健康与自然，在界面中搭配黄绿色的邻近色黄色，使界面的视觉表现效果更加富有活力。

1.5.6 对比色

在12色相环上，一种色相与其补色两侧的色相构成了对比色关系。例如，红橙色与蓝色或青色构成对比色关系，这样的配色比补色搭配的排斥感要弱一些，显得较为和谐。

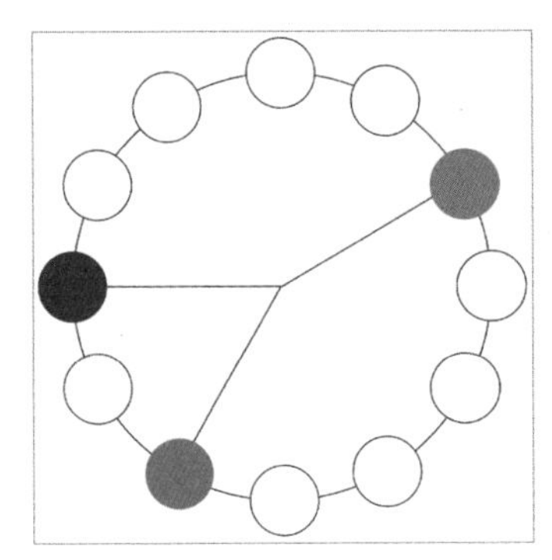

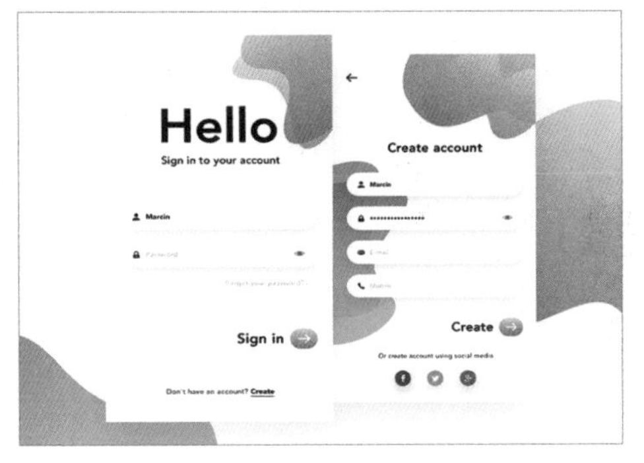

在该建筑设计企业的网站界面设计中，使用明度较高、纯度较低的浊色调作为页面的背景主色调，在背景中添加明亮的高纯度蓝色和高纯度红橙色及黄色等色调，通过对比色的搭配，使页面背景表现出非常时尚和现代的感觉，突出表现企业时尚、现代的设计风格。

1.6 影响作品总体色彩印象的要素——色调

色调是指设计中的色彩总体倾向，即各种色彩的搭配所形成的一种协调关系。在大自然中，我们经常见到不同颜色的物体被笼罩在一片金色的夕阳余晖之中，或者被洁白的雪花所覆盖。在不同颜色的物体上，笼罩着某一种色彩，使不同颜色的物体都带有同一色彩倾向，这样的色彩现象就是色调。色调对色彩印象的影响力很大，通常可以从色相、明暗、冷暖、饱和度等几个方面来定义设计作品的色调。

即使使用同样的色相进行搭配，色调不同也会使其传达的情感相去甚远。因此，针对不同的对象和目的进行对应的色调配色显得尤其重要。

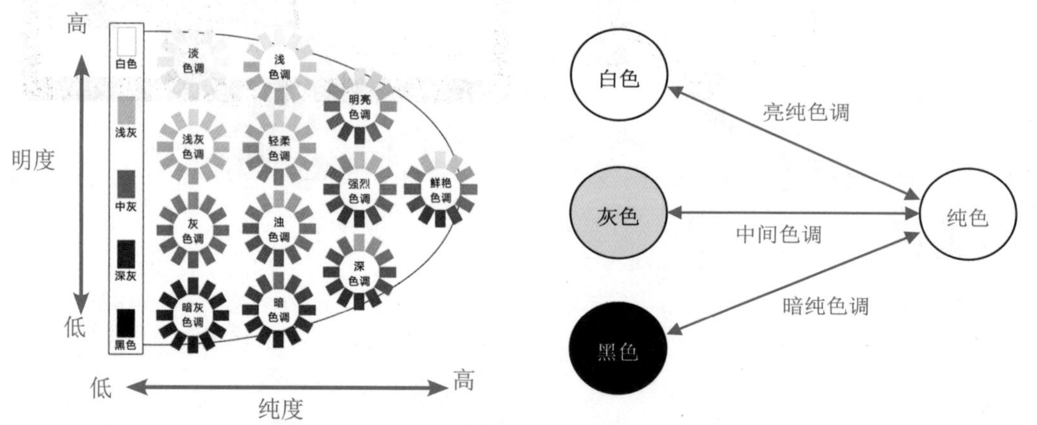

在纯色中加入白色形成的色调被称为亮纯色调，而在纯色中加入黑色形成的色调被称为暗纯色调。此外，在纯色中加入灰色形成的色调被称为中间色调。

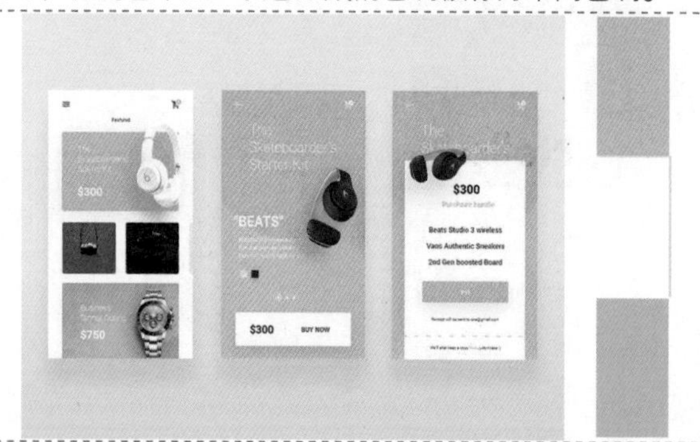

在该App界面设计中，使用高饱和度鲜艳的黄色作为界面主色调，搭配白色的文字和矩形色块，与黑色的产品图片形成对比，整体明亮的色调给人一种欢乐、时尚且富有现代感的感觉。

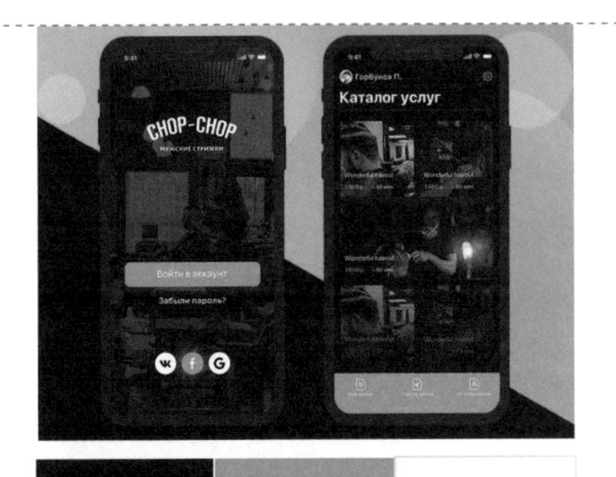

该移动端App使用深灰蓝色作为界面的背景主色调，给人一种沉稳、踏实、刚毅的感觉。界面中所选用的图片同样都属于偏灰暗的色调，与界面中白色的文字和高明度、高饱和度青色的按钮与底部功能区域形成强烈的对比，有效突出界面中的信息与功能操作按钮。

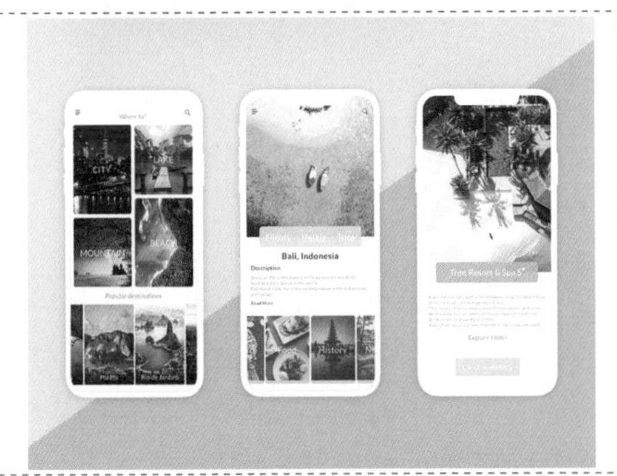

该旅行App界面整体表现为浅淡色调，使用白色作为界面的背景主色调，有效突出界面中的旅行风景照片。在界面中局部搭配高明度的浅黄色或浅蓝色，突出重点信息。浅淡的色调配色，使界面整体给人轻柔而舒适的感觉。

该音乐App界面整体表现为浊色调，使用中等明度、中等饱和度的灰蓝色微渐变作为界面的背景主色调，使界面表现出沉稳、宁静的风格。在界面中搭配白色的文字及中等饱和度橙色的功能操作按钮，与背景形成对比。因为色彩的饱和度都不是很高，所以对比效果十分柔和，整体给人舒适而宁静的感觉。

该网站界面整体表现为暗浊色调，界面中色彩的明度和饱和度都比较低，色调近黑，是偏男性化的色彩。如果在这种色调中适当搭配一点深沉的浓艳色，则可以得到稳重而华贵的效果。

不掺杂任何无彩色（白色、黑色和灰色）的色彩是最纯粹、最鲜艳的色调，浓艳而强烈，常用于表现华美、艳丽、生动、活跃的效果。

1.7 色彩对人的心理影响

色彩有各种各样的心理效果和情感效果，会引起人们各种各样的感受和遐想，这些由个人的视觉感、审美、经验、生活环境、性格等所决定。通常在人们的视觉经验中，看见绿色会联想到树叶、草坪，看见蓝色会联想到海洋、水。不管是看见某种色彩或是听见某种色彩名称时，心里就会自动地描绘出这种色彩给我们的感受，不管是开心、悲伤，还是回忆等，这就是色彩的心理反应。

红色给人热情、兴奋、勇气、危险等感觉。

橙色给人热情、力量、活跃等感觉。

黄色给人温暖、快乐、轻松等感觉。

绿色给人健康、新鲜、和平等感觉。

青色给人清爽、寒冷、冷静等感觉。

蓝色给人孤立、认真、严肃、忧郁等感觉。

紫色给人高贵、优雅、忧郁等感觉。

黑色给人神秘、阴郁、不安等感觉。

白色给人纯洁、正义、平等等感觉。

灰色给人朴素、模糊、抑郁、犹豫等感觉。

以上这些对色彩的感觉是指在大范围的人群中获得认同的结果，但并不代表所有人都会产生完全相同的感受。根据不同的国家、地区、宗教、性别、年龄等因素的差异，即使是同一种色彩，也可能会有完全不同的解读。在设计时应该综合考虑多方面因素，避免造成误解。

在该移动端应用界面设计中，使用鲜亮的黄色作为界面主色调，与该移动端应用的启动图标的色调相统一。在每个界面中都使用黄色与中性色相搭配，从而使该移动端界面保持整体色调的统一，使界面显得更加专业和美观。

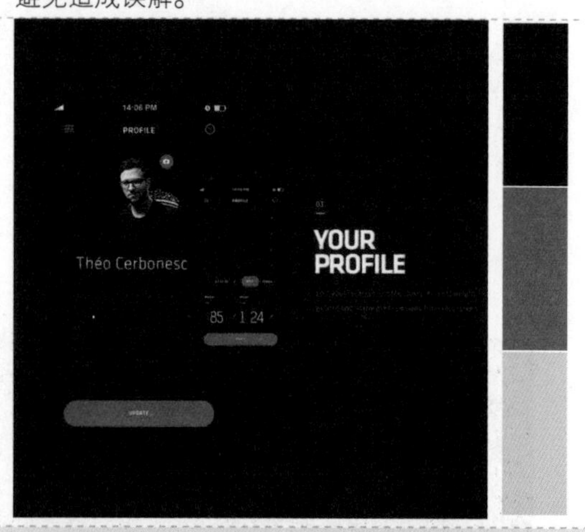

在该移动端应用界面设计中，使用了接近黑色的深灰色作为界面主色调，表现出产品的品质感。使用红色作为界面的点缀色，在深灰色的界面中显得非常显眼，有效地突出重点内容和功能。

在该牛奶品牌宣传网站的设计中，使用蓝天、白云、草地作为界面的背景，使浏览者仿佛置身于大自然的环境中，给人带来强烈的清爽、舒适的感受。界面中的元素也都采用了蓝色与绿色相搭配，表现出产品自然、纯净的品质。

绿色是一种温和、不刺激的色彩，在该网页的版面中使用了绿色作为主色调，与产品的定位相符合，表现出产品的新鲜与自然，并且绿色可以使人精神放松、不易疲劳。整个网页的色彩搭配表现出自然、舒适的感觉，使人仿佛置身于清爽的大自然中。

1.8 色彩的视觉感受

色彩有着各种各样的视觉效果和心理感受，会营造出不同的环境气氛，如轻重、冷暖、软硬等。每种色彩都会带来不同的感受，想要很好地掌握并具体说明其不同是一件很困难的事情。

1.8.1 色彩的轻重感

色彩的明度能够体现色彩的轻重感。明度高的色彩易使人联想到蓝天、白云、彩霞、花卉、棉花、羊毛等，产生轻柔、飘浮、上升、敏捷、灵活的感觉。明度低的色彩易使人联想到钢铁、大理石等物品，产生沉重、稳定、降落的感觉。

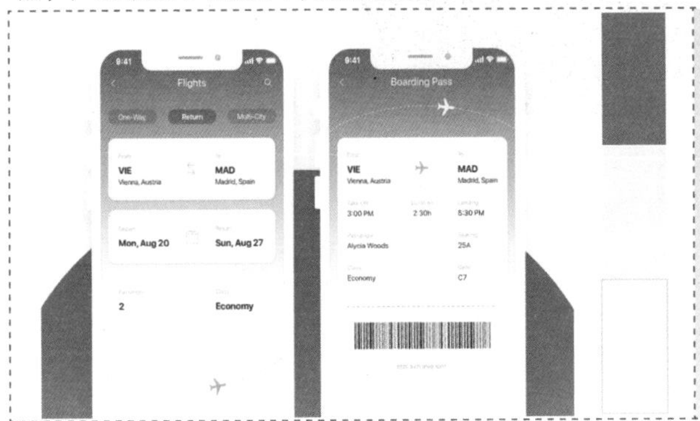

该机票预定App界面使用蓝色到白色的渐变作为背景颜色，搭配白色的圆角色块背景，使人联想到湛蓝的天空，整个界面表现出一种轻盈、舒适的上升感。

该金融理财类App界面使用明度和饱和度都比较低的深灰蓝色作为界面背景主色调，使整个界面表现出很强的沉稳感和稳定感。在界面中针对不同的操作使用不同的颜色进行提示，删除操作点缀红色，添加操作点缀青蓝色，区分不同的操作，也为整个界面注入一丝活力。

在该儿童产品宣传网站的设计中，使用明亮的蓝天白云素材作为界面的背景，让人有一种飘浮上升的感觉。在页面中搭配白色的图形，整体给人轻盈、明亮的感觉。

在该手表品牌宣传网站设计中，使用明度非常低的深灰色与棕色作为界面背景，有效突出手表产品，体现出手表产品很强的金属质感。

1.8.2 色彩的冷暖感

色彩本身并无冷暖的温度差别，色彩的冷暖感是指色彩在视觉上引起人们对冷暖感觉的心理联想。如红、橙、橙黄、红紫等颜色会使人联想到太阳、火焰、热血等，产生温暖、热烈的感觉；蓝、蓝紫、蓝绿等颜色会使人联想到天空、冰雪、海洋等，产生寒冷、理智、平静的感觉。

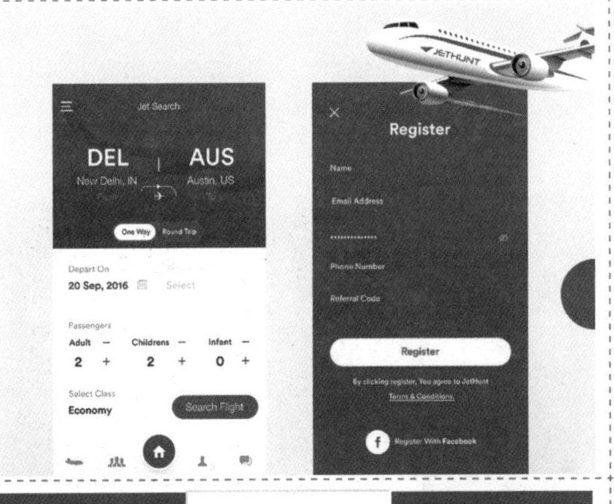

在该机票预定App界面设计中，使用飞机图片作为界面的背景，在背景图片上方覆盖高饱和度的蓝色，在界面中搭配纯白色的文字和按钮图形，使得界面的视觉表现效果清晰而直观。蓝色属于冷色调，能够使人联想到天空、大海等，作为该机票预定App界面的主色调非常合适，给人清爽的感觉。

在该便携电源产品App界面设计中，使用与该产品外观相同的高饱和度橙色作为主色调，与产品的色彩相呼应。橙色属于暖色调，给人一种温暖、热烈、刺激、奔放的感受，使用橙色能够有效地凸显便携电源产品。

该酒类产品的宣传网站页面使用天蓝色到白色的渐变颜色作为背景主色调，搭配使用相同色调的深蓝色来突出导航菜单和版底信息。通过使用浅蓝色和深蓝色之间的明度差和饱和度差来体现页面的空间层次感，同时给人带来一种清凉、冰爽的感觉。

该快餐品牌活动宣传网站设计，使用高饱和度的红橙色和黄橙色作为界面的主色调，能够有效增强用户的食欲。使用不同明度和饱和度的橙色相搭配，表现出一种欢乐、热烈的氛围，很容易感染浏览者。

色彩的冷暖感觉，不仅表现在固定的色相上，而且在对比中还会显示其相对的倾向性。如同样表现天空的霞光，使用玫红色来表现朝霞那种清新而偏冷的色彩会显得很恰当，而描绘晚霞则需要温暖感较强的红色和橙色。

1.8.3 色彩的前进与后退

从相同的距离看两种颜色，会产生不同的远近感，实际上这是一种错觉。一般暖色、纯色、高明度色、强烈对比色、大面积色、集中色等有前进的感觉；相反，冷色、浊色、低明度色、弱对比色、小面积色、分散色等有后退的感觉。

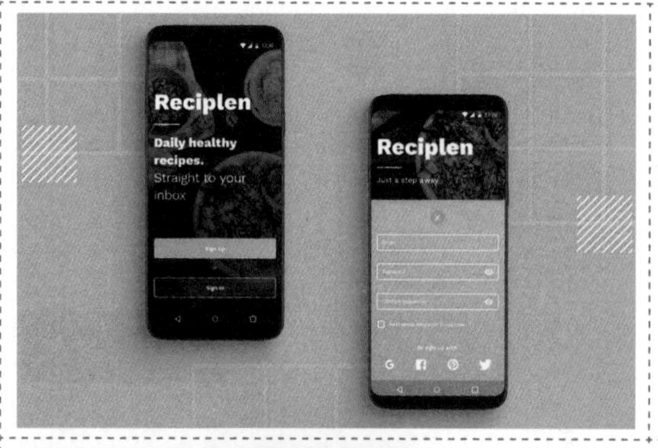

在该美食App界面设计中，使用美食图片作为界面背景，添加半透明黑色进行覆盖，将背景压暗。在界面中搭配高饱和度的鲜艳黄色按钮和选项背景，与背景形成强烈的对比效果，使画面表现出很强的空间感，界面中的高饱和度黄色区域产生向前突出的视觉感。

在该智能家居App界面设计中，使用明度较低的蓝色与蓝紫色相搭配，使整个画面表现出一种宁静与科技感。在界面中搭配白色的图标与文字，表现出一种宁静、和谐的美好。

该果汁饮料宣传网站页面使用浅灰色与蓝色作为页面的背景主色调，背景呈现出冷色调的效果，有一种清凉与后退感。对比配色有效突出橙色果汁饮品，页面整体给人清爽而醒目的感觉。

将该果汁宣传网站的背景颜色修改为浅灰色与红色的搭配，背景呈现出暖色调的效果，给人一种热情与迫近感，并且红色背景部分的内容会更加突出，与橙色的果汁饮品共同构成暖色系页面，表现出热情、活跃、奔放的感觉。

1.8.4 色彩的华丽与质朴

色彩的属性对物体的华丽及质朴感存在一定程度上的影响，其中与色彩的饱和度关系最大。明度高、饱和度高，强对比的色彩使人感觉华丽、辉煌；明度低、饱和度低，弱对比的色彩使人感觉质朴、典雅。

在该移动端App的登录和注册界面背景设计中，使用富有现代感的曲线状图形设计，并且使用高饱和度的红色和橙色来表现该曲线状图形，使该App的登录和注册界面表现出华丽、现代、富有时尚感的氛围。

在该电商App界面设计中，使用高明度、低饱和度、接近灰色的浅土黄色作为界面的背景主色调，搭配灰色的文字，并使用中等饱和度的棕色进行点缀，使整个界面表现出质朴、典雅、舒适的感觉。

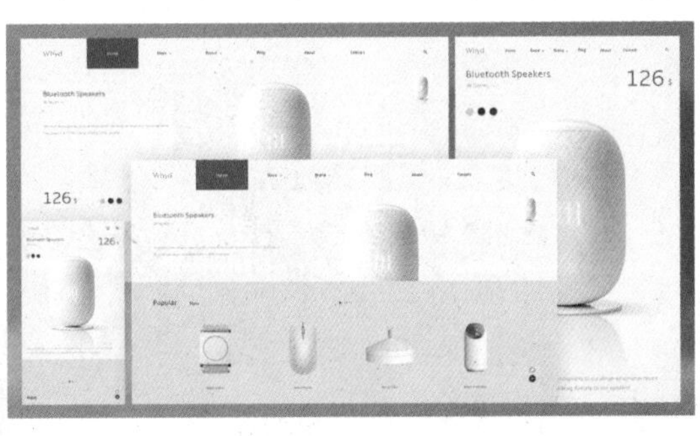

该时尚商品宣传网站界面使用高饱和度的黄色作为主色调，与商品本身的色彩相呼应，洋红色文字又能够与商品上的装饰图案相呼应，高饱和度的色彩给人带来时尚与华丽的感觉。

该电子产品网站界面使用高明度的浅灰色作为背景颜色，搭配高明度、低饱和度的浅灰蓝色，并划分不同的内容区域，使界面整体表现非常简洁、质朴。

1.8.5 色彩的软硬感

明度和饱和度决定色彩的软硬感，高饱和度、低明度的色彩呈现出坚硬感，明度越高感觉越软，明度越低感觉越硬。黑色与白色给人坚硬的感觉，灰色给人柔软的感觉。明度高、饱和度低的色彩呈现出柔软感，中饱和度的色彩也呈现出柔软感。

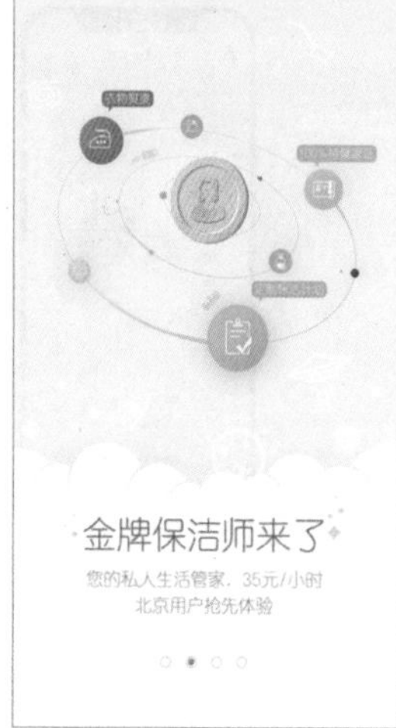

这是移动端App的一系列引导界面设计，它们使用了相同的配色设计风格，使用高明度、低饱和度的浅蓝色搭配白色作为界面的背景主色调，并且将白色设计为卡通白云的形状，从而使界面背景展现出柔软而轻盈的蓝天白云感。在界面中搭配高饱和度的黄色卡通图形与灰色主题文字，整体让人感觉舒适。

该游戏网站所宣传的是一款大型射击类游戏，界面使用黑色和深灰色作为背景主色调，与游戏所要体现的激烈战争场景和硬汉形象相吻合。在界面中通过逼真的人物与战争场景设置，配合视频、音效等多媒体元素，使浏览者有身临其境的感觉。整个网站界面使用低明度和低饱和度的色彩作为主色调，给人一种坚硬、刚毅的感觉，与游戏需要表现的体验感相吻合。

1.8.6 色彩的大小感

由于有了色彩的前后感，因此暖色、高明度色彩等有扩大感、膨胀感；冷色、低明度色彩等有显小感、收缩感。色彩就有了大小感。

该商业地产宣传网站界面使用其效果图作为界面的背景，搭配高明度、高饱和度的橙色色块，突出主题内容，橙色色块与深蓝色的背景形成强烈对比，能够呈现出色彩的膨胀感，效果突出。

如果将该网站界面的主题文字背景修改为明度较低的深蓝色，与界面背景的商业地产效果图进行同色系搭配，界面整体的色调统一、协调，但低明度的深蓝色背景使该部分区域范围看起来显小，主题表现不够突出、明显。

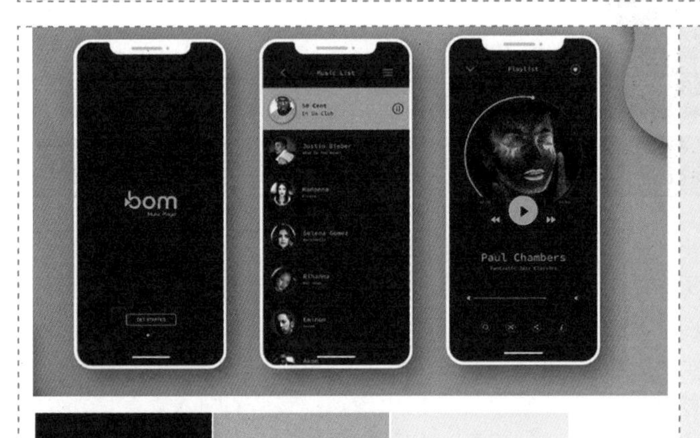

在该移动端音乐App的界面设计中，使用明度和饱和度都较低的深灰蓝色作为界面的背景，背景具有明显的收缩感和距离感，给人一种稳重、踏实的感觉。而界面中当前选择的内容及相应的功能操作按钮则使用了高饱和度的黄色进行表现，与背景的颜色形成对比，高饱和度的黄色具有明显的前进感和膨胀感，功能操作选项与背景形成一前一后的视觉效果，凸显功能操作选项。

1.8.7 色彩的兴奋与沉静

色相和饱和度在决定色彩的兴奋感、沉静感中起着关键作用。低饱和度的蓝、蓝绿、蓝紫等色彩使人感到沉着、平静；高饱和度的红、橙、黄等鲜艳而明亮的色彩给人以兴奋感；中性的绿色和紫色没有给人以兴奋感和沉静感。另外，色彩的明度在一定程度上也影响人们的兴奋感、沉静感。

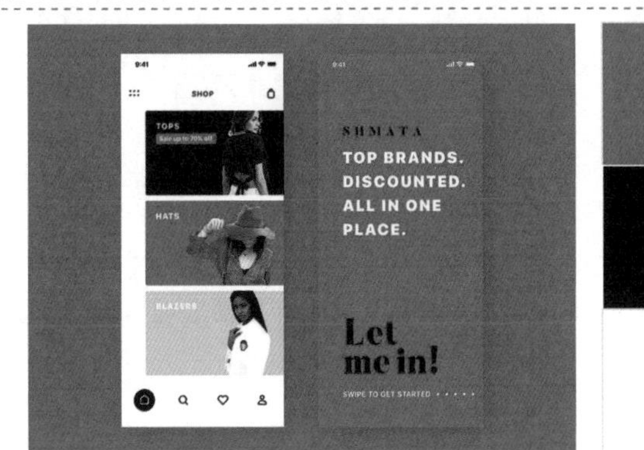

在该女性时尚购物App的界面设计中，使用高饱和度的红橙色作为界面主色调，表现出年轻、时尚人群的兴奋、活力与激情。除了高饱和度的橙色，界面中还使用了纯白色与黑色相搭配，强烈对比的表现效果使得界面给人带来很强的视觉冲击力。

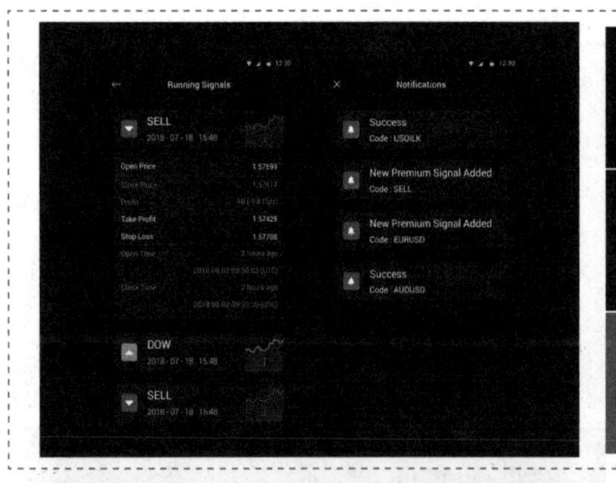

金融理财需要为用户带来稳定与安全感，在该金融理财类的App界面设计中，使用明度和饱和度都较低的深灰蓝色作为主色调，使界面表现出稳重感与沉静感。在界面中搭配白色的文字，并且分别使用绿色和红色进行点缀，凸显界面的信息，非常直观、清晰。

在该设计类网站界面中，导航栏背景使用了鲜艳的红色，给人一种醒目、大胆的感受。灰色作为过渡色能够很好地协调界面的各种色彩，显得统一、完整，减少不必要的色彩冲突和视觉刺激，具有很好的过渡性。白色文字在多彩的界面中起到了突出作用，引人注意。

在该楼盘宣传网站的界面设计中，使用高明度低饱和度的浅蓝色到白色的渐变颜色作为界面的背景主色调，给人一种柔和、清新的感觉。在界面底部使用青色与低饱和度的蓝色相结合表现出层层叠叠的山峰，使整个界面表现得更加空旷、宁静、舒适。

1.8.8 色彩的活泼与庄重

低饱和度色彩和低明度色彩使人感觉庄重、严肃；高饱和度色彩丰富多彩、强对比色彩使人感觉跳跃、活泼、有朝气。

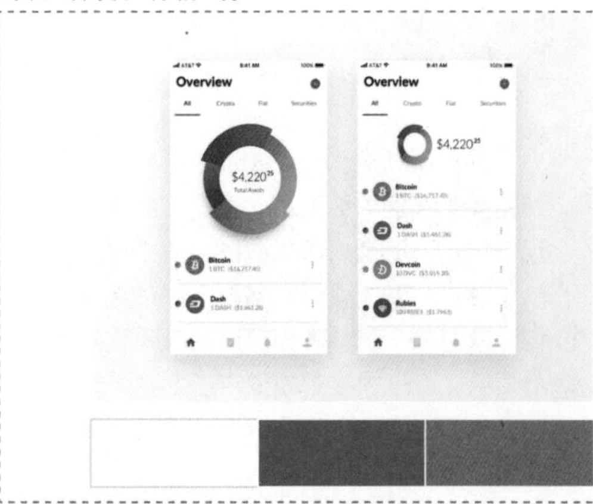

在该金融类App的界面设计中，使用纯白色作为界面的背景主色调，搭配黑色的文字，使界面中的信息内容表现非常清晰。界面中的分析图表及各选项前的图标则使用了不同的高饱和度色彩进行表现，有效地区分了不同的信息，并且使界面表现得更加丰富多彩，富有活力与朝气。

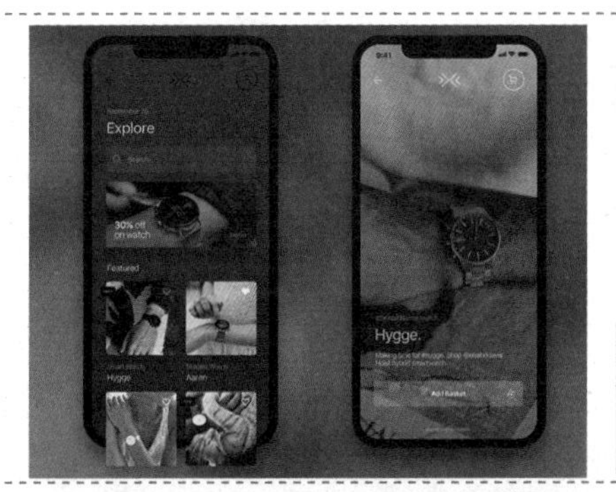

在该男士手表App的界面设计中，使用明度和饱和度都很低的深灰蓝色作为界面的背景主色调，体现出稳重而大气的效果。界面中并没有使用其他任何高饱和度的色彩，只有少量浅灰色和白色的文字，重点突出界面中的手表产品图片，整体给人一种精致而高档的感觉。

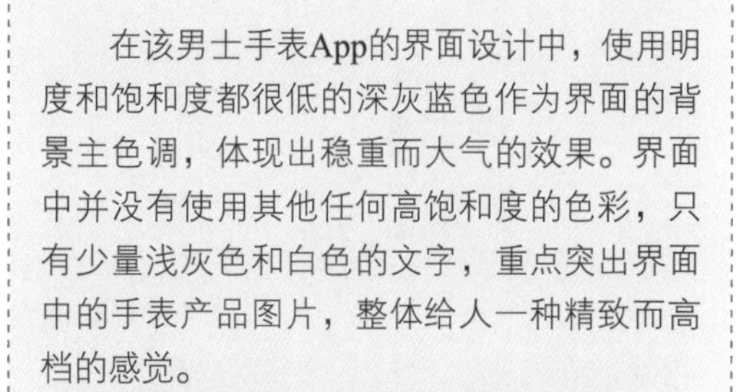

在该针对年轻人的产品宣传网站中，运用了多种高饱和度的色彩搭配，形成强烈的色彩对比与碰撞，使整个页面让人感觉充满活力。并且页面采用了像素画的方式来呈现相应的图形，极富个性和潮流气息。

该建筑相关的网站页面使用明度和饱和度都较低的深蓝色作为页面的背景，给人一种庄重、严肃的感觉，这与网站所要传达的安全、专业、科技等企业理念相吻合。

1.9 UI配色欣赏

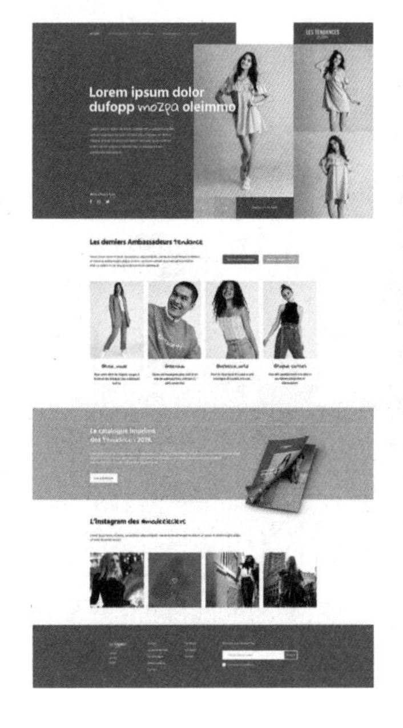

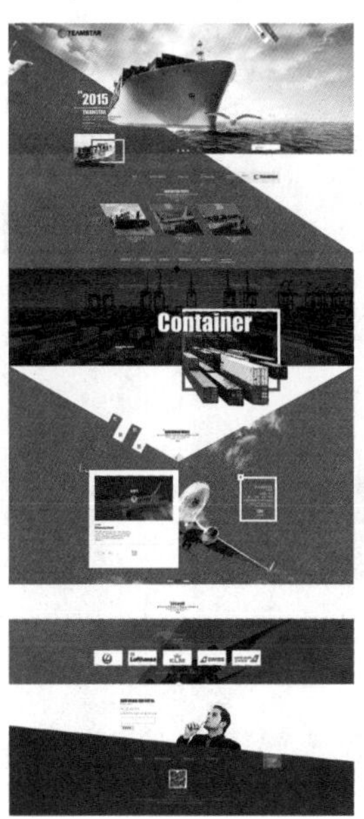

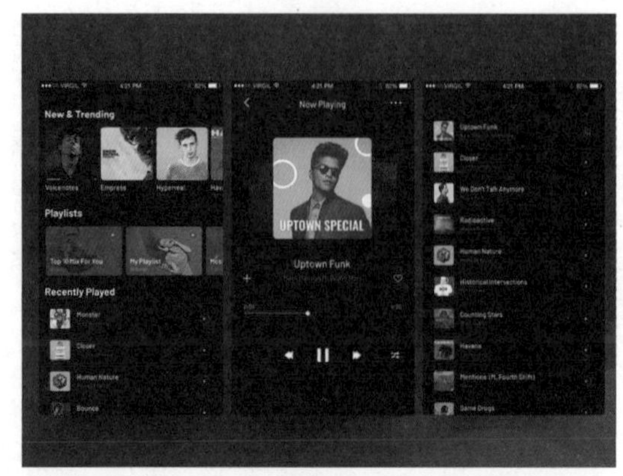
New & Trending
Playlists
Recently Played
Now Playing
UPTOWN SPECIAL
Uptown Funk

Latest Movies
The Incredibles 2
Categories
Avengers : Infinity War
29
2D

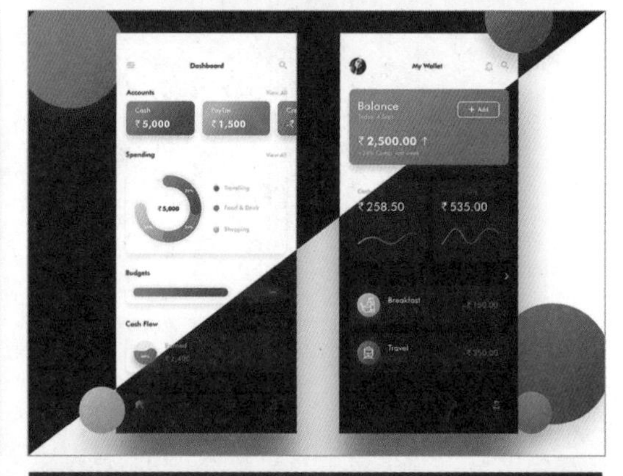
Dashboard
Accounts
₹5,000
₹1,500
Spending
Budgets
Cash Flow
My Wallet
Balance
₹2,500.00
₹258.50
₹535.00
Breakfast
Travel

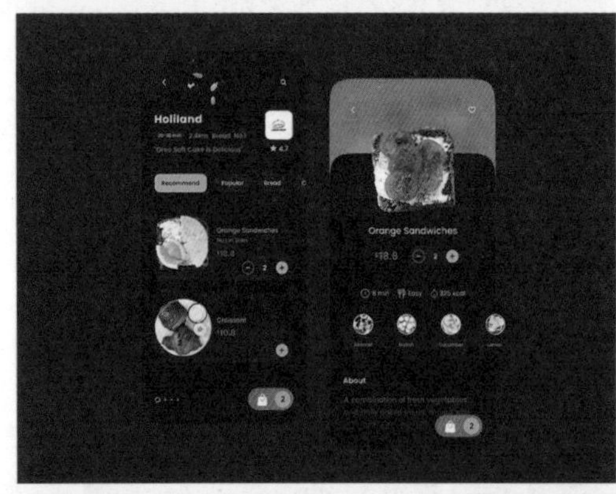
Holliand
Orange Sandwiches
About

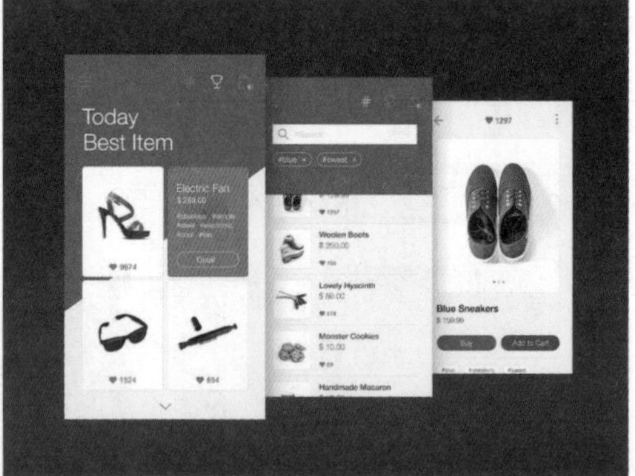
Today
Best Item
Electric Fan
Woolen Boots
Lovely Hyacinth
Monster Cookies
Handmade Macaron
Blue Sneakers

Generative
Animation
in Figma
How to make generative animation
in Figma in 5 minutes on Skillshare
Watch the course

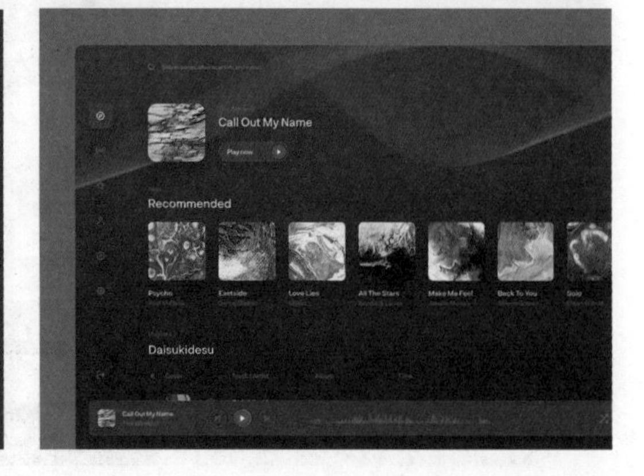
Call Out My Name
Recommended
Daisukidesu

第2章 UI配色基础

UI设计是指用户界面设计，包含用户在整个产品使用过程中相关界面的软硬件设计，包括了UE（用户体验）设计、GUI（用户图形界面）设计及ID（交互设计），是一种相对广义的概念。在UI设计中，配色占据着极其重要的地位，好的界面配色能够有效提升产品的用户体验，还会吸引更多潜在用户的目光。本章将向读者介绍有关UI配色设计的相关基础知识，帮助读者认识UI配色设计。

2.1 关于UI设计

UI（用户界面）是广义的概念，包含软硬件设计，包括了UE（用户体验）设计、GUI（用户图形界面）设计及ID（交互设计）。UE（用户体验）关注的是用户的行为习惯和心理感受，就是琢磨用户会怎么使用软件或硬件才觉得称心如意。GUI（用户图形界面）设计就是界面设计，负责应用的视觉界面，目前国内大部分的UI设计师其实做的就是GUI（用户图形界面）设计。ID（交互设计）简单来讲是指用户和应用之间的互动过程，一般由交互工程师来做。

2.1.1 什么是UI设计

UI设计是指对应用的人机交互、操作逻辑、界面美观的整体设计。好的UI设计不仅让应用变得有个性，有别于其他产品，还要让用户便捷、高效、舒适、愉悦地使用。

在人机交互过程中，有一个层面被称为界面。从心理学的角度来讲，我们可以把它分为两个层次：感觉（视觉、触觉、听觉）和情感。人们在使用某产品时，第一时间直观感受到的是屏幕上的界面，它传递给人们在使用产品前的第一印象。一个友好的、美观的界面能给人带来愉悦的感受，增加用户的产品黏度，为产品增加附加值。通常，很多人会觉得界面设计仅仅是视觉层面的东西，这是错误的理解。设计师需要定位用户群体、使用环境、使用方法，最后根据这些数据进行科学的设计。

判断一款界面设计好坏与否，不是领导和项目成员决定的，最有发言权的是用户，而且不是一个用户说了算，是一个特定的群体。所以 UI 设计要与用户研究紧密结合，时刻考虑用户会怎么想，这样才能设计出令用户满意的产品。

2.1.2 什么是GUI设计

GUI（Graphical User Interface，用户图形界面）是指使用图形方式显示的计算机操作用户界面。GUI设计的广泛应用是当今计算机发展的重大成就之一，它极大地方便了非专业用户的使用。人们从此不需要死记硬背大量的命令，取而代之的是通过窗口、菜单、按键等方式来更加方便地进行操作。

图形用户界面是一种人与计算机通信的界面显示格式，允许用户使用鼠标等输入设备操纵屏幕上的图标或菜单选项，以选择命令、调用文件、启动程序或执行其他一些日常任务。与通过键盘输入文本或字符命令来完成例行任务的字符界面相比，图形用户界面有许多优点。图形用户界面由窗口、下拉菜单、对话框及其相应的控制机制构成，在各种新式应用程序中都是标准化的，即相同的操作总是以同样的方式来完成。在图形用户界面中，用户看到和操作的都是图形对象，应用的是计算机图形学的技术。

UI设计包括了可用性分析、GUI设计及用户测试等。GUI设计是UI设计的一种表达方式，是以可见的图形方式展现给用户的。

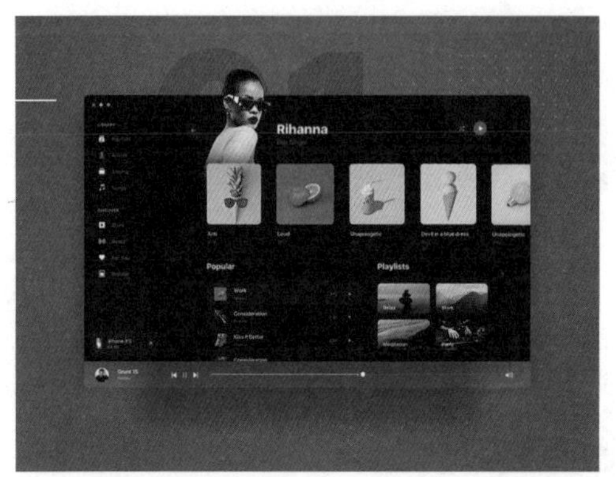

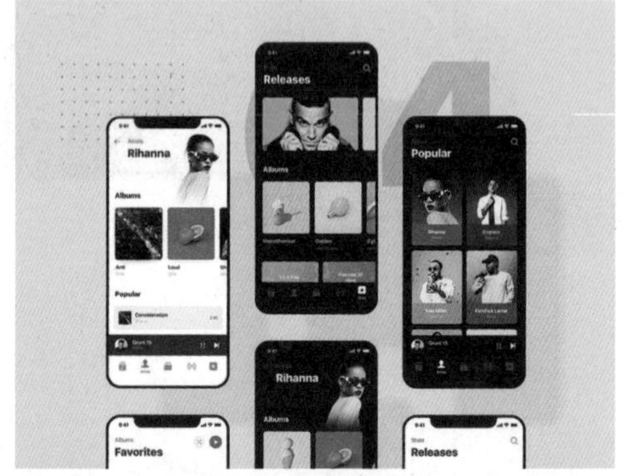

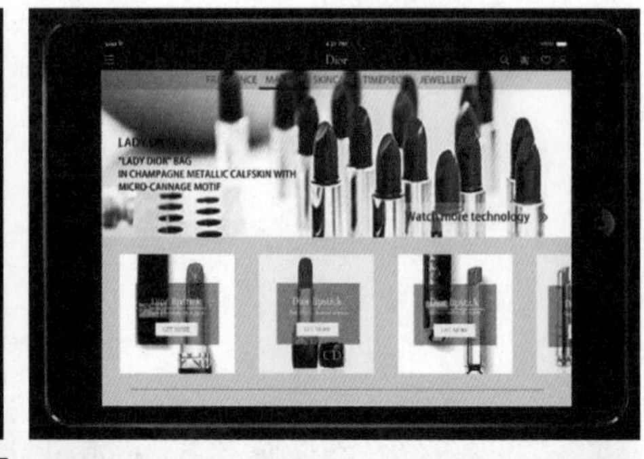

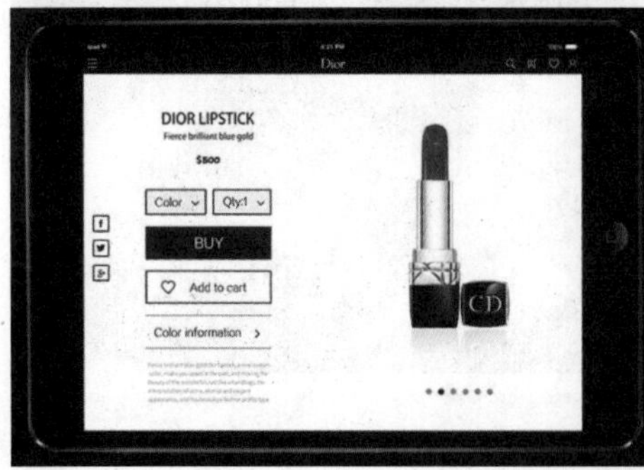

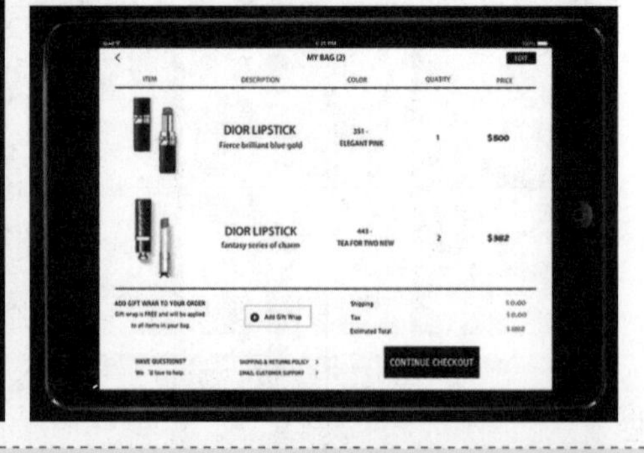

Dior是众多女性喜爱的知名品牌，保持着高贵优雅的风格和品位。因此该品牌购物App的界面设计也将此风格体现得淋漓尽致。界面中分类清楚，页面与页面之间层层递进的关系让用户操作起来更加方便。界面设计使用白色作为主色调，简约大方，搭配青色和绿色的图形，再添加模特图像素材，渲染出一种优雅、复古的气息，更能吸引用户的眼球。

2.1.3 关于UE/UX

近几年来，计算机技术发展日新月异。用户体验设计越来越被众多设计开发企业所重视。

用户体验（User Experience，简称UE）是一种纯主观的、在用户使用一个产品（服务）的过程中建立起来的心理感受。因为它是纯主观的，就带有不确定因素。当每个个体在使用同一个产品时都有自身的感受，这个差异化也决定了这种体验无法一一再现。但是设计师可以根据某个特定的使用群体做一个概括性的总结分析。

用户体验主要是来自用户和人机界面的交互过程，它是伴随着计算机的发展而产生的。在早期的产品开发中，用户体验通常不被企业重视，他们觉得用户体验只是产品制造中很小的一个环节，作为用户体验的表现层（GUI）也只是被看作产品的外包装，往往等到产品核心功能设计进入尾声时才让UI设计师介入。这样使得用户体验设计被框死在现有的功能之中，产品得不到应有的改善。如果发现了很大的体验问题，那么产品核心功能将面临再次被修改或强制性地推向市场，这样无疑让企业承受了很大的风险。

当前很多企业越来越注重以用户为中心的产品观念。用户体验的概念从开发的最早期就进入，并贯穿始终，其目的主要有以下几点。

- 对用户体验有正确的预估。
- 认识用户的真实期望和目的。
- 在核心功能还能够以低廉成本加以修改时对设计进行修正。
- 保证核心功能与人机界面之间的协调工作，减少错误。

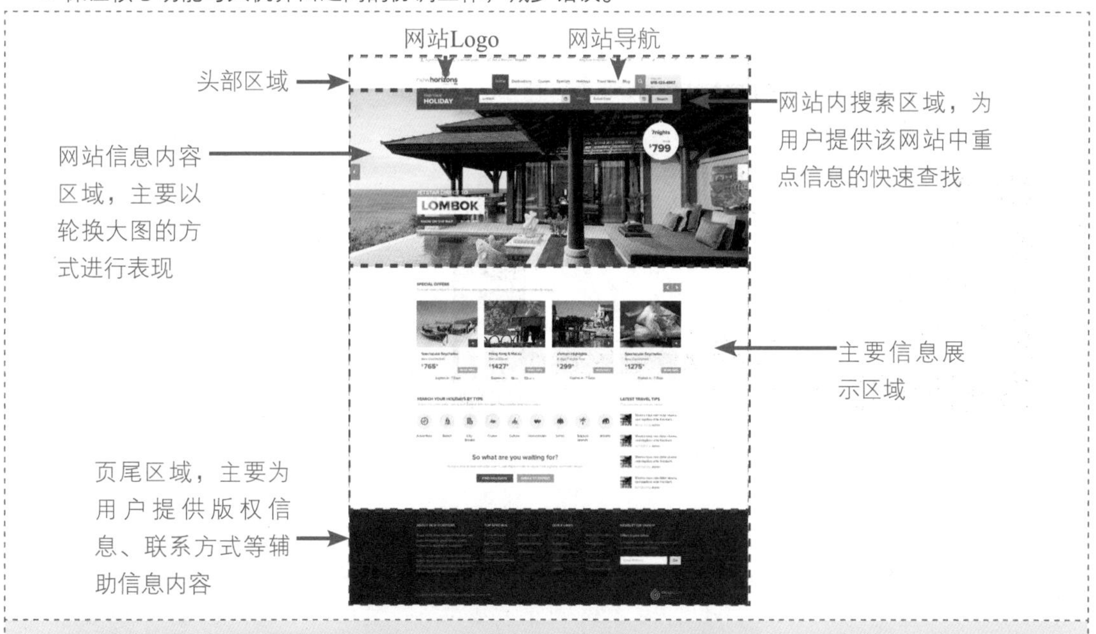

虽然大多数的网站界面都会包括以上所描述的各个模块和元素，但是不同类型的网站，不同设计师设计的网站界面，所展现出的形式是不同的。在符合设计原则和满足用户体验需求的基础上，网站界面的表现形式可以是多种多样的。

用户体验是用户与产品在交互过程中所获得的感受，同GUI相比它是不可见的。GUI与UE是UI设计过程中最重要的组成部分，它们是相互影响紧密联系的，在UI设计过程中，GUI设计的目的就是为了提高和改善人机交互过程，使用户操作更为直接和方便。如果整个人机交互过程可以理解为一个系统，那么用户体验就是一个系统反馈，有了这个反馈，系统就可以不断修正自身误差，以达到最佳的输出状态。

2.1.4 移动UI设计的崛起

随着智能手机和平板电脑等移动设备的普及，移动设备成为与用户交互最直接的体现。移动设备已经成为人们日常生活中不可缺少的一部分，各种类型的移动端应用层出不穷。移动端用户不仅期望移动设备的软件、硬件拥有强大的功能，而且更注重了操作用户界面的直观性、便捷性，能够享受轻松愉快的操作体验。

移动端和PC端的UI设计都非常重要，两者之间存在着许多共同之处，因为我们的受众没有变，基本的设计方法和理念都是一样的。移动端与PC端UI设计的区别主要取决于硬件设备提供的人机交互方式不同，现阶段的技术制约也会影响到移动端和PC端的UI设计。下面从几个方面向读者介绍移动端UI设计与PC端UI设计的区别。

1．界面尺寸不同

移动端与PC端的输出区域尺寸不同。目前主流显示器的屏幕尺寸通常为19~24英寸，而主流手机的屏幕尺寸为5~5.5英寸，平板电脑的屏幕尺寸为7~10英寸。

由于两者之间的输出区域尺寸不同，在移动端界面设计与PC端界面设计中不能在同一屏幕中放入同样多的内容。

在通常情况下，一个应用的信息量是固定的，在PC端的界面设计中，需要把尽量多的内容放到首页中，避免出现过多的层级；而在移动端界面设计中，由于屏幕的限制，不能将内容都放到第一屏的界面中，因此需要更多的层级，以及一个非常清晰的操作流程，让用户可以知道自己在整个应用的什么位置，并能够很容易地到达自己想要去的页面或步骤。

这是一个适用于不同设备进行浏览的响应式网站界面，我们可以看出该网站界面在PC端的显示效果和在不同的移动设备中的显示效果。在使用不同的设备浏览该网站时，网站界面会自动对布局和内容进行适当的调整，从而保持界面内容的正常显示以便用户浏览，从而为用户提供良好的用户体验。

2．侧重点不同

在过去，PC端界面设计的侧重点是“看”，即通过完美的视觉效果表现出网站中的内容和产品，给浏览者留下深刻的印象。而移动端界面设计的侧重点是“用”，即在界面视觉效果的基础上充分体现移动应用的易用性，使用户更便捷、更方便地使用。但是，随着技术水平的不断发展，PC端界面设计也越来越多地体现出“用”的功能，使得PC端界面设计与移动端界面设计在这方面的界限越来越不明显了。

这是一个为移动端用户设计的订餐App的界面，可以看到该界面中的信息内容清晰、明确。界面使用纯白色作为背景主色调，有效突出界面中的食物图片，以及食物相关信息，通过不同颜色的按钮来区分不同的功能，并且为食品类型设计了不同的图标，用户在使用时会非常方便。

3．精确度不同

PC端的操作媒介是鼠标，鼠标的精确度是相当高的，哪怕是再小的按钮，对于鼠标来说也可以接受，单击的错误率很低。

而移动端的操作媒介是手指，手指的准确度没有鼠标那么高，因此，移动端界面中的按钮需要一个较大的范围，以减少操作错误率。

4．操作习惯不同

鼠标可以实现单击、双击、右击等操作，在PC端界面中也可以设计快捷菜单、双击等操作。而在移动端中，通常可以通过单击、长按、滑动等操作进行控制，因此可以设计长按呼出菜单、滑动翻页或切换、双指的放大缩小及双指的旋转等操作。

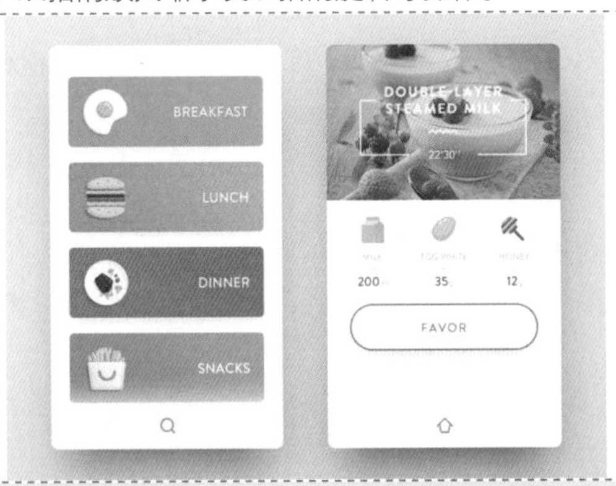

色块是移动端界面设计中常用的一种内容表现方式，通过色块可以在移动端界面中更容易区分不同的内容。在该移动端界面设计中，使用不同色相的鲜艳色块来突出不同功能内容，使界面信息更加突出，并且大色块更利于手指进行触摸操作。

移动界面的交互方式都是通过人们的手指来完成的。例如，在该移动端应用界面中，当用户手指在界面中从右至左进行滑动操作时，就可以实现翻页的功能，并且以交互动画的形式呈现翻页过程，能够给用户带来良好的操作体验。

5．按钮状态不同

PC端界面中的按钮通常有4种状态，默认状态、鼠标经过状态、鼠标单击状态和不可用状态。而在移动端界面中的按钮通常只有3种状态，默认状态、点击状态和不可用状态。因此，在移动端界面设计中，按钮需要更加明确，可以让用户一眼就知道什么地方有按钮，当用户点击后，就会触发相应的操作。

应用中的多个界面，无论是配色、功能布局，还是界面的布局框架都保持了一致性，从而带给用户统一的操作使用感受。

在移动端App界面设计中，需要保持界面设计的一致性，这样可以让用户继续使用之前已经掌握的知识和技能。例如，该移动端App，无论是界面的设计风格，还是界面中功能区域的布局都保持了一致性原则，用户在使用的过程中，可以很方便地进行操作。

在同一个界面中，PC端界面可以比移动端界面显示更多的信息和内容。例如，淘宝、京东等网站，在网站界面中可以呈现很多的信息板块，而在移动端的应用界面中则相对比较简洁，呈现信息的方式也完全不同。

2.2 UI配色的基本步骤

产品UI给用户留下的第一印象，既不是界面中丰富的内容，也不是合理的版式布局，而是界面的色彩。色彩的视觉效果非常明显，UI设计得成功与否，在某种程度上取决于设计师对色彩的运用和搭配，因此配色决定了UI留给用户的第一印象。

2.2.1 明确产品的定位与目标

在为UI选择合理的配色方案之前，首先需要明确该产品的定位与目标，然后确定UI的核心功能和主要组成元素，这样才能够更加合理地选择配色方案。

产品存在的意义就在于可以满足用户的特定需求。例如，微信解决了用户在相隔万里却又想亲密沟通的交流需求；微博满足了平凡的用户同明星在同一个平台却也可以享受明星般关注的社交心理需求；美食类App解决了用户足不出户就能享受美食的需求。产品的核心价值就是为用户解决特定的需求，也可以理解为产品的核心竞争力就是满足用户的特定需求。因此在开始进行界面设计前，应该对产品的核心功能定位有一个足够的认识。

如果我们所开发的产品是以文字信息为主（如博客类、社交类或电子书等App），这样的产品界面比较适合使用浅色调的背景颜色，因为界面内容的可读性占据用户体验的首要位置。

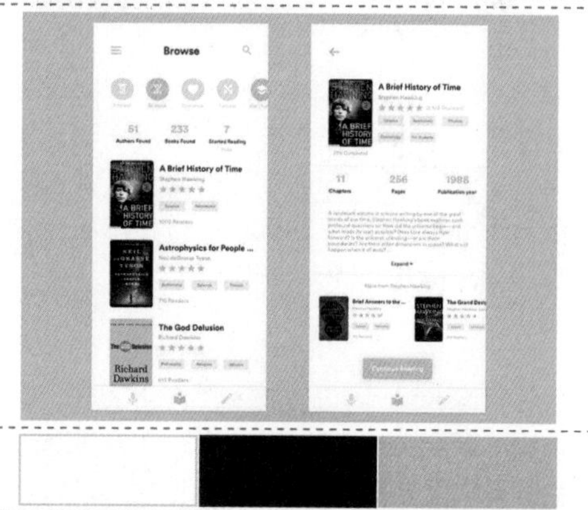

在该电子书App的界面设计中，使用接近纯白色的浅灰色作为界面的背景主色调，搭配接近黑色的深灰色文字，使界面信息内容非常清晰，便于用户阅读。界面中的图标使用了浅灰色，而相应的功能操作按钮和特殊说明文字则使用了高明度的黄色，使界面整体表现明亮、轻快，整体视觉效果柔和、舒适。

电商类App也常常使用纯白色作为界面的背景主色调，因为纯白色能够有效凸显界面中产品的色彩，使产品图片和产品信息看起来更加直观、清晰。在该运动鞋产品的购物App界面设计中，使用纯白色背景搭配黑色的文字，产品信息非常清晰，局部点缀高明度青蓝色的按钮和图标，有效地突出了功能操作选项。

如果所开发的产品需要在视觉上做到具有很强的吸引力，那么产品界面选用深色调的背景会更加合适。虽然深色调背景显得很厚重，但是因为其吸收了页面中其他元素的光，更有利于其表现非文字形式的内容。产品的内容不仅和文字相关，图标、图像、符号和数字等也属于内容的范围。此外，深色背景会给产品营造出一种特有的神秘感和奢华感，可以从更深的层次来反映内容。

在该奢侈品电商App的界面设计中，使用黑色作为界面的背景主色调，搭配无彩色的灰色块及白色的文字，并且界面设计非常简洁，整体给人带来强烈的高档感与奢华感。购物车等功能操作按钮则使用棕色表现，在界面中特别突出。

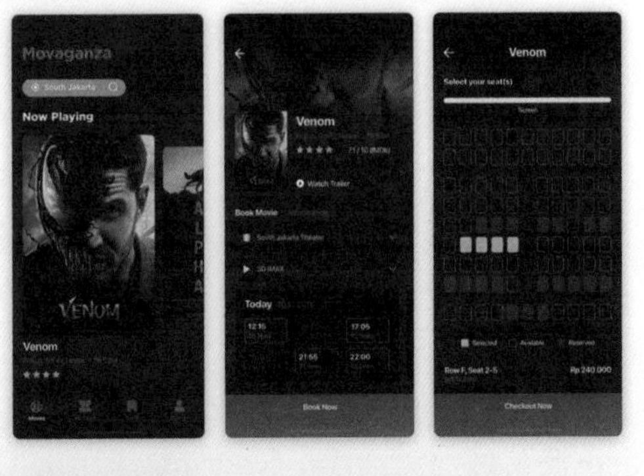

该电影票在线预定App界面使用明度和饱和度都比较低的深灰蓝色作为背景主色调，给人带来沉稳的感觉。在界面中搭配白色的文字，使用高饱和度的洋红色与青色表现界面中的图标和选项，与深灰蓝色的背景形成强烈对比，视觉效果非常清晰、突出。

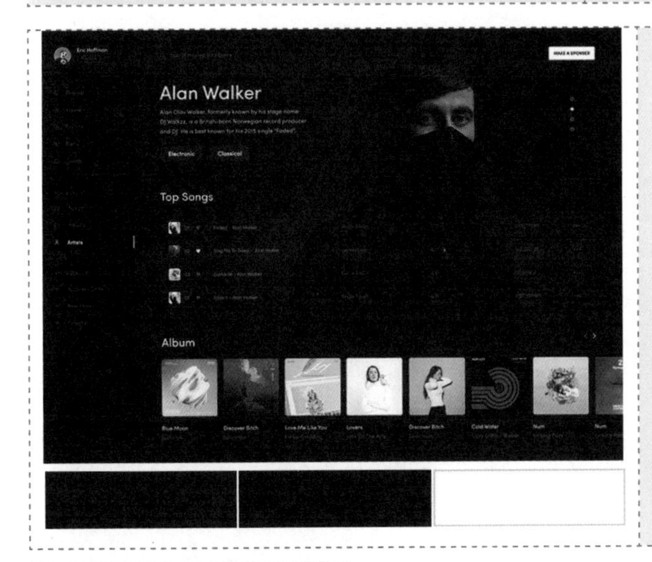

这是一个PC端音乐播放器界面，该界面使用深灰蓝色作为背景的主色调，并且左侧的导航菜单部分与主体操作区域部分使用了不同明度的灰蓝色，从而有效区分界面中不同的内容区域，使界面产生层次感。界面中的文字内容都采用了白色，与深灰蓝色的背景形成对比，整体视觉风格简洁而清晰，具有很好的视觉清晰度。

2.2.2 确定目标用户群体

通过分析产品的目标受众群体，往往能够让设计师更清楚需要先做什么后做什么。了解潜在用户想从网站或 App 中获得什么，这样才能够为设计出可用、有用且具有吸引力的界面奠定扎实的基础。

中老年人会更加喜欢浅色为主的配色方案，这样的界面对他们而言更加直观，也更加易于导航。年轻人更加喜欢深色背景的界面设计，因为其表现更加自然、时尚。青少年和儿童对欢快明亮的界面是没有任何抵抗力的，一些有趣的细节设计可以很好地吸引青少年和儿童的关注。以目标受众群体为中心来设计界面，可以让设计思路更加明确。

使用浅色背景能够凸显界面中的内容，也符合人们的阅读习惯。该服饰类购物App界面使用接近白色的浅灰色作为背景的主色调，搭配同样无彩色的白色，给人一种简洁、时尚的感觉，局部搭配浅棕色的图标与功能操作按钮，色调柔和、舒适，使人感觉温馨而自然。

该影视类App界面使用黑色作为背景的主色调，搭配纯白色与黄色的文字，使得界面表现出很强的视觉冲击力，给人个性十足的感觉。在界面中局部搭配高饱和度的黄色按钮，与黑色背景形成强烈的对比，使界面更加时尚且富有动感，这样的界面设计深受年轻用户的喜爱。

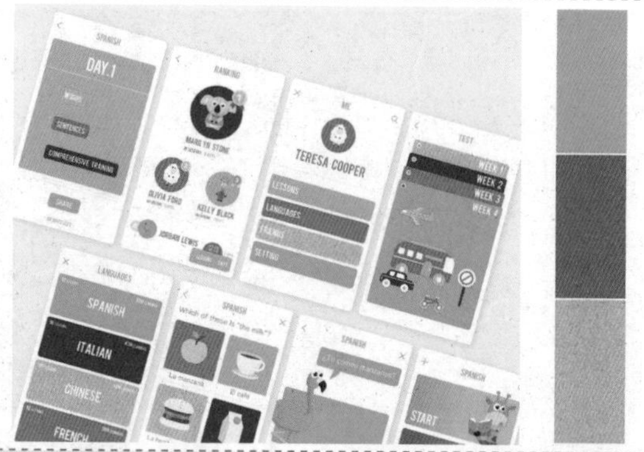

这是一款针对儿童的语言学习App，在该App界面中使用纯白色作为界面背景，搭配多种高饱和度的色彩，使用不同的高饱和度色彩来区分界面中不同的选项，与一些卡通动物和卡通插画相结合，使界面充满了童趣，表现出欢快而明亮的效果，特别能够吸引儿童的关注。

2.2.3 分析竞争对手

市场上不是只有一款产品，我们必须要面对许多同类型产品的竞争。所以需要对市场上同类型的产品进行调研分析，通过调研我们可以知道哪些设计方案已经被竞争对手使用，应该放弃已经被竞争对手使用过的设计方案。否则最坏的结果就是，等到产品已经进入了测试阶段，即将上线才发现市场上已经有了一个类似的产品。所以对市场进行调研，在产品研发早期阶段就可以放弃一些过时无用的设计方案，避免做无用功。

配色方案的选取将会直接影响到产品在竞争中是否足够突出，会影响用户初次使用时是否愿意与之互动。在探索已有的同类竞争对手产品上花费时间，能够帮我们节省时间和精力。

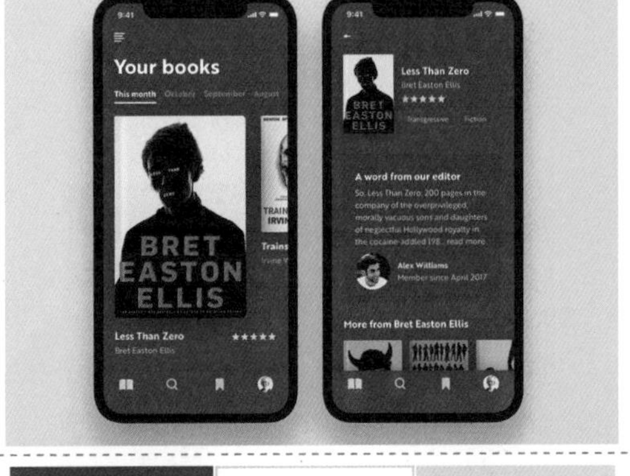

这是一个日志分享App界面，使用纯白色作为界面背景的主色调，界面中各导航菜单选项使用了图标与文字相结合的表现形式，并且分别使用了不同的高饱和度色彩来表现不同的选项，多种色彩的点缀使得界面更加富有现代感与个性。

该电子书App界面的配色并没有使用其他电子书App界面惯用的白色或黑色背景，而是使用了高饱和度的蓝紫色作为界面背景，搭配纯白色的文字，使界面的视觉表现效果十分强烈，局部点缀黄色的图标，与背景形成对比，表现出独特的个性。

2.2.4 产品测试

基于用户群体、可用性、吸引力等不同因素，确定配色方案的大概方向之后，每个设计方案都应该在不同分辨率、不同屏幕及不同条件下进行适当的测试。在产品投放市场之前，不间断的测试会揭示出配色方案的强弱，如果设计方案的效果不理想，则可能会给用户留下不好的第一印象。

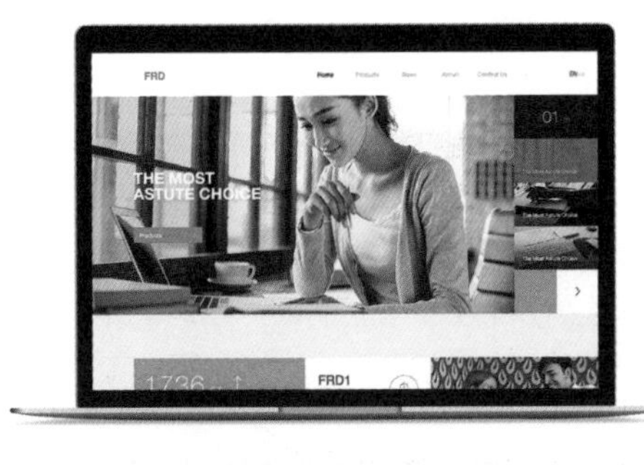

这是一个响应式的企业网站界面，使用浅灰色与纯白色作为界面的背景主色调，表现出清新、自然的视觉风格。在界面中局部使用高饱和度的橙色和蓝色作为点缀，使界面表现出时尚与现代感。并且该网站界面在不同的设备中浏览都能够获得很好的视觉效果，从而保证了界面视觉效果的统一表现。

2.3 影响UI配色的因素

我们的日常生活中总是面临着无数的选择，大量的挑战。设计的决策也是如此，一个正确的决策会受到很多不同因素的影响，经验、知识、事实依据，还有别人的建议等。UI配色方案的最终确定受到多方面因素的影响，它不仅涉及用户，还受到产品目标、市场条件和当前设计趋势的影响。

2.3.1 UI的可读性和易读性

可读性和易读性都与UI设计内容的感知有直接的关联。可读性是指用户是否能够轻松地阅读界面中的图文内容；而易读性则是指界面中内容的排版与设计是否能够使用户更加便捷和快速地识别。

在对UI进行配色设计的过程中，应该考虑到界面内容的可读性和易读性，特别是拥有大量文本内容的界面，更需要着重考虑界面内容的可读性和易读性。在白色或浅色的背景上显示黑色的文本，比在黑色的背景上显示白色的文本，看起来要更显著，清晰度也更大一些。

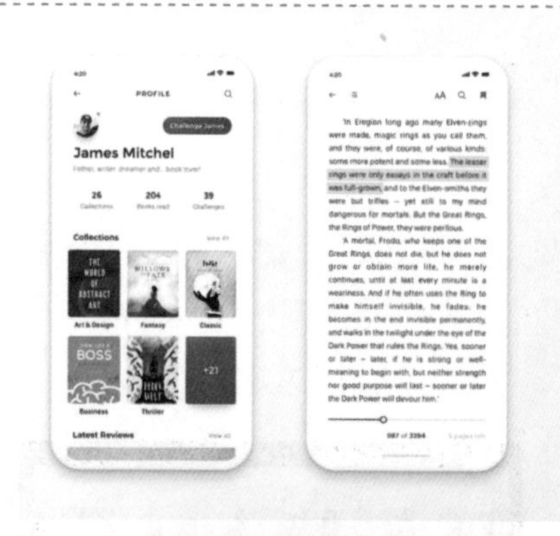

对于包含大量文本内容的App界面来说，通常都会采用非常简洁的设计，从而有效突出界面中的信息内容，使界面中的文本内容可读并且易读。该电子书App的界面设计非常简洁、清晰，使用纯白色作为界面背景，界面中并没有其他的装饰性元素，突出书籍封面图片和黑色文字，而进入书籍的内容阅读界面后，白底黑字的表现效果非常清晰，有效提升界面中文本内容的可读性和易读性。

这是否意味着浅色背景的可读性更强呢？并不一定。文字和背景之间应该采用高对比度的色彩。白色背景上的黑色文字（正文本）和黑色背景上的白色文字（负文本），在对比度和易读性上几乎完全一样，但是后者和日常的阅读习惯并不一致，这种倒置的配色方案会让人在阅读速度上稍慢一些。当文本比纯黑更浅一些，而背景并非纯白时，易读性会相应地变得更弱一些。

在该博客类App界面设计中，使用黑色作为界面的背景主色调，搭配纯白色的文字，文字与背景形成强烈的对比效果，有效突出文字内容，可读性和易读性同样非常出色。这样的配色表现时尚而富有现代感，比较容易受到年轻人的喜爱。

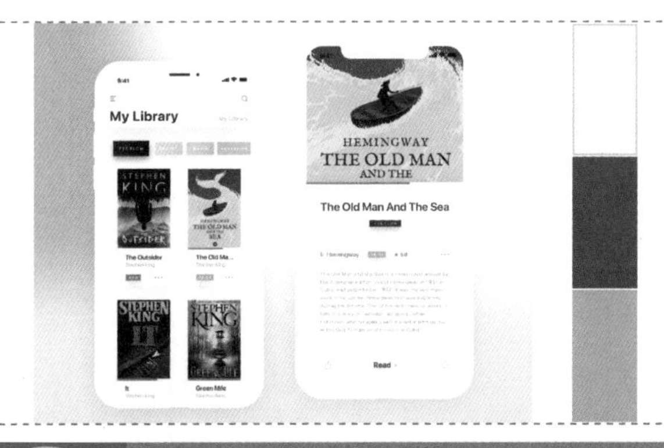

在该电子书App界面设计中，使用纯白色作为界面的背景主色调，界面中的文本内容使用了深灰色进行表现，并且文章标题文字与正文内容使用了不同明度的灰色，从而表现出层次感，但是灰色的文本与白色的背景对比稍弱，整体表现比较柔和，易读性相对来说要稍弱一些。

如果UI的可读性较差，将会直接带来更差的用户体验，用户无法快速扫视界面中的信息内容，甚至会在视觉上产生莫名其妙的混乱，导致用户错过关键信息。

2.3.2 产品的可访问性

产品应该为用户提供良好的可访问性，“用还是不用”取决于用户的需求和偏好，而不是用户的能力。可访问性通常是指Web界面或App能够尽可能更多地贴合更为广泛的用户需求，让普通用户和有障碍的用户都能够顺畅地使用。UI配色设计对于产品的可访问性也存在着一定的影响，在选择配色时，设计师需要考虑不同的年龄、特殊的需求和有障碍的用户的需求。用户调研将会为 UI设计师提供数据，让UI配色更加贴近用户的真实需求。

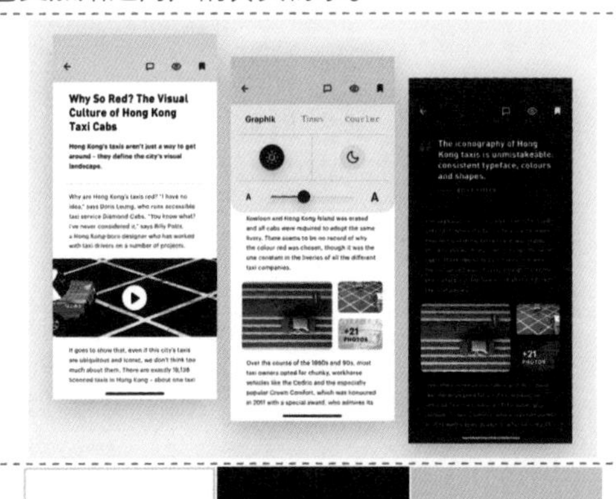

在该新闻类的App界面设计中，默认采用了白色的背景搭配黑色的文字内容，界面内容表现清晰而直观。并且在界面中还为用户提供了界面配色设置操作，如果将模式调整为黑夜模式，则界面表现为黑色背景白色文字的效果，将选择权交给用户，为用户带来非常好的使用体验。

在该电子书App界面设计中，使用纯白色的背景搭配黑色的文字，使得界面中的文字内容非常清新、易读，局部点缀黄色，提示当前的位置。在文章界面中为用户提供了自主设置的权力，用户可以根据自己的需要来设置界面中文字的大小、字体类型、背景颜色等，将选择权交给用户，为用户提供良好的可访问性。

2.3.3 UI清晰度

清晰度是指衡量UI设计中所有核心细节的清晰程度。在UI设计中，导航是否简单直观和清晰度就有着直接的关系。如果UI没有合理的清晰度，那么该UI的信息和视觉层级设计是一团糟的。UI的配色方案直接影响界面的清晰度，而在配色方案中，色彩的对比度起到了非常重要的作用。想要确保界面清晰、对比明显，可以通过“模糊效果”来对整个布局进行检验，观看重要的内容是否更容易被注意到。

在该滑雪运动网站界面设计中，直接以刺激的滑雪视频作为整个界面的背景，蓝天、雪地这样的大自然场景和色彩给用户带来一种身临其境的感受。而界面中的导航菜单则使用了高饱和度的红色进行突出表现，使其非常突出、清晰。界面中搭配简洁的主题文字和相关图片，非常便于用户浏览和操作。

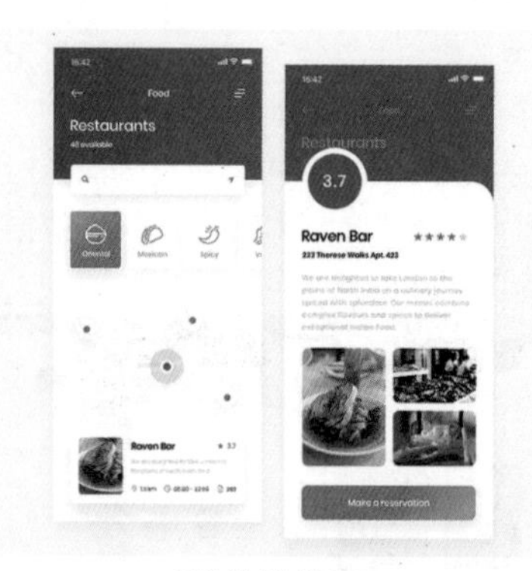

（原始效果）

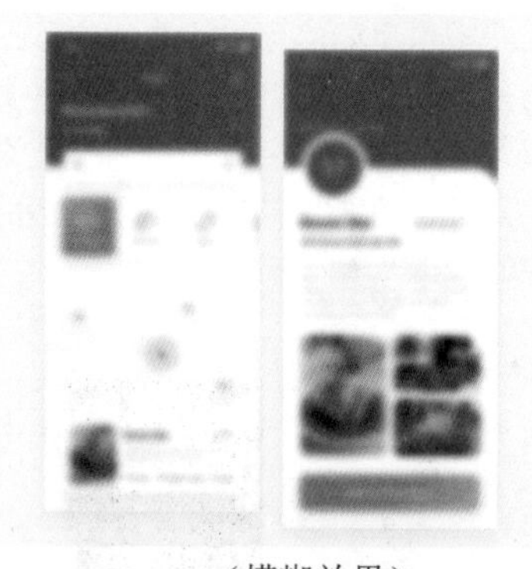

（模糊效果）

在该订餐App界面设计中，使用蓝色和白色作为界面的背景颜色，有效地在界面中划分了不同的内容区域，蓝色背景部分为标题和选项栏区域，而白色背景部分为正文内容区域。并且在界面中当前所选择的食物类型图标的下方，以及相应的功能操作按钮使用了橙色进行突出表现，整体效果清晰而直观，即使将界面进行模糊处理之后，依然可以通过色块来区分界面中不同的功能区域，界面效果清晰、对比明显。

“模糊效果”可以帮助我们发现界面的视觉重心，判断用户的目光是否放在重要内容上。方法其实很简单，只需要将设计图片进行模糊处理，模拟的就是用户第一眼看到界面的场景，如果在模糊状态下我们找不到任何重点，那就意味着所设计的UI清晰度还不够。

2.3.4 适配不同设备

无论是设计一个App界面还是网站界面，都要考虑到用户会在不同的设备下使用产品。在高分辨率屏幕下，一些很酷炫的效果在低分辨率的屏幕下就会显得很“脏”，原有的效果无法表现出来。所以设计师应该注意产品在不同屏幕下的适配问题。当然这个在设计的早期构思过程中就应该考虑到，什么样的版式与配色能够很好地完成界面在不同设备上的适配。例如，卡片式设计就可以对界面内容进行分割重组来适应不同的屏幕，卡片本身还具有很强的伸缩性，可大可小，卡片式设计可以在不同大小的屏幕中仍保持视觉风格的统一。

使用不同色相的鲜艳色彩表现不同的内容，使页面变得更加活跃，也能够有效区分不同的内容。

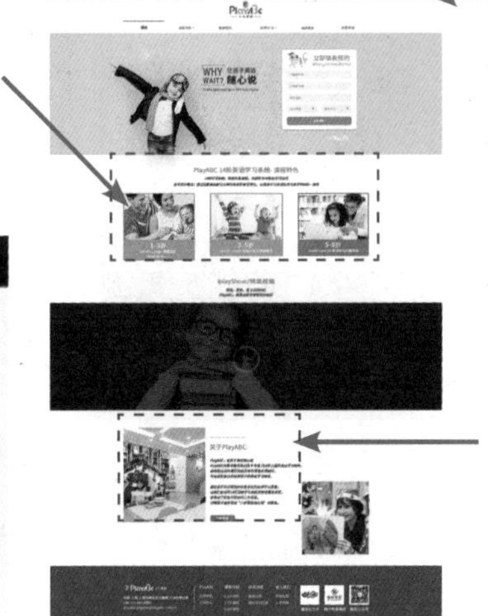

页头与页尾色彩相呼应。

标题与正文运用不同的颜色，表现出内容层次。

当用户在浏览网站界面时，先给用户留下印象的一定是网站界面的配色，不同的色彩能够给用户带来不同的心理感受。该网站界面使用了黄色、绿色和蓝色等多种鲜艳的色彩进行搭配，重点突出的是黄色和蓝色，多种鲜艳色彩的搭配给人一种活泼、快乐、生机勃勃的感受，非常适合儿童教育网站。并且网站界面能够适配不同的浏览设备，界面中的配色无论在哪种浏览设备中浏览都能够获得很好的视觉效果。

UI配色本身会涉及色彩、形状和内容的感知，所以在最终设计完成之前，需要尽量在不同的设备上进行全面测试。

2.3.5 考虑到使用场景

我们在为UI选择适当的配色方案和背景类型时，需要考虑的一个重要因素就是用户的使用场景。例如，在自然光线的照射下，黑色背景会产生反射效果，特别是平板电脑和智能手机的屏幕，这会影响用户对屏幕内容的阅读。另外，在光线不好的情况下，暗色背景的导航对用户来说更加合适。所以针对不同的使用场景，对于颜色组合、对比度和阴影的使用，设计师应该有充分的考虑。

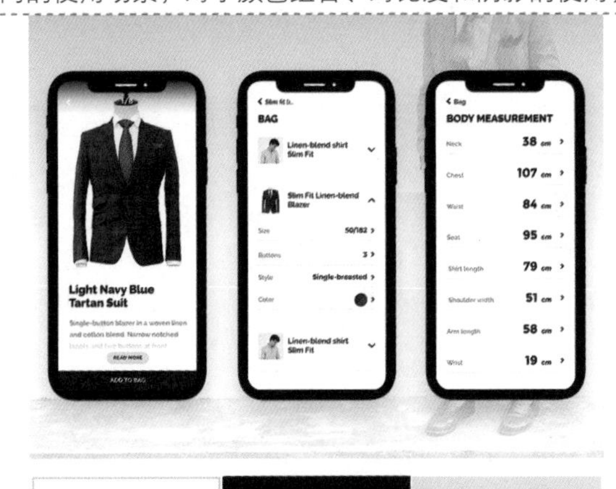

浅色背景在App界面设计中比较常用，特别是纯白色的背景，因为浅色背景能够很好地突出界面中的内容。在该电商App界面设计中，使用纯白色作为界面的背景主色调，很好地突出了界面中服饰图片的表现效果，搭配深灰色的文字和按钮，有效减少对服饰图片的影响，界面表现效果清晰而简洁，有效地突出了服饰。

在该备忘录App的界面设计中，为了避免黑色背景在自然光线的照射下产生反射，影响界面内容的阅读，所以使用了深灰蓝色作为界面的背景主色调，表现出厚重而踏实的效果。在界面中搭配接近白色的浅灰色文字，与背景形成对比，但对比效果相对于黑底白字来说要柔和一些，让人看起来更加舒服。点缀少量的红色，突出表现当前的备忘录事件。

2.3.6 通过配色在UI中创造视觉层次

在同一个界面中的内容有着不同的优先级顺序，有的内容很重要或我们希望用户先看到，这类优先级高的内容在设计时就应该着重表现。我们可以通过色彩搭配来创建页面的视觉层次，突出表现用户真正需要关注的信息。

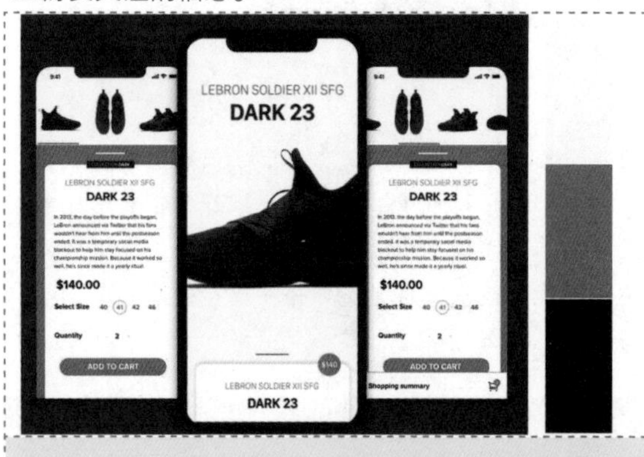

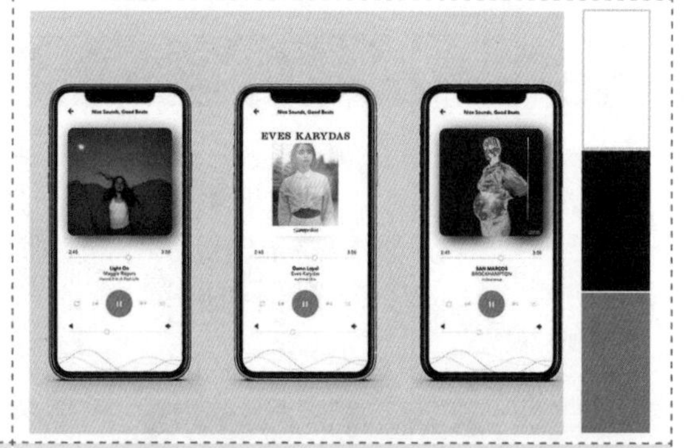

电商App最重要的就是促成用户的购买操作，所以在电商App界面设计中，通常使用与背景形成强烈对比的色彩来表现加入购物车按钮。在该电商App的界面设计中，使用接近白色的浅灰色与高饱和度的橙色作为界面背景的主色调，在橙色背景上叠加浅灰色显示产品的相关信息，而加入购物车按钮则使用了与背景形成呼应的高饱和度橙色，使界面的视觉层次非常鲜明，重点功能突出。

音乐播放App界面最主要的功能就是用户可以对音乐进行控制，所以在音乐App的界面设计中最需要突出表现的就是音乐播放控制的相关功能操作按钮。在该音乐App的界面设计中，使用纯白色作为界面背景的主色调，使界面信息非常简洁、清晰，界面中的播放控制按钮则使用了高饱和度的橙色，表现出时尚与动感，将使用频率最高的播放控制按钮的背景设置为橙色，视觉效果非常突出。

2.4 感知色彩

在日常生活中，人们通常喜欢阳光、彩色，不同程度的色相对比有利于人们识别不同程度的色相差异，也可以满足人们对色彩的不同要求。色相可分为红色、橙色、黄色、绿色、青色、蓝色、紫色、黑色、白色、灰色等几种，本节主要从色相出发，分别选用适合不同色相的UI进行分析，为以后在UI设计过程中对色彩的选择提供很好的借鉴和帮助。

2.4.1 红色

在整个人类的发展历史中，红色始终代表着一种特殊的力量与权势，在很多宗教仪式中会经常使用鲜明的红色，在我国红色一直都是吉祥幸福的代表性颜色。同时，鲜血、火焰、危险、战争、狂热等极端的感觉都可以与红色联系在一起。红色所具有的这种生命力在很多艺术作品中得到了淋漓尽致的发挥。

红色的色感温暖，性格刚烈而外向，是一种对人刺激性很强的颜色。红色容易引起人们注意，也容易使人兴奋、激动、紧张，还是一种容易造成视觉疲劳的颜色。

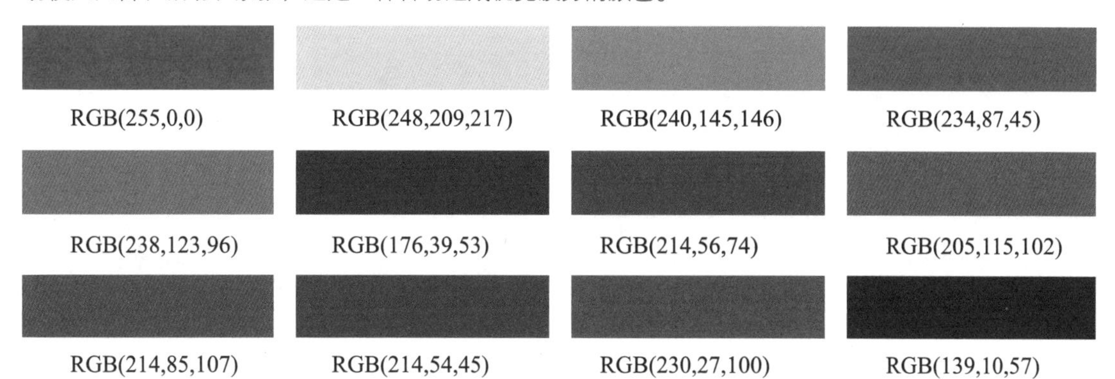

在红色中加入少量的黄色，会使其热力强盛，趋于热烈、激情；在红色中加入少量的蓝色，会使其热情减弱，趋于文雅、柔和；在红色中加入少量的黑色，会使其性格变得沉稳，趋于厚重、朴实。而在红色中加入少量的白色，会使其性格变得温柔，趋于含蓄、羞涩、娇嫩。

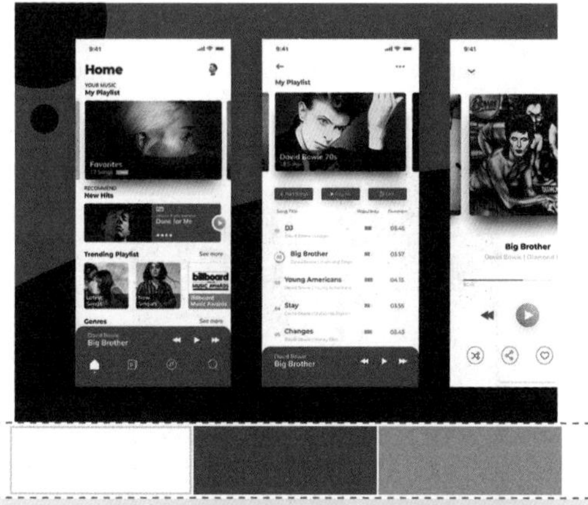

在该音乐App界面设计中，使用纯白色作为界面背景的主色调，有效突出界面中图片和文字内容的表现，在界面底部使用高饱和度的红色背景来突出相关功能操作按钮，并且在界面中同样为相应的文字和按钮搭配了红色，使得界面表现出富有激情的效果。

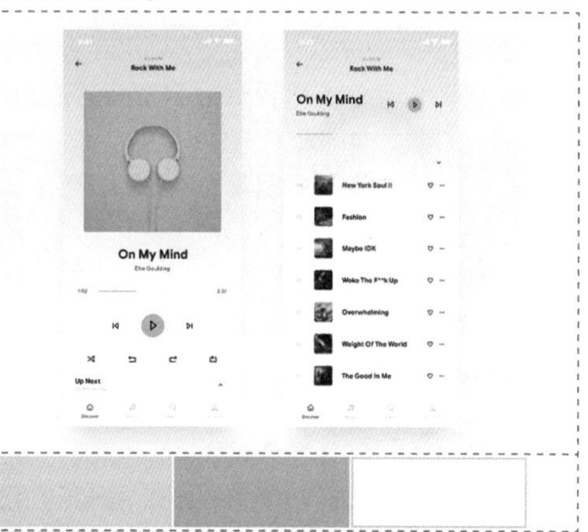

在该音乐App界面设计中，使用高明度、低饱和度的粉红色到白色的渐变颜色作为界面背景的主色调。粉红色给人一种柔和、甜美的感觉，在该界面中大面积使用粉红色，使得整个界面表现出浓浓的甜美少女气息。

在该汽车宣传网站界面设计中，使用红色作为界面的主色调，不同明度的红色与汽车本身的色彩相呼应，与无彩色的深灰色和白色相搭配，给人一种激情、奔放的感觉，表现出汽车产品的热情与活力。

2.4.2 橙色

橙色又称为橘黄色或橘色，橙色具有明亮、华丽、健康、兴奋、温暖、欢乐、动人等色彩情感。橙色通常会给人一种朝气与活泼的感觉，它可以使抑郁的心情豁然开朗。

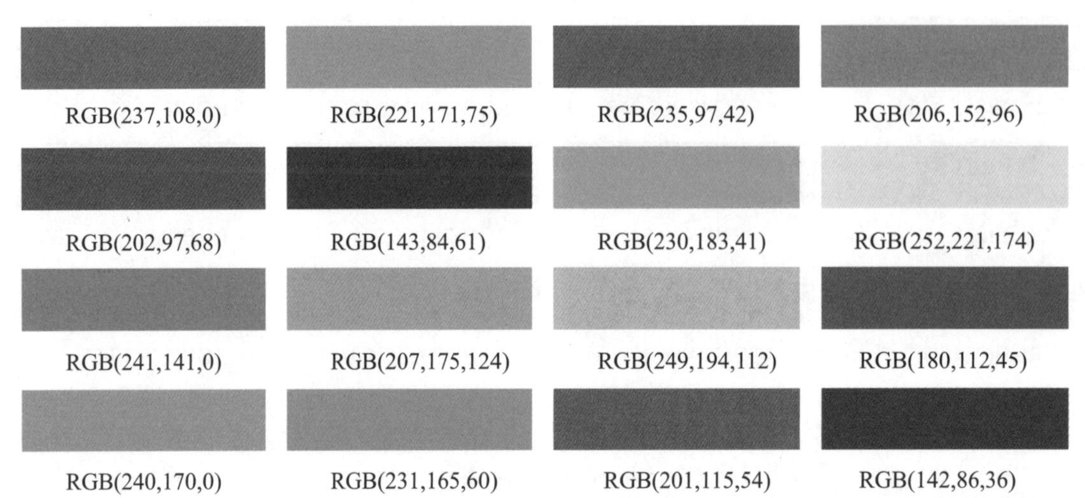

橙色在空气中的穿透力仅次于红色，而色感较红色更暖，鲜明的橙色是色彩中给人感觉比较温暖的颜色，不过橙色也是容易造成视觉疲劳的颜色。在我国，橙色象征着爱情和幸福，充满活力的橙色会给人健康的感觉，并且橙色还能够增强人们的食欲。

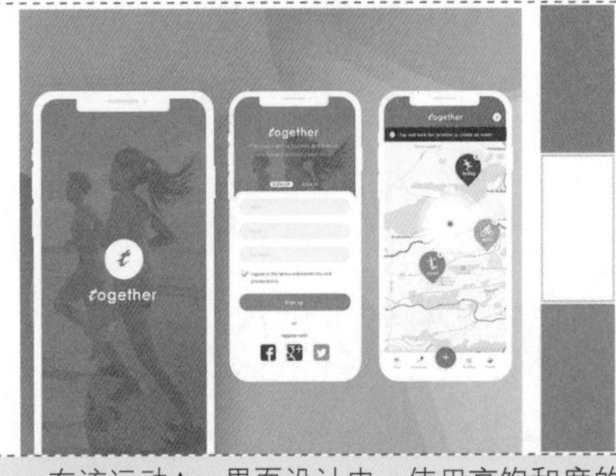

在该运动App界面设计中，使用高饱和度的橙色作为界面的主色调，通过橙色与白色的搭配，使界面非常富有活力。在界面中点缀绿色的按钮，体现出运动带给人们的健康感觉。

在该奢侈品电商App的登录和注册界面设计中，使用高明度、中等饱和度的橙色作为主色调。中等饱和度的橙色背景覆盖在偏暗的图片背景上，给人一种优雅、华丽、大气的感觉。

在该饮料产品的活动宣传网站界面设计中，使用高饱和度的橙色作为界面背景的主色调，给人一种温暖、新鲜、活力的感觉。在界面中搭配蓝天、白云、草地这些大自然的元素，更表现出产品的健康与自然。在界面局部点缀红橙色，与界面背景的黄橙色形成很好的呼应，为界面增添活力。

2.4.3 黄色

黄色的光感较强，给人以光明、辉煌、轻快、纯净的感觉。在很长的历史时期内，帝王与宗教传统均以辉煌的黄色作为服饰、家具、宫殿与庙宇的主要色彩，给人以崇高、智慧、神秘、华贵、威严和仁慈的感觉。

RGB(255,241,0)　RGB(255,240,125)　RGB(235,205,54)　RGB(222,197,0)

RGB(242,208,111)　RGB(255,225,128)　RGB(235,214,121)　RGB(251,214,70)

RGB(255,237,63)　RGB(238,240,164)　RGB(238,199,0)　RGB(213,148,0)

RGB(210,167,27)　RGB(178,154,73)　RGB(152,112,16)　RGB(119,90,0)

黄色会让人联想到酸酸的柠檬、明亮的向日葵、香甜的香蕉、淡雅的菊花，同时在心理上产生快乐、明朗、积极、年轻、活力、轻松、辉煌、警示等感受。

明亮的黄色可以给人甜蜜幸福的感觉，在很多艺术作品中，黄色都用来表现喜庆的气氛和富饶的景象，同时黄色还可以起到强调突出的作用。

该汽车产品定位为时尚年轻用户，所以在该汽车宣传网站的界面设计中使用黄色作为界面主色调，突出表现产品的活力与时尚个性，与接近黑色的深灰色相搭配，对比强烈，界面的视觉效果非常整洁。在黄色背景上搭配黑色文字，在黑色背景上搭配黄色文字，从而有效形成呼应。

在该音乐App界面设计中，使用鲜艳的高饱和度黄色作为界面的主色调，使界面表现出时尚与活力的效果。在该音乐App的“个人中心”界面中，为了突出界面中的信息内容，使用白色作为背景色，界面中的标题栏和功能操作按钮都使用黄色表现，音乐播放界面则使用黄色作为界面背景的主色调。在界面中搭配深灰色的功能操作按钮，使得各界面的配色统一，整体和谐。

2.4.4 绿色

绿色是人们在自然界中看到最多的色彩，让人联想到碧绿的树叶、新鲜的蔬菜、微酸的青苹果、鲜嫩的小草、高贵的绿宝石等。同时在心理上产生健康、新鲜、生长、舒适、天然的感觉，象征青春、和平、安全。

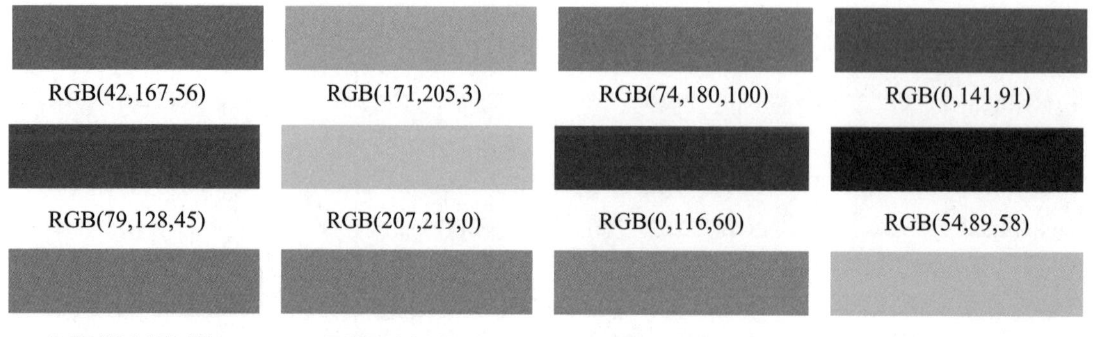

人们称绿色为生命之色，并把它作为农业、林业、畜牧业的象征色彩。由于绿色的生物和其他生物一样，具有诞生、发育、成长、成熟、衰老到死亡的过程，这就使得绿色呈现出各个不同阶段的变化，因此黄绿、嫩绿、淡绿就象征着春天和稚嫩、生长、青春与旺盛的生命力；艳绿、盛绿、浓绿象征着夏天和茂盛、健壮与成熟；灰绿、褐绿象征着秋冬和农作物的衰老与萧条。

生鲜类电商App经常使用绿色作为界面的主色调，从而表现出生鲜产品绿色、健康、纯天然的品质。该果蔬类产品App界面使用明亮的高饱和度绿色作为背景的主色调，与同色系低明度和低饱和度的绿色相搭配，表现出产品的绿色与健康品质，点缀橙色使得界面更加富有活力。

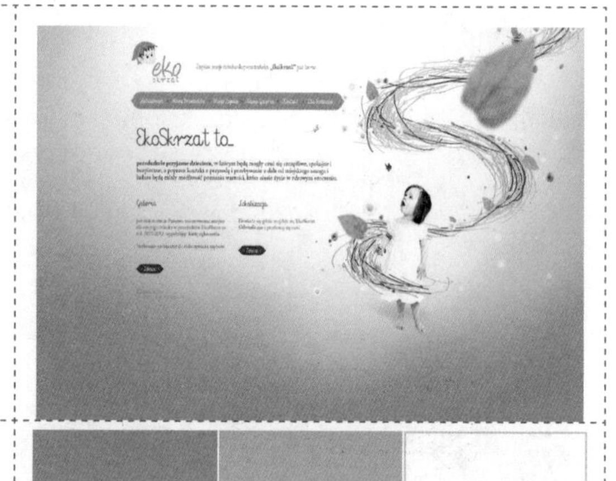

清新而又自然的绿色系色调常常带来新鲜和自然的联想。在该网站界面中，使用明度和饱和度较高的绿色作为界面主色调，绿色与不同饱和度的黄绿色进行搭配，纯度饱满，可以产生犹如初生般的新鲜感。

2.4.5 青色

青色是草绿色和蓝色的结合体，在自然界中并不多见，青色会给人较强的人工制作的感觉，这也使它在保留自然颜色原有特点的同时，又具备了特殊的效果。青色通常会给人带来凉爽清新的感觉，而且青色可以使人原本兴奋的心情冷静下来。据心理学家分析，青色可以给心情低迷的人一种特殊的信心与活力。

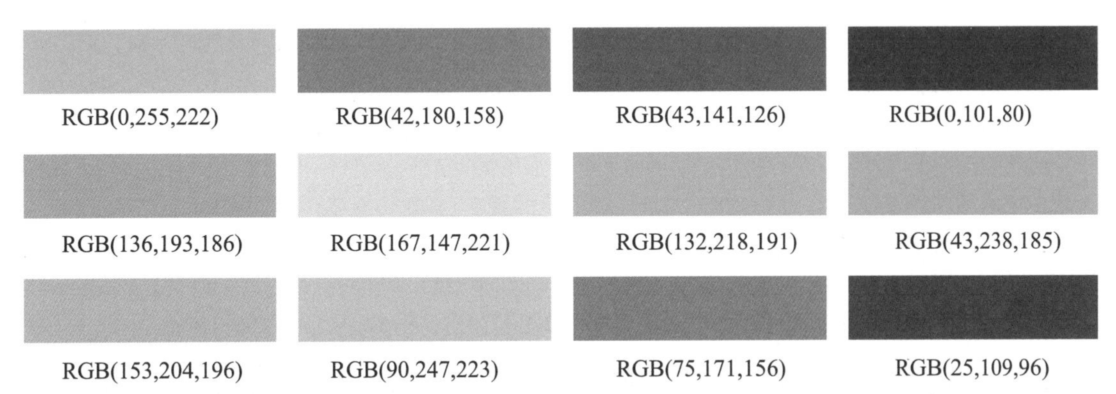

青色可以作为以绿色或蓝色为主色调网站的过渡颜色，可以对比较鲜亮的颜色起到中和作用。青色与黄色、橙色等颜色搭配可以营造出可爱亲切的氛围。青色与蓝色、白色等颜色搭配可以得到清新爽朗的效果。青色与黑色、灰色等颜色搭配又可以突出艺术的气息。

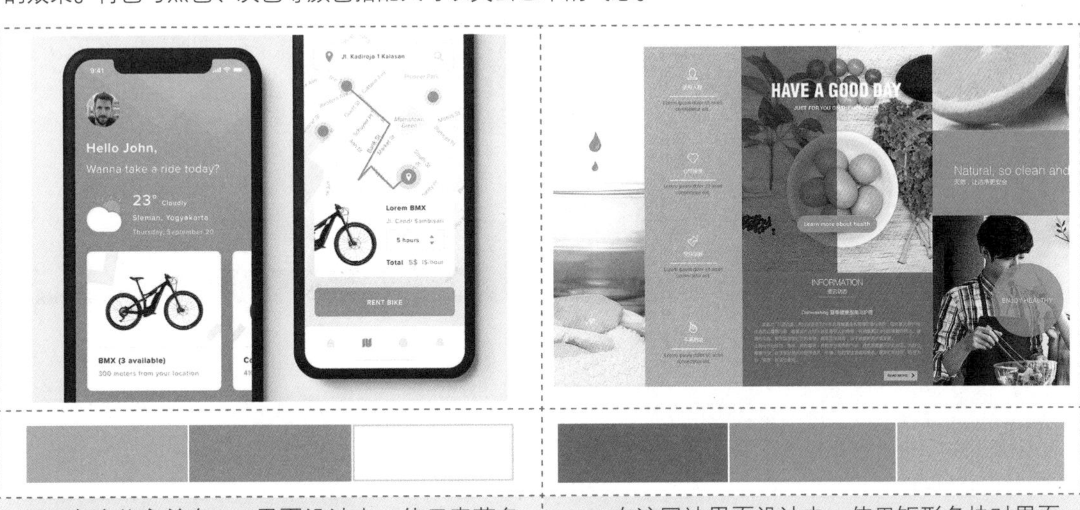

在该共享单车App界面设计中，使用青蓝色到青色的微渐变作为界面背景的主色调，在界面中搭配白色的文字和色块，使界面表现出一种清新、爽快的视觉效果。

在该网站界面设计中，使用矩形色块对界面内容进行分割，大小不一的矩形分别放置图片、青色和黄色的背景色块，青色与黄色的搭配表现出一种亲切、自然的氛围。

2.4.6 蓝色

蓝色会使人很自然地联想到大海和天空，所以会使人产生一种爽朗、开阔、清凉的感觉。作为冷色的代表颜色，蓝色给人很强烈的安稳感，同时蓝色还能够表现出和平、淡雅、洁净、可靠等多种感觉。目前很多科技类网站都使用蓝色与青色的搭配效果。

RGB(182,219,237)	RGB(43,186,217)	RGB(126,206,244)	RGB(0,165,211)
RGB(23,155,201)	RGB(12,52,132)	RGB(88,149,208)	RGB(63,174,224)
RGB(153,212,244)	RGB(18,122,182)	RGB(0,91,170)	RGB(58,155,210)

RGB(0,64,152)	RGB(39,77,127)	RGB(0,69,103)	RGB(79,167,198)

高饱和度的蓝色会给人一种整洁轻快的感觉，低饱和度的蓝色会给人一种都市化的现代感觉。低饱和度的蓝色可以营造出安稳、可靠的氛围，而高饱和度的蓝色可以营造出高贵、严肃的氛围。

蓝色与绿色、白色的搭配象征蓝天、绿树、白云，在现实生活中也是随处可见的，带给人纯天然的感受。选择明亮的蓝色作为主色调，配以白色的背景和灰亮的辅助色，可以使界面表现出干净而整洁的效果，给人庄重、充实的感觉。蓝色、青色、白色的搭配可以使界面看起来非常的干净清澈。

简单个性化已经成为目标受众的诉求之一，在该系统垃圾清理App的界面设计中，使用简约的图标和少量的文字来构成极简的界面。使用蓝色作为背景的主色调，蓝色可以给人很强的科技感。在界面中搭配半透明白色和青色的图形，使整个界面的色调非常统一，界面整体给人非常整洁、清晰的视觉效果，具有很好的辨识度。

在该网站界面设计中，使用了蓝色作为界面的主题色，高明度的浅蓝色科技图片作为背景，并在界面中搭配高饱和度的蓝色色块背景，对该色块背景进行了倾斜变形处理，从而使界面表现出强烈的科技感与现代感。

蓝色的所在往往是人类所知甚少的地方，如宇宙和深海，令人感到神秘莫测，现代人把它作为科学探讨的领域，因此蓝色就成为现代科学的象征色彩，给人冷静、沉思、智慧的感觉，象征征服大自然的力量。

2.4.7 紫色

紫色是自然界中比较少见的色彩，能让人联想到优雅的紫罗兰、芬芳的薰衣草等，因而具有高贵感，可以营造高尚、雅致、神秘与阴沉等氛围。

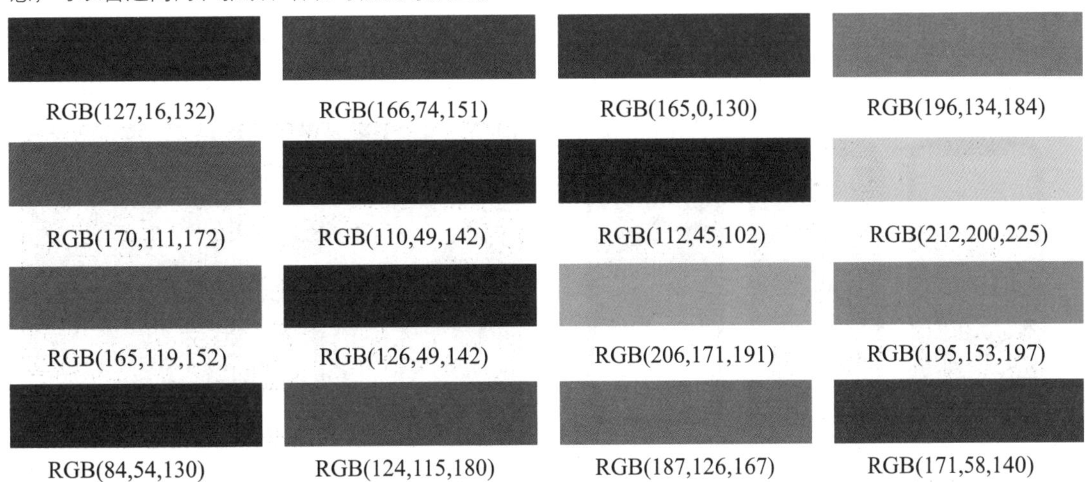

在可见光谱中，紫色光的波长较短，尤其是看不见的紫外线更是如此，因此眼睛对紫色光细微变化的分辨力很弱，容易引起疲劳。灰暗的紫色是伤痛、疾病的颜色，容易造成心理上的忧郁、痛苦和不安。浅灰紫色则是鱼胆的颜色，容易让人联想到鱼胆的苦涩。但是明亮的紫色好像天上的霞光、原野上的鲜花、情人的眼睛，动人心神，使人感到美好，因而常用来象征男女之间的爱情。

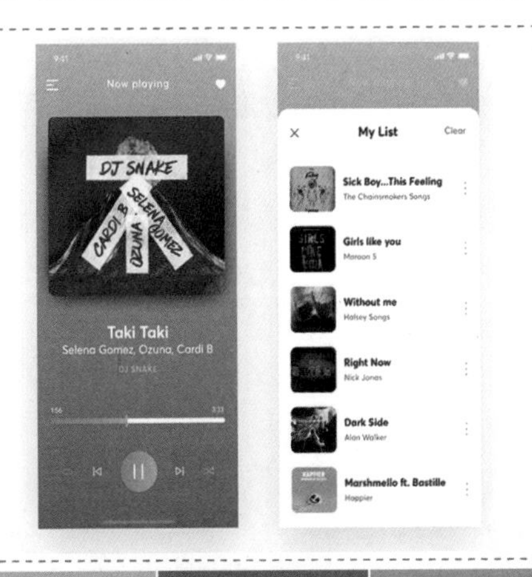

在该音乐播放App界面设计中，使用浅紫色到蓝紫色的渐变颜色作为界面背景的主色调，因为色彩的明度渐变，饱和度中等，所以背景给人柔和、淡雅的感觉，在界面中搭配白色的文字和播放控制按钮，而播放控制按钮与当前的进度则使用了对比强烈的青色，有效突出重点信息和功能。

在该网站界面设计中，使用紫色作为主色调，在界面中通过紫色和浅灰色背景来划分不同的内容区域，让人感觉优雅、女性化，在紫色的背景上搭配明度较高的白色文字，界面内容清晰，可读性高。

2.4.8 黑色

在商业设计中，黑色具有高贵、稳重、科技的意象，电视机、跑车、摄影机、音响、仪器等科技产品的色彩大多采用黑色。黑色还具有庄严的意象，因此也常用在一些特殊场合的空间设计中，生活用品和服饰大多利用黑色塑造高贵的形象。黑色也是一种永远流行的主要颜色，适合与大多数色彩搭配使用。

黑色本身是无光无色的，当作为背景色时，能够很好地衬托出其他颜色，尤其与白色搭配时，对比非常分明，白底黑字或黑底白字的可视度最高。

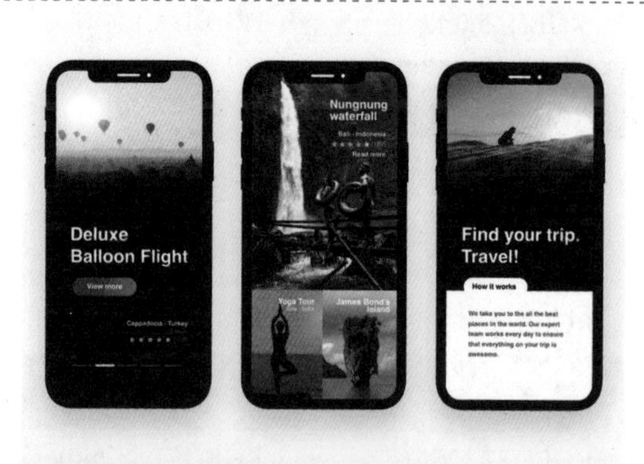

黑色能够带来强烈的时尚感和现代感。在该旅游类App界面设计中，使用纯黑色作为界面背景的主色调，与图片相结合，能够充分突出界面中图片的精美表现效果，在界面中搭配纯白色的文字及渐变色的按钮，有效突出相关信息，整体给人一种时尚而富有现代感的视觉效果。

在该汽车宣传网站界面设计中，使用纯黑色作为界面的背景颜色，而汽车本身使用了非常明亮的黄色，与背景产生了强烈的对比效果，非常突出，在界面中搭配少量浅灰色和黄色的文字，界面简洁，效果突出。

2.4.9 白色

在商业设计中，白色具有高级、科技的意象。纯白色给人寒冷、严峻的感觉，并且还具有纯洁、明快、纯真、洁净与和平的情感体验。白色很少单独使用，通常都与其他颜色搭配使用，纯粹的白色背景对UI设计内容的干扰最小。

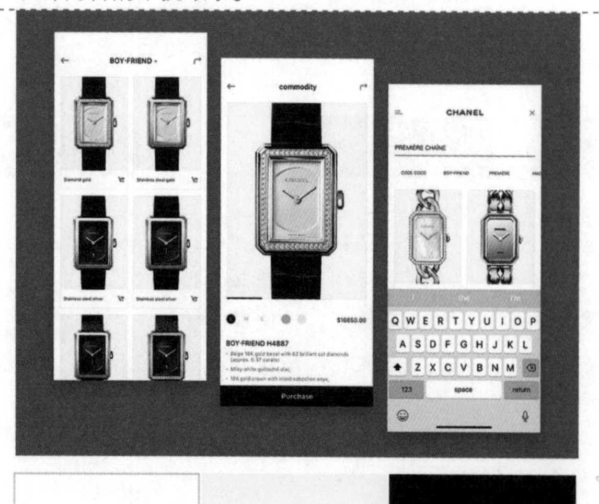

白色是App界面设计中经常使用的背景颜色，可以使界面表现得更加纯净、高雅。在该手表类电商App界面设计中，使用无彩色进行搭配，白色的界面背景、各产品图片的浅灰色背景及深灰色的购买按钮，使界面的色调表现统一，界面整体清晰、简洁，产品图片和信息非常直观。

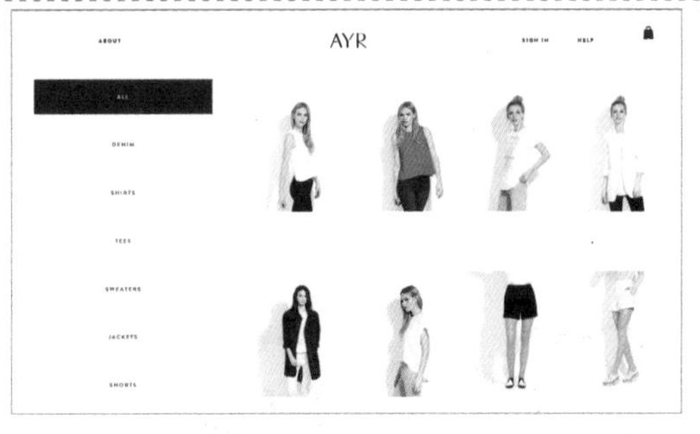

该女装品牌网站界面使用了极简的设计风格，使用白色和浅灰色作为界面背景颜色，使界面给人一种纯净、高雅的感觉。界面中几乎没有任何的装饰元素，有效地突出了产品和相关选项，界面内容非常清晰。产品列表界面中的产品分类选项使用了尺寸较大的浅灰色矩形背景，并且为当前所选择的分类选项应用深灰色矩形背景来突现表现，给用户制造了一种非常清晰的视觉流程。

2.4.10 灰色

灰色具有柔和、高雅的意象，随着配色的不同可以很动人，也可以很平静。灰色较为中性，象征知性、老年、虚无等，使人联想到工厂、都市、冬天的荒凉等。在商业设计中，许多高科技产品，尤其是和金属材料有关的产品，几乎都采用灰色来传达高级、科技的形象。由于灰色过于朴素和沉闷，在使用灰色时，大多数利用不同的层次变化组合或搭配其他色彩，使其不会有呆板、僵硬的感觉。

灰色能够表现出时尚、高雅的效果。该手表产品的移动端App界面设计，使用了不同明度的灰色进行搭配，浅灰色作为界面背景的主色调，而产品图片则使用更浅的灰色块进行突出表现，与背景形成层次感，界面中的文字和购买按钮则使用了深灰色，整体色调统一，给人一种高档、雅致的感觉。

在该网站界面设计中，完全使用无彩色进行搭配，使用浅灰色作为界面主色调，通过明度的变化使背景富有变化效果，在界面中搭配黑色的文字和按钮，表现出科技感与高档感，也与产品的色彩相呼应。

2.5 色彩在UI中所扮演的角色

在UI设计中，使用不同的配色给人带来的视觉感受也会有很大的差异，可见配色对于UI设计的重要性。一般在选择UI设计的色彩时，会选择与产品类型相符的颜色，尽量使用2~3种色彩进行搭配，调和各种颜色使其达到稳定、舒适的视觉效果。

2.5.1 主题色——传递作品核心主题

色彩是UI设计表现的要素之一。在UI设计中，根据和谐、均衡和重点突出的原则，将不同的色彩进行组合，来构成视觉效果均衡的界面，同时应该根据色彩对人们心理的影响，合理地加以运用。

主题色是指在UI设计中最主要的颜色，包括大面积的背景色、装饰图形颜色等构成视觉中心的颜色。主题色是UI配色设计的中心色，搭配其他颜色通常以此为基础。

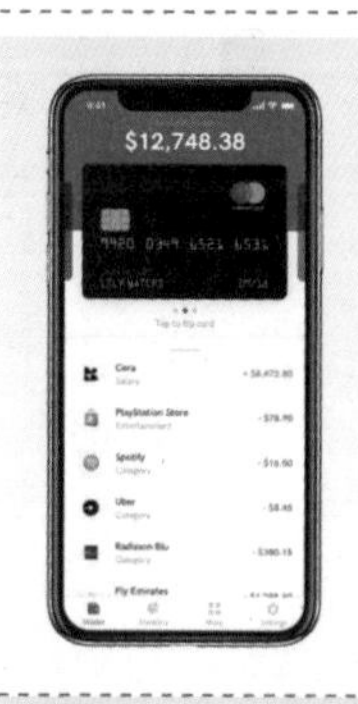

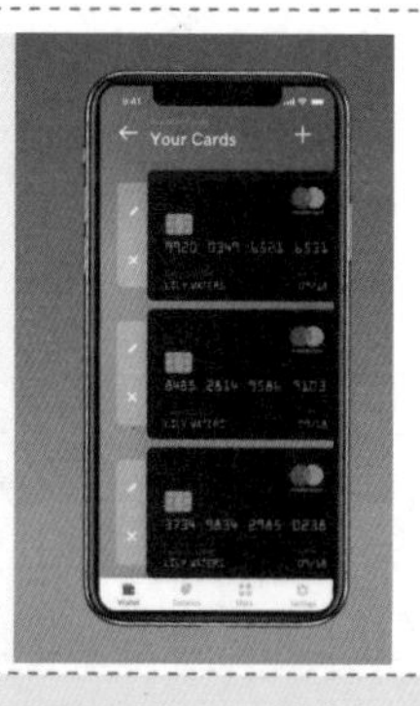

在该金融类App界面设计中，使用高饱和度的蓝色作为界面的主题色，与界面中纯白色的背景色相搭配，使得界面非常清爽，并且能够有效地突出了界面中的灰黑色银行卡。蓝色的主题色使得该金融类App界面表现出冷静、理性和科技感。

在该汽车宣传网站界面设计中，主题是汽车产品本身，而车身的高饱和度蓝色就是网站界面的主题色，与网站界面接近黑色的深灰蓝色背景形成强烈的明度和饱和度对比，有效地突出了主题产品，使网站界面生动而富有活力。

UI设计中的主题色主要由界面中整体栏目或中心图像所形成的中等面积的色块组成，它在界面空间中具有重要的地位，通常形成界面的视觉中心。

很大的面积通常是界面的背景色。

面积过小很难成为界面主角。

主题色通常在界面中占据中等面积。

主题色的选择通常有两种方式：想要产生鲜明、生动的效果，应该选择与背景色或辅助色呈对比的色彩；想要整体协调、稳重，应该选择与背景色、辅助色相近的色相或邻近色。

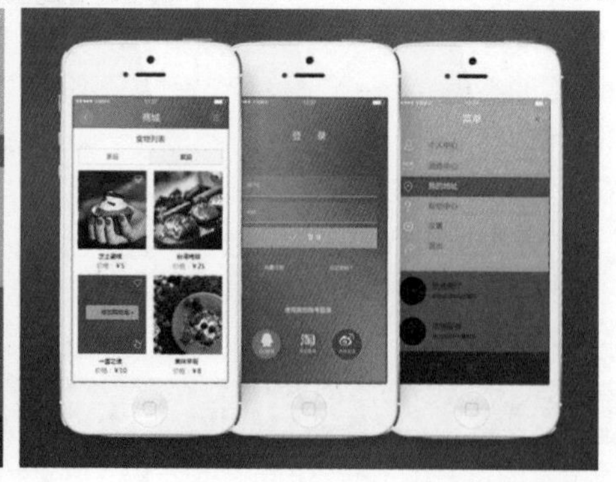

在该餐饮美食类App界面设计中，使用中等饱和度的红橙色作为界面的主题色，红橙色是一种富有活力的色彩，能够起到促进食欲的作用，特别适合用于表现餐饮美食相关的内容。在界面中搭配高饱和度的黄色，能够有效突出重点功能和内容，整个界面的配色让人感觉舒适、活跃，能够给人带来好心情。

在该旅游网站界面设计中，使用精美的风景图片作为界面的背景，并且在背景图片上覆盖半透明的深蓝色，深蓝色作为界面的主题色，与背景中的海边图片相结合，给人一种宁静、舒适的感觉，局部点缀高饱和度橙色突出重点内容，整个界面非常简洁、清晰。

提示

色彩作为视觉信息，无时无刻不在影响着人类的正常生活。美妙的自然色彩刺激和感染着人们的视觉和心理情感，提供给人们丰富的视觉空间。

2.5.2 背景色——支配UI整体情感

背景色是指UI中大面积的颜色，即使是同一个UI，如果背景色不同，带给人的感觉也截然不同。背景色由于占绝对的面积优势，支配着整个UI的整体情感，所以是UI配色要重点关注的地方。

目前，UI最常使用的背景色主要是白色和深色调颜色，也包括其他纯色背景、渐变颜色背景和图片背景等几种类型。背景色也被称为UI的“支配色”，背景色是决定UI整体配色效果的重要颜色。

在App界面设计中，常常使用纯白色作为界面背景的主色调，因为纯白色背景能够凸显界面中的内容，也是对界面可读性影响最小的背景颜色。在该音乐App界面设计中，使用纯白色作为界面背景，使界面中的信息内容和功能操作按钮非常清晰，整个界面给人简洁、干净的感觉。

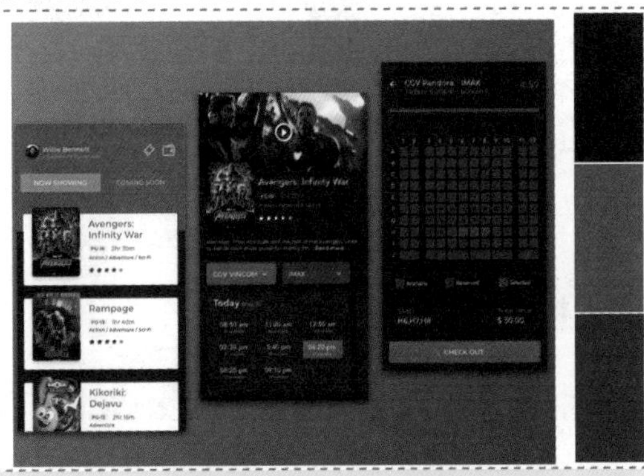

深色的界面背景颜色能够给人带来时尚感与现代感。在该电影票在线预订App界面设计中，使用明度和饱和度偏低的深灰蓝色作为界面背景的主色调，使界面表现出沉稳、踏实的效果，搭配高饱和度红色的主题色，与背景形成强烈对比，使界面表现得富有激情与活力，具有一定的视觉冲击力。

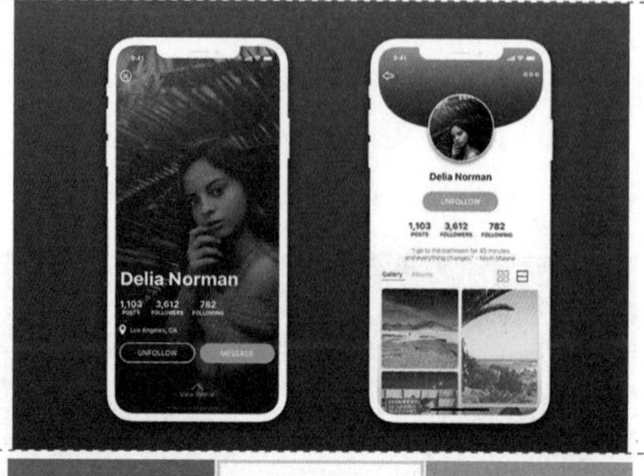

在App界面设计中，通常只会在一些信息内容较少的展示性界面运用渐变颜色背景，从而突出表现该界面的视觉效果。在该共享单车的App界面设计中，部分信息内容较少的界面使用了从黄绿色到青色的渐变颜色作为背景，从而使界面给人带来健康、清爽的感觉。

使用图片作为界面的背景，主要是为了突出表现界面的视觉风格，与渐变颜色背景相似，通常只有信息量较少的界面才会使用图片作为背景来渲染视觉效果。在该摄影图片类App界面设计中，部分信息内容较少的界面使用了精美的摄影图片作为背景，有效地增强了界面的视觉表现效果。

背景色对界面整体情感印象的影响比较大，因为背景在界面中占据的面积最大。使用柔和的色调作为界面的背景色，可以形成易于协调的背景。如果使用鲜丽的颜色作为界面的背景色，则可以使界面产生活跃、热烈的效果。

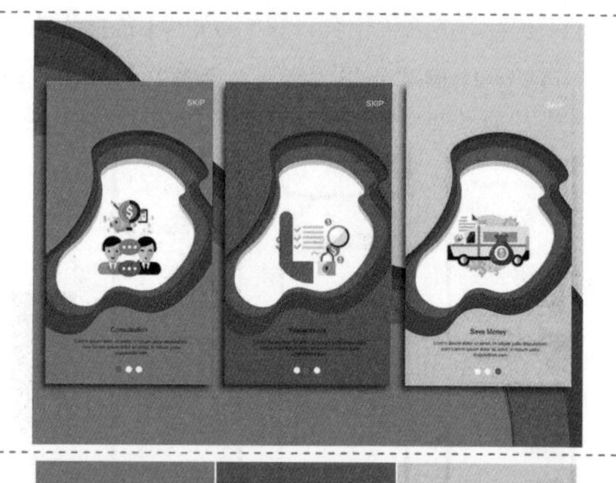

在该女鞋App界面设计中，将高明度、低饱和度的浅棕色与白色相结合作为界面背景的主色调，高明度的浅色调与女鞋产品的配色相近，使整个界面显得非常协调，也能够体现出产品优雅、高贵的气质。

在该移动端App引导界面设计中，分别使用高饱和度的蓝色、红色和黄色作为这三个引导界面的背景主色调，鲜艳的背景色使得该App引导界面表现出活跃而热烈的效果。

在人们的脑海中，有时看到色彩就会想到相应的事物，眼睛是视觉传达的工具，当看到一个画面时，人们第一眼看到的就是色彩。例如，绿色带给人一种很清爽的感觉，象征着健康，因此人们不需要观看主题文字，就会知道这个画面在传达着什么信息，简单易懂。

2.5.3 辅助色——营造独特的UI风格

在通常情况下，一个UI不止一种颜色，除了具有视觉中心作用的主题色，还有一类是陪衬主题色或与主题色互相呼应而产生的辅助色。

辅助色的视觉重要性和体积次于主题色和背景色，常常用于陪衬主题色，使主题色更加突出。在UI中通常较小的元素，如按钮、图标等，辅助色可以是一个颜色或一个单色系，还可以是由若干颜色的组合。

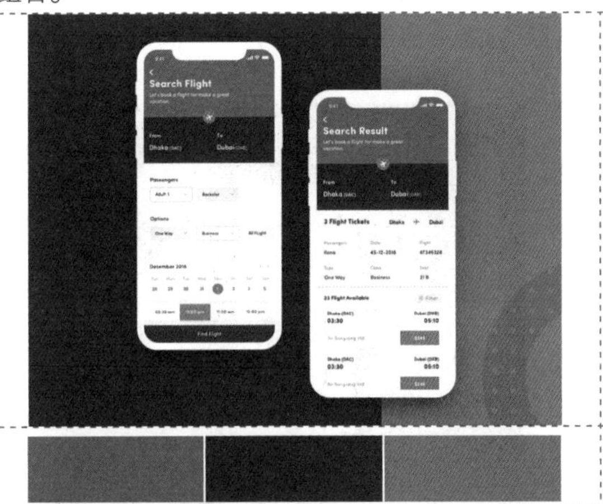

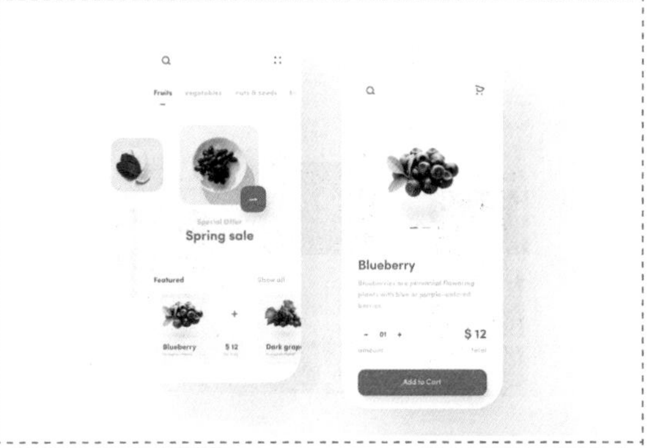

在该机票预订App界面设计中，蓝色作为主题色，白色则作为背景色，使整个界面表现出蓝天、白云的大自然效果，非常适合作为机票预订App界面的配色，加入深蓝色作为辅助色，使界面的层次更加丰富，也有利于在界面中划分不同的功能区域，使界面结构更加清晰。

在移动端UI设计中，由于受到移动端界面尺寸的限制，所以只使用2~3种颜色搭配。在这种情况下，辅助色也是界面的点缀色。在该水果电商App界面设计中，浅蓝色作为主题色，白色作为背景色，而高饱和度的蓝色作为功能操作按钮的点缀色，使得界面整体色调统一，给人带来清爽、和谐、统一的感觉。

通过辅助色的衬托，可以使界面充满活力，给人以鲜活的感觉。辅助色与主题色的色相相反，起到突出主题的作用。如果辅助色面积太大或饱和度过强都会弱化主题色，所以相对暗淡、适当面积的辅助色才会使界面达到理想的效果。

在UI设计中，为主题色搭配辅助色，可以使界面产生动感，活力倍增。辅助色通常与主题色保持一定的色彩差异，既能够突出主题色，又能够丰富界面的整体视觉效果。

在该婴儿食品宣传网站界面设计中，使用柔和的浅蓝色作为界面的背景色，同时也是界面的主题色，给人带来柔和、舒适、天然的感觉。使用高饱和度的绿色作为界面的辅助色，表现出产品的自然与纯净。搭配中等饱和度橙色的点缀色，与界面背景形成柔和的对比，突出重要的选项。

2.5.4 点缀色——强调界面重点信息与功能

点缀色是指界面中面积较小的颜色，易于变化物体的颜色，如图片、文字、图标和其他装饰颜色。点缀色常常采用强烈的色彩，以对比色或高饱和度色彩来表现。

点缀色通常用来打破界面单调的整体效果，如果选择与背景色过于接近的点缀色，就不会产生理想效果。为了营造出生动的界面空间氛围，点缀色应选择比较鲜艳的颜色。

在少数情况下，为了营造出低调柔和的整体氛围，点缀色还是可以选用与背景色接近的色彩。例如，在需要表现清新、自然的配色中使用绿叶来点缀界面，使整个界面瞬间变得生动活泼，有生机感，绿色树叶既不会抢占主题色彩，又不会丢失点缀的效果，主次分明，有层次感。

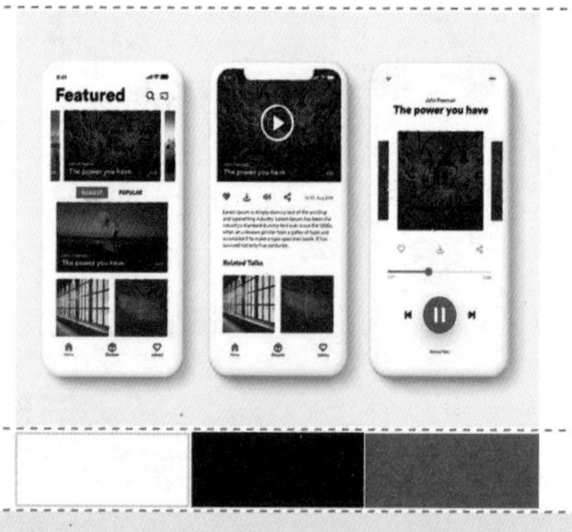

在该音乐App界面设计中，使用纯白色作为界面背景的主色调，搭配界面中黑色的文字和图标，使得界面中的信息内容表现非常清晰、直观。为界面中当前栏目图标及重要的功能操作按钮搭配高饱和度的红色，与界面的无彩色形成了强烈的对比，表现效果非常突出。并且红色的加入也使得界面更加热情、奔放。

在该运动鞋电商App界面设计中，使用低明度的浅灰色作为界面的背景色，搭配一些高明度的浅灰色卡片状图形来表现产品，使界面的色彩层次更加丰富，点缀色使用了接近黑色的深灰色进行表现，在界面中的表现效果同样比较突出。其颜色与界面的主色调统一，同属于无彩色，整体表现相对柔和一些。

在不同的界面位置上，对于点缀色而言，主题色、背景色和辅助色都可能是网页点缀色的背景。在界面中点缀色的作用不在于面积大小，面积越小，色彩越强烈，点缀色的效果才会越突出。

大面积鲜艳的色彩。

小面积不鲜艳的色彩。

小面积鲜艳的色彩最有效果。

在该针对年轻女性的化妆品网站界面设计中，使用鲜艳的黄色作为背景的主色调，使界面表现出活泼、明亮的效果，搭配卡通手绘的设计风格，使界面更加富有趣味性，点缀手绘绿色树叶，使界面显得更加生动。

2.6 UI配色的基础原则

在黑白显示器的年代，设计师是不用考虑设计中色彩的搭配的。今天，界面的色彩搭配可以说是UI设计中的关键，恰当地运用色彩搭配，不但能够美化界面，还能够增加用户的兴趣，引导用户顺利完成操作。

2.6.1 色调的一致性

色调的一致性是指在整个产品的UI设计中要采用统一的色调，就是要有主色调。例如，使用绿色表示运行正常，该产品的色彩编码就要始终使用绿色表示运行正常，如果色彩编码改变了，用户就会认为信息的意义变了。所以，在开始对产品进行UI设计之前，设计师应该统一色彩应用方式，并且在系统的整体UI设计过程中保持一致。

在该音乐App界面设计中，界面使用黑色作为背景主色调，个别内容较多的界面，为了使界面中的信息更加清晰，使用了黑色与白色相结合作为界面的背景色，使界面表现出一种时尚、现代的感觉。界面中的功能操作按钮及文字使用了高明度的青色进行搭配，包括界面中的图片都进行了偏青色的调色处理，与黑色背景形成强烈对比，给人一种炫酷的感觉，界面的配色保持了很强的一致性。

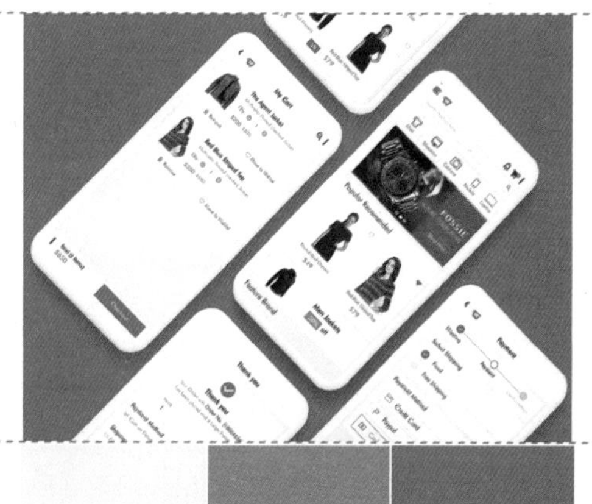

在该电商App界面设计中，使用接近白色的浅灰色作为界面背景的主色调，使界面中的商品图片和信息表现非常清晰，界面中的折扣价格及折扣比例都使用高饱和度的绿色搭配，而购买按钮及购物车等重点信息功能使用高饱和度的红色搭配，该电商App中的所有界面都保持统一的配色，整体给人一种清晰、直观的感觉，便于用户的理解和操作。

在该网站的不同页面中保持了统一的配色与页面布局。

在该企业网站的设计中，可以看到首页与该网站其他网页的视觉表现效果保持了高度的统一，无论是页面的布局、配色，还是页面内容，都具有一致性，使整个网站形成统一的视觉形象，用户在浏览的过程中也会更加方便，能够有效地提升用户的浏览体验。

2.6.2 保守地使用色彩

所谓保守地使用色彩主要是从大多数的用户考虑出发的，根据产品所针对的用户不同，在产品UI设计过程中使用不同的色彩搭配。在产品UI设计过程中使用一些柔和的、中性的颜色，大多数用户能够接受。如果在UI设计过程中急于使用色彩突出界面的显示效果，反而会适得其反。例如，在有些界面中使用较大的字体，并且每个文字还使用不同的颜色进行显示，从远距离来看，屏幕耀眼压目，这样的界面并不利于用户使用和操作。

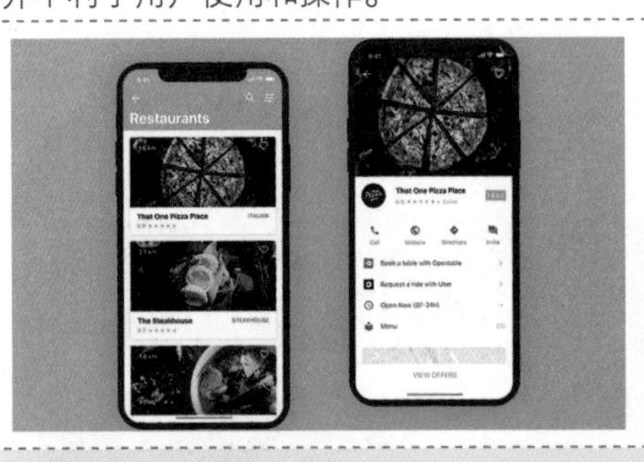

在该美食餐饮类App界面设计中，使用纯白色作为界面背景的主色调，能够充分突出界面中美食图片及相关文字信息，在界面中搭配高饱和度的橙色，橙色本身就具有美味、增进食欲的效果，非常适合餐饮类App界面的配色。界面的整体视觉效果清晰、直观，大多数用户都能接受。

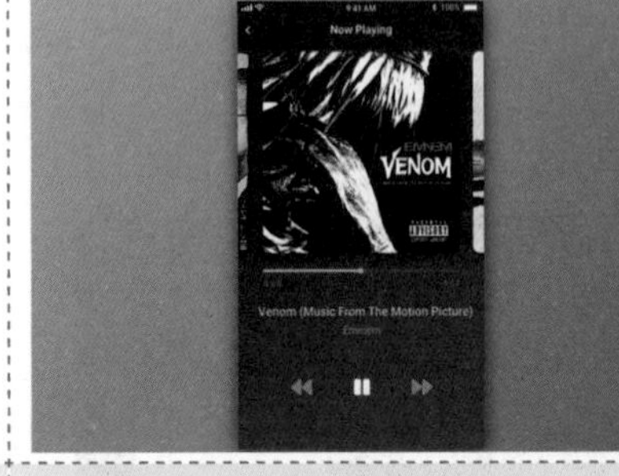

该音乐播放App的界面设计非常简洁，使用深紫色到深蓝色的渐变颜色作为背景，表现出一种沉稳、踏实、神秘的效果，而界面中的播放控制按钮，以及少量文本内容都使用了纯白色搭配，与背景形成了良好的对比效果，表现效果清晰而直观。虽然在该界面设计中使用的色彩较少，但却能够给用户带来舒适的视觉感受。

2.6.3 色彩的选择尽可能符合人们的审美习惯

对于一些具有很强针对性的产品，在对产品UI进行配色设计时，需要充分考虑用户对颜色的喜爱。例如，明亮的红色、绿色和黄色适合用于为儿童设计的应用程序。一般来说，红色表示错误，黄色表示警告，绿色表示运行正常等。

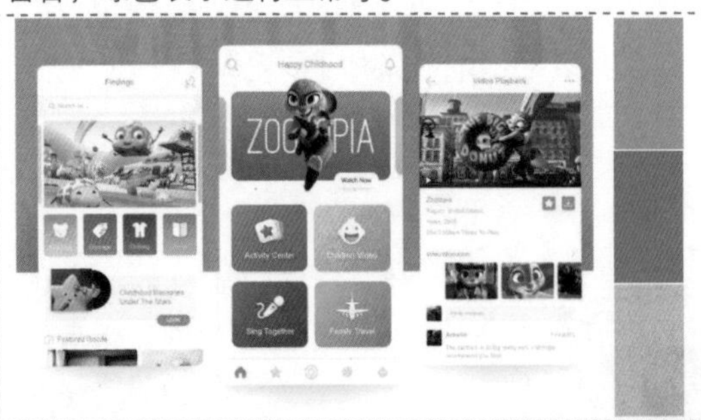

在与儿童相关的产品UI设计中，常常会通过卡通形象，以及高饱和度鲜艳的色彩来吸引儿童的关注。在与儿童相关的App界面设计中，使用纯白色作为界面背景的主色调，而界面中的各功能选项则使用了多种高饱和度色彩进行表现，有效区分了界面中不同的选项，并且使界面更加丰富多彩，有一种富有活力，充满童趣的效果，容易吸引儿童的关注。

对于综合性的电商App来说，其面对的用户群体范围比较广，并且为了能够有效突出产品图片，通常使用纯白色作为界面背景的主色调。该电商App的界面设计非常简洁，纯白色的背景能够很好地突出界面中的产品图片和相关信息，为重要的功能按钮点缀蓝紫色，突出其视觉效果。整个界面的配色让人感觉简洁、清晰，突出重点，符合大多数用户的审美习惯。

2.6.4 使用色彩作为功能分界的识别元素

不同的色彩可以帮助用户加快对各种数据的识别，明亮的色彩可以有效地突出或吸引用户对重要区域的注意力。设计师在产品UI设计过程中，应该充分利用色彩的这一特征，通过在界面中使用色彩的对比，突出显示重要的信息区域或功能。

在UI设计中，如果希望某一部分的内容能够从界面中凸显出来，最简单的方法就是为该部分内容添加与背景形成对比效果的色块背景。在该共享单车的App界面设计中，深灰色的背景使界面给人一种时尚感与现代感，在界面中搭配白色的色块背景凸显相应的信息内容，为功能操作按钮搭配青绿色，与无彩色的背景形成对比，表现效果突出。

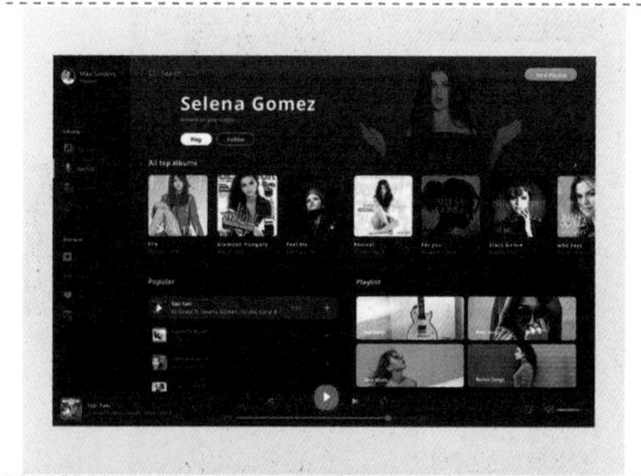

在该PC端音乐播放软件界面设计中，整体色调偏灰暗，界面中面积最大的内容操作区域使用了深红色到深灰色的渐变颜色作为背景，左侧的导航区域使用了黑色背景，而底部的播放控制区域则使用了深灰色背景，通过不同的背景颜色有效地划分了界面中不同的功能操作区域，非常清晰、直观。界面中的播放控制按钮使用了高饱和度的洋红色，视觉效果非常突出，成为PC端音乐播放软件界面中的视觉重心。

在网站界面设计中，长页面的形式通常都会通过不同的背景颜色来划分界面中不同的内容区域，这样可以使页面的内容结构更加清晰。或者采用整体的背景图形使页面形成一个整体。

该网站页面的信息量相对来说比较多，其页面采用了当前比较流行的长页面布局形式，在页面设计中通过不同的背景颜色来区分每一部分栏目的内容，使各栏目的划分非常清晰，页面整体流畅而局部不同，显得整个页面和谐统一。使用低明度和低饱和度的深灰蓝色作为界面的主题色，搭配纯白色和浅灰色的背景，使得栏目内容的划分非常清晰，并且能够给人一种沉稳、大气的感觉，局部点缀红色的按钮，突出重点信息。

2.6.5 能够让用户调整界面的配色方案

许多产品的UI设计都有多种配色方案，这样可以满足用户个性化的需求。例如，Windows操作系统界面、浏览器界面、QQ聊天界面等。设计师在UI设计过程中，可以考虑设计出界面的多种配色方案，以便用户在使用过程中自由选择，这样也能够更好地满足不同用户的需求。

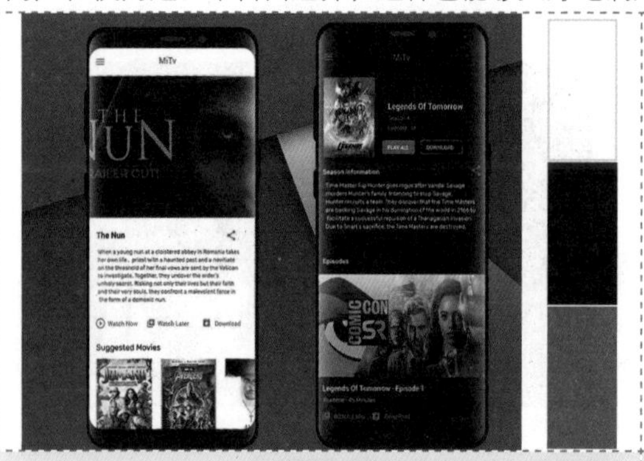

该影视类App界面为用户提供了两种配色方案，一种是白底黑字的传统配色方案，另一种是富有现代感并深受年轻人喜爱的黑底白字的配色方案，用户可以自由选择使用哪种配色方案的界面，满足了不同用户的需求。

在该音乐App界面设计中，设计了三种不同配色方案可供用户选择，这三种配色方案的共同点就是都采用了同色系搭配，并且背景都是偏灰暗的低饱和度色彩，而播放控制按钮则搭配白色和高饱和度色彩，使其与背景形成对比，突出功能操作按钮。

2.6.6 色彩搭配要便于阅读

要确保产品UI设计的可读性，就需要注意界面设计中色彩的搭配，有效的方法就是遵循色彩对比的法则。在浅色背景上使用深色文字，在深色的背景上使用浅色文字等。在通常情况下，UI设计中的动态对象应该使用比较鲜明的色彩，而静态对象则应该使用较暗淡的色彩，能够做到重点突出、层次突出。

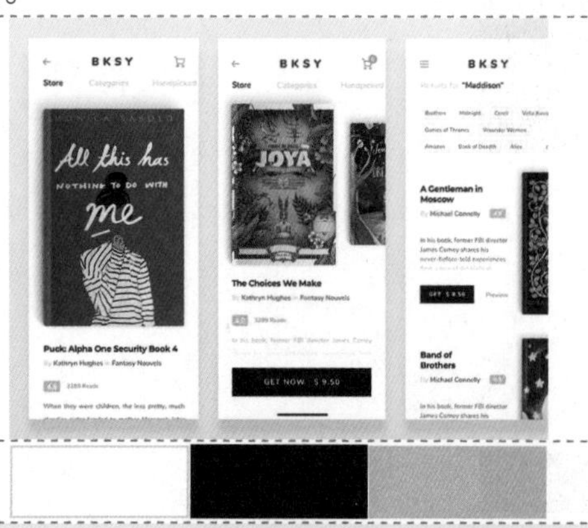

可读性是UI设计的基础原则，默认的白色背景搭配黑色文字是最佳可读性的配色方案。在该电子书App界面设计中，使用纯白色作为界面背景，搭配黑色的文字，界面信息内容非常清晰。点缀少量黄色，为界面增添活力。

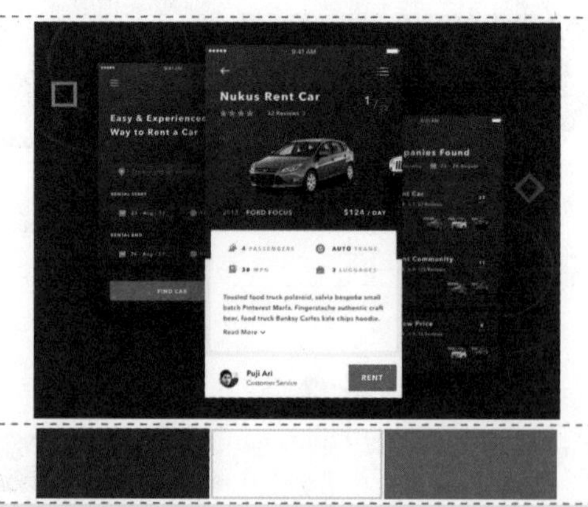

深色背景搭配白色的文字同样能够为用户提供良好的可读性。在该汽车相关的App界面设计中，使用深灰蓝色作为界面的背景主色调，表现出厚重感与踏实感，搭配白色的文字及高饱和度的蓝色按钮，与背景形成强烈对比，视觉效果清晰，重点突出。

运用背景图片与通栏背景颜色，很好地在页面中划分出不同的内容区域，方便用户浏览内容。

即使去掉色彩，变成无彩色，页面中的信息内容依然非常清晰。

在该美食网站的设计中，因界面内容较多，所以运用了不同的背景图片或背景颜色来划分界面的内容区域，并且各部分内容中都采用了图文相结合的方式，方便用户浏览，以及查找相应的内容。在界面设计中遵循了文字内容与背景高对比的配色原则，即使是色彩分辨较弱的人群，依然可以非常清晰地阅读页面中的内容。

2.6.7 控制色彩的使用数量

在产品UI设计中不宜使用过多的色彩，建议在单个产品UI设计中最多使用不超过3种色彩进行搭配。

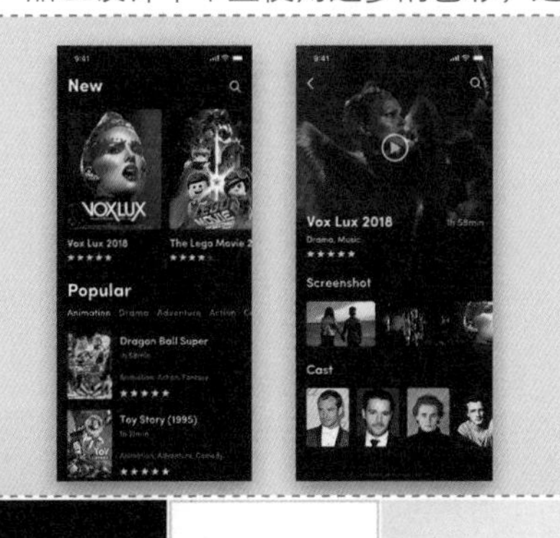

过多的色彩会使界面显得混乱，所以大多数App界面都只使用2~3种色彩进行搭配。在该影视类App界面设计中，使用深蓝色作为界面背景的主色调，搭配白色的文字，界面内容简洁、清晰，局部点缀黄色的星星图标，突出用户的评分等级。

在一些特殊类型的App界面设计中，可以使用多种不同的色彩分别表现不同的选项，从而起到明确区分的目的。在该事件备忘App界面设计中，使用接近白色的浅灰色作为界面背景，而各种不同类型的备忘事件则使用了不同的高饱和度色彩进行表现，从而有效区分不同的备忘事件，并且多种高饱和度色彩的加入，也使得界面更加时尚、活跃。

2.7 使用配色软件进行配色

配色是UI设计的关键，精心挑选的颜色组合可以让设计更有吸引力；相反，糟糕的配色会伤害眼睛，妨碍浏览者对界面内容和图片的理解。然而，很多时候设计师不知道如何选择颜色搭配，有很多配色工具可以帮助设计师在设计时挑选颜色。

2.7.1 ColorKey XP

ColorKey XP是一款专业的配色软件，它能使用户的配色工作变得更轻松，更有乐趣，让用户的配色方案得以延伸和扩展，使用户的作品更加丰富和绚丽。

ColorKey XP软件所采用的色彩体系是以国际标准的“蒙赛尔色彩体系”配色标准和Adobe标准的色彩空间转换系统为基准的。使得一切色彩活动都受到严格控制和有据可循。程序在合理配色范围内也允许用户发挥自我调控力，使配色方案的生成更具特色化，适应不同用户的需求。

1．ColorKey XP软件简介

成功下载并安装ColorKey XP软件后，启动该配色软件，进入选择界面，单击“传统经典”按钮即可开始ColorKey XP的色彩体验。在界面左上角显示当前操作的文字说明或解释。在界面右上角分别是“返回开始选单”按钮和“关闭”按钮。在界面左下角是4个功能按钮，“补色范围色彩配合”是ColorKey XP版本唯一使用的配色方式，此按钮不可选。在界面中间左侧位置显示的19个六边形色块组成的色彩六边形就是配色区域。用户可以使用正中间的色块（主色块）自定义色彩，而其他色块将根据自定义的色彩来调整配色方案。并且在任何六边形色块上单击，即可查看当前色块的RGB颜色值及十六进制颜色值。

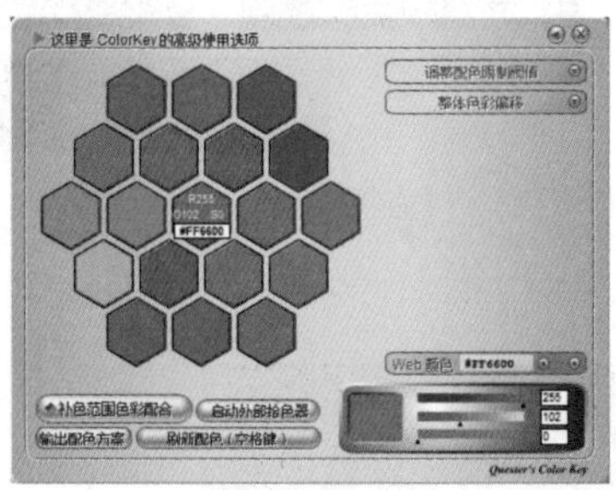

2．色彩控制面板

操作界面右侧是4个色彩控制面板，分别介绍如下。

（1）调整配色限制阈值[①]面板

在该面板中提供了配色调整的高端功能。善用细节调整，可以得到更好、更多的配色方案。

调整配色限制阈值面板中默认的选项是通用设置，如果用户想要得到更多样化的组合，则可以调整色彩HSB（色相、饱和度、明度）参数或使用其他选项按钮。

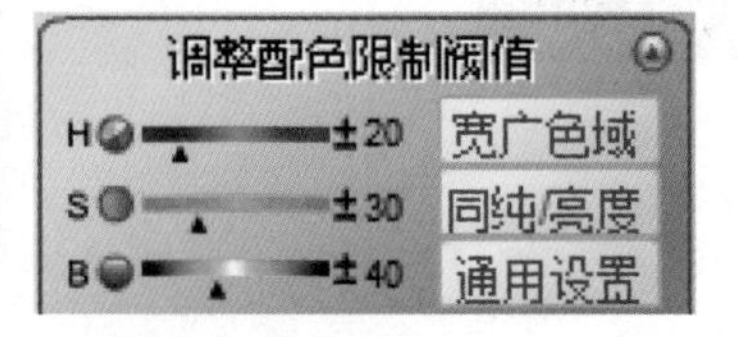

（2）整体色彩偏移面板

通过该面板可以使整个配色区域的颜色都向一个方向偏移。“全部为Web安全色”选项对许多网页设计师会比较适用。

（3）Web颜色调节面板

当该面板完全展开时，可以提供256种网络安全色。此外，用户还可以通过该面板底部的“Web颜色”文本框来输入颜色值。

在ColorKey XP软件界面中的“Web颜色”文本框中可以输入十六进制颜色值，然后单击“刷新配色”按钮，即可在色彩六边形中显示新的配色方案。

---

① 软件图中的“阀值”的正确写法应为“阈值”。

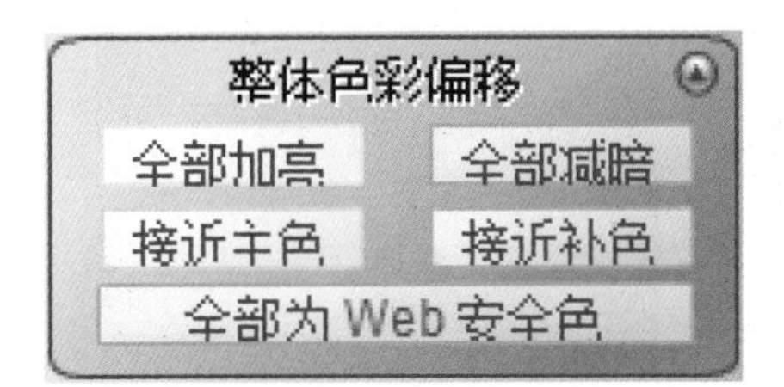

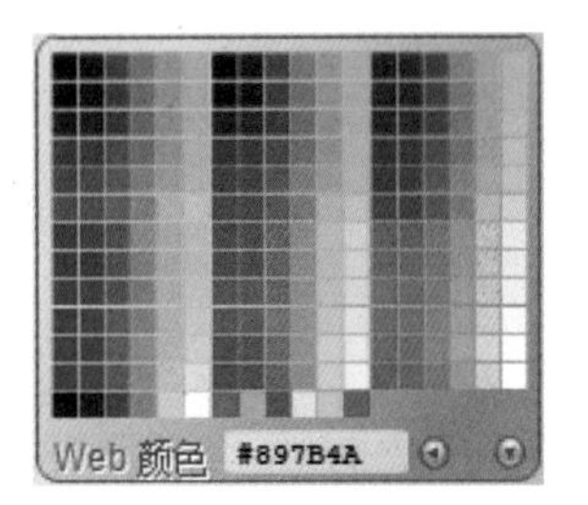

（4）RGB色彩调节器面板

在该面板中可以通过拖动滑块或直接输入数值来产生RGB色彩。在色彩条上单击，也可以使用滑块迅速移动到单击位置。

在调节器左侧的色彩方块中可以即时预览当前所调配的颜色。单击该色彩方块，可以将当前调配的色彩显示在六边形主色块上。

3．输出配色方案

ColorKey XP软件提供了配色输出功能，使得UI设计师在群体工作时就色彩意见沟通和色彩信息共享方面有了一个可以通用的、简单的解决方案。

单击ColorKey XP界面中的“输出配色方案”按钮，弹出“配色方案文件输出选项”对话框，可以选择输出HTML格式配色文件或AI格式配色文件等。

ColorKey XP软件提供的HTML格式配色文件，用户不仅可以直接看到色彩的面貌，还可以应用相应的色彩代码到自己的设计中。文件中第一行表格是主色调，第二行表格和第三行表格是类似色调，余下的部分是补色系列的色调。

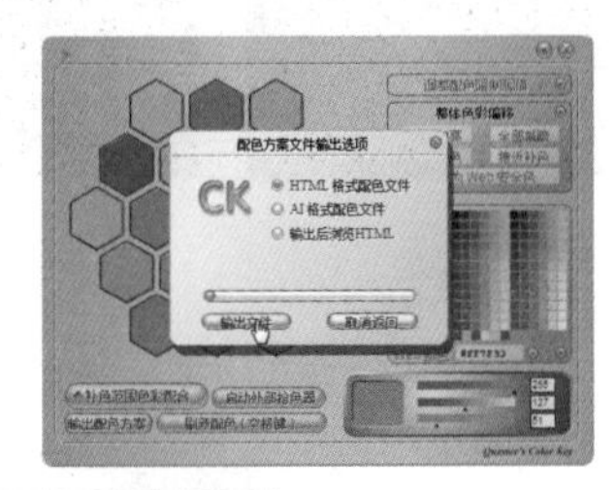

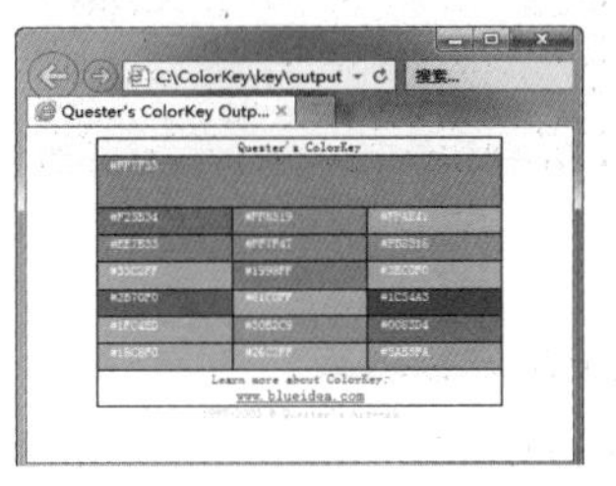

2.7.2 Color Scheme Designer

Color Scheme Designer是一款交互的在线配色工具，其网址为https://aihongxin.com/tool/peise/。通过拖拽色轮来选择色调，可以导出十六进制的颜色代码为HTML、XML和文本文件。

在该配色工具中，默认为单色搭配方案，在左侧的色环上选择颜色后，在右侧显示相应的色彩搭配，如左下图所示。

单击界面左上角的“互补色搭配”按钮，右侧显示相应的互补色配色方案，如右下图所示。

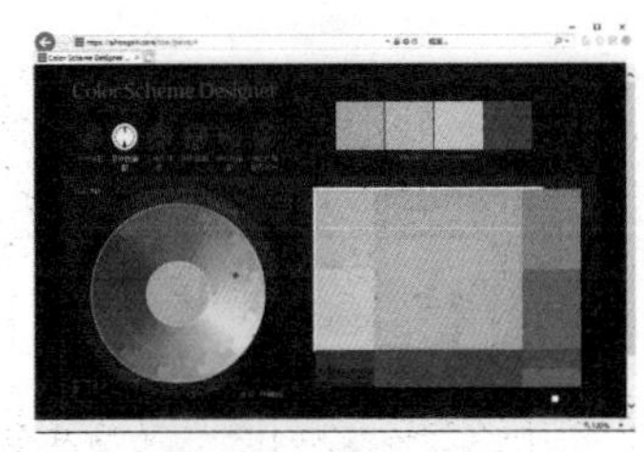

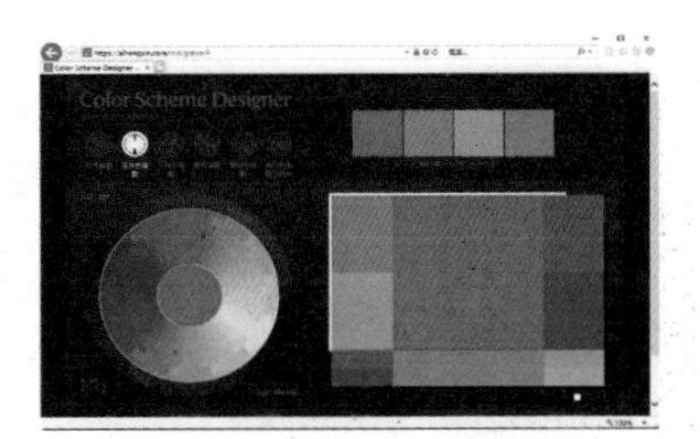

（单色配色方案）　　　　（互补色配色方案）

单击界面左上角的“类似色搭配”按钮，右侧显示相应的类似色配色方案，如左下图所示。单击界面左上角的“类似色搭配互补色”按钮，右侧显示相应的类似色搭配互补色配色方案，如右下图所示。

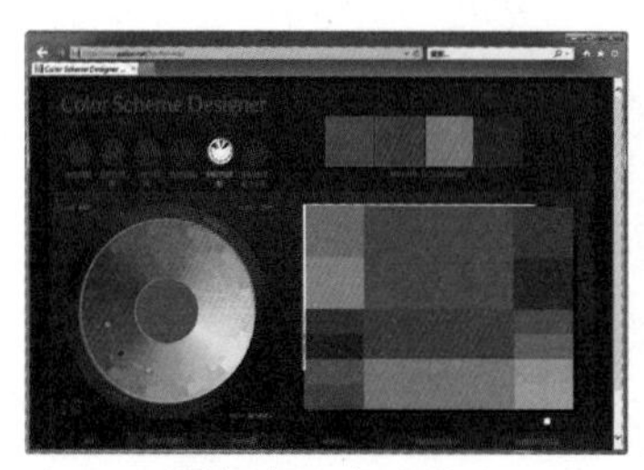

（类似色配色方案）

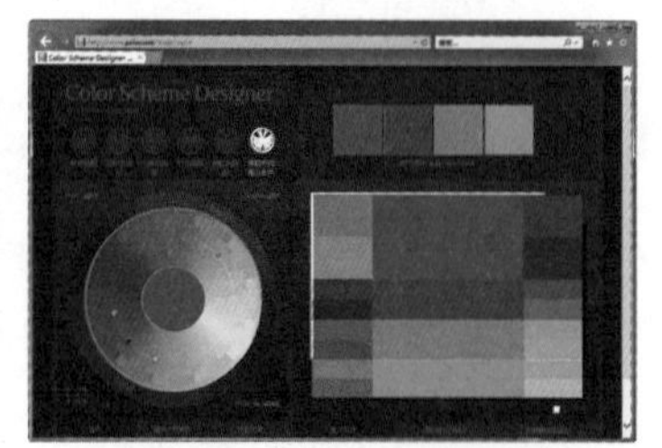

（类似色搭配互补色配色方案）

2.7.3 Check My Colours

Check My Colours是一个在线网页色彩对比分析的工具类网站，其网址为http://www.checkmycolours.com/。它可以在线分析网页中所有前景、背景与文字的色彩对比，分析后还会对每组对比进行评分，根据建议对背景颜色或文字进行适当调整，从而达到最佳效果。

虽然听起来该工具的分析过程很专业，但是对比过程却非常简单、方便、易上手，直接进入Check My Colours网站后，在文本框中输入需要检查的网址，确认后单击右侧的"Check"按钮即可。分析对比结果会直接显示在下方。在这个报告中会列出所有有问题的元素，同时可以允许用户在线修改颜色来找出最佳搭配，用户还可以单击每组对比来进行适当调整。

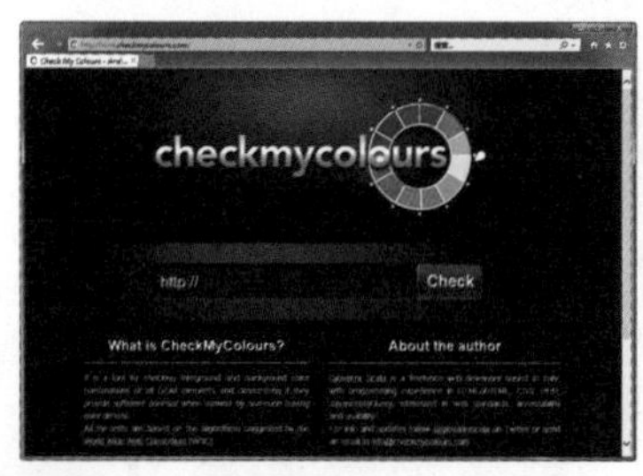

2.7.4 ColorJack

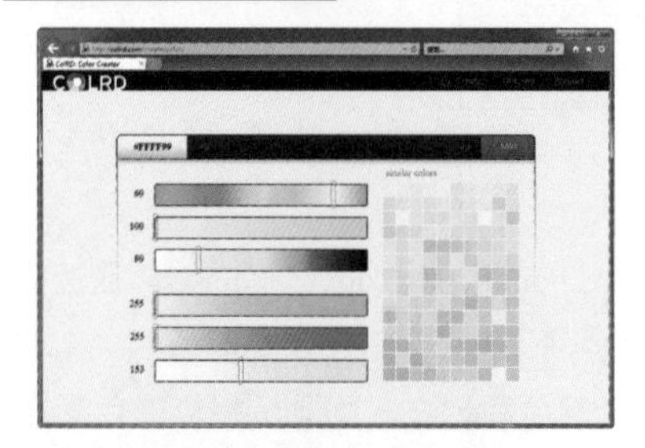

ColorJack同样是一款在线配色工具，其网址为http://colrd.com/create/color/。在该在线配色工具中用户可以通过色相、饱和度和明度选项，以及红、绿、蓝3种色彩滑块来选择一种配色主色调，右侧会自动显示该主色调相关的可用于搭配的色调。

2.8 UI配色欣赏

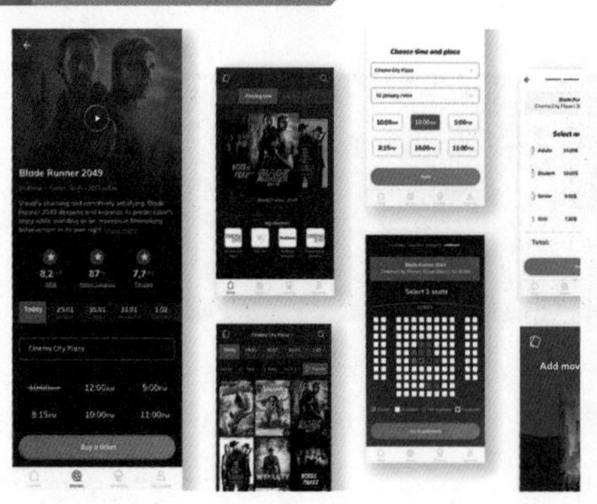

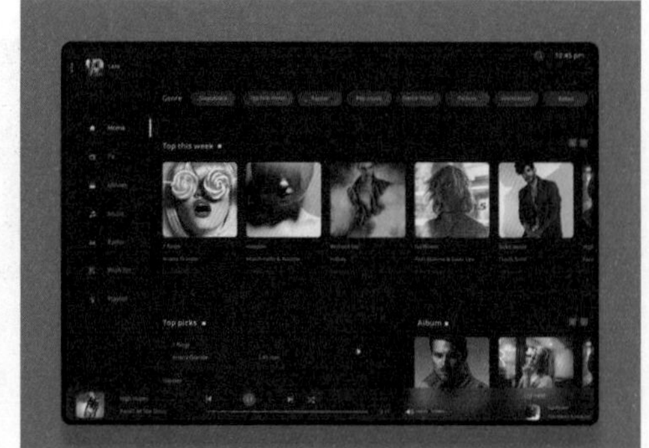

FALL WINTER
dalism
dalism
heavy discounts
shooting the shot

Premium
SOFA SET
LAWRENCE ACCENT

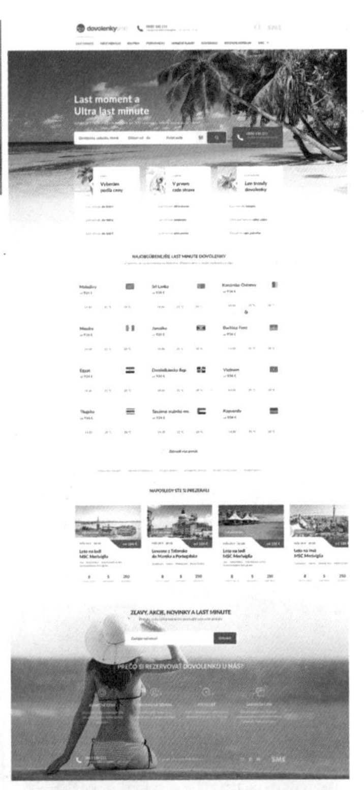
Last moment a
Ultra last minute

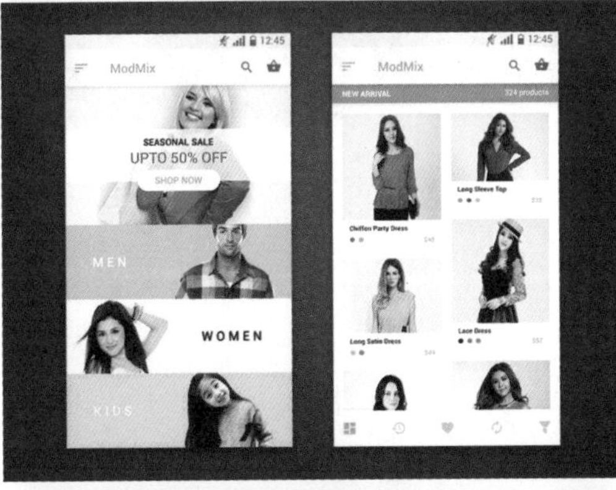
12:45
ModMix
SEASONAL SALE
UPTO 50% OFF
SHOP NOW
MEN
WOMEN
KIDS
NEW ARRIVAL
324 products

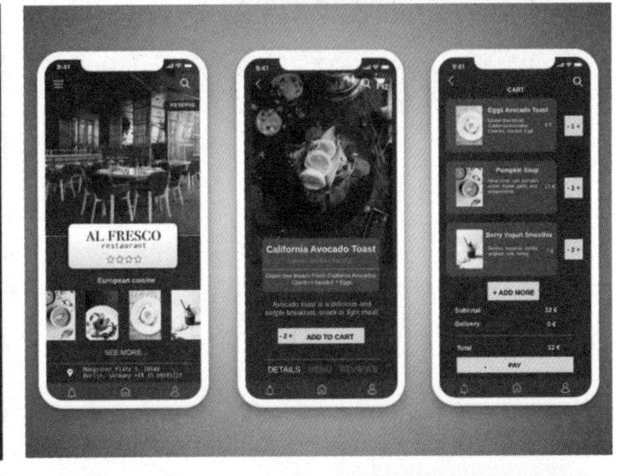
AL FRESCO
restaurant
European cuisine
SEE MORE
California Avocado Toast
ADD TO CART
DETAILS
CART
+ ADD MORE
PAY

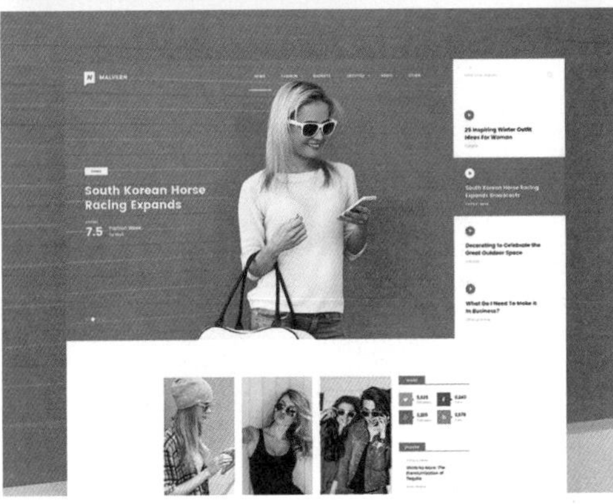
South Korean Horse
Racing Expands
7.5

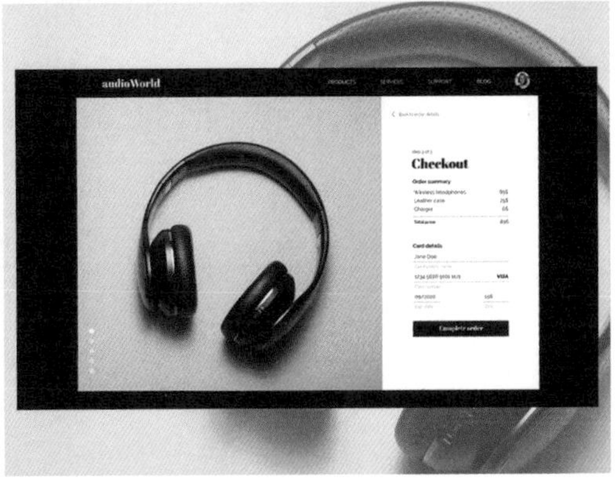
audioWorld
Checkout

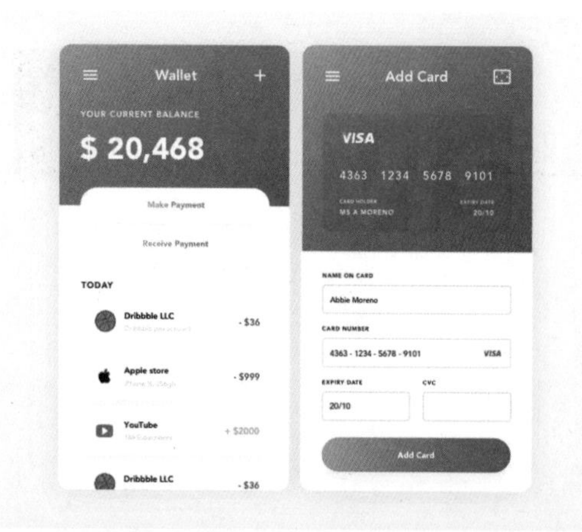
Wallet
YOUR CURRENT BALANCE
$ 20,468
Make Payment
Receive Payment
TODAY
Dribbble LLC
- $36
Apple store
- $999
YouTube
+ $2000
Dribbble LLC
- $36
Add Card
VISA
4363 1234 5678 9101
MS A MORENO
20/10
NAME ON CARD
Abbie Moreno
CARD NUMBER
4363 - 1234 - 5678 - 9101
VISA
EXPIRY DATE
CVC
20/10
Add Card

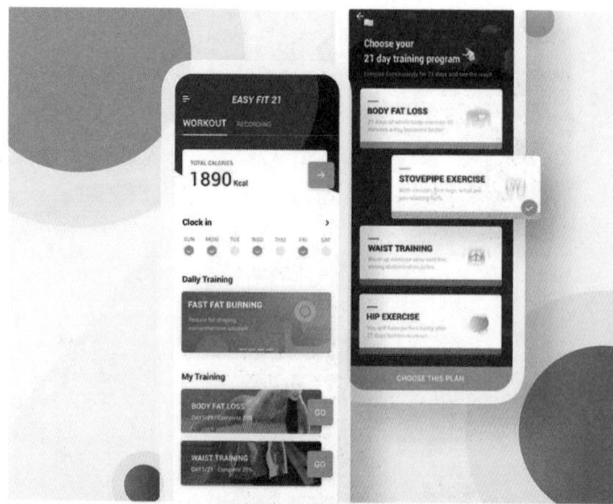
Choose your
21 day training program
EASY FIT 21
WORKOUT
1890 Kcal
Clock in
Daily Training
FAST FAT BURNING
My Training
BODY FAT LOSS
WAIST TRAINING
GO
BODY FAT LOSS
STOVEPIPE EXERCISE
WAIST TRAINING
HIP EXERCISE
CHOOSE THIS PLAN

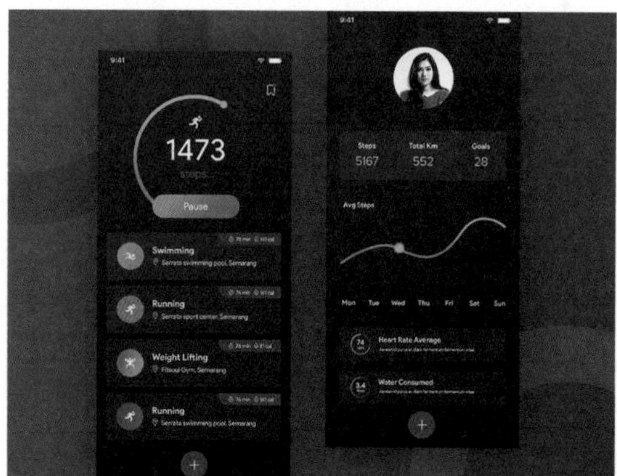
1473
Pause
Swimming
Running
Weight Lifting
Running
Steps
Total Km
Goals
5167
552
28
Avg Steps
Mon
Tue
Wed
Thu
Fri
Sat
Sun
Heart Rate Average
Water Consumed

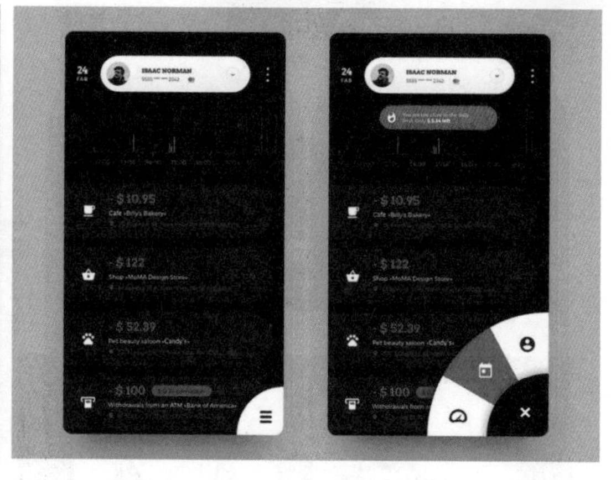
24
ISAAC NORMAN
- $10.95
- $122
- $52.39
- $100

第3章 UI配色基本方法

对于色彩的研究和运用，是UI设计中的重要元素，也是UI设计中的重要基础课程。人类对色彩理论的研究，经过几百年不断积累，到现在已经具有了丰富的知识和经验。本章将向读者介绍有关UI配色的基本方法，包括色相配色、色调配色、融合配色、对比配色、文字配色、图标配色等方法。

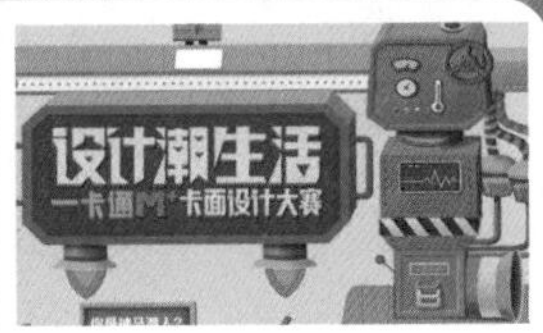

3.1 色相配色方法

根据色相设计策划一个UI配色方案，效果会比较鲜艳、华丽。许多服装在设计上采用的都是典型的、基于色相的配色方法，在一些个性比较鲜明的UI设计中，可以采用色相配色方法。

3.1.1 基于色相的配色关系

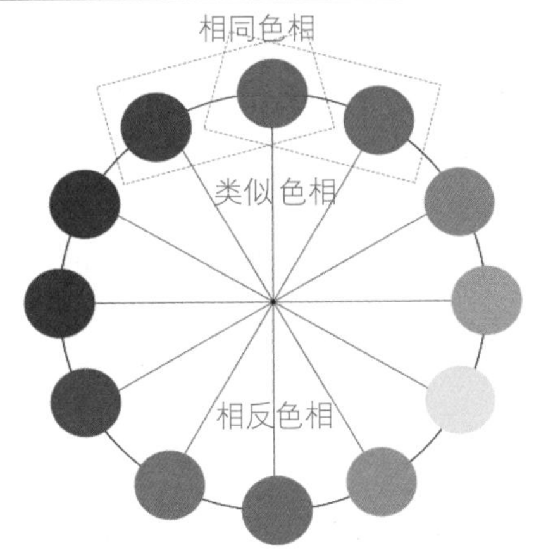

左图为以色相环中的红色为基准进行配色方案分析。当采用同一色相的不同色调进行搭配时称为相同色相配色；当采用邻近颜色进行搭配时称为类似色相配色。

类似色相是指在色相环中相邻的两种色相。相同色相配色与类似色相配色在总体上给人一种统一、协调、安静的感觉。就好比在鲜红色旁边使用了暗红色时，会给人一种协调、整齐的感觉。

在色相环中位于红色对面的蓝绿色是其补色，补色的概念就是完全相反的颜色。在以红色为基准的色相环中，蓝紫色到黄绿色范围之间的颜色都是红色的相反色相。相反色相的配色是指搭配使用色相环中相距较远颜色的配色方案，这与相同色相配色或类似色相配色相比更具有变化感。

相同色相配色

在该自行车产品App界面设计中，使用了相同色相配色的方式进行配色。为了突出表现产品的运动特性，该自行车产品App界面使用高饱和度的黄橙色作为背景主色调，高饱和度的橙色能够给人一种欢快、动感的感觉，迎合了该自行车产品需要传递的情感。

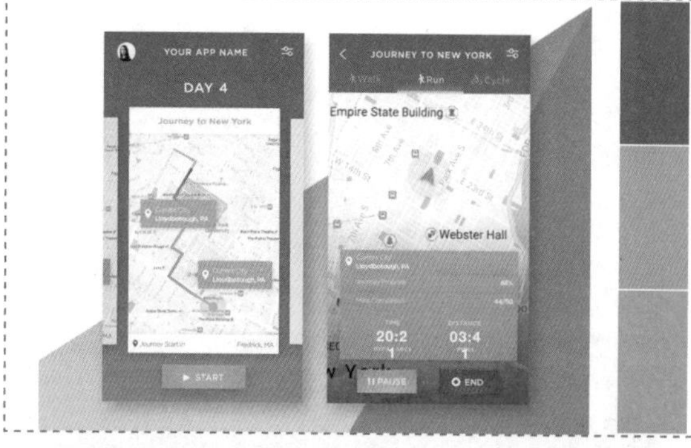

类似色相配色

在该导航App界面设计中，使用了类似色相配色的方式进行配色。该界面使用蓝色到青色的渐变颜色作为背景主色调，使界面表现出一种清爽、自然的感受。界面中不同功能的按钮则使用了相同色调的其他色彩进行表现，有效区分和突出相关功能。

相反色相配色

使用相反色相进行配色，能够表现出强烈的对比，突出界面个性。在该商品促销活动宣传网站界面设计中，使用高饱和度的蓝色和橙色作为界面上半部分的背景色，使背景形成非常强烈的对比效果，在界面中搭配高饱和度的黄色与绿色，使界面的色彩表现更加丰富，整体给人一种欢乐、个性的感觉。

使用色相配色方法可以营造出整体的氛围，或者可以突出各种颜色所需要传达的直接印象。适当地搭配一些辅助色可以突出显示颜色并给人带来轻快的感觉，适当地搭配类似色相可以获得整齐、宁静的效果。

3.1.2 相反色相、类似色调配色

相反色相、类似色调的配色方式，虽然使用了相反的色相，但通过使用类似色调可以得到特殊的配色效果。而影响这种配色方案效果的最重要因素在于使用的色调。当使用对比度较高的鲜明色调进行搭配时，将会得到较强的动态效果；当使用了对比度较低的黑暗色调时，那么不同的色相组合在一起会表现出一种安静、沉重的效果。

该动物保护宣传网站的主页面采用了明度较高的蓝色作为背景，给人一种温暖、清澈的感觉，并在主色调的基础上使用了洋红色、白色等作为辅助色，整体给人一种轻柔、愉快、温暖的感觉。在二级页面中，洋红色成为页面的主色调，使用了首页中的蓝色作为辅助色。整个网站的页面都使用了统一的白色文字。不同页面的背景颜色体现了一个网站的特色与风格，相同色调的颜色过渡、延续使网站的风格保持自然与统一，在使用多种色彩的同时又没有失去网站的整体风格。

在该App界面设计中，使用深蓝色作为界面的背景主色调，而在界面的顶部和底部分别设计了高饱和度的青色与橙色图形装饰，这两种颜色都是鲜明的相反色相，这两种色彩装饰图形的加入，使得界面表现出非常强烈的动感与时尚感。

在与咖啡有关的App界面设计中，使用明度和饱和度都比较低的深灰蓝色作为界面的背景主色调，给人一种稳重、安静的感觉，在界面中搭配相反色相、类似色调的棕色，虽然是两种相反色相的色彩进行搭配，由于这两种色彩的明度和饱和度都不是很高，所以整体给人一种安静而舒适的感觉。

3.1.3 相反色相、相反色调配色

使用相反色相并且同样相反色调的色彩进行配色，得到的效果具有强烈的变化感、巨大的反差性及鲜明的对比性。与相反色相、类似色调的配色方式能够营造出和谐统一氛围不同的是，相反色相、相反色调的配色方式想要表现的是一种强弱分明的氛围。在UI设计的配色中，这种配色方式的效果取决于所选颜色在整体画面中的比例。

在该App界面设计中，使用不同色相的颜色在界面背景中划分不同的内容区域，界面上半部分使用高饱和度的红色作为背景颜色，而下半部分则使用了灰暗的深蓝色作为背景颜色，使界面中不同内容的区分非常明显，并且有效地增强了界面色彩层次。

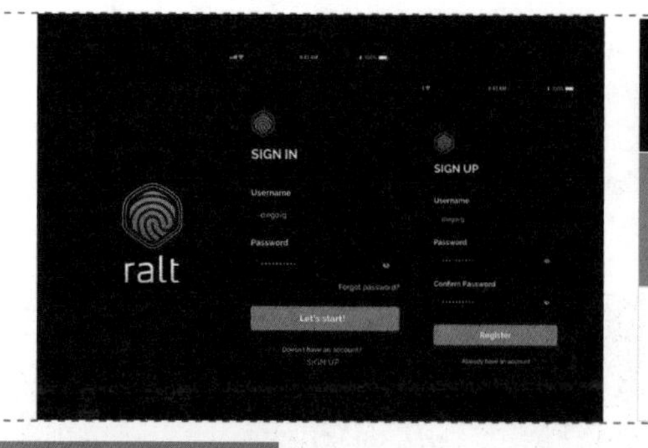

在该App界面设计中，使用灰暗的深灰蓝色作为界面的背景主色调，而界面中的品牌Logo与功能操作按钮则使用了高饱和度的黄橙色，与背景的深灰蓝色形成非常强烈的对比，有效突出品牌Logo和功能操作按钮。这种对比表现方式在App界面设计中非常常见，能够有效突出相关功能。

3.1.4 渐变配色

渐变配色主要是以颜色的排列为主，许多界面的背景会使用渐变配色方法。按照一定规律逐渐变化的颜色，会给人一种富有较强韵律的感受，并且能够表现出绚丽感。

在该App界面设计中，使用相同色相不同纯度的红色渐变作为该界面的背景主色调，红色能够给人带来热情、奔放的感觉，并且这种微渐变的配色设计使界面背景的色彩层次感表现更加强烈，在界面中搭配白色的图形与文字，使得内容表现清晰而直观。

在该网站界面设计中，使用了多种不同明度和饱和度的渐变色彩相搭配，表现出一种艳丽、多彩的视觉感，并且各种渐变色彩图形都是按照曲线形状进行分布的，整体又给人很强的流动感，让人感觉新鲜而富有活力。

3.1.5 无彩色和彩色

使用无彩色和彩色进行配色的方法可以营造不同的风格效果，无彩色主要由白色、黑色及它们中间的过渡色灰色构成，由于色彩效果的特殊性，在与彩色搭配使用时，它们可以很好地突出彩色效果。通过搭配使用高明度的彩色和白色及亮灰色，可以得到明亮、轻快的效果；而低明度彩色及暗灰色，可以呈现出一种黑暗、沉重的效果。

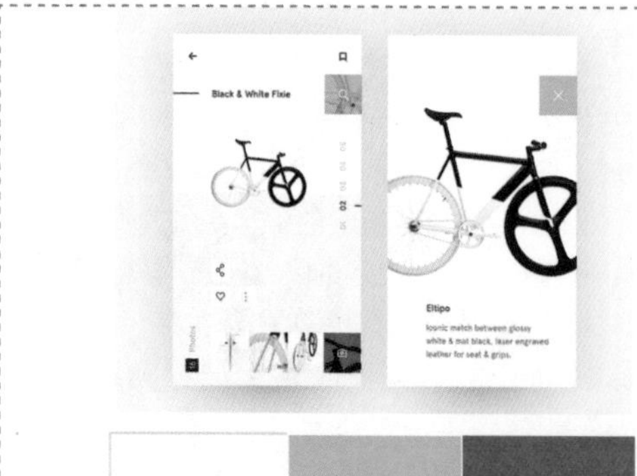

纯白色是UI设计中最常使用的背景颜色，白色能够与任何颜色相搭配，并且能够有效突出其他颜色。在该运动产品App界面设计中，使用白色作为背景主色调，搭配黑白设计的产品图片和少量文字内容，使得界面表现非常简洁、清晰，局部图标点缀高饱和度的青色和红橙色，使其在界面中非常突出，整体给人一种明亮而轻快的感觉。

使用无彩色的黑色作为界面的背景色，能够给人一种时尚感与现代感。在该美食App界面设计中，使用黑色作为界面的背景主色调，能够有效地突出界面中美食图片的色彩表现效果，使美食更具有诱惑感，界面中的价格与购买按钮则使用了高饱和度的黄橙色进行表现，与黑色的背景形成了强烈的对比，有效突出重点信息，为用户提供了很好的引导。

灰色通常给人一种压抑、沉闷的感觉，同时灰色也能够表现出科技感与时尚感。在该网站页面中使用无彩色的灰色与蓝色垂直平分整个网站页面，对比的色彩搭配给人很强的视觉冲击力，使得整个页面表现出很强的时尚感和现代感。

3.2 色调配色方法

基于色调进行UI配色设计的方法着重点在于色调的变化，它主要通过使用相同色相或邻近色相，不同色调的色彩进行搭配。

3.2.1 基于色调的配色关系

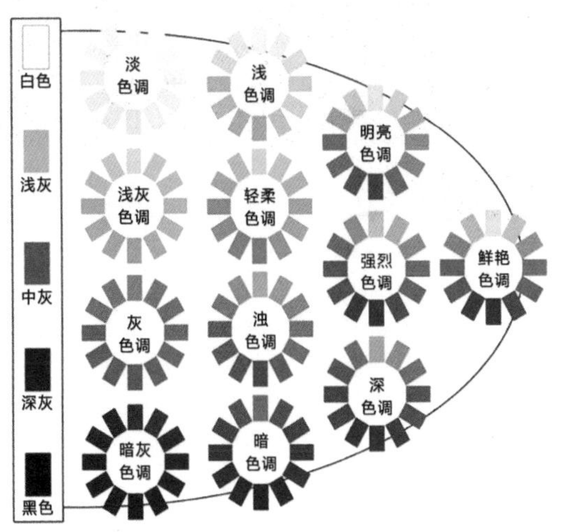

基于色调的UI配色设计可以给人一种统一、协调的感觉，避免色彩的过多应用给界面造成繁杂、喧闹的效果，这种配色方法可以通过调整一种颜色的明暗程度，制造出具有鲜明对比的效果或冷静、理性、温和的效果。

相同色调配色是指选择不同色相、同一色调颜色的配色方法。例如，使用鲜艳的红色和鲜艳的黄色进行搭配。

类似色调配色是指使用清澈、灰亮等类似基准色调的配色方法，这些色调在色调表中比较靠近基准色调。

相反色调配色是指使用深暗、黑暗等与基准色调相反色调的配色方法，这些色调在色调表中远离基准色调。

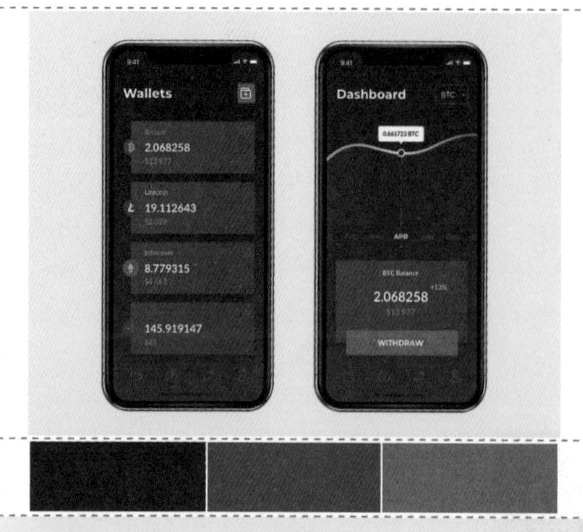

相同色相，不同色调配色

在该金融类App界面设计中，使用了相同色相，不同色调的配色。使用深色调的深蓝色作为界面背景颜色，而界面中的相关信息则使用了鲜艳色调、高饱和度的蓝色背景，整体的色相统一，但色调不同，表现出理性、冷静的效果。关键功能的按钮则使用了鲜艳色调的红色进行表现，与背景和其他选项形成了强烈对比，有效地突出了关键功能按钮。

不同色相，相同色调配色

在该社交分享类App界面设计中，使用了纯白色作为界面的背景色，使界面中的信息内容表现非常清晰、直观。界面中不同选项的按钮背景则使用了明亮色调、不同色相的颜色进行表现，从而有效区分不同的信息功能，由于这几种色彩都属于明亮色调，所以在色调上又比较统一，整体给人一种明亮、欢快的氛围。

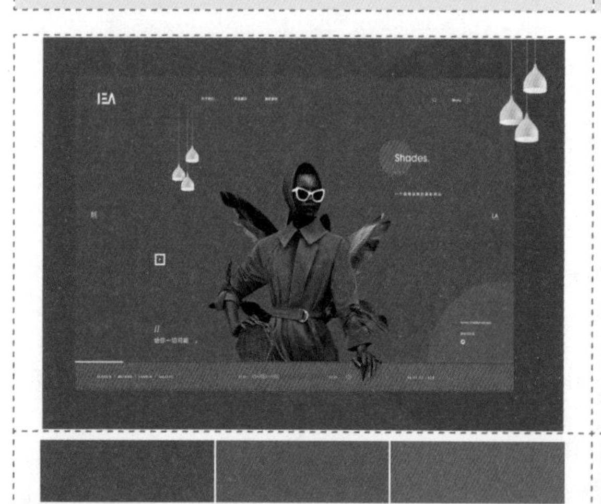

不同色相，类似色调配色

在该时尚类网站界面设计中，使用中等饱和度的绿色作为界面的主色调，与人物模特的服饰色彩保持统一，给人一种大自然的感觉。在界面中搭配高饱和度的橙色，橙色与绿色的色调相似，都属于强烈、鲜艳的色调，使界面的对比表现非常强烈，给人带来强烈的时尚感。

不同色相，相反色调配色

在该金融类App界面设计中，使用低明度的深灰蓝色作为界面的背景色，属于暗色调，在界面中搭配高饱和度的青色与红色，这两种颜色都属于明亮色调，与暗色调的背景能够形成非常强烈的对比效果，从而使界面中这两部分内容非常突出，给人带来强烈的视觉冲击力。

3.2.2 相同色相或类似色相、类似色调配色

在UI设计中使用相同色相或类似色相、类似色调进行配色，能够产生冷静、理性、整齐而简洁的效果，如果选择了极为鲜艳的色相，则会产生一种强烈的视觉变化，会给人带来一种尊贵、华丽的感觉。总的来说，使用类似色相和类似色调进行UI配色可以带来冷静、整齐的感觉，类似的色相能够表现出画面的细微变化。

在该闹钟App界面设计中，使用深色调的蓝紫色作为背景主色调，给人一种宁静而稳定的感觉。在界面中搭配类似色相、类似色调的紫色，因为色相与色调都比较接近，使得界面整体给人一种整洁、统一、和谐的感觉。

在该旅游度假网站界面设计中，使用中等饱和度的绿色作为主色调，给人一种宁静、舒适的感觉。在界面中搭配与绿色类似的色相，并且其他色相也采用了中等饱和度的浊色调，使得页面整体的色调表现平和、宁静。

3.2.3 相同色相或类似色相、相反色调配色

在UI设计中使用相同色相或类似色相、相反色调进行配色，其效果就是在保持页面整齐、统一的同时能够很好地突出页面的局部效果。配色时色调差异越大，突出的效果就会越明显。

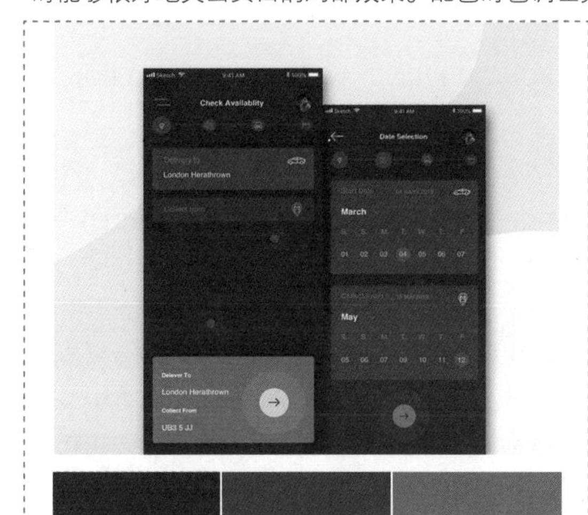

在该租车App界面设计中，使用蓝色作为界面的主题色，整个界面采用了类似色相、相反色调的方法进行配色。使用较深暗的蓝色作为界面背景，而相关信息则使用了稍浅一些的蓝色背景进行衬托，界面整体给人和谐、统一的感觉，并且层次感清晰。

在该音乐App界面设计中，使用深暗的深蓝紫色作为界面的背景主色调，并且在背景中加入了鲜艳色调的蓝紫色图形，从而使界面背景的表现效果更加丰富，并且曲线状的图形设计，也使界面背景更富有音乐的律动感，有效突出界面中的音乐播放控制按钮。

在该小型商务飞机的网站界面设计中，使用蓝色作为界面的主题色，表现出深邃而宁静的效果，搭配同色系的浅蓝色，有效突出界面中的重点信息，深色调与浅色调的对比，使得界面整体和谐统一，而局部内容又能够在页面中凸显出来。

3.3 融合配色使UI的表现更加平稳

融合配色方法包含了同类色搭配、邻近色搭配等类型，融合配色在视觉上没有强烈的对比效果，能够给人带来稳定、舒适、融合的视觉感受。

3.3.1 同明度配色使界面更融合

同明度配色是指使用相同明度的色彩进行配色，相同明度的色彩由于缺乏明暗的变化，所以画面的整体感非常强烈，常用于表现平静、温和等效果。在配色过程中，可以通过加强色相差、纯度差、配色面积差、色彩分布位置及色彩心理协调等方法，避免因相同明度色彩搭配而出现过于呆板的效果。

常见色彩搭配如下所示。

高明度

RGB(217,234,238)　RGB(249,245,186)　RGB(232,191,217)　RGB(244,192,189)

RGB(250,214,193)　RGB(202,222,201)　RGB(208,216,238)　RGB(224,205,227)

中等明度

RGB(193,96,161)　RGB(123,194,124)　RGB(75,188,183)　RGB(54,141,205)

RGB(231,51,109)　RGB(123,170,23)　RGB(193,147,193)　RGB(241,168,70)

低明度

白色是明度最高的色彩，该电商APP界面使用纯白色作为背景颜色，使得产品和文字信息内容非常清晰、简洁。在界面中局部点缀少量高饱和度的红色，使得界面更加富有活力。界面整体明度较高，给人一种洁净、明亮的感受。

在该智能家居App界面设计中，使用低明度的深蓝色作为界面的背景颜色，使得界面整体表现出强烈的幽静感与深邃感。在界面中搭配同色系、高明度的青色和白色文字与简约图形及背景形成明度的对比，整体色调统一，给人很强的科技感。

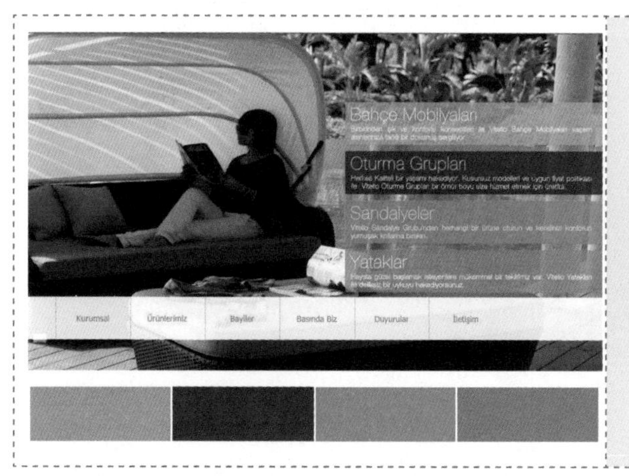

在该网站界面设计中，使用图片作为网站的背景，在界面中使用绿色、紫色、青色和蓝色4种颜色来突出不同的信息内容表现，这些都是中等明度的半透明色彩，界面整体给人统一、安静的感觉。

3.3.2 同饱和度配色使界面表现更和谐

同饱和度配色是指使用相同或类似饱和度的色彩进行搭配，这样便于使画面形成统一的色调。因此，即使色相之间的差异较大，也能够使画面整体呈现出较为和谐、统一的视觉感受。

饱和度的高低能够决定画面的视觉冲击力。饱和度越高，画面显示越鲜艳、活泼，越能够吸引眼球，冲突感越强；饱和度越低，画面显示越朴素、典雅、安静、温和，冲突感越弱。

常见色彩搭配如下所示。

高纯度

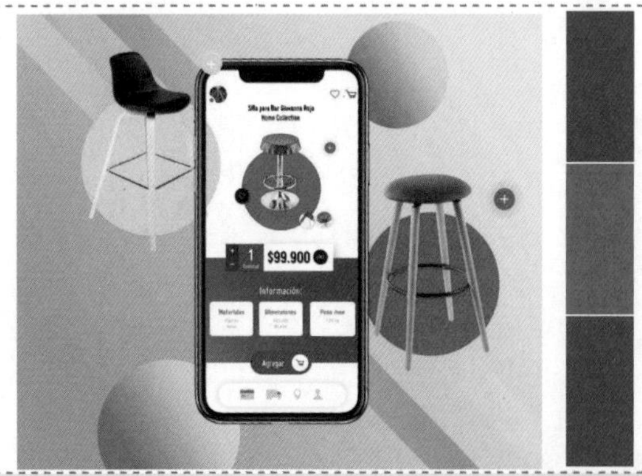

在该家具电商App界面设计中，使用纯白色作为界面背景颜色，为了突出表现家居产品的时尚感与现代感，在界面中使用了多种高纯度的鲜艳色彩进行搭配，有效突出界面中的不同信息，同时也使界面的冲突感更加强烈，给人一种时尚感与现代感。

在该社交类App界面设计中，每当滑动屏幕切换一个人物时，界面的背景颜色也会发生相应的变化，但是每一个背景都采用了中等纯度的微渐变色彩作为背景颜色，这种表现效果比高纯度色彩要柔和，使界面整体给人一种典雅、柔和、舒适的感觉。

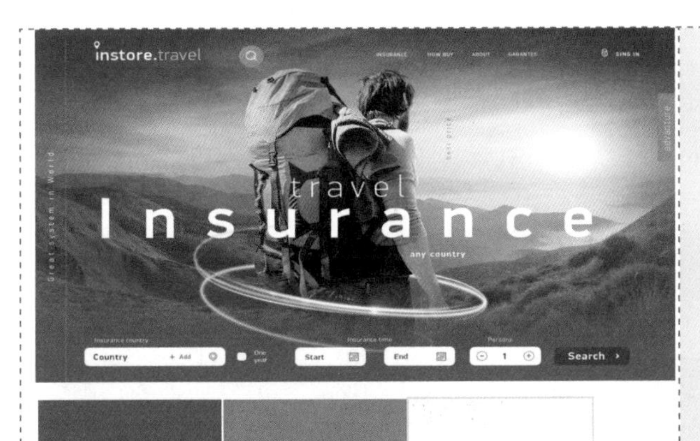

在该旅游宣传网站界面设计中，使用绿色作为界面的主题色，而背景图片则有一些偏红橙色，这两种色彩的明度和纯度相近，都属于中等纯度的色彩，从而与绿色形成弱对比的效果，界面整体给人一种和谐、自然的感觉。

3.3.3 同类色单色调配色

同类色是指色相性质相同，但色彩明度和饱和度有所不同的色彩搭配，属于弱对比效果的配色。同类色由于色相单一，能够使画面呈现出非常协调、统一的效果，但也容易给人带来单调、乏味的感觉，因此在运用时需要注意对比，可以加大色彩明度和纯度的对比，使画面更加生动。

常见色彩搭配如下所示。

红色系

RGB(230,0,18)　RGB(231,53,98)　RGB(242,162,192)　RGB(230,125,140)

橙色系

RGB(243,152,0)　RGB(246,175,110)　RGB(207,93,33)　RGB(158,64,36)

黄色系

RGB(255,241,0)　RGB(247,214,107)　RGB(219,151,47)　RGB(255,247,140)

绿色系

RGB(0,167,60)　RGB(57,102,71)　RGB(160,199,55)　RGB(74,183,137)

青色系

RGB(26,150,213)　RGB(115,202,242)　RGB(88,172,217)　RGB(30,76,151)

蓝色系

RGB(29,32,136)　RGB(0,116,181)　RGB(70,83,162)　RGB(84,104,176)

紫色系

RGB(107,22,133)	RGB(166,62,146)	RGB(155,108,172)	RGB(196,144,191)

无彩色系

RGB(0,0,0)	RGB(114,114,114)	RGB(160,160,160)	RGB(255,255,255)

在该影视App界面设计中，使用高饱和度的红色作为界面的主题色，与白色的背景相结合，使其表现出激情、活力的效果，在界面中为功能按钮搭配不同饱和度的红色，形成了纯度对比色彩，突出表现当前所在的位置。

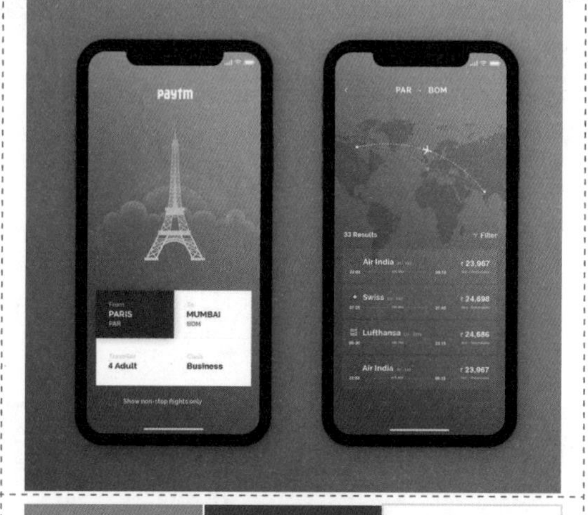

在该机票预订App界面设计中，使用高饱和度的蓝色到深蓝色的渐变颜色作为界面的背景，与该行业的通用色彩保持一致，表现出深远的蔚蓝色天空。在界面中搭配纯白色的文字和图形，使界面整体表现和谐、统一、清爽、自然。

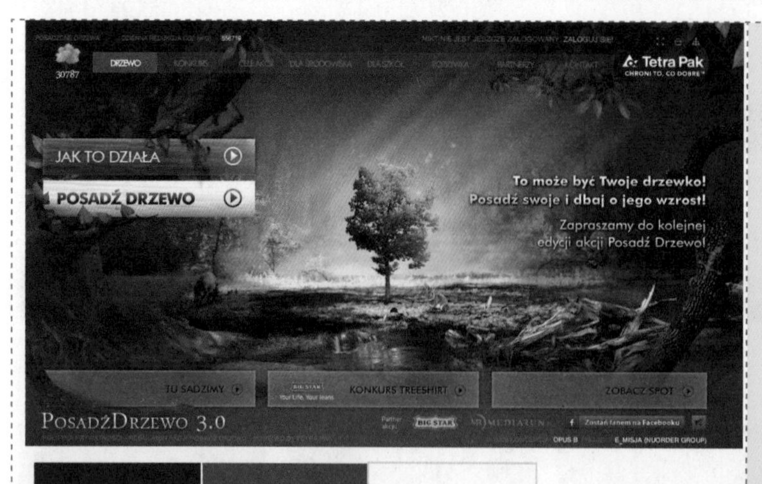

在该网站界面设计中，使用高纯度、低明度的绿色作为网页的背景色，给人自然而幽静的感觉，搭配白色的文字，在深绿的背景中非常显眼，界面让人感觉简洁、清晰，充满大自然气息。

该网站的界面设计非常简洁，使用纯白色作为界面背景的颜色，搭配黑色的水墨风格素材和黑色的竖排文字，体现出浓浓的中国传统文化韵味。为了使界面不会过于单调，在局部点缀了红色的印章图形，界面整体风格保持一致，又能够活跃界面的氛围。

3.3.4 复合色调配色

复合色由三个原色按照各自不同的比例组合而成，或者由原色和包含有另外两个原色的间色组合而成。复合色调的色彩饱和度往往比较低，偏向灰色、黑色，但是仍然具有较为明显的色彩倾向，也有明确的色调倾向，这样的对比效果比纯色的对比效果更为温和，刺激感更弱。

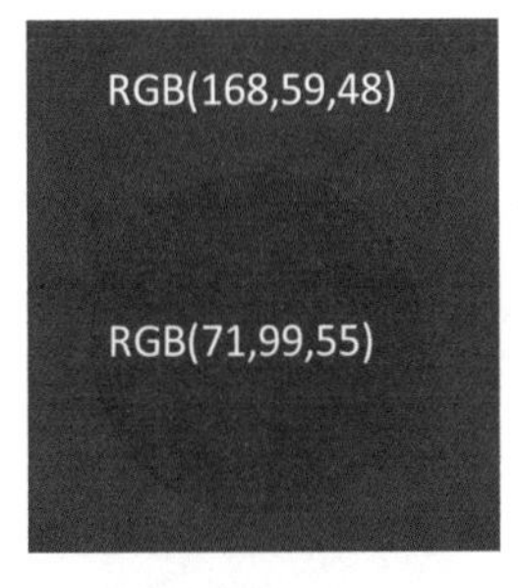

（红色与绿色对比）

（红色与绿色对比）

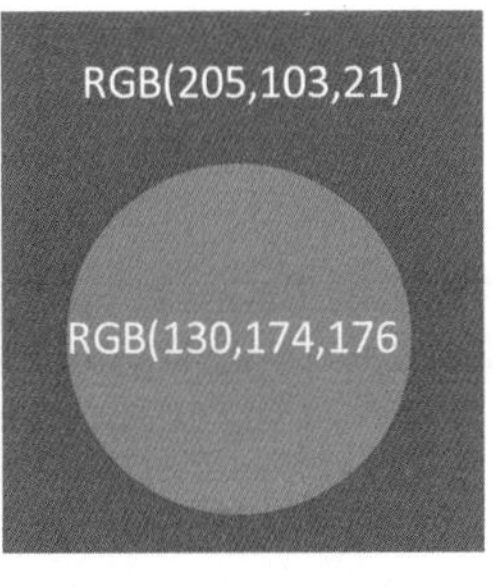

（橙色与青色对比）

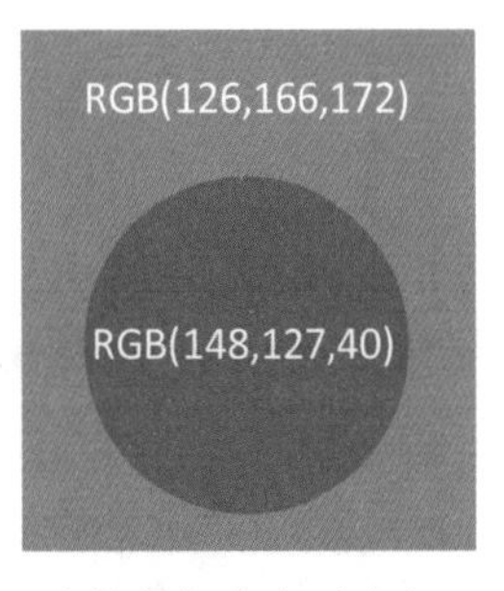

（橙色与青色对比）

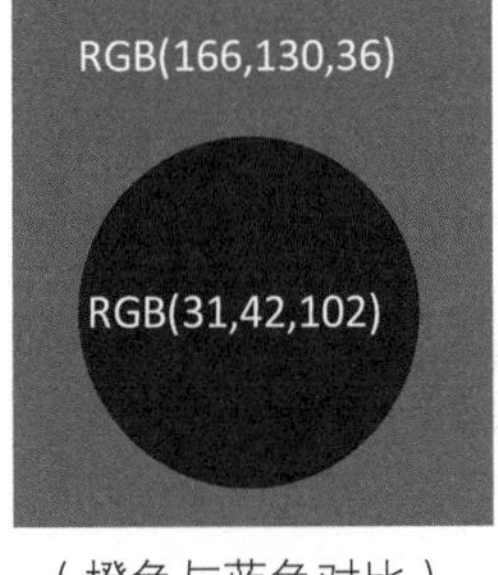

（橙色与蓝色对比）

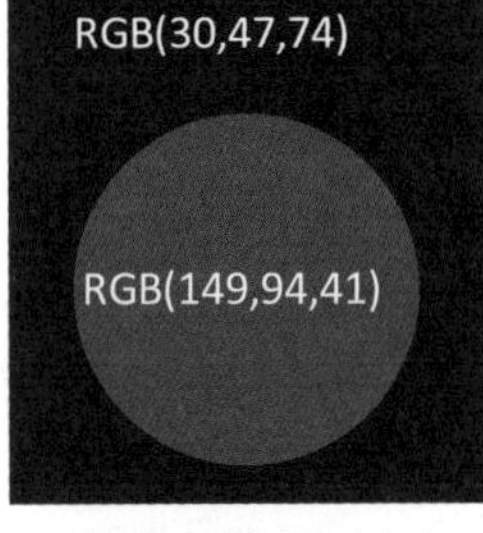

（橙色与蓝色对比）

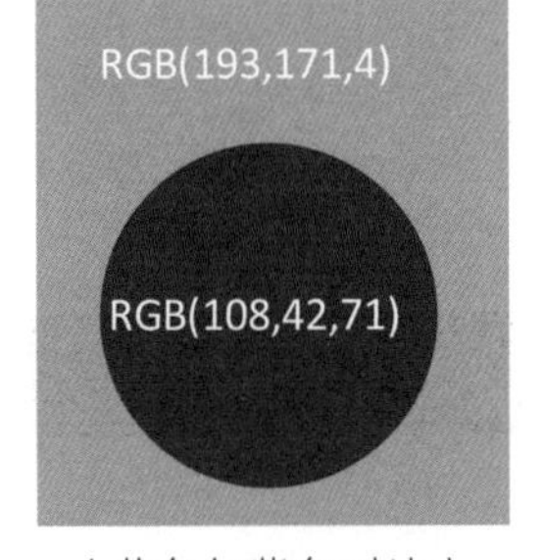

（黄色与紫色对比）

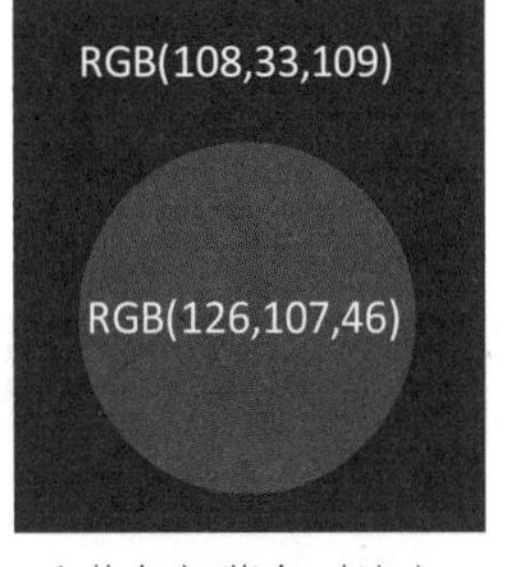

（黄色与紫色对比）

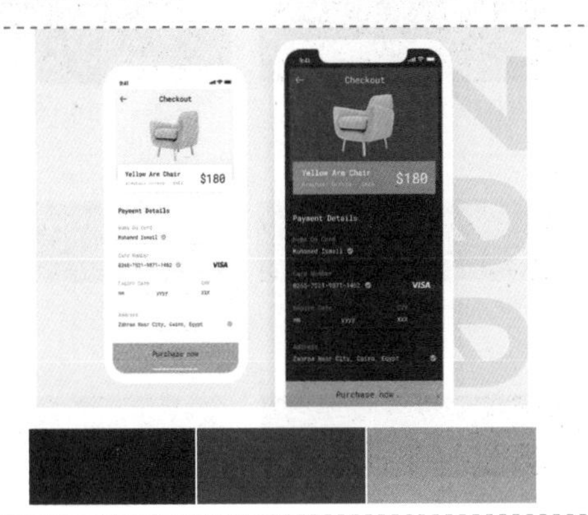

在该家具电商App界面设计中，使用深灰蓝色作为背景颜色，产品图片使用了中等饱和度的蓝色背景，产品名称和价格使用了高明度的浅灰蓝色背景，从而使界面表现出明显的色彩层次感。界面底部的功能操作按钮则使用了与蓝色形成对比的黄橙色，有效地突出了该功能操作按钮。

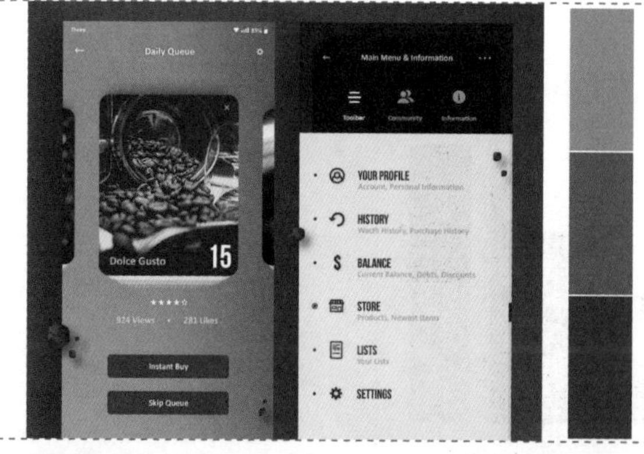

在该咖啡产品App界面设计中，使用中等饱和度的咖啡色微渐变色彩作为背景颜色，与咖啡产品的颜色相呼应，表现出咖啡的浓郁、醇厚。在界面中搭配深灰蓝色的功能操作按钮，与背景颜色形成对比，因为背景颜色与功能操作按钮颜色都属于复合色，饱和度并不是很高，产生的对比效果比较柔和，给人一种舒适感。

在该美容护肤产品的宣传网站设计中，使用高明度、低饱和度的绿色作为界面的背景主色调，表现出柔和、自然的效果。在界面中搭配中等饱和度的棕色和土黄色，都是大自然的色彩，使界面更加自然、舒适，表现出该美容护肤产品的自然、纯净品质。

3.3.5 暗浊色调配色

暗浊色调配色是指由明度较低或饱和度较低的色彩进行搭配，使画面表现出稳重、低调、神秘的视觉效果，常用于严肃、高端、深邃、神秘等主题的配色。

暗浊色调的配色由于色调深暗，色相之间的差异并不明显，容易造成沉闷、单调的效果，在配色时可以点缀少量的高饱和度色彩或亮色，这样能够减轻沉闷感，并形成视觉重点。

常见色彩搭配如下所示。

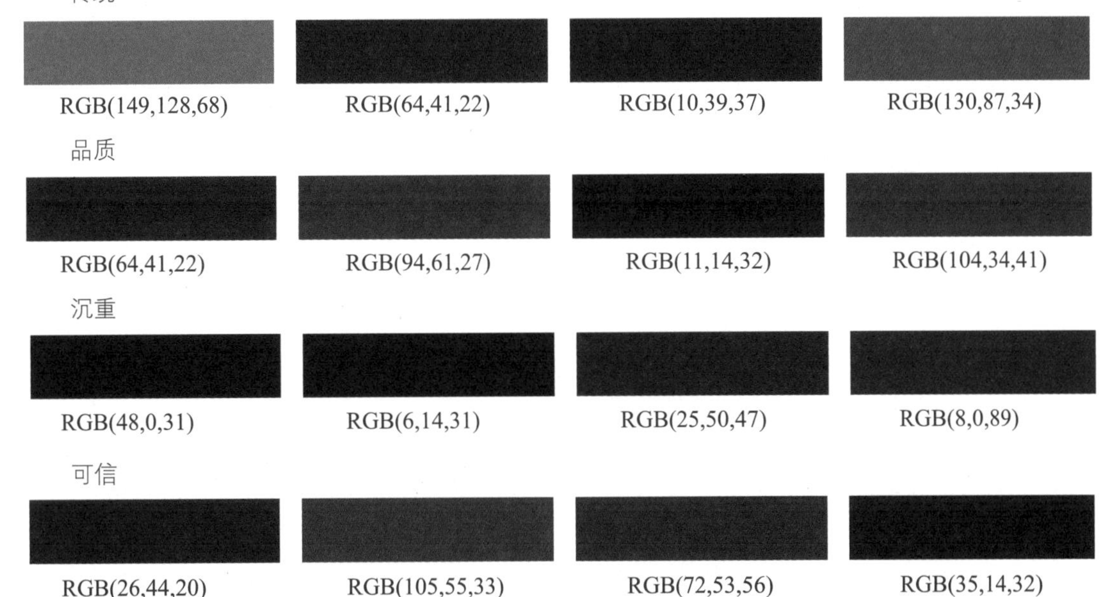

传统

RGB(149,128,68) RGB(64,41,22) RGB(10,39,37) RGB(130,87,34)

品质

RGB(64,41,22) RGB(94,61,27) RGB(11,14,32) RGB(104,34,41)

沉重

RGB(48,0,31) RGB(6,14,31) RGB(25,50,47) RGB(8,0,89)

可信

RGB(26,44,20) RGB(105,55,33) RGB(72,53,56) RGB(35,14,32)

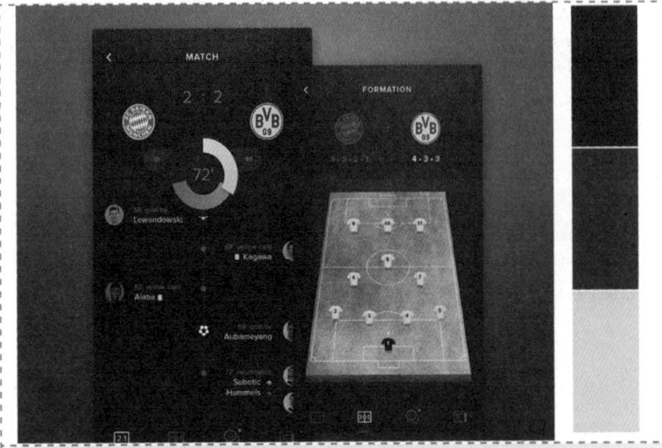

足球比赛给人的感觉是刚毅、富有力量的。在与有关足球比赛App界面设计中，使用接近黑色的深灰蓝色作为界面的背景主色调，暗浊的色调给人带来刚毅的感觉。为了避免过于压抑，在界面中点缀高饱和度的黄色和绿色，使界面富有活力。

在该体育运动用品宣传网站界面设计中，使用黑色作为界面的背景主色调，表现出了力量与品质感，搭配深暗的灰蓝色，并且与运动人物素材相结合，使界面表现出强烈的运动感与活力。

房地产网站设计需要根据自身的定位来进行布局和色彩的设计搭配，从而表现出与房地产项目相吻合的气质。在该房地产网站界面设计中，使用明度和饱和度不同的棕色进行配色，棕色可以给人安全、稳定和可靠感，棕色与同色系的色彩进行搭配，更能够彰显踏实、稳重的感觉，整个网页的配色给人稳定、大气的感觉，体现出该房地产项目的品质感。

3.3.6 明艳色调配色

明艳色调配色是指画面中的大部分色彩或所有色彩都具有较高的明度和饱和度，画面呈现出鲜艳、明朗的视觉效果。明艳色调的配色非常适合表现儿童、青年、时尚、前卫、欢乐、积极等主题的配色。

明艳色调的配色有可能会给人造成过于刺激、浮躁的感觉，因此在配色时可以使用无彩色进行适当调节，形成透气感，缓和鲜艳色彩给人带来的刺激感。

常见色彩搭配如下所示。

喜庆

RGB(230,0,18) RGB(255,241,0) RGB(238,123,54) RGB(228,26,106)

大胆

RGB(0,0,0) RGB(230,0,18) RGB(128,25,30) RGB(23,41,138)

活力

RGB(231,53,98) RGB(42,63,151) RGB(255,241,0) RGB(238,123,54)

开朗

RGB(123,190,58) RGB(231,53,98) RGB(243,239,122) RGB(243,153,64)

阳光

RGB(253,218,99) RGB(241,142,47) RGB(255,242,49) RGB(230,0,18)

鲜嫩

RGB(255,232,59) RGB(123,190,58) RGB(75,188,183) RGB(245,169,64)

快乐

RGB(201,18,94) RGB(243,239,122) RGB(255,225,0) RGB(0,151,224)

积极

RGB(241,142,47)　RGB(0,151,224)　RGB(230,0,18)　RGB(255,241,0)

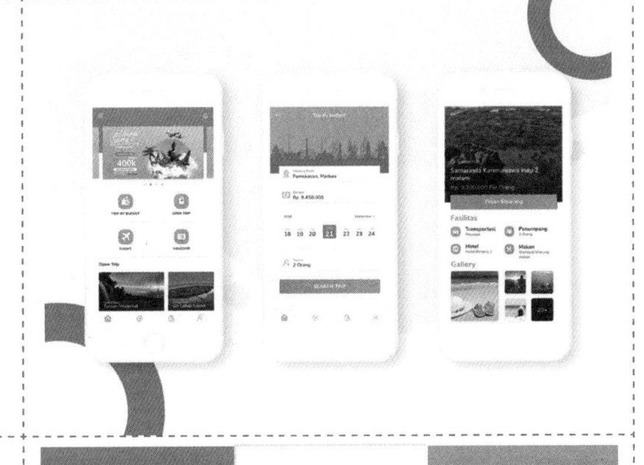

在该运动健身App界面设计中，使用高饱和度的紫色作为界面的主题色，搭配白色的背景，表现出大胆、前卫的效果。在界面中搭配蓝色、橙色等多种高饱和度色彩，便于区分界面中不同的选项，同时使界面的色彩更加丰富，给人一种富有活力的感觉。

在该旅行类App界面设计中，使用高饱和度的橙色作为界面的主题色，搭配相似色黄色和红橙色，使界面表现出欢乐、阳光、富有活力的效果。为了使界面的视觉效果不会过于刺激，使用纯白色作为界面背景色进行调和，缓和鲜艳色彩的刺激感，使界面表现得更加通透。

在该手机宣传网站界面设计中，使用高饱和度的蓝色作为主色调，蓝色是一种富有科技感的色彩，给人无限的遐想空间。在页面中搭配不同明度和饱和度的蓝色，丰富页面色彩的层次感，加入黄色和红色，使页面更加活跃、时尚且富有动感。

3.3.7 灰色调配色

灰色调配色是指在纯色中加入不同量的灰色所形成的色调，其色彩饱和度较低，色彩明度变化较大。使用灰色调配色通常能够给人带来朴实、稳重、平和的感受，适用于表现家庭、休闲、老年等主题。

饱和度过低的色彩容易使人感到单调、乏味，因此在进行配色时，适当加强色彩之间的色相对比或明度对比，使画面层次丰富、细腻。

常见色彩搭配如下所示。

朴实

RGB(90,117,70) RGB(180,150,90) RGB(58,39,30) RGB(199,179,129)

舒适

RGB(173,119,74) RGB(250,206,167) RGB(172,163,117) RGB(226,186,119)

平淡

RGB(199,179,194) RGB(73,69,64) RGB(103,128,77) RGB(194,188,166)

老成

RGB(113,68,61) RGB(180,150,90) RGB(145,83,134) RGB(144,171,116)

轻松

RGB(113,170,116) RGB(186,193,111) RGB(221,214,65) RGB(181,220,241)

素雅

RGB(167,132,100) RGB(191,198,216) RGB(210,192,213) RGB(179,189,169)

内敛

RGB(141,129,114) RGB(90,150,157) RGB(82,107,102) RGB(47,60,99)

温和

RGB(238,177,196) RGB(218,184,126) RGB(238,229,168) RGB(242,229,92)

在该咖啡在线预订App界面设计中，使用低明度、低饱和度的咖啡色渐变作为背景主色调，给人带来朴实、香醇的感觉。在界面中搭配高明度黄色标题文字和购买按钮，突出相关信息内容，同时也使界面添加了一些温暖感。

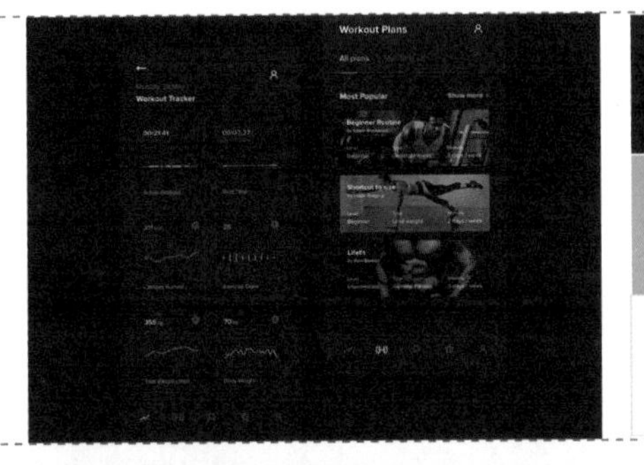

在该运动健身App界面设计中，使用低明度的深灰蓝色作为界面的背景主色调，并且界面中所搭配的运动图片也都选用了色调偏灰暗的图片，使界面整体给人一种稳重、坚实的感觉。

在该连锁酒店的网站界面设计中，使用棕色的酒店客房室内空间照片作为该网站界面的背景，充分展现了酒店客房的室内环境，并且偏暗的整体色调氛围能够给人带来温馨与舒适感。界面中导航菜单使用了多种不同饱和度的背景颜色来区分不同的菜单选项，为整个网站界面增添了活力。

3.3.8 层次感配色

层次感配色是指将明度、饱和度和色相按照一定的变化规律，有顺序地排列而成的配色。层次感配色能够表现出很强的整体感和节奏感，给人安心、自然、舒适的感觉，可以单色搭配，也可以多色搭配，是比较容易成功的配色方式。层次感配色的关键是要使色彩之间的层次分明，避免出现模糊不清的情况。

常见色彩搭配如下所示。

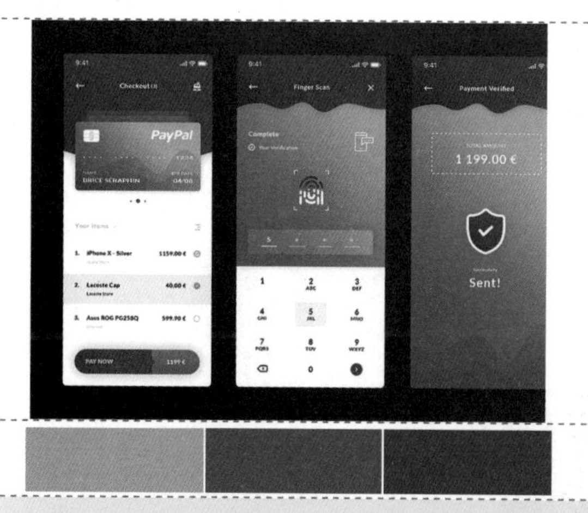

在该金融类App界面设计中，使用蓝色到深蓝色的渐变颜色作为界面的背景色，表现出色彩的层次变化和节奏感，顶部标题栏搭配了邻近色蓝紫色的背景，界面整体色调统一，给人一种稳重感与科技感。

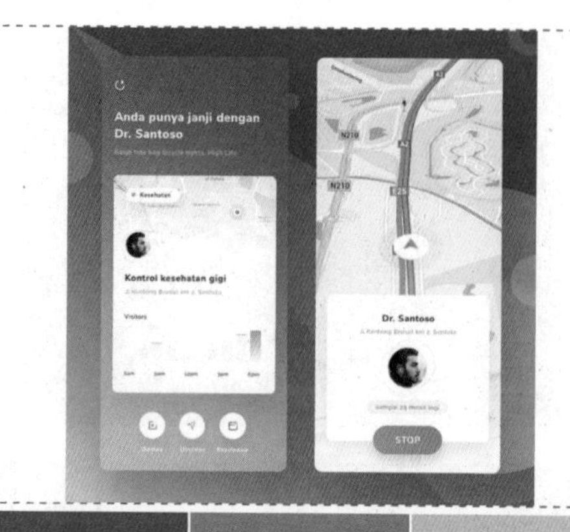

在该导航App界面设计中，使用高明度的紫色到粉红色的渐变颜色作为界面背景色，给人一种梦幻感与绚丽感，在界面中搭配白色的文字与图标，表现效果清晰。

在该网站界面设计中，界面背景是其设计的亮点，将相同明度和饱和度的多种鲜艳色彩进行旋转排列设计，使界面表现出非常强烈的层次感和节奏感，体现出配色设计的艺术，搭配简洁的品牌Logo和文字，视觉表现效果非常突出。

3.4 对比配色使UI的表现更加强烈

应用对比原理进行UI色彩搭配是一种非常重要的配色方法，通过对比配色能够有效地突出界面的主题，对浏览者的视觉产生刺激。色彩的对比包括色相对比、明度对比、纯度对比、面积对比、冷暖对比等，它们是强调色彩效果的重要手段。

3.4.1 在UI中加入强调色

强调色配色是指在同色系色彩构成的配色中，通过添加强对比的色彩，突出画面重点的配色方式。这种配色方式在明度、纯度接近的配色中都适用。强调色可以是任何一种颜色，只要与基本色的明度、纯度、色相有较大的差异即可，关键在于将强调色限定在小面积内展现。

常见色彩搭配如下所示。

时尚

RGB(26,75,78)

RGB(5,129,137)

RGB(61,103,115)

RGB(148,75,86)

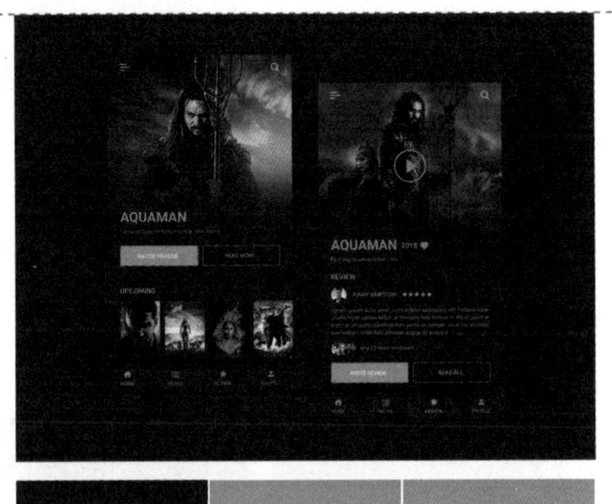

在该影视类App界面设计中，使用低明度的深灰蓝色作为界面的背景颜色，表现出稳重、大气的效果。在界面中局部点缀橙色的强调色，用于强调影片的名称及重要的功能操作按钮。橙色与灰蓝色的背景形成色相、明度和纯度多个方面的对比，表现效果突出，同时也使整个界面表现出醒目、时尚的效果。

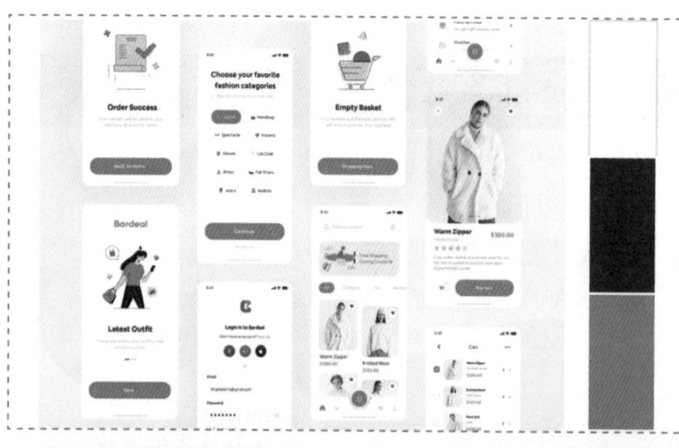

在无彩色的界面中点缀高饱和度的红色，能够产生非常强烈的视觉效果。在该服饰电商App界面设计中，使用纯白色作为背景色，有效地突出了商品图片及相关文字信息，为购物车按钮和其他功能操作按钮搭配高饱和度的红色，使其在界面中的表现效果非常突出，起到很好的引导和强调作用。

在该体育运动品牌的宣传网站设计中，界面背景使用了明度很低的深蓝色，给人一种稳重、深沉、踏实的感觉。在界面中点缀高饱和度的鲜艳黄色，从而与背景形成非常强烈的对比效果，有效地突出了界面中的图形和相关选项，也为整个界面增添了活力。

3.4.2 色相对比配色

色相对比是指将不同色相的色彩组合在一起，创造出强烈鲜明对比效果的一种手法。不同色相所形成的对比效果是以色相环中位置距离来决定的，距离越远，效果就会越强烈。

在色相对比时，明度越接近，效果就会越明显，对比感也会越强烈。此外，色彩的饱和度越高，对比效果也会越明显。

常见色彩搭配如下所示。

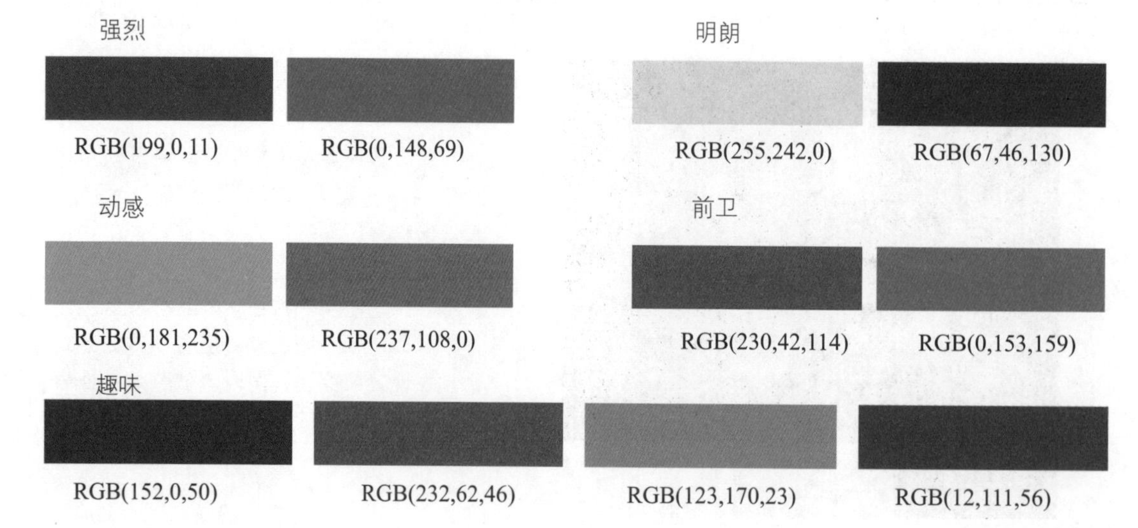

喜庆

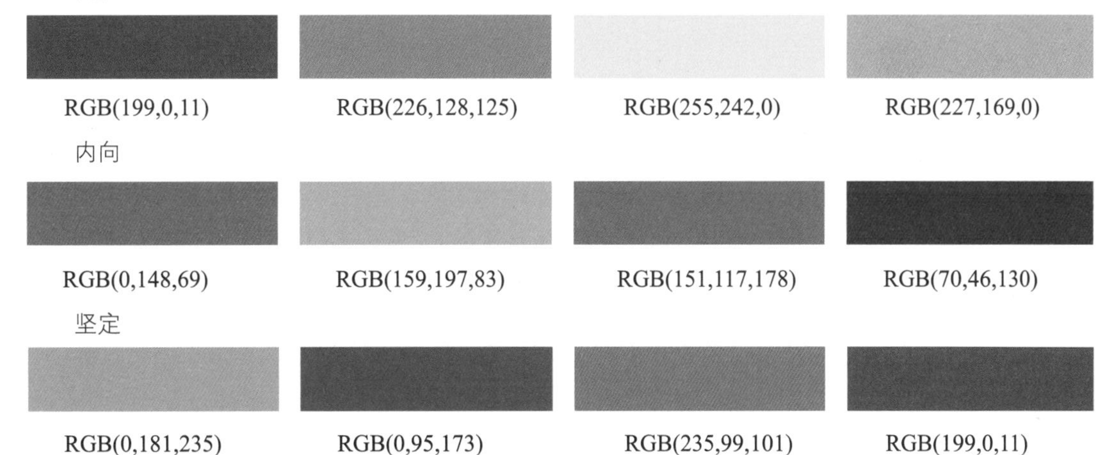

RGB(199,0,11)　RGB(226,128,125)　RGB(255,242,0)　RGB(227,169,0)

内向

RGB(0,148,69)　RGB(159,197,83)　RGB(151,117,178)　RGB(70,46,130)

坚定

RGB(0,181,235)　RGB(0,95,173)　RGB(235,99,101)　RGB(199,0,11)

在该设计类网站界面设计中，使用高饱和度的蓝色作为界面的主色调，给人一种清爽、自然的感觉，在界面中搭配高饱和度的橙色，高饱和度的蓝色与橙色形成非常强烈的色相对比，使网站界面表现出强烈的动感与时尚效果。

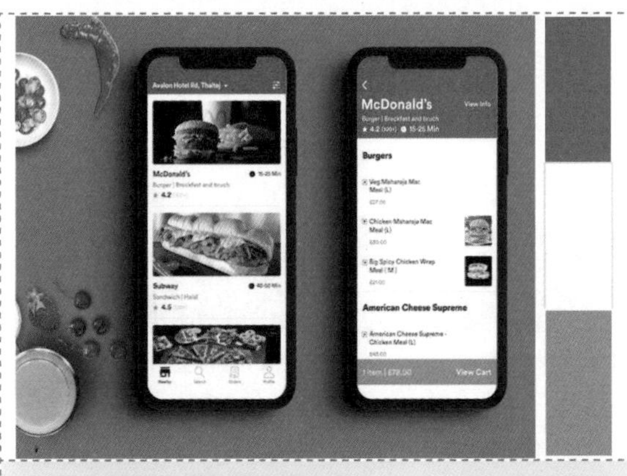

在该美食类App界面设计中，使用高饱和度的红色作为主题色，给人一种热情、丰富的感觉，与纯白色的背景颜色相搭配，在界面中很好地划分了不同的内容区域，红色背景部分为标题栏，白色背景部分为主题内容区域。当用户选择相应的食物之后，会在界面底部使用高饱和度的绿色背景突出显示价格等相关信息，整个界面的色彩表现效果鲜明、强烈。

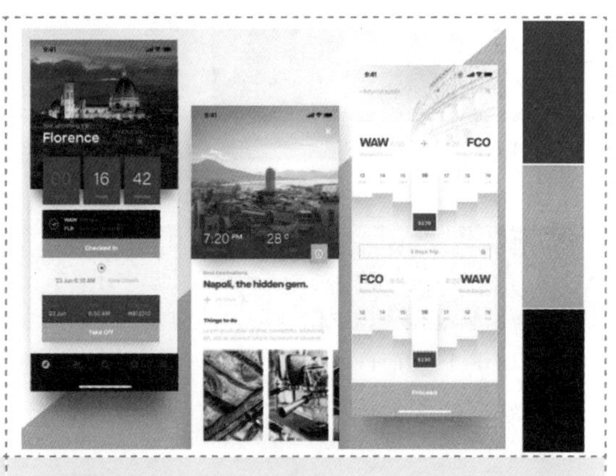

在该旅行类App界面设计中，使用白色作为界面的背景色，紫色作为界面的主题色，表现出浪漫、雅致的效果。高饱和度的黄色作为点缀色，与高饱和度的紫色相搭配，形成色相的强烈对比，有效突出界面中的相关信息，同时也使得界面更加明朗，使人感到十分美好。

3.4.3 原色对比配色

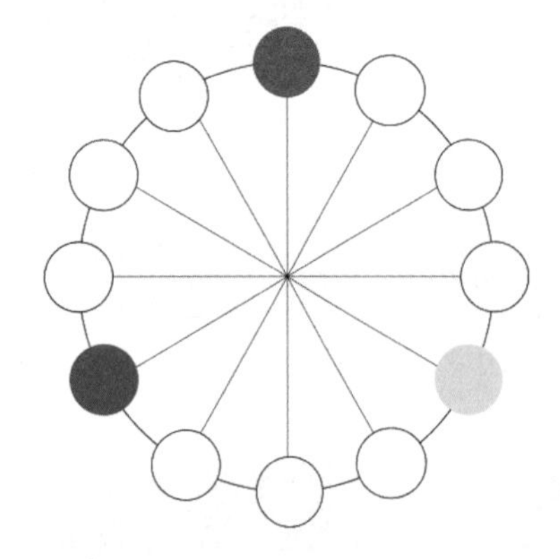

红、黄、蓝三原色是色相环上最基本的三种颜色，它们不能由其他颜色混合而产生，却可以混合出色相环上所有其他的颜色。红、黄、蓝表现出了强烈的色相气质，它们之间的对比是较强的色相对比。

红、黄、蓝三原色在色相环中的位置正好形成一个三角形，这样的配色不需要深沉暗浊的色调就具有很强的稳定感，给人舒畅而开放的感受。原色对比配色的缺点是由于平衡感较强，很难给人留下深刻的印象。因此，可以稍微错开三种色相的位置，并运用色调差使配色呈现出更丰富的变化。

常见色彩搭配如下所示。

舒畅

RGB(219,111,148)　　RGB(255,226,0)　　RGB(0,180,235)

人工

RGB(255,242,0)　　RGB(228,0,127)　　RGB(6,183,206)

前卫

RGB(34,50,144)　　RGB(255,226,0)　　RGB(210,38,118)

开朗

RGB(199,0,11)　　RGB(0,128,199)　　RGB(195,216,45)

稳定

RGB(219,146,150)　　RGB(249,199,139)　　RGB(70,154,190)

开放

RGB(199,0,11)　　RGB(30,173,164)　　RGB(253,209,8)

动感

RGB(232,56,13)　　RGB(255,244,98)　　RGB(0,128,199)

强力

RGB(255,244,98)　　RGB(199,0,11)　　RGB(29,45,102)

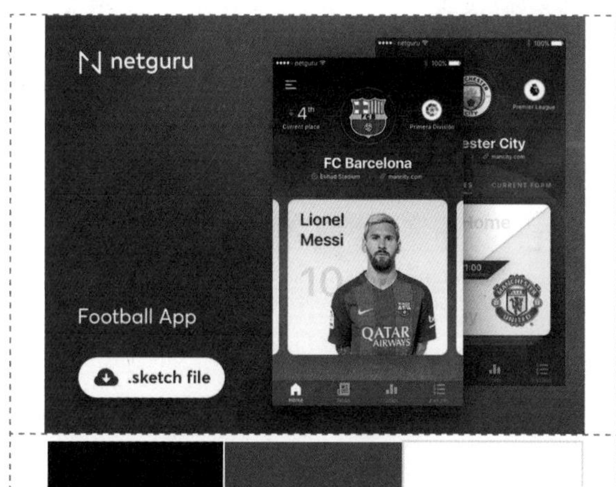

深蓝色给人一种稳重、富有力量的感觉，而红色则给人一种热血、富有激情的感觉。在该足球运动相关的App界面设计中，使用深蓝色到高饱和度红色的渐变作为界面的背景色，强烈的色相对比给人带来激情、动感的感觉，与足球运动带给人们的固有印象相吻合。

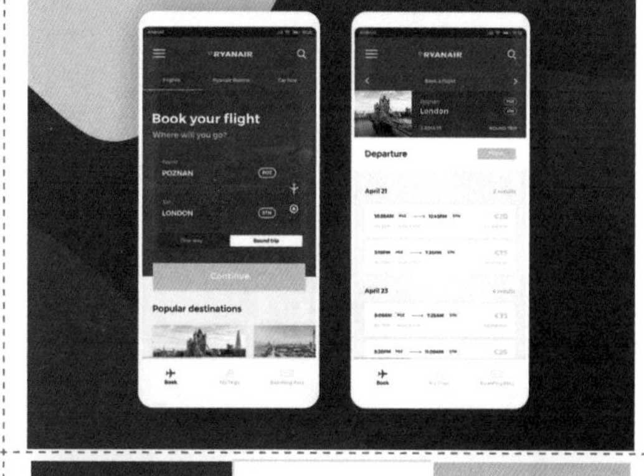

在该机票预订App界面设计中，使用了原色对比的方式进行配色。高饱和度的蓝色作为界面的主题色，并且在背景中加入了飞机的图片，表现出机票预订的主题，搭配高饱和度黄色的功能操作按钮，与蓝色形成强烈的色相对比，使界面表现出明朗、活跃的氛围。

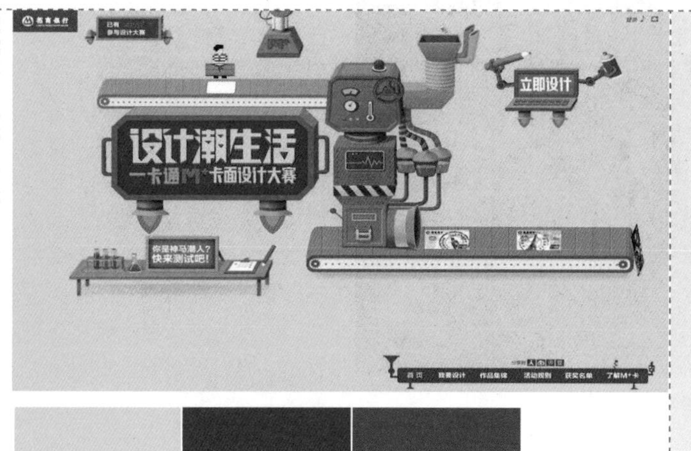

在该活动宣传网站界面设计中，完全使用卡通交互动画的形式来表现界面内容，表现效果活跃而富有个性。整个网站界面使用高饱和度的原色进行配色设计，黄色的界面背景搭配蓝色的图形，以及黄色的文字，形成了非常强烈的对比效果，并且多种高饱和度色彩的加入，也使界面显得更加活跃。

3.4.4 间色对比配色

橙色、绿色、紫色是由原色相混合而得到的间色，色相对比略显柔和，在自然界中许多植物的色彩都呈现间色。例如，许多果实都是橙色或黄橙色，还经常可以见到各种颜色的花朵，因此绿色与橙色、绿色与紫色这样的对比都是活泼、鲜明又具有天然美的配色。

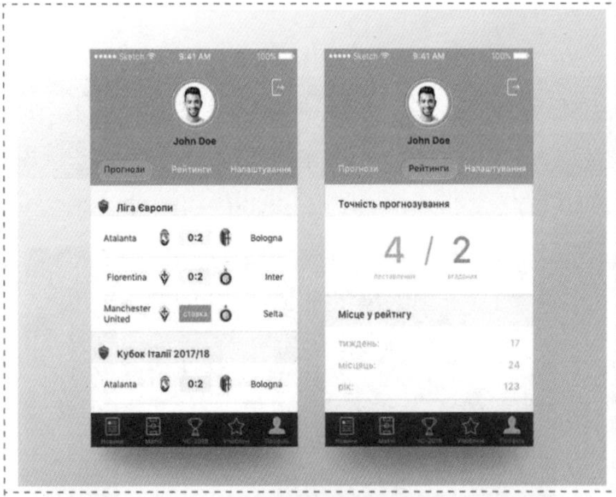

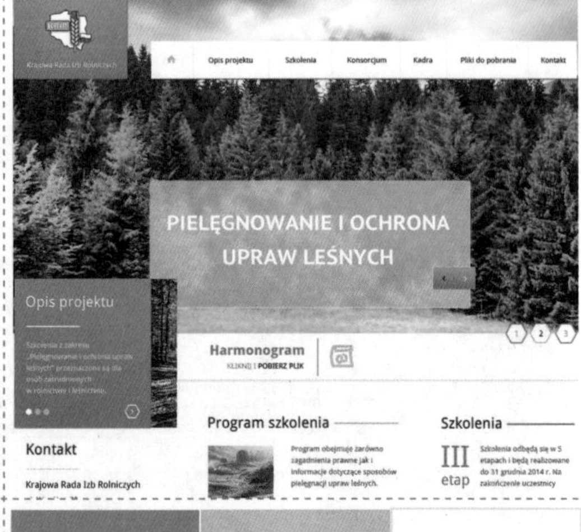

间色对比没有原色对比那么强烈，表现效果相对柔和。在该足球运动相关的App界面设计中，使用中等饱和度的绿色作为主题色，体现出运动的绿色、健康，搭配白色的背景，以及深蓝色的底部工具栏背景，很好地划分了界面中不同的功能区域。在界面局部点缀高饱和度的橙色，使界面显得更加鲜明、活泼。

在该网站界面设计中，使用间色对比的配色方式，黄色与中性微冷色绿色的对比给人一种清新、生机勃勃的感觉，对比程度适中，刺激性较小，并且能够在界面中有效突出重点信息。

在该时尚运动网站界面设计中，使用蓝紫色到紫红色的渐变颜色作为界面的背景，这两种颜色属于相邻色，对比效果并不是十分强烈，给人一种神秘、时尚的感觉。使用高饱和度的洋红色与青色的对比色作为界面中主题文字的颜色，对比效果强烈，表现出很强的视觉冲击力，并且能够与深暗的背景形成明度对比。主题文字的方向也与人物的运动方向保持一致，给人很强的动感和时尚感。

3.4.5 补色对比配色

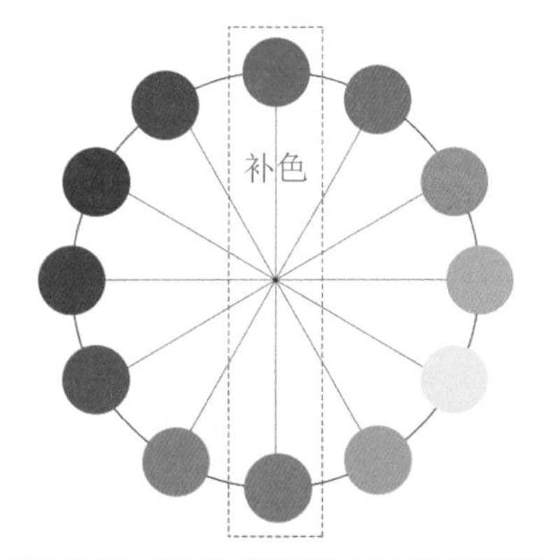

色相环上位置相对的颜色称为补色，是色相中对比效果较强的对比关系。一对补色搭配在一起，可以使对方的色彩更加鲜明，如红色与绿色搭配，红色变得更红，绿色变得更绿。

通常，在UI配色设计中，典型的补色是红色与绿色、蓝色与橙色、黄色与紫色。黄色与紫色由于明暗对比强烈，色相个性悬殊，因此成为三对补色中最具有冲击力的对比配色；蓝色与橙色的明暗对比居中，冷暖对比最强，是最活跃、生动的色彩对比；红色与绿色明暗对比近似，冷暖对比居中，在三对补色中显得十分优美。由于明度接近，两色之间相互强调的作用非常明显，有炫目的效果。

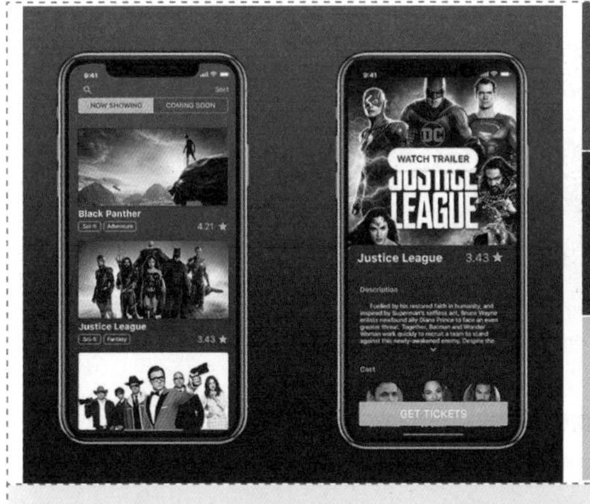

在该影视类App界面设计中，使用红色到深紫色的渐变颜色作为界面背景，表现出神秘、富有激情的效果。在界面中搭配白色的文字，非常易读，使用与紫色形成互补的黄色作为功能操作按钮的颜色，与背景形成强烈的对比，使界面表现出很强的冲突感，从而突出功能操作按钮。

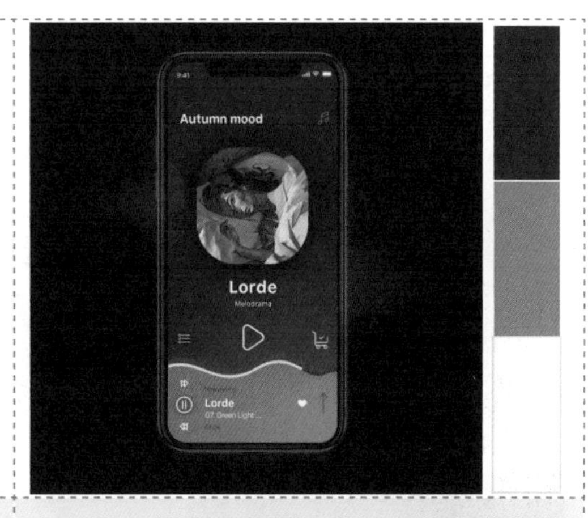

在该音乐App界面设计中，使用深蓝色的渐变作为界面的主色调，给人一种宁静而舒适的感觉，在界面底部搭配了与蓝色形成互补的橙色渐变背景，有效地划分了界面中不同的功能区域，蓝色与橙色的搭配使界面显得更加活跃、生动。

在该番茄酱食品宣传网站设计中，使用高饱和度的大自然图片作为界面的背景，绿色的各种植物与红色的番茄酱产品形成了强烈的对比，有效地突出了产品，给人一种健康、自然、富有活力的感觉。

3.4.6 冷暖对比配色

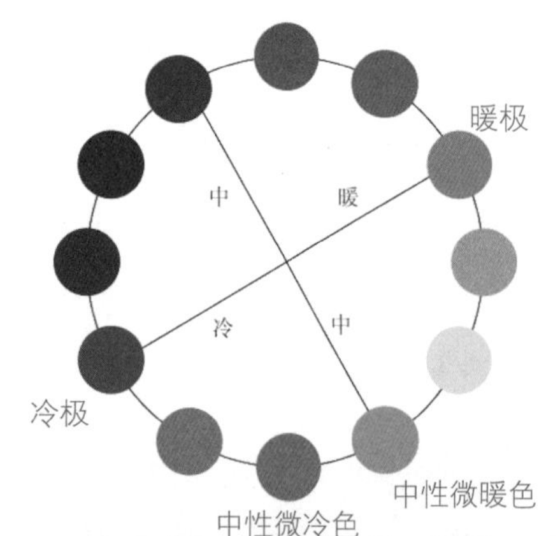

利用冷暖差别形成的色彩对比称为冷暖对比。在色相环上红、橙、黄为暖色，橙色为暖极；绿、青、蓝为冷色，天蓝色为冷极。在色相环上利用坐标轴就可以清楚地区分出冷暖两组色彩，即红、橙、黄为暖色，蓝紫、蓝、蓝绿为冷色。同时还可以看到红紫、黄绿为中性微暖色，紫、绿为中性微冷色。

色彩冷暖对比的程度分为强对比和极强对比，强对比是指暖极对应的颜色与冷色区域的颜色进行对比，冷极所对应的颜色与暖色区域的颜色进行对比，极强对比是指暖极与冷极的对比。

暖色与中性微冷色、冷色与中性微暖色的对比程度比较适中，暖色与暖极色、冷色与冷极色的对比程度较弱。

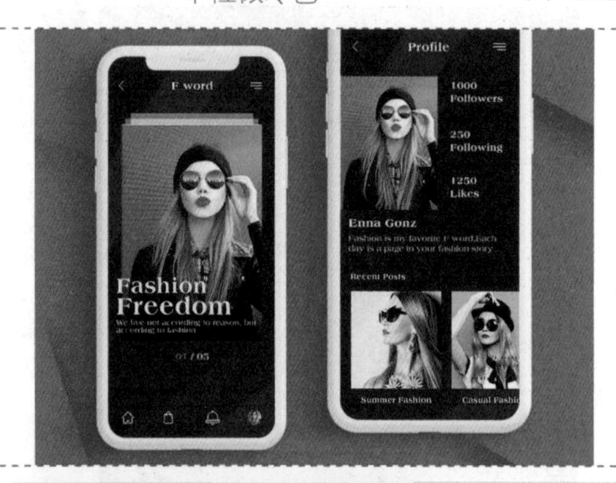

在该移动端App界面设计中，为了突出表现产品的现代与时尚特性，使用微渐变的深蓝色作为界面的背景色，从而使背景表现出层次感，而界面中搭配的图片则使用了高饱和度的橙色背景，与深蓝色的界面背景形成了强烈的冷暖对比，带给人时尚与个性的感觉。

在该汽车宣传网站界面设计中，使用蓝色与红色倾斜分割界面的背景，从而形成强烈的冷暖对比，具有较强的视觉冲击力，并且可以让人有视觉上的平衡感，倾斜分割的形式又使得界面富有动感。界面中的汽车产品则使用了黄色，使界面表现出欢乐、时尚的氛围。

在该电脑产品宣传网站界面设计中，使用了极强的对比配色，蓝色的界面背景主色调表现出科技感，主题文字部分则采用了高饱和度橙色与蓝色相搭配的方式，使得主题文字的对比非常强烈，给人很强的视觉冲击力，从而表现出现代感与活力感。

冷暖原本是人对外界温度高低的感觉。色彩的冷暖感觉是由物理、生理、心理及色彩本身等综合因素决定的。太阳、火焰等本身温度很高，它们反射出来的红橙色光具有导热的功能。大海、蓝天、远山、雪地等环境是反射蓝色光最多的地方，所以这些地方总是冷的。因此在条件反射下，当人们看见红橙色光时心里就会感到温暖，当人们看见蓝色光时，心里就会产生冷的感觉。

3.4.7 面积对比配色

色彩面积的搭配对UI设计色彩印象的影响力很大，甚至比色彩的选择更为重要。通常大面积的色彩设计多选用明度高、纯度低、对比弱的色彩，给人带来明快、持久、和谐的舒适感。中等面积的色彩多使用中等程度的对比，既能够引起视觉兴趣，又没有过分的刺激。小面积色彩常使用鲜艳色、明亮色及对比色，从而充分引起用户的注意力。

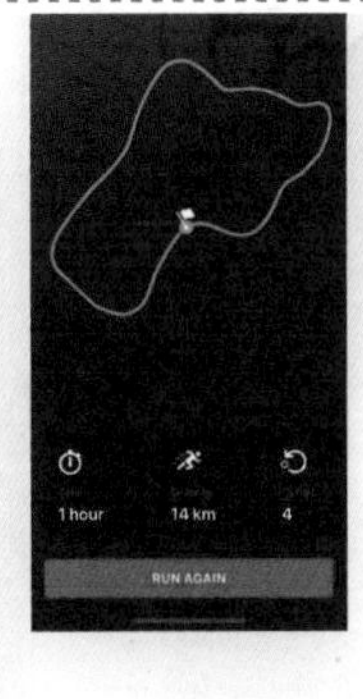

在该运动App界面设计中，使用无彩色作为界面的背景，而界面中的重要信息则使用高饱和度的鲜艳色彩进行表现，使用蓝色表现运动轨迹，使用橙色表现功能操作按钮，虽然是小面积的对比，但是在无彩色的背景上表现效果非常突出，能够引起用户的注意。

在该移动端App界面设计中，使用不同的色彩划分出不同的内容区域，有效地区分了界面中不同的内容，并且使用的色彩为邻近色，每种色彩的面积相差不大，这种中等面积的色彩对比有效丰富了界面的视觉表现效果，又不会过分刺激。

在该网站界面设计中，使用无彩色的深灰色作为界面背景主色调，给人一种沉稳、低调的感觉。而界面中导航菜单下方的宣传图片则使用了同等面积的红色与蓝色进行搭配设计，并且这两种色彩的明度和饱和度相同，从而在视觉上形成了强烈的对比和刺激，两种色彩的明度都比较低，与界面背景的深灰色相协调。

当色彩面积对比悬殊时，会减弱色彩的对比和冲突效果，但从色彩的同时性作用来说，面积对比越悬殊，小面积的色彩越具有视觉冲击力，就好比“万花丛中一点绿”那样引人注目。

3.4.8 主体突出的配色

在UI配色设计过程中，如果想要突出界面中的主题，可以单方面改变主题的色彩饱和度或明度，或者是将两者同时改变，使其与背景形成较强的对比效果，使主题在界面中更加醒目，整体更加协调。主题明度和饱和度与背景色接近的画面容易给人模糊不清、主次不分的感觉，难以很好地向用户传达主题。

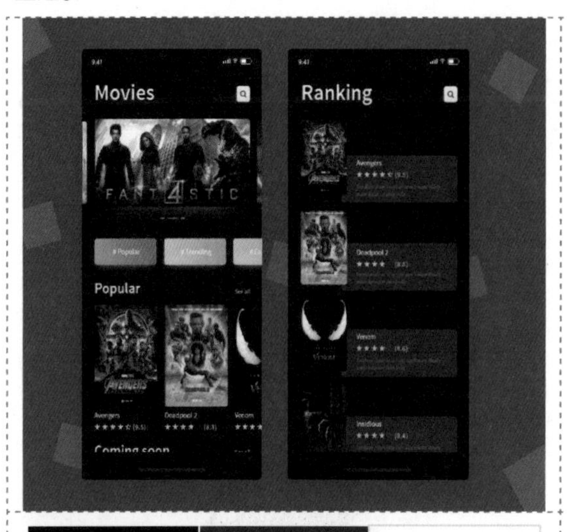

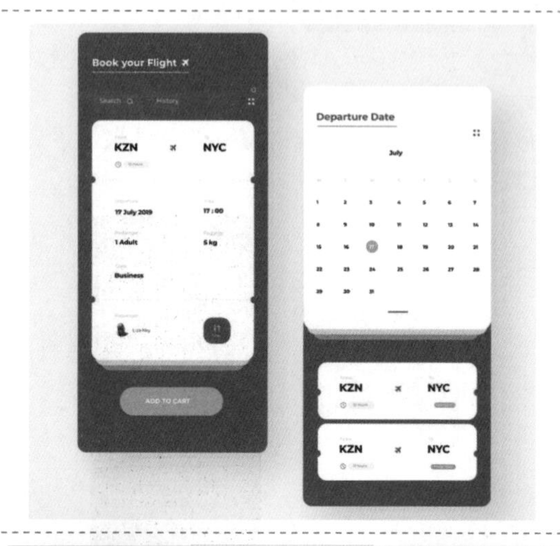

在该影视类App界面设计中，蓝色作为界面的主题色，给人一种理性、安静的感觉。使用低明度的深蓝色作为界面的背景色，而列表中每部电影的介绍文字内容则搭配了明度稍高的灰蓝色背景，保持了界面色调的统一，同时也有效地突出了相关信息，增强了界面色彩的层次感。

在该机票预定App界面设计中，使用高饱和度的蓝色作为背景颜色，使界面表现出很强的科技感。界面中的主体信息内容部分搭配纯白色的背景，与蓝色的界面背景形成强烈的色彩对比，很好地突出了主体内容，并且白色与蓝色的搭配能够使界面表现出自然、清爽的效果。

3.5 文字配色方法

比起图像或图形布局元素来说，文本配色需要更强的可读性和可识别性。所以文本的配色与背景的对比度等问题就需要多费些脑筋。文字颜色和背景色的差异越明显，其可读性和可识别性就会越强。

3.5.1 UI与文字配色关系

在UI设计中，文字设计的一个重要方面就是对文字色彩的应用，合理地应用文字色彩可以使文字更加醒目、突出，不仅可以有效地吸引用户的视线，还可以烘托界面氛围，形成不同的界面风格。

在视觉传达中向大众有效地传达产品的各种信息是文字的主要功能，所以界面中的文字内容一定要非常清晰、易读，这也是大多数界面正文部分采用纯白色背景搭配黑色或深灰色正文内容的原因。界面内容的易读性和易用性是用户浏览体验的根本诉求。

如果文字的背景为其他背景颜色或图片，则一定要考虑使用与背景形成强烈对比的色彩来处理文字，使文字与背景的层次分明，这样才能够使界面中的文字内容清晰、易读。

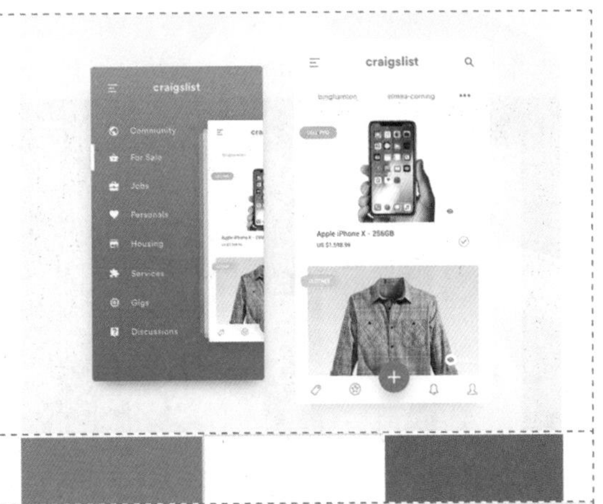

纯白色的背景搭配黑色或深灰色的文字是UI设计中最常见的文字与背景的色彩搭配，这样的搭配方式使界面中的文字内容具有很好的易读性，也符合人们普遍的阅读习惯。特别是一些文字内容较多的UI设计，白色背景搭配黑色文字是最佳的文字配色。

在非纯白色的其他背景颜色上，需要选择与背景形成强烈对比的色彩作为文字的颜色，保持文字具有很好的易读性。在该移动电商App界面设计中，使用接近白色的浅灰色作为界面的背景色，在浅灰色背景上搭配了深蓝色和深灰色的文字。而该App的导航菜单使用了高饱和度的蓝色背景，并且搭配了纯白色的文字，从而保持文字的易读性。

在该网站界面设计中，不同的文字内容搭配了不同颜色的背景，浅绿色的导航菜单搭配深绿色的文字，形成了明度对比；蓝色背景上搭配白色和黄色的文字，形成了色相对比；白色背景上搭配蓝色和黑色的文字，很好地区分了界面中不同的内容区域，并且都采用了文字与背景对比的方式，使界面中各部分文字内容清晰、易读。

设计师在使用文字与背景对比的原则时需要注意，必须确保界面中的文字内容清晰、易读。如果文字的字体过小或过于纤细，色彩对比度强度也不明显，则会给用户带来非常糟糕的视觉体验。

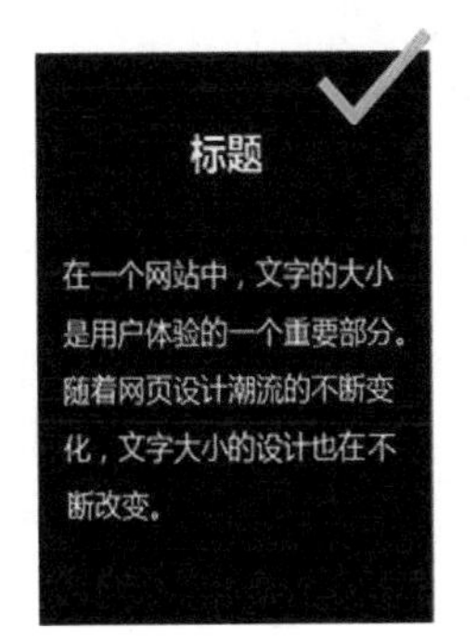

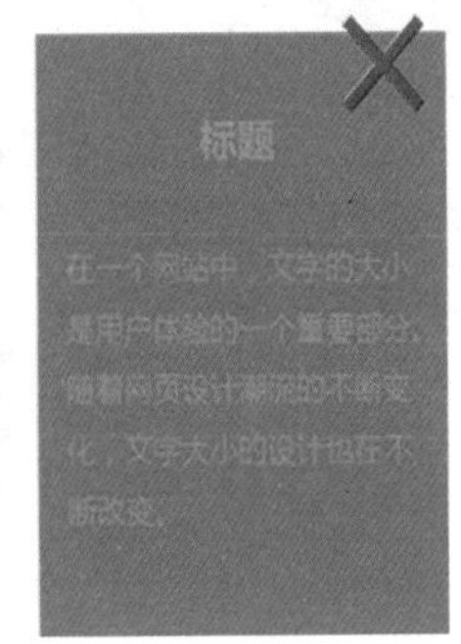

当使用图形或图片作为文字内容背景时，如果背景图片的色彩对比度较高，则文字的可识别性将会大大降低。在这种情况下，就需要考虑降低背景图片的对比度，或者使用颜色背景。

在该社交图片分享类App界面设计中，设计师提供了两种不同的配色方案，一种是传统的纯白色背景搭配深灰色文字，界面清晰、简洁；另一种是使用低明度的深蓝色作为背景搭配纯白色的文字，给人一种现代感。无论哪种配色方案，都遵循了文字与背景对比的原则，界面中的文本内容始终非常清晰，具有很强的可读性。

在该图片类App界面设计中，当使用图片作为界面背景时，为了提升界面中文字内容的可读性，降低了背景图片的明度，从而使图片上的文字内容更易读，但是这种方式仅限于少量文字内容的情况。如果界面中需要表现大量的文字内容，为了提升可读性和易读性，最好的方式就是为文字内容添加背景色块。

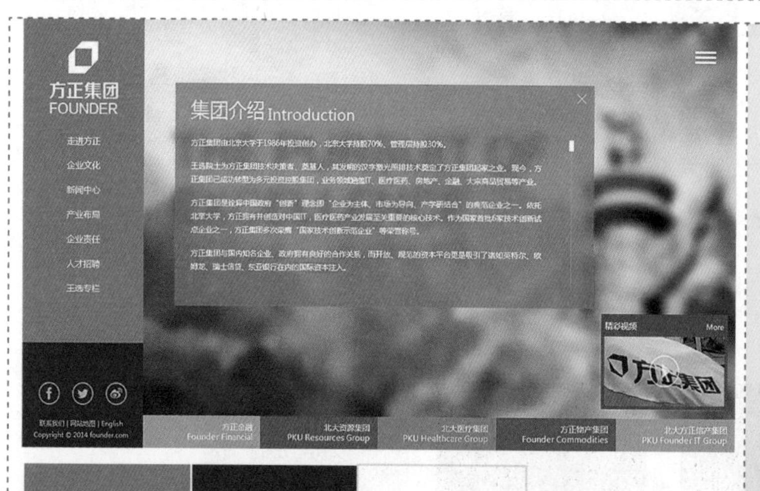

在该网站界面设计中，使用模糊处理的图片作为整个网站界面的背景，为了使界面中的文字内容具有更好的可读性和易读性，将文字内容搭配了半透明的色彩背景，使用了与背景颜色形成对比的白色文字。这样不仅提升了文字内容的可读性，也能够保持背景图片的完整呈现。

提示

想要在UI设计中恰当地使用颜色，就要考虑各个元素的特点。如果背景和文字使用近似的颜色，其可识别性就会降低；如果标题文字的字号大于一定的值，即使使用与背景近似的颜色，对其可识别性也不会有太大的妨碍。

3.5.2 良好的UI文字配色

色彩具有很强的主观性，有些色彩之所以会流行起来，深受人们的喜爱，那是因为配色除了要遵循原则，还要符合了以下几个要素。

- 顺应了政治、经济、时代的变化与发展趋势，和人们的日常生活息息相关。
- 明显和其他有同样诉求的色彩不一样，跳脱传统的思维，与众不同。
- 浏览者看到时是不会感到厌恶的，因为即使是与概念、诉求、形象相符合的色彩，只要不被浏览者接受就是失败的色彩。
- 与图片、照片或商品搭配起来，没有不协调感或有任何怪异之处。
- 能让人感受到色彩背后所要强调的故事性、情绪性和心理层面的表达。
- 界面上的色彩有层次感，由于内容或主题不同，适用的色彩也不相同。因此，在配色时，就要切合内容主题，表现出层次感。

明度对比、饱和度对比及冷暖对比都属于文字颜色对比度的范围。通过对颜色的运用实现想要的设计效果、设计情感和设计思想，这些都是必须注重的问题。

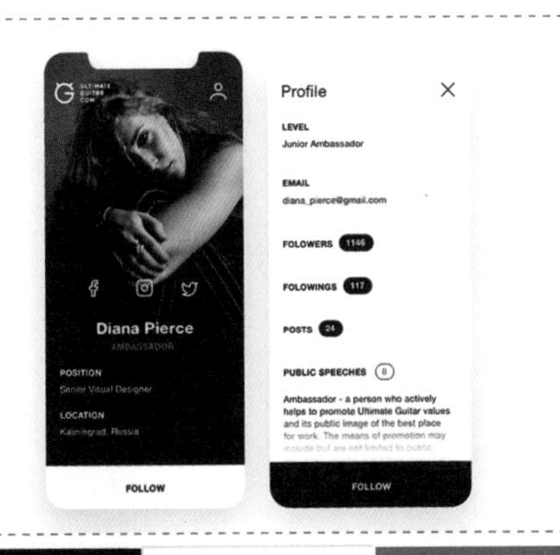

白色的明度最高，黑色的明度最低。在该移动端App界面设计中，使用无彩色进行配色设计，在白色的界面背景上搭配黑色的文字和图形，在黑色的背景上搭配纯白色的文字和图形，从而保证内容与背景获得最大限度的对比，使界面表现出清晰而简洁的效果。在界面局部点缀高饱和度的红色文字，突出了重点信息。

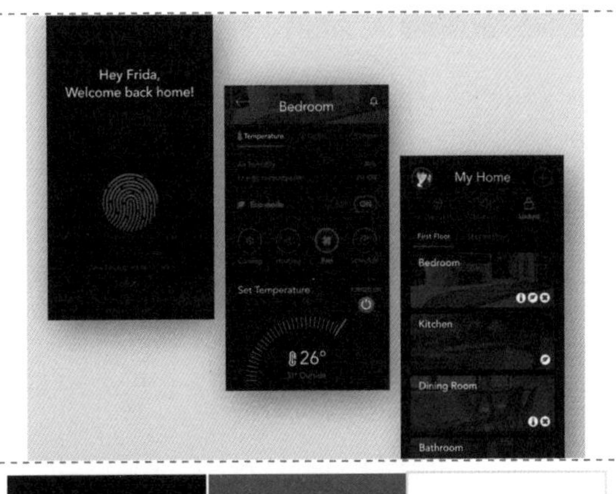

在该智能家居App界面设计中，使用低明度的深蓝色作为界面背景主色调，标题文字则使用了最高明度的白色进行表现，与深蓝色的背景形成了明度对比。界面中的选项文字和图标则使用了与背景色调统一的蓝色进行表现，但是提高了蓝色的明度和饱和度，与整个界面的色调保持统一。

3.5.3 最佳易读性规范

文本的配色对于界面内容的可读性和易读性起到了至关重要的影响，但是除文本的颜色外，文字的其他一些因素同样影响着内容的可读性和易读性。

1. 行宽

如果一行文字过长，视线移动距离较长，就很难让人们注意到段落的起点和终点，阅读比较困难；如果一行文字过短，眼睛要不停来回扫视，就会破坏阅读节奏。

因此，我们可以让内容区的每一行承载合适的字数来提高易读性。传统图书排版每行最佳字符数是55~75个，实际在网页界面中每行字符数为75~85个比较合适，如果是14px大小的中文文字时，建议每行的字符数为35~45个。

移动端界面的尺寸相对较小，这也就决定了在移动端界面需要为用户提供更加出色的文本可读性，在行宽的设置上注意不要靠近边界，适当的留白可以使文字内容更加易读。而且可以为标题和正文设置不同的字体大小和粗细，从而提升文字内容层次感。

该网站界面中的文字排版效果就具有很好的辨识度和易读性，无论是字体的大小、行宽、间距的设置都能够给人带来舒适并且连贯的阅读体验。该网站界面使用了满屏的背景图像，为了使文字内容在界面中具有清晰的视觉效果，为文字内容添加了黑色半透明的矩形色块背景，这样使界面更具有层次感，并且文字内容段落清晰，也更具有良好的可读性。

2．间距

行距是影响易读性非常重要的因素，在一般情况下，接近字体尺寸的行距设置会比较适合正文。过宽的行距会让文字失去延续性，影响阅读；而行距过窄，则容易出现跳行。

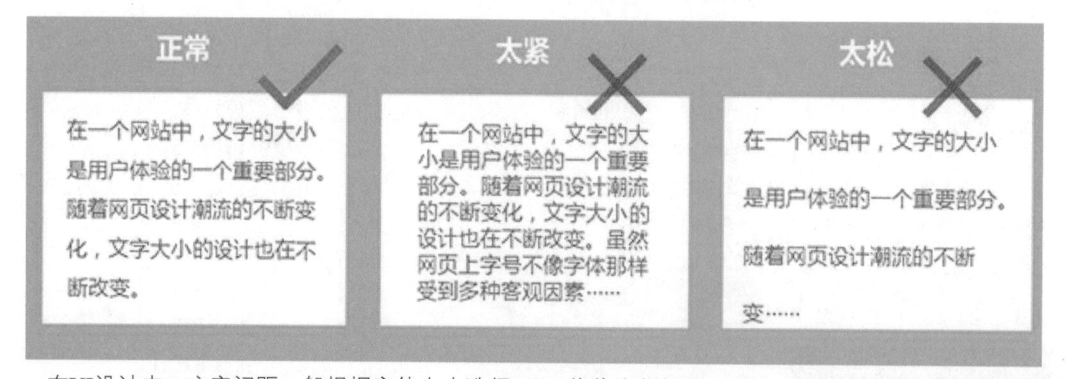

在UI设计中，文字间距一般根据字体大小选择1~1.5倍作为行间距，1.5~2倍作为段间距。例如，12px大小的字体，行间距通常设置为12px~18px，段落间距通常设置为18px~24px。

行距不仅对可读性具有一定的影响，而且其本身也是具有很强表现力的设计语言，刻意地加宽或缩窄行距，可以加强版式的装饰效果，以体现独特的审美情趣。

在该企业网站界面设计中，我们可以看到信息内容主要由标题和正文构成，分别使用了不同的字体大小和字体颜色来区分标题和正文内容，各部分都设置了相应的行间距，使文字内容清晰、易读。

3. 行对齐

文字排版中很重要的一个规范就是把应该对齐的地方对齐，如每个段落行的位置对齐。在通常情况下，建议在网站页面中只使用一种文本对齐方式，尽量避免文本两端对齐。

在该网站界面设计中，将页面内容集中在水平居中的位置上进行排版，四周的留白使目光很容易集中到内容上，每一组信息内容都由图片、标题和正文组成，图片与文字介绍采用了垂直居中的对齐方式，而标题文字与正文则采用了左对齐的方式，使页面中的内容排版非常清晰、直观，给人简洁而整齐的视觉效果。

4. 文字留白

在对界面中的文字内容进行排版时，需要在文字版面中合适的位置留出空白，留白面积从小到大应该遵循的顺序如下。

此外，在内容排版区域之前，需要根据界面实际情况给页面四周留出空白。

该移动端App的界面设计非常简洁，使用纯白色作为界面的背景颜色，搭配接近黑色的深灰色文字，并且将少量的文字内容放置在界面的中心位置，内容四周保留大量的留白，使用户的注意力集中到界面内容上。

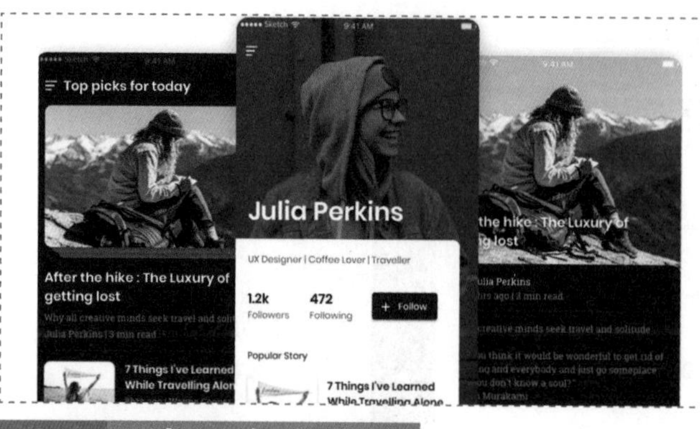

在该日志博客类App界面设计中，使用低明度的深灰蓝色作为界面的背景颜色，界面中的文字内容则使用了白色，与背景形成对比，使文字内容易读性。

3.6 图标配色方法

图标配色是在UI设计过程中必须具备的一项基本技能。图标的配色很大程度上决定了界面的视觉美观程度，许多新手设计师都是凭感觉进行图标配色，这样的做法其实并不专业。设计是一门很严谨的科学艺术，正确的配色会让图标设计更符合产品，更加贴合用户需求。

3.6.1 通过情绪板选择图标颜色

色彩心理学中提到，色彩对人们的心理活动有着重要的影响，特别是与人的情绪有着非常密切的关系。我们可以从色彩心理学的角度，再通过情绪板的分析，快速确定所设计图标的主要色相。

情绪板的使用方法如下。

（1）确定原生关键词（例如，我们需要设计一个与餐饮美食相关的图标，那么原生关键词就是“美食”）。

（2）根据原生关键词确定衍生关键词（例如，“美食”这个关键词可以衍生出“比萨”、“汉堡”和“面条”等）。

（3）根据确定的衍生关键词来搜集相关图片（可以通过所搜集的图片来提取主题色）。

（4）情绪板分析（配合色彩情绪来确定图标的色相）。

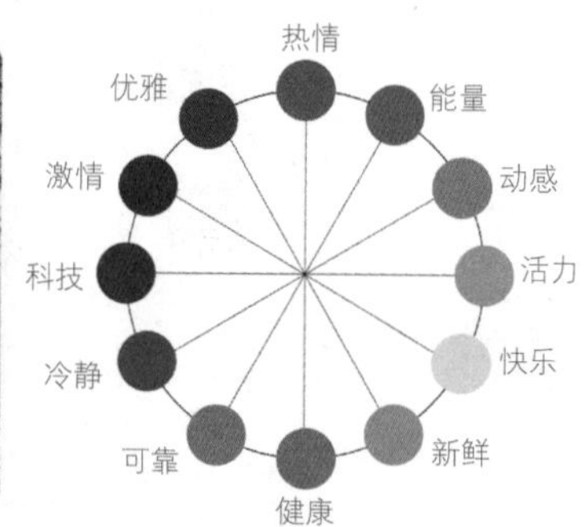

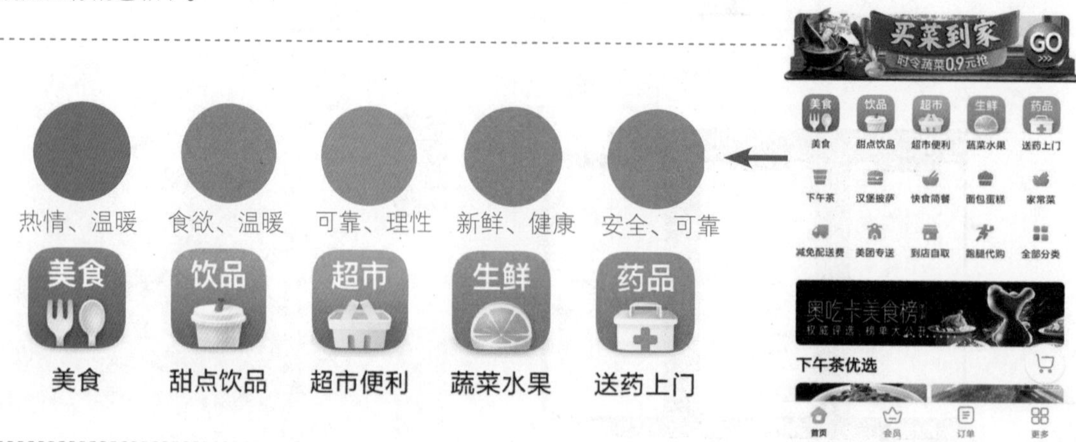

在该App界面设计中，为不同类型的服务设计了统一风格的图标，各图标根据其所需要表现的主题选择了不同的主题色进行设计。例如，“美食”图标和“饮品”图标，都使用了暖色系的色彩进行设计，能够给人带来温暖、热情、富有食欲的感觉；“生鲜”图标使用了绿色作为主题色，表现其新鲜、自然的特点；“超市”图标和“药品”图标分别使用了蓝色和青色作为主题色，表现出安全、可靠的效果。

3.6.2 通过目标人群选择图标配色

在图标设计过程中，可以通过对目标用户群体的性别、年龄、兴趣特征、行为偏好等进行分析，从而确定所设计的图标是用同类色、邻近色、对比色还是互补色进行搭配，图标色彩的饱和度是高还是低。

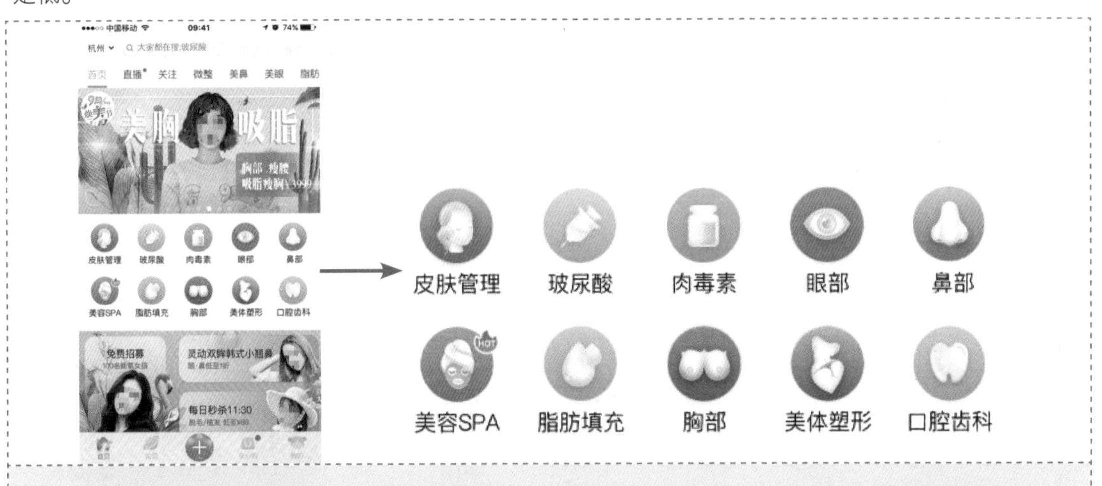

在该美容类App界面设计中，该产品80%的目标用户都是女性，年龄为18~25岁的年轻人。所以界面中的图标使用了高明度、高饱和度的色彩进行设计，表现出年轻、富有活力的色彩效果。

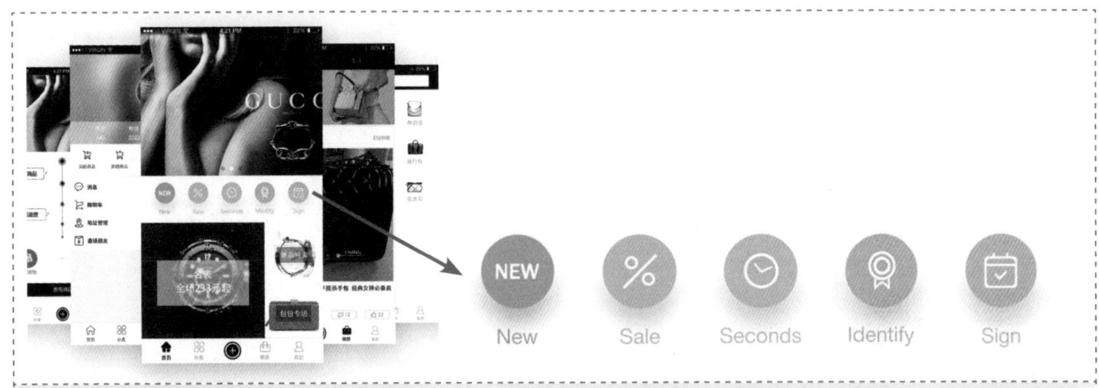

这是一个奢侈品的电商App界面，该产品的目标用户群体为中产阶级，用户年龄为25~40岁，这类用户群体通常比较注重追求生活品质，在设计图标时不宜使用饱和度过高的色彩，应该尽量选择沉稳、柔和的低饱和度色彩。

3.6.3 根据品牌选择图标颜色

我们在设计某品牌的网站或App界面时，通常都是从该品牌的基因出发，品牌的颜色、图形、吉祥物等都属于品牌基因。在该品牌的网站或App界面的图标设计中，就可以选择该品牌的固有色彩作为图标的主题色，从而与品牌形象保持一致性。

这是“网易考拉”App界面的图标设计，采用了简约的线框风格对图标进行设计，表现效果非常简洁、直观。图标的色彩选用了该品牌Logo的红色作为主题色，与品牌形象保持统一。

3.6.4 四色原则

心理学上把色彩分为红、黄、绿、蓝4种，并称为四原色，通常红色与绿色、黄色与蓝色称为心理补色。在同一个界面中包含多个图标时，图标的颜色尽量不要超过4种，当图标所需要表现的业务邻近时，如租房、写字楼等同属于出租房屋业务，这时就可以采用相同的色相来分别设计这两种类型的图标。

如果在同一个界面中包含有多个图标，那么图标的设计风格也需要保持统一。左侧为线性风格图标，右侧为面性风格图标。图标的色彩通常控制在4种色彩之内，最常使用的就是红、黄、绿、蓝4种心理学上的四原色进行设计。

3.7 表现情感与心理的配色

色彩具有很强的表现力，可以准确地表达不同的情感和心理感受。在UI配色设计过程中，我们可以先明确产品所要表现的情感，再根据情感选择相应的色彩进行搭配。

3.7.1 暖色调配色

暖色调配色是针对人们对色彩的本能反应，以红色、橙色、黄色等具有温暖、热烈意向的色彩为主导的配色类型。在这些色彩的基础上，添加无彩色调和得到的色彩都属于暖色调。暖色调配色往往给人活泼、愉快、兴奋、亲切的感受，适用于表现积极、努力、健康等主题。

常见色彩搭配如下所示。

温暖

RGB(244,192,189)	RGB(252,209,128)	RGB(237,137,124)	RGB(248,204,36)

在该电商App的闪屏广告设计中，使用高纯度的红色作为界面的背景主色调，表现出热情、火热的氛围。搭配黄色的图形，以及黄色和白色的主题文字，使得广告画面更加明亮显眼，突出主题，使内容清晰，用户可以快速地阅读。

在该饮料产品的宣传网站设计中，充分运用了卡通插图的表现手法，并且使用高饱和度的黄色与橙色相搭配，艳丽的色彩搭配生动活泼的卡通插图，给人带来热闹、活泼、欢乐的氛围。

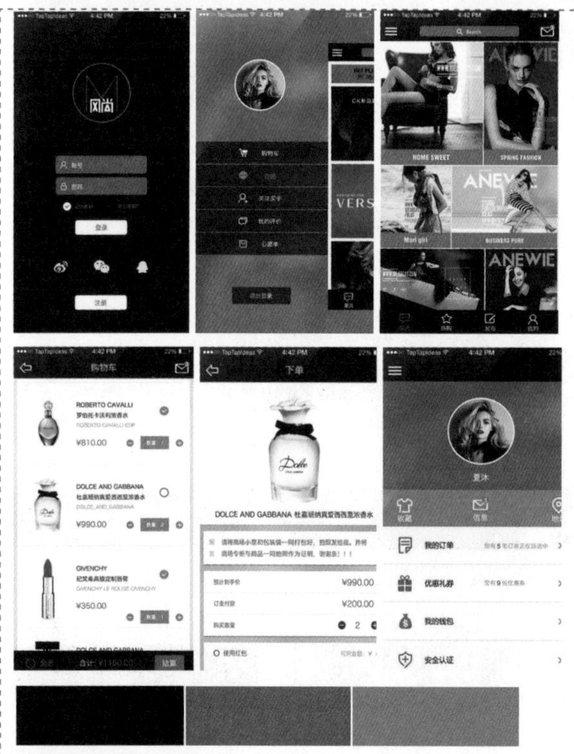

在该女性时尚购物App界面设计中，使用无彩色作为界面的背景主色调，登录界面使用黑色作为背景主色调，而商品列表界面则使用白色作为背景主色调，标题和工具栏使用黑色作为背景色，不仅使界面中的内容非常清晰，而且整体风格保持了统一。使用白色与黑色的搭配，既能给人一种稳重的感觉，又能更好地衬托其他色彩。使用红色作为界面的主色调，界面中的图标与按钮，以及侧滑菜单背景等都使用了红色进行搭配，表现出女性时尚、富有激情的效果。

3.7.2 冷色调配色

冷色调配色与暖色调配色相反，指的是运用青色、蓝色、绿色等具有凉爽、寒冷意象的色彩进行配色。在这些色彩的基础上添加无彩色调和得到的色彩都属于冷色调的范畴。冷色调配色往往能够给人冷静、理智、坚定、可靠的感受，适用于表现商业、干练、学习等主题。

常见色彩搭配如下所示。

清新

RGB(211,229,159)　RGB(249,245,186)　RGB(255,255,255)　RGB(168,215,238)

冰爽

RGB(141,177,196)　RGB(255,255,255)　RGB(162,217,241)　RGB(126,206,244)

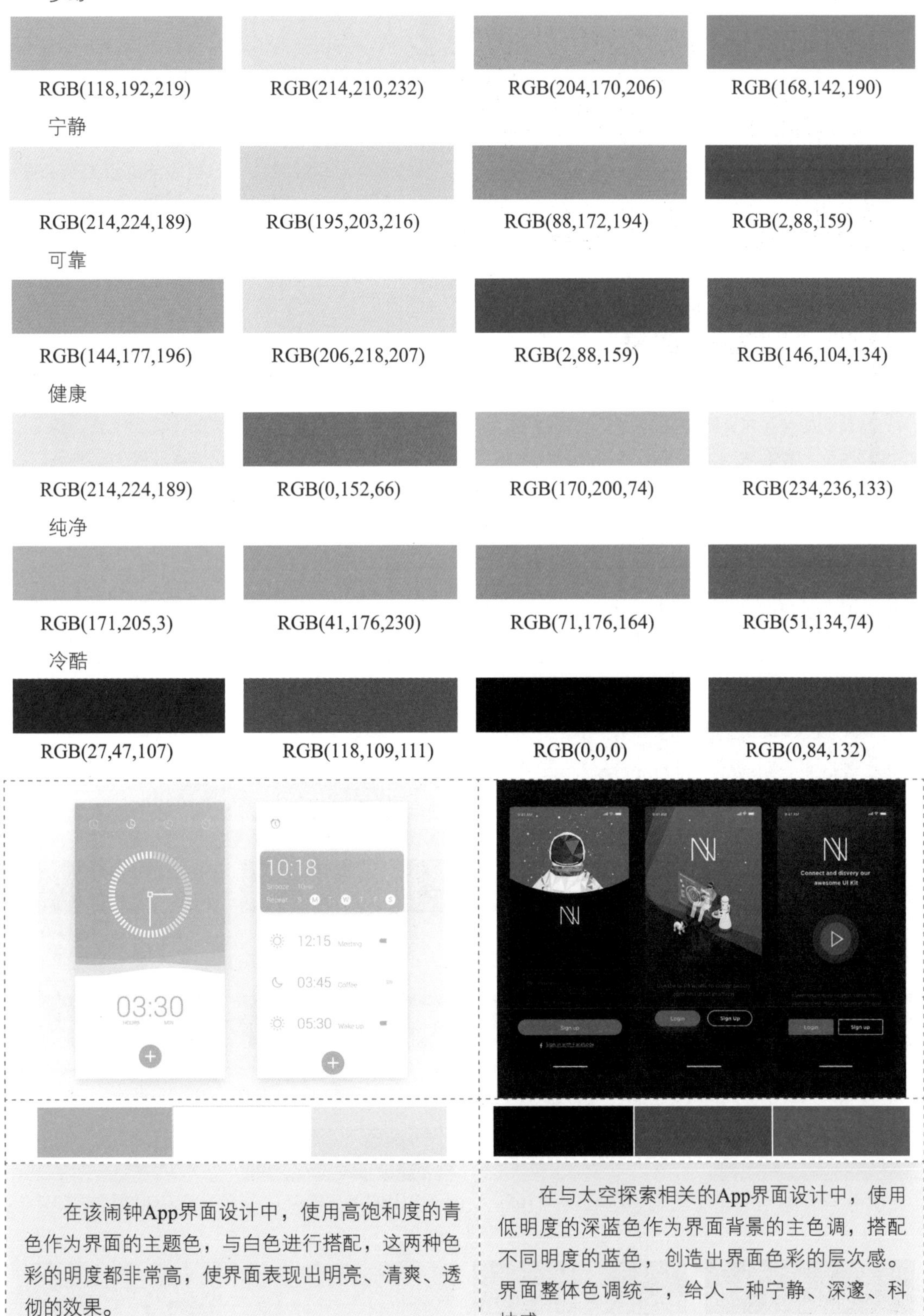

在该闹钟App界面设计中，使用高饱和度的青色作为界面的主题色，与白色进行搭配，这两种色彩的明度都非常高，使界面表现出明亮、清爽、透彻的效果。

在与太空探索相关的App界面设计中，使用低明度的深蓝色作为界面背景的主色调，搭配不同明度的蓝色，创造出界面色彩的层次感。界面整体色调统一，给人一种宁静、深邃、科技感。

在该健身运动网站界面设计中，使用深蓝色作为主色调，搭配接近黑色的深灰色作为背景色，使得界面给人一种力量与冷酷的感觉，符合健身运动给人带来的力量感与刚毅感。在界面局部点缀高饱和度的蓝色，与深蓝色的背景形成色调统一，同时又具有明度对比，很好地突出了界面中的内容，并且界面整体又会显得和谐、统一。

3.7.3 高调的配色

高调的配色是指选择使用较高纯度和较强对比的色彩进行配色，能够给人带来活泼、动感、前卫、热闹等感受，具有较强的感染力和刺激感，识别度极强。高调的配色适用于表现健康、强力、热闹、积极、欢乐、生动、活泼、动感、激烈、青年、儿童等主题。

常见色彩搭配如下所示。

奔放

RGB(219,95,24)　RGB(240,179,37)　RGB(0,170,202)　RGB(126,204,222)

热情

RGB(230,0,18)　RGB(255,241,0)　RGB(231,51,109)　RGB(240,179,37)

民族

RGB(149,19,119)　RGB(239,155,37)　RGB(180,28,48)　RGB(40,176,118)

欢快

RGB(129,182,39)　RGB(255,241,0)　RGB(222,106,43)　RGB(90,57,142)

活泼

RGB(228,30,90)　RGB(255,248,165)　RGB(143,195,31)　RGB(255,243,63)

动感

RGB(27,40,77)　RGB(219,95,24)　RGB(255,241,0)　RGB(66,170,225)

绚丽

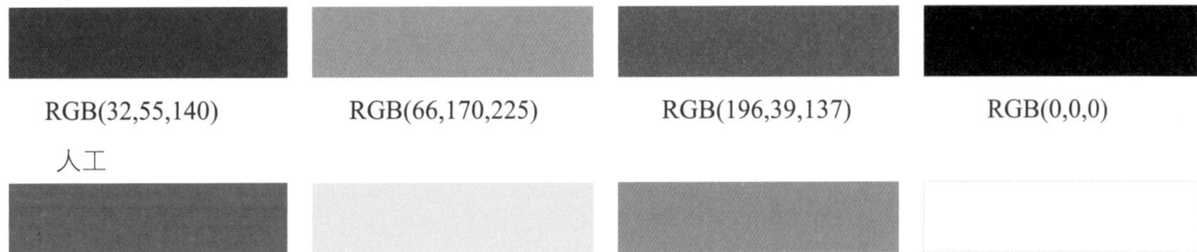

RGB(32,55,140) RGB(66,170,225) RGB(196,39,137) RGB(0,0,0)

人工

RGB(230,0,18) RGB(255,241,0) RGB(0,160,233) RGB(255,255,255)

在该电商App的引导界面设计中，通过4个界面来表现该促销活动，每个界面都采用相同的设计风格，通过卡通形象与突出主题的文字设计来表现促销活动主题，整个电商App的引导界面设计给人一种购物狂欢的氛围。每个界面都采用了不同的背景主色调，在每个界面中都使用多种高饱和度的色彩进行搭配，使其整体表现出热情、时尚、欢乐的氛围。

在该手机产品的宣传网站界面设计中，使用饱和度较高的洋红色与蓝色进行对比搭配，给人很强的视觉冲击力。中间使用浅灰色进行调和，使界面看起来富有动感。对比色彩的面积相对均匀，整个界面给人一种均衡感，而鲜艳的对比颜色又能够使人们感到活泼和动感。

3.7.4 低调的配色

低调的配色是指选择使用较低饱和度和弱对比的色彩进行配色，能够给人带来质朴、安静、低调、稳重等感受。低调的配色视觉冲击力较弱，识别度相对较低，适用于表现朴素、温柔、平和、内敛、踏实、大众、亲切、自然、沉稳等主题。

常见色彩搭配如下所示。

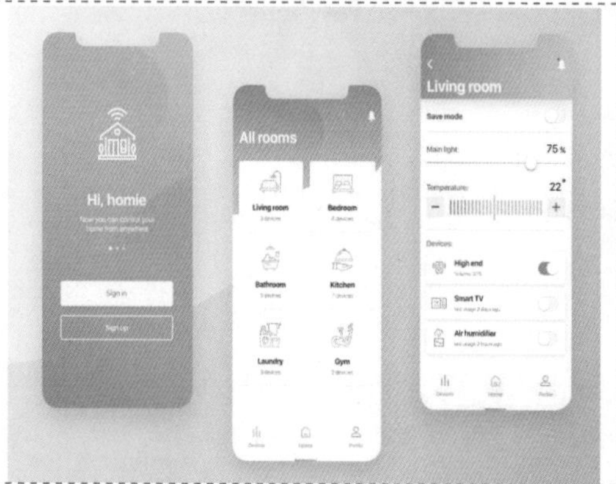

高明度的色彩能够给人一种低调的感觉。在该智能家居App界面设计中，使用高明度的浅蓝色作为界面的主题色，搭配白色的背景，使界面整体表现出一种清爽、宁静的效果。

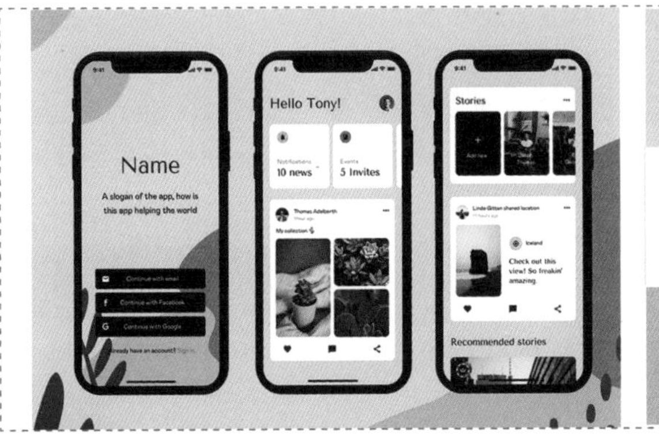

低饱和度的色彩同样能够给人一种低调、内敛的感觉。在该日志分享类App界面设计中，使用低饱和度的土黄色作为界面的背景主色调，搭配白色，表现效果非常朴实而自然，能够让人静下心来，慢慢翻阅界面中的相关内容。

在该餐饮美食类的网站界面设计中，并没有使用常规的橙色作为主色调进行设计，而是使用了高明度的、接近灰色的浅黄色作为界面背景主色调，搭配同色系低明度的深咖啡色，将界面划分为左右两部分区域，左侧为导航选项区域，右侧为主题内容区域，这样的配色给人一种低调、朴素的感觉，同时也能够更好地衬托出界面中菜品图片的色泽，使菜品更加突出，使用高饱和度的绿色进行点缀，表现出美食的自然与健康，整体让人感觉朴素、自然。

3.7.5 健康的配色

健康的配色通常是指以绿色、蓝色、黄色、红色等色彩为主，结合明度和饱和度较高的色彩进行配色。这样的配色能够给人明快、爽朗的感受，适用于表现自然、健康饮食、运动、环保、积极、天然、纯净等主题。

常见色彩搭配如下所示。

活力

RGB(0,185,239)　RGB(251,198,79)　RGB(255,246,135)　RGB(143,211,245)

清爽

RGB(46,182,170)　RGB(255,241,0)　RGB(255,251,199)　RGB(128,197,143)

明快

RGB(188,213,48)　RGB(255,255,255)　RGB(246,187,167)　RGB(63,179,212)

开朗

RGB(255,241,0)　RGB(218,226,74)　RGB(234,80,52)　RGB(126,206,244)

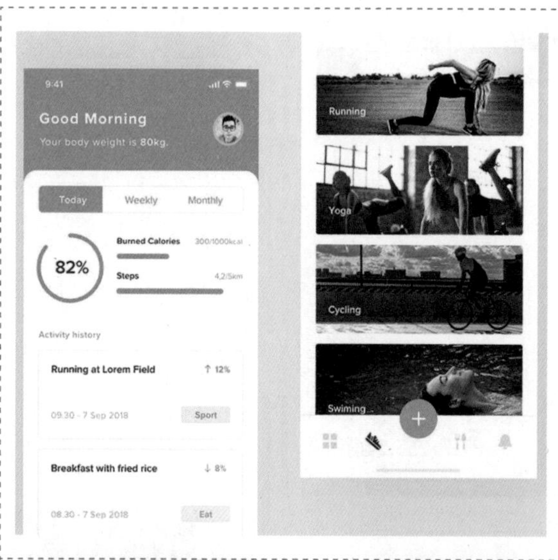

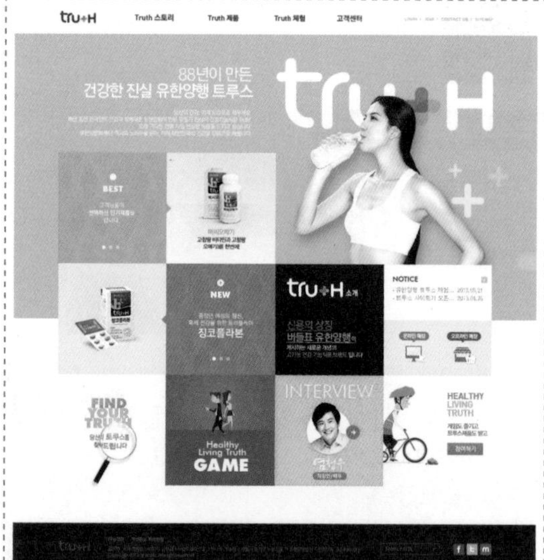

在该运动健身App界面设计中，使用高饱和度的青绿色作为界面的主题色，而纯白色作为界面的背景色，青绿色与白色的搭配，使界面表现出清爽而富有活力的效果，界面中局部点缀红色与青绿色，突出相应的选项。

在该食品网站界面设计中，使用明亮的蓝色与白色作为背景的主色调，搭配多种不同色相的明亮色调，有效地划分了界面中不同的内容，虽然色相不同，但都是明亮的色调，使界面整体给人一种清爽、活跃、健康的感觉。

3.7.6 警示的配色

警示的配色是指以红色、橙色、黄色和黑色等色彩组合的配色，它属于强色调，具有强烈的对比效果，视觉冲击力极强，容易使人感到不安、刺激、紧张等意象。适用于表现危险、暴力、意外、诱惑、性感等主题。

常见色彩搭配如下所示。

诱惑

在该影视类App界面设计中，恐怖类型的电影列表及介绍界面使用深暗的暗红色作为背景的主色调，搭配高饱和度的红色及白色文字，使得界面表现出恐怖、刺激、紧张的氛围，非常符合恐怖类型电影所要渲染的氛围。

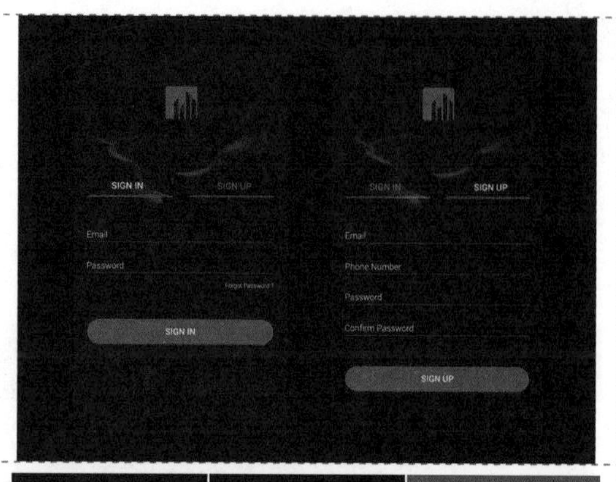

在该App的用户登录界面和注册界面设计中，使用低明度的深蓝色与蓝紫色倾斜分割界面背景，两种色相相近，给人一种神秘、幽暗的感觉。界面中的按钮使用了高饱和度的红色，与深蓝色的背景形成了强烈的对比，并且与Logo的色彩相呼应，使得界面整体给人一种神秘感。

在该女装时尚品牌的网站设计中，使用暗紫色作为该网页背景主色调，给人沉稳、神秘、典雅的色彩意象，符合网站的定位。搭配灰紫色与黑色，很好地营造出神秘、高贵的整体氛围，将人物完美的衬托出来。

3.8 UI配色欣赏

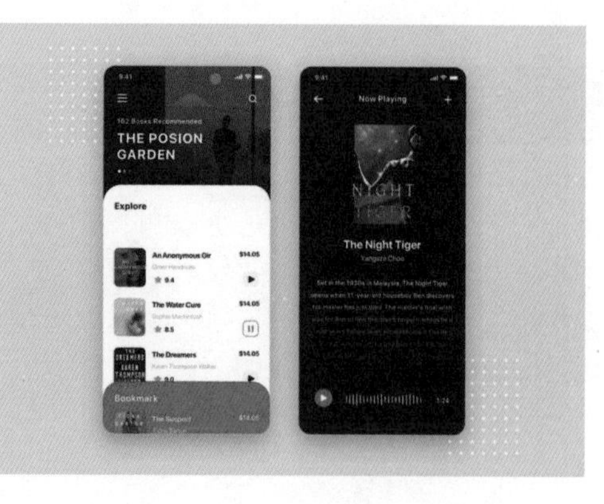

Every Bite a
Better burger!
Beef Burger
Chicken Burger
Classic Burger
Grilled Burger
Fresh Beef
Burger with cheese..
AED 25
Order Now

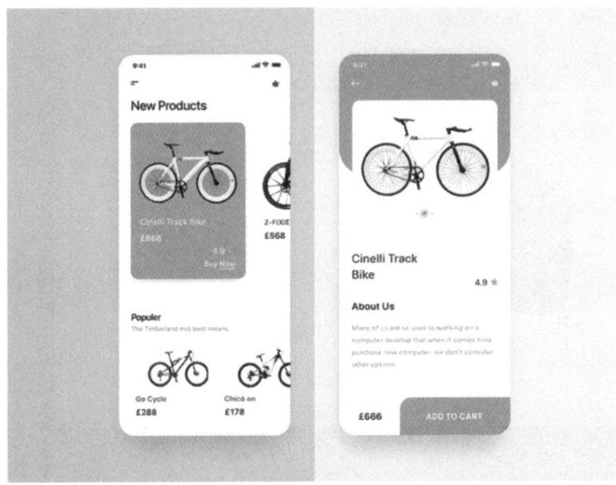
New Products
Cinelli Track Bike
2-FIXIE
£568
Populer
Go Cycle
£288
Chicà on
£178
Cinelli Track
Bike
4.9
About Us
£666
ADD TO CART

SIZE
GHOST

MW60
579€

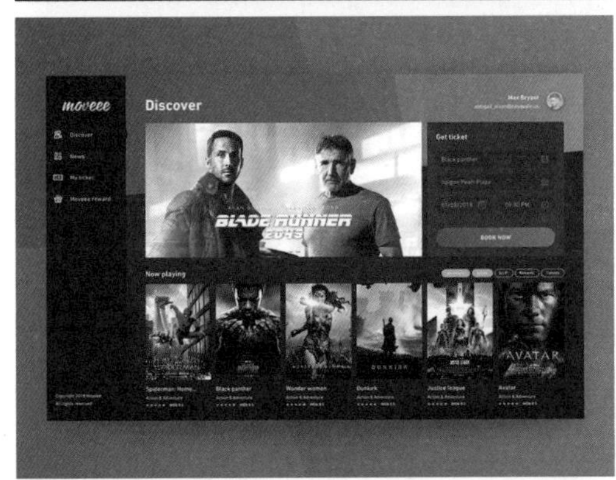
moveee
Discover
BLADE RUNNER
Get ticket
Now playing
AVATAR

HELLO! I'M
JECKULIN DOE
I CRAFT
USER INTERFACES
LATEST WORKS →
HOME
ABOUT
WORKS
CONTACT

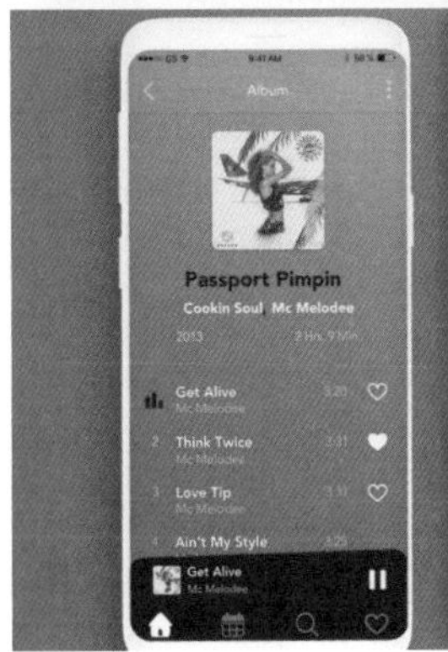
Album
Passport Pimpin
Cookin Soul Mc Melodee
Get Alive
Think Twice
Love Tip
Ain't My Style
Get Alive

Get Alive

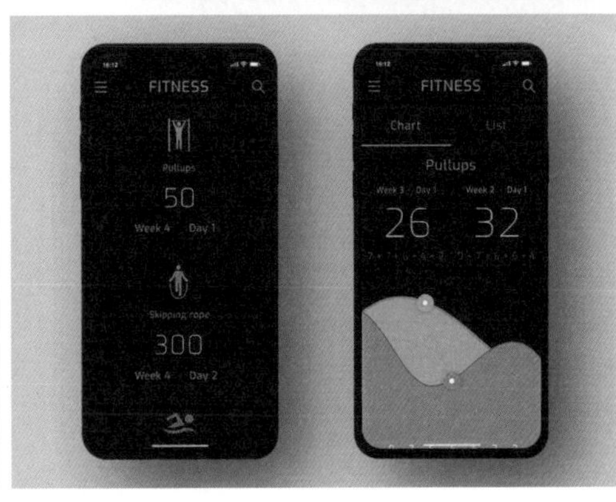
FITNESS
Pullups
50
Week 4 Day 1
Skipping rope
300
Week 4 Day 2
FITNESS
Chart
List
Pullups
26
32

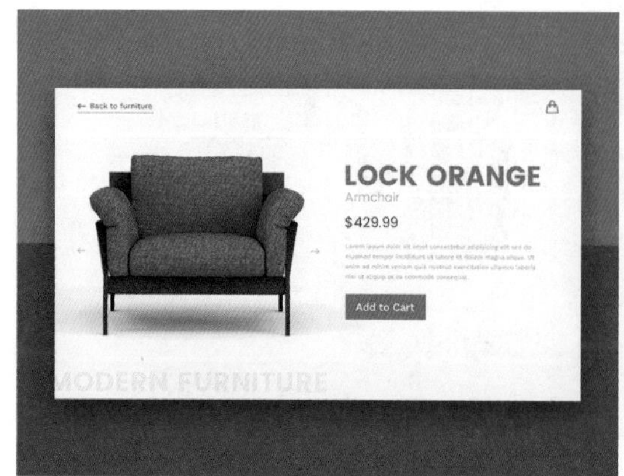
Back to furniture
LOCK ORANGE
Armchair
$429.99
Add to Cart
MODERN FURNITURE

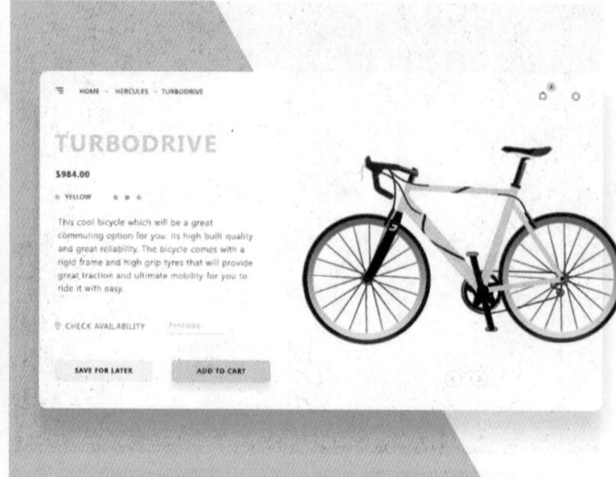
TURBODRIVE
$984.00
YELLOW
This cool bicycle which will be a great commuting option for you. Its high built quality and great reliability. The bicycle comes with a rigid frame and high grip tyres that will provide great traction and ultimate mobility for you to ride it with easy.
CHECK AVAILABILITY
SAVE FOR LATER
ADD TO CART

第4章 UI配色技巧

色彩搭配既是一项技术性工作，也是一项艺术性很强的工作。因此，在UI设计过程中，除了要考虑产品本身的特点，还需要遵循一定的艺术规律，才能够设计出色彩鲜明、风格独特的界面。本章将向读者介绍一些UI配色技巧，希望能够帮助读者少走弯路，快速提高UI配色水平。

4.1 给你的配色做减法

UI设计的一个基本原则就是避免界面中出现过多的颜色，但是自己在设计时总是会下意识地引入过多的颜色，导致整个界面看起来非常杂乱。所以对于设计师来说，学会给界面的配色做减法是一项很重要的技能，简洁的配色能够把重点第一时间呈现给用户。

4.1.1 视觉区分

在一个App或网站界面中有多个主要且同级别的功能和分区时，设计师需要对产品的信息内容和功能模块进行整体规划，构建界面的基本布局以便用户在视觉上更好地进行区分，配色可以帮助设计师实现这一目标。

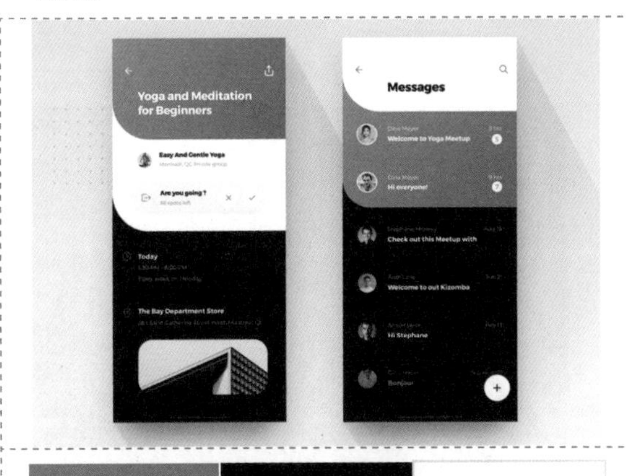

在该移动端App界面设计中，使用了不同的背景颜色在界面中划分不同的内容区域，使得界面中的内容划分非常清晰、明确。使用紫色系的色彩进行搭配，中等明度的紫色背景与低明度的深紫色背景形成对比，加入白色进行调和，使得界面表现得统一、和谐，但又能够清晰地划分不同的内容区域。

在该网站界面设计中，顶部的导航菜单与底部的版底信息都使用了高饱和度的蓝色背景，导航菜单下方的通栏产品宣传广告采用了强对比的配色方式，表现效果非常强烈，而正文内容区域则使用了低饱和度的土黄色背景，通过配色很好地在界面中划分了不同的视觉区域。

在UI设计中，配色可以完成界面中不同内容和功能的视觉区分，界面中的视觉区分不仅可以通过配色来实现，还可以结合文字、图标、布局的设计，从而使界面中的视觉区分更加清晰、明确。

风格相同、颜色不同的一系列图标来表现不同的选项，使不同内容的视觉区分非常明显。

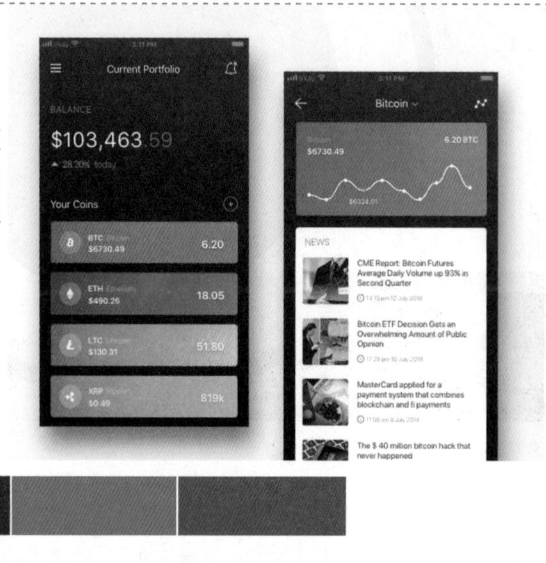

传统的配色方法与技巧都告诉我们在同一个界面中配色不要超过3种，但是我们要从实际情况出发。例如，在该金融理财相关的App界面设计中，使用深蓝色作为界面的背景颜色，界面中不同类型的产品信息分别使用了高饱和度的不同颜色的背景进行表现，不仅能够与界面背景形成对比，从背景中凸显出来，而且各信息之间同样能够形成有效的视觉区分，使得各信息非常直观、清晰。

提示

文字相对于色彩来说，给用户带来的视觉体验要弱一些，所以我们需要对界面中的内容做一个优先级的排序，重要的内容优先使用色彩进行突出表现。

4.1.2 调整界面风格

在UI设计中，界面的视觉风格是根据产品自身的定位和用户需求所决定的，有的产品要求界面具有活力，能够让用户产生兴奋感或购买欲望，这时可以使用光波较长的红色和橙色作为界面的主色调。

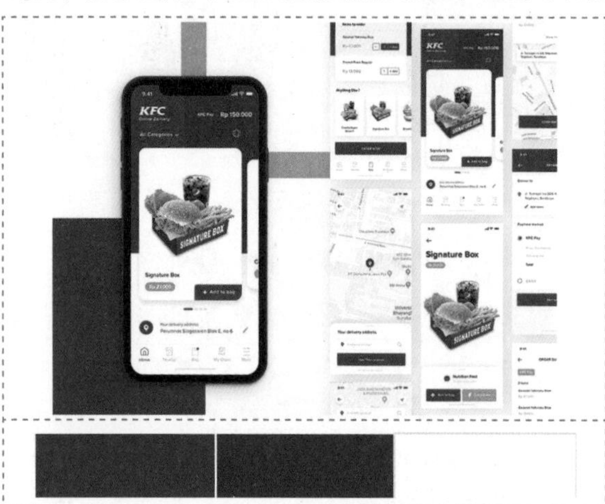

在该知名连锁快餐品牌移动App界面设计中，使用了红色作为界面的主题色，红色能够给人一种热情的感觉。在界面中加入白色进行调和，使界面不会过于刺眼，整体给人热情而富有活力的感觉。

该游戏宣传界面使用卡通形象的“寿司”作为主题，界面使用了与制作寿司的食材颜色相同的高饱和度橙色作为主题色，给人带来强烈的活力与跃动感，搭配简洁的白色文字和蓝紫色渐变按钮，与背景形成对比，表现效果清晰、直观。

有些产品强调沉稳、舒适、内敛的表现效果，使用蓝色、灰色作为界面的主色调会更加合适。

深蓝色能够给人带来一种深沉、稳重的感觉。在该移动端音乐App界面设计中，使用明度较低的深蓝色作为界面的背景色。在界面中搭配白色的文字，表现效果非常清晰，整体给人一种稳重、内敛的感觉。

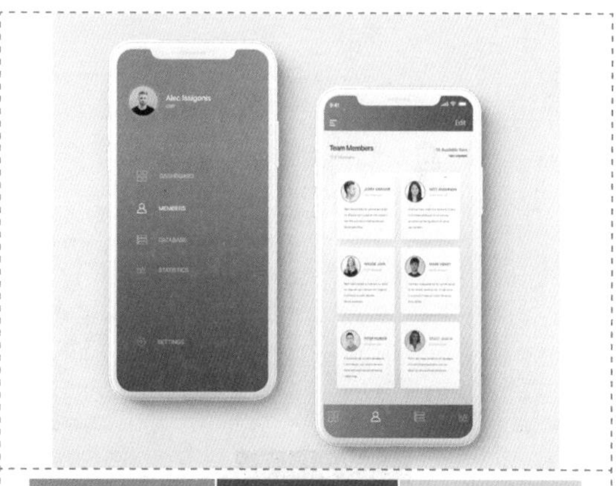

在该移动端App界面设计中，使用蓝色作为界面的主题色，搭配浅灰色的背景颜色，表现出柔和而舒适的效果。该App的菜单界面则使用了浅灰蓝色到蓝色的渐变作为背景颜色，给人一种清爽、柔和的感觉。

一款产品的视觉风格是由文字、图片和色彩一起构成的，不仅用户界面的配色可以创建一个产品的视觉风格，文字、图片同样可以影响产品的视觉风格。

文字的跳跃率是指同一界面中不同文字之间的大小比率。不同功能的文字在界面排版设计时会有字号和字体的区别，如主标题、副标题和正文的字号通常是依次减小的，这种字号的差异会带来不同的文字跳跃率。一般来说，文字跳跃率高的界面会显得比较活泼，文字跳跃率低的界面会显得平静、沉着。

这是某网站界面中正文内容字体大小的设置，注意观察界面中各板块的栏目标题与正文内容的字号大小。板块标题文字大小为18px，内容标题文字大小为16px并且加粗，正文内容文字大小为14px。文字内容层次分明，有效地突出了重点，看上去让人非常舒服。

不只文字具有跳跃率，图片同样具有跳跃率。在UI设计过程中，设计师可以通过对图片和文字跳跃率的控制来削减界面视觉风格对于配色的依赖。

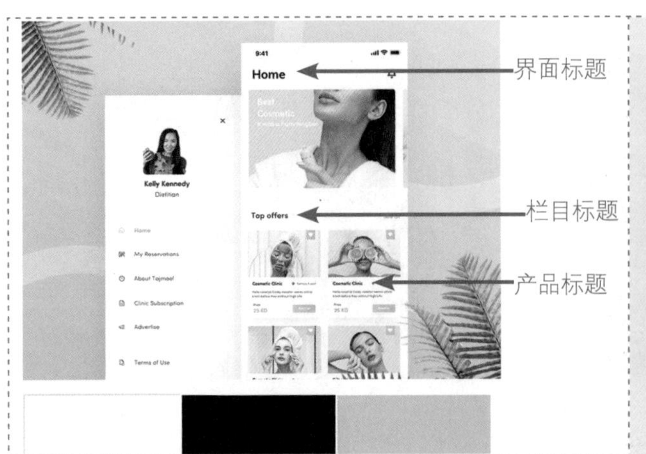

该美容产品App的界面设计非常简洁，使用纯白色作为界面的背景颜色，有效突出产品图片和说明文字，界面内容清晰而直观。为了使表现效果不会过于呆板，文字采用了不同的字体大小进行表现，从而使界面中的内容层次清晰，富有跳跃感，有效活跃了界面的氛围。

在UI设计的配色过程中，如果减少了色彩的使用数量，大面积使用黑、白、灰或其他同色系的色彩进行配色，这样会使界面显得庄重、高雅，并且富有现代感，但同时也会显得有些单调。这时，我们可以在界面设计中适度地提升文字跳跃率，从而为界面注入一些活力。

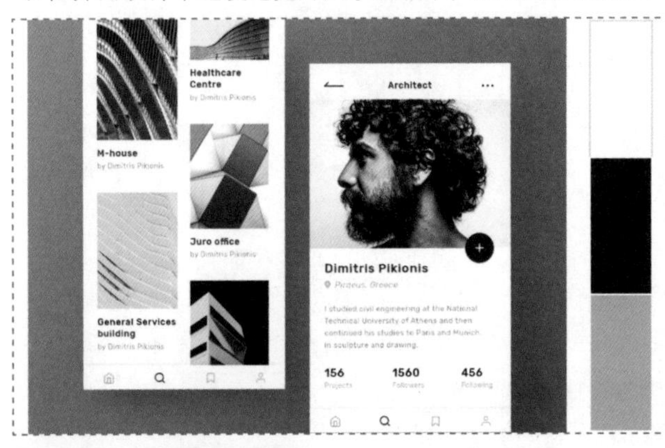

该App界面完全使用无彩色的黑色、白色和灰色进行配色设计，包括图片都进行了黑白处理，使界面整体表现简洁、高雅。为了使界面显得不会过于呆板，标题文字与正文内容之间加入了字体大小、粗细、明度的对比，从而使界面内容的层次感更加丰富，大小不一的图片，同样为界面增添了跳跃感。

4.1.3 吸引用户注意力

在UI设计过程中，常常使用配色来吸引用户的注意力，最常用的就是为界面中的主要内容或功能搭配与界面背景颜色呈现强烈对比的色彩，从而使其从背景中凸显出来。

我们不仅可以使用对比配色的方式来吸引用户的注意力，还可以在界面中使用大面积的留白，这样用户的注意力同样会被吸引到界面中的主要内容或功能上。

在该游戏App界面设计中，使用纯白色作为背景颜色，界面中的内容更加清晰、明朗。为了更好地突出表现每个游戏角色形象，为每个游戏角色形式设计了不同的纯色背景，与纯白色界面背景形成强烈的色彩对比，同时相互之间也形成了色彩对比，使得界面整体更加活跃。

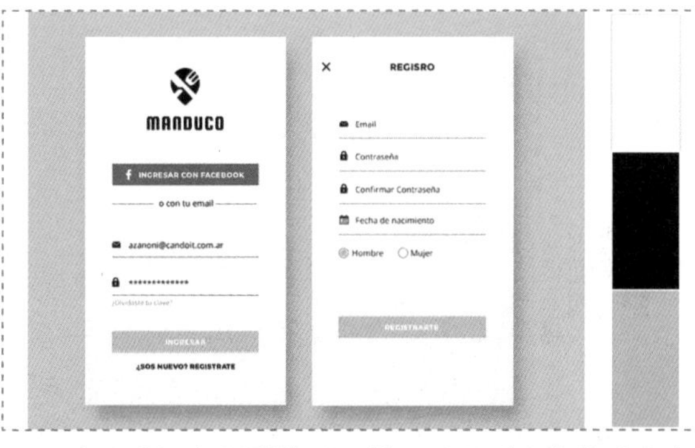

对于特定功能的界面，特别是登录、搜索等目的性明确的功能界面，就需要通过大量留白来突出界面中的功能选项。在该App的登录界面和注册界面设计中，用户的目光自然就会被吸引到相关的表单元素，这和该功能界面的目的相契合，希望用户在这两个界面中能够快速完成相应的操作，所以不需要过多的信息和装饰来分散用户的注意力。

为元素添加阴影效果同样可以吸引用户的注意力，阴影效果可以提升目标元素的立体感，从而使该元素从界面背景中凸显出来。

还可以使用模糊效果来吸引用户的注意力。人类眼球的对焦机制好像一个调节器一样捕捉那些离你忽远忽近的物体，这样才能让你感受到周围一切事物的深度和距离。用户总是会不由自主地被那些对焦准确的部分吸引而忽视被虚化的部分。

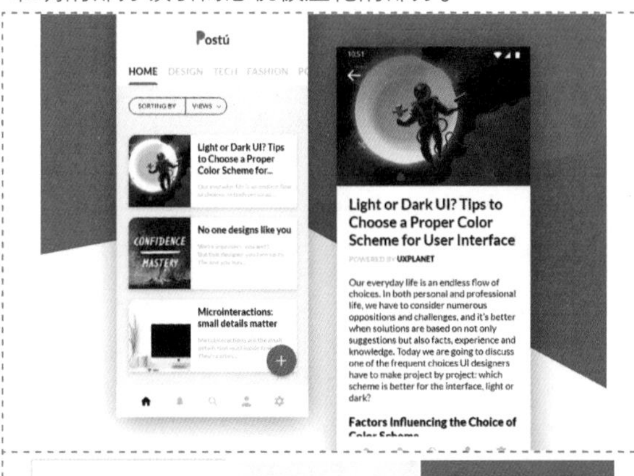

在该博客文章的App界面设计中，使用浅灰色作为界面的背景颜色，而每一条博客文章则使用了白色背景，但是白色与浅灰色背景的明度接近，为了能够突出每条博客文章，为白色矩形添加阴影效果，使其从浅灰色背景中凸显出来，在保持界面色调统一的基础上，使界面产生层次感。

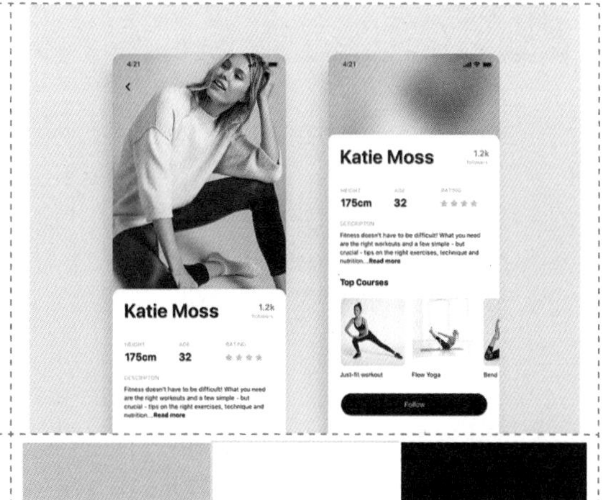

在该运动健身App的运动介绍内容界面中，使用运动人物图片作为界面的背景，在界面底部使用白色背景突出相关信息内容，当在界面中展开底部的详细信息内容时，背景图片会进行模糊处理，从而使用户的关注点集中在相关信息内容上，突出重要内容。

4.2 突出界面主题的配色技巧

平时我们在使用移动端产品浏览网站时，会发现优秀的UI配色设计经常能将整个界面的主题明确突出，能够聚焦用户的目光，在视觉上形成一个中心点，主题被恰当地突出显示。如果主题不够明确，就会让用户心烦意乱，整体配色也会缺乏稳定感。

4.2.1 提高色彩纯度烘托主题

突出界面主题的方法有两种：一种是直接增强主题的配色，保持主题的绝对优势，可以通过提高主题配色的纯度、增大整个界面的明度差、增强色相型；另一种是间接强调主题，在主题配色较弱的情况下，通过添加衬托色或削弱辅助色等方法来突出主题的相对优势。

明度和饱和度相近似的3种颜色相搭配，整体色调协调、统一，但主题颜色不够明确，表达含糊。

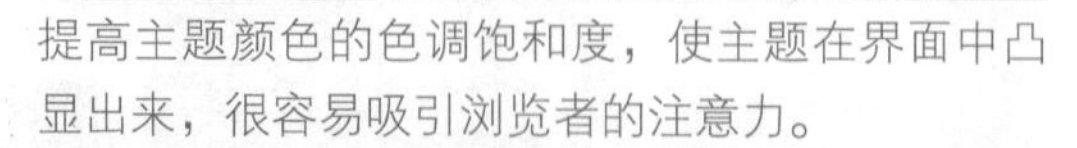

提高主题颜色的色调饱和度，使主题在界面中凸显出来，很容易吸引浏览者的注意力。

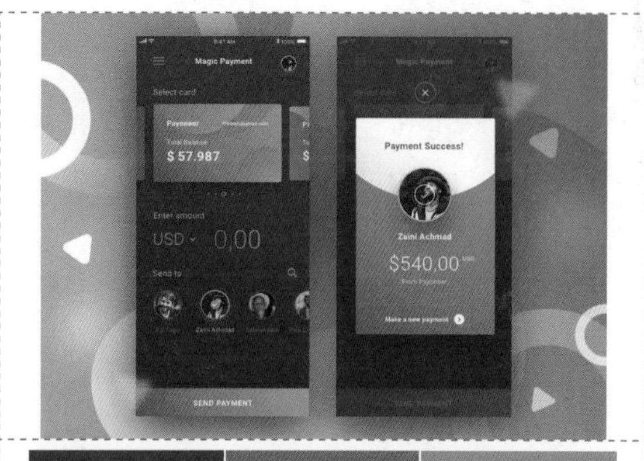

在该移动支付App界面设计中，使用低明度的深灰蓝色作为背景颜色，而界面中的银行卡及相关的文字信息则使用了高饱和度的洋红色到红色的渐变颜色进行表现，与背景形成了强烈的对比，一眼就能够看出该界面的主题，非常突出、鲜明。

在该汽车宣传网站界面设计中，使用绿色的树叶等素材作为页面主要的图像，而将橙色的汽车产品隐藏在树叶之间，引起浏览者的好奇心，并且页面中相应的功能按钮及导航菜单文字都使用了橙色，这种对比色的搭配，会使主题非常明确、突出。

在UI设计的配色中，为了突出界面的主要内容和主题，提高主题区域的色彩饱和度是最有效的方法。饱和度就是鲜艳度，当主题配色鲜艳起来，与界面背景和其他内容区域的配色相区分时，就会达到确定主题的效果。

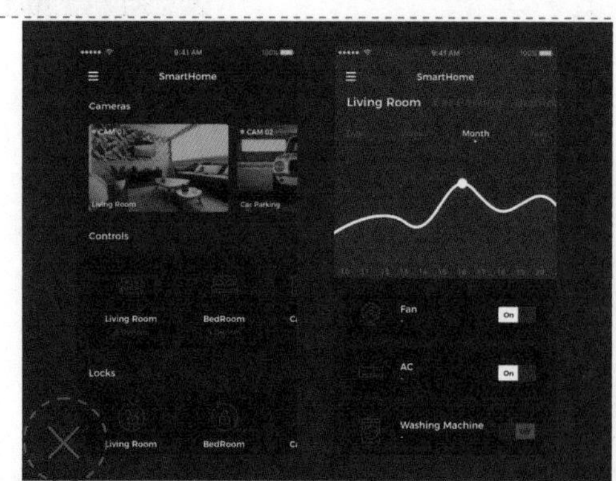

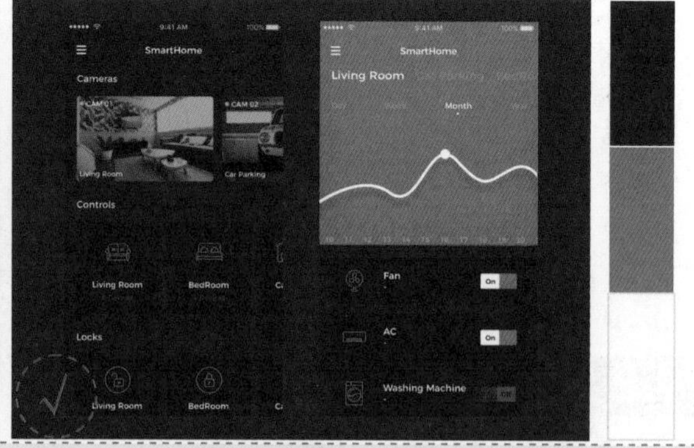

在该智能家居管理App界面设计中，使用明度和饱和度都比较低的深灰蓝色作为背景颜色，给人一种稳重感、现代感。左侧界面中的主题色使用了低明度、低饱和度的深红色，与背景颜色类似，对比效果较弱，界面整体表现灰暗，主题不明确。右侧界面中的主题色使用了高饱和度鲜艳的红色，与深灰蓝色的界面背景形成色相和明度的强烈对比，使界面主题非常突出、明显。

不同的产品界面所需要表达的主题不尽相同，如果都通过提高颜色鲜艳度来控制主题色彩，就会造成界面鲜艳程度相同或相近的情况，让用户分不清主题。所以在确定界面主题配色时，应该充分考虑与周围色彩的对比情况，通过对比色能够有效突出主题。

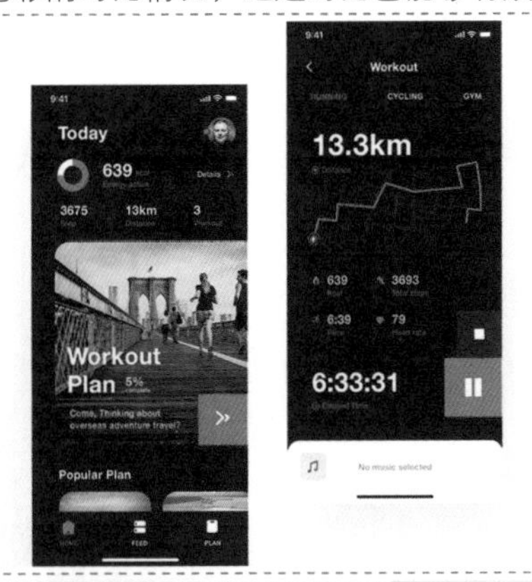

在该运动健身App界面设计中，使用低明度的深蓝色作为界面的背景颜色，在界面中搭配白色的文字，表现效果非常清晰、直观，界面中的重要功能按钮及图标使用高饱和度的鲜艳红色进行配色，与深蓝色背景形成了强烈的对比，有效突出界面中的重要信息。

在该产品宣传网站界面的设计中，使用低饱和度的浅灰蓝色作为背景颜色，使界面给人冷静、理性的感觉。在界面中搭配黑色的文字和产品图片，并为产品图片设计了高饱和度的蓝色图形，与低饱和度的灰蓝色背景形成强烈的饱和度对比，从而使产品图片在界面中突显出来，并且高饱和度色彩的加入，也使得界面更加活跃。

4.2.2 增加色彩明度差表现层次感

在所有的颜色中，白色的明度最高，黑色的明度最低。即使是纯色，不同的色相也具备了不同的明度。例如，黄色的明度接近白色，而紫色的明度接近黑色。通过增加色彩明度差的方法，可以使界面的主题更加明确，主次更加分明，视觉冲击力更强，体现出生动感。

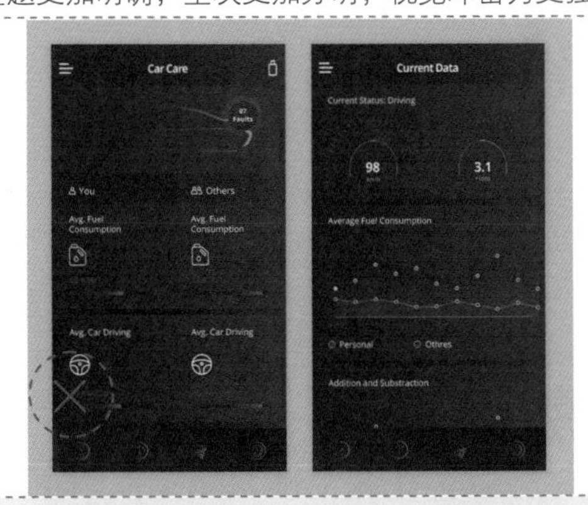

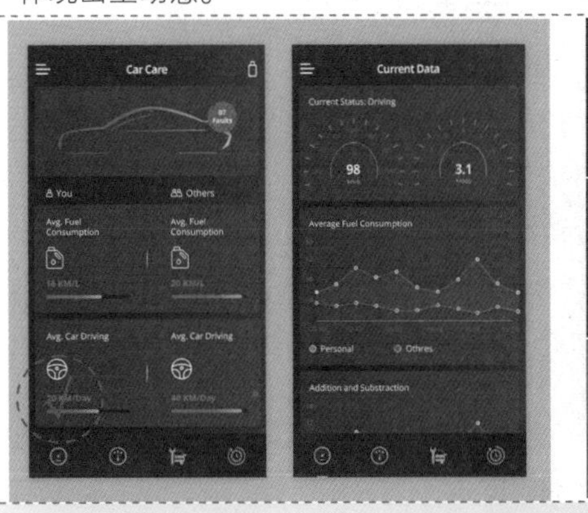

在该汽车管理App界面设计中，使用蓝色作为该App界面的主色调，给人带来很强的科技感。在左侧的界面设计中，使用深蓝色作为界面的背景颜色，信息内容的颜色与背景的深蓝色明度接近，界面整体表现过于昏暗，没有层次感，视觉效果较差。在右侧的界面设计中，同样使用深蓝色作为界面的背景颜色，而相关信息的背景颜色则使用了较浅的蓝色背景，图形则使用了高明度的青色，界面整体色调统一，但使用不同明度的蓝色进行搭配，使界面表现出很强的色彩层次感，也使界面内容非常清晰、直观。

在UI设计过程中，可以通过无彩色和有彩色的明度对比来凸显主题。例如，界面背景的色彩比较丰富，主题内容是无彩色的白色，可以通过降低界面背景明度来凸显主题色；相反，如果提高背景的色彩明度，就要降低主题色彩的明度，只要增强明度差异，就能提高主题色彩的强势地位。

在该时尚女鞋电商App界面设计中，使用低明度的深灰蓝色作为界面的背景颜色，表现出稳重而富有现代感的效果。而产品图片都使用了白色背景，与界面背景形成了强烈的明度对比，有效地突出了产品。

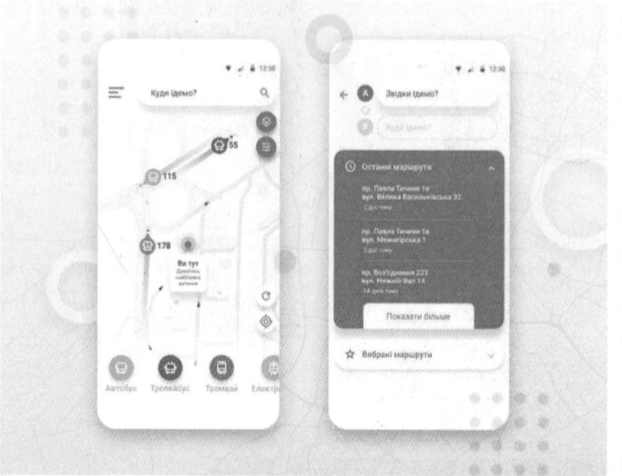

在该导航App界面设计中，使用白色作为背景颜色，使界面非常明亮、清晰。而导航中的信息窗口则使用了高饱和度的蓝色背景，与白色的界面背景形成了色相和明度的对比，从而突出重要信息，并且使界面表现出色彩层次感。

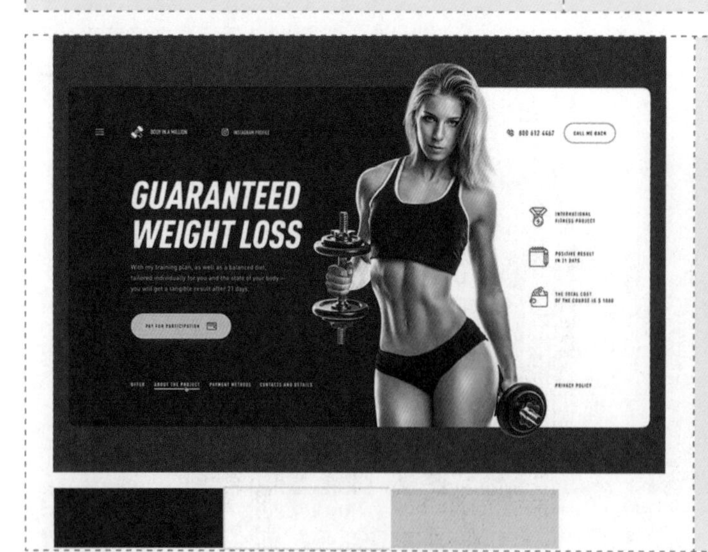

在该健身运动网站界面的设计中，使用深灰色与白色将界面背景划分为左右两部分，使界面背景表现出强烈的明度对比。而界面中的文字内容同样遵循了明度对比的设计方法，深灰色背景搭配白色文字和黄色按钮，白色背景搭配深灰色的文字和图标，明度对比使得信息内容更加富有层次感，也更加清晰、易读。

4.2.3 添加鲜艳的色相使界面表现出活力

在前面所学习的配色知识中，我们了解了色相环中的邻近色相和类似色相，它们在UI配色中能够增强界面的统一性和协调性；互补色相之间对比强烈，运用这些配色技巧，在UI配色中，添加鲜艳的色相进行搭配，有利于浏览者快速发现界面的重点，突出界面的主题。

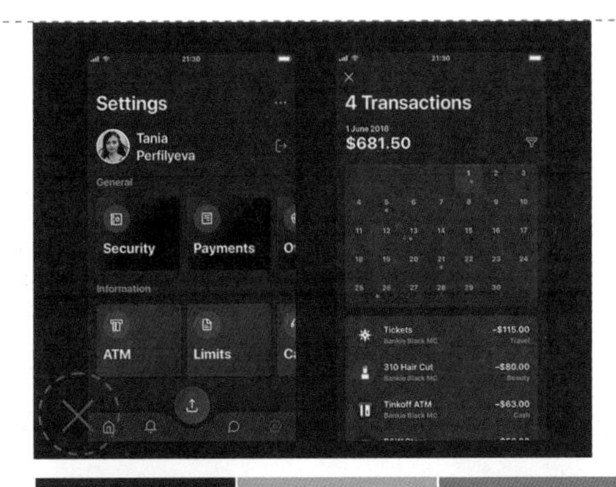

在该金融管理App界面设计中，使用低明度的深灰蓝色作为界面的背景颜色，表现出稳重、踏实的效果。在左侧界面设计中，深灰蓝色的背景搭配同样深暗色调的蓝色和红色，使得主题内容与背景的对比不够强烈，虽然整体信息内容依然能够被清晰地辨识，但是界面整体给人一种灰暗、平淡、缺乏活力的感觉。在右侧界面设计中，界面中的主题信息内容使用了高饱和度的蓝色和青色进行配色，与背景的深灰蓝色形成了强烈的明度和饱和度对比，鲜艳色彩的加入使主题信息从界面中凸显出来，同时也使得界面更富有活力。

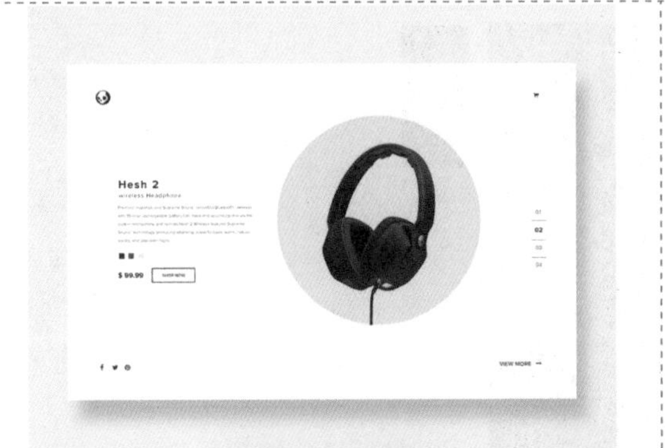

在该耳机产品的宣传网站界面设计中，使用纯白色作为界面背景色，搭配黑色的文字和黑色的耳机产品，黑色的耳机产品与白色背景能够形成强烈的明度对比，表现效果清晰，但是无彩色的搭配会使界面表现出沉闷感。为耳机产品图片添加高饱和度的圆形黄色背景，既能够突出耳机产品，又能够使界面更加活跃。

在该汽车宣传网站界面设计中，使用了低饱和度的深蓝色作为界面的主色调，高饱和度红色的汽车产品在界面中非常突出，很容易被浏览者辨识，并且能够与该品牌Logo的颜色相呼应。

4.2.4 添加点缀色为界面带来亮点

在UI设计中，当界面主题的配色比较普通、不够显眼时，可以通过在其附近添加鲜艳的色彩为界面中的主题区域增添光彩，这就是界面中的点缀色。点缀色的加入能够使界面整体更加鲜明和充满活力。

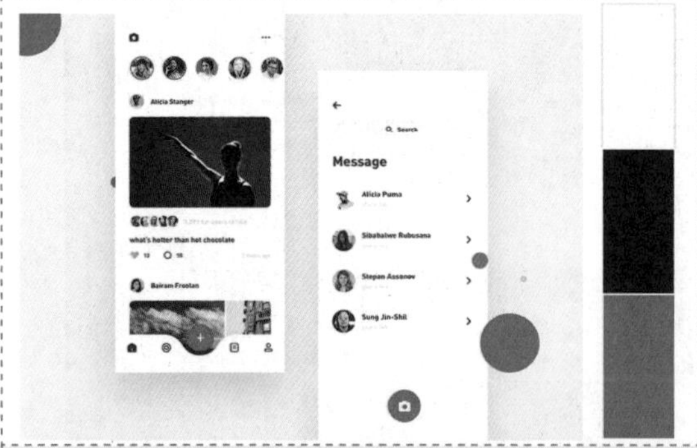

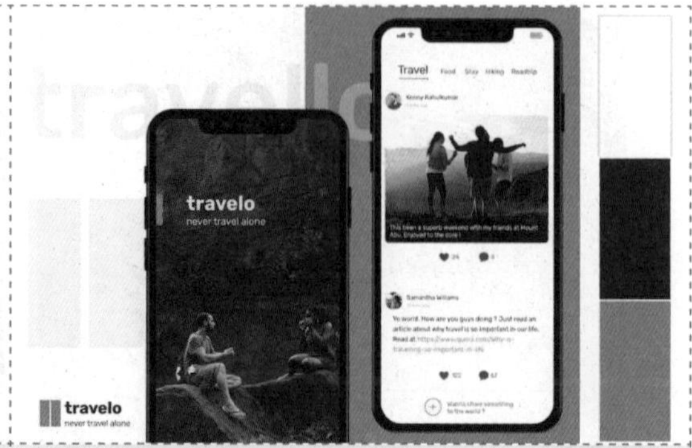

在该社交App界面设计中，使用了白色作为界面的背景颜色，搭配黑色的文字，使得界面中的内容非常清晰、直观，但是这种无彩色的配色使界面显得过于单调，在界面中为重要功能操作按钮搭配高饱和度的红色，不仅突出了重要功能按钮，也为整个界面添加光彩。

在该旅行分享类App界面设计中，无论是纯白色的界面背景，还是使用旅行图片作为界面的背景，都会在界面中局部点缀高饱和度的橙色，突出界面中的重点信息，也使平淡的界面表现得更具有活力。

如果点缀色的面积太大，就会在界面中升级为仅次于主题色的辅助色，从而打破了原来的界面基础配色。所以在UI配色设计过程中，加强色彩点缀的目的只是为了强调主题，不能破坏界面的基础配色，使用小面积的点缀色，既能突出主题，又不会破坏界面的整体配色效果。

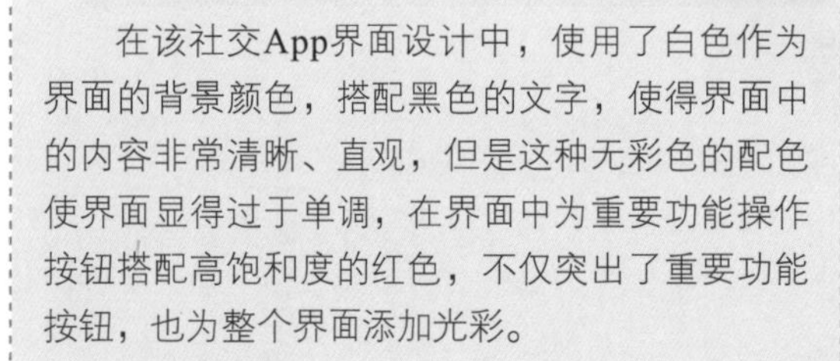

在该橄榄油产品宣传网站界面设计中，使用黑色作为界面的背景主色调，搭配金黄色的产品，突出表现产品的尊贵品质。为界面中的主题文字点缀高饱和度的绿色，体现出产品的绿色与健康。

4.2.5 抑制辅助色或背景色

在大部分的UI设计中，会使用比较鲜艳的色彩来表现界面的主题，因为鲜艳的色彩在视觉上会占据有利地位。但是也有一些界面的主题色是比较素雅的色彩，在这种情况下，就需要对主题色以外的辅助色或背景色稍加控制，否则就会造成界面的主题不够清晰、明确的问题。

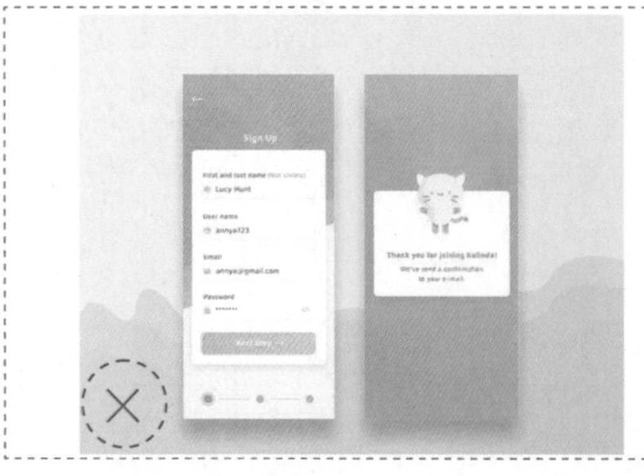

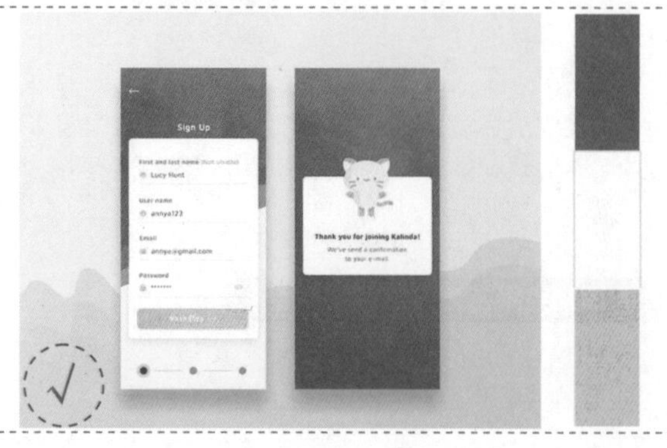

在该移动端App界面设计中，左侧的界面使用了明度较高的蓝色作为背景颜色，而主题部分则使用了白色背景，点缀黄色按钮，白色和黄色都是明度较高的色彩，与同样高明度的蓝色背景搭配，使得界面没有层次感，视觉效果非常不清晰。右侧的界面使用了低明度的灰蓝色作为背景颜色，与主题部分的白色背景形成了明度对比，有效地突出了主题部分的内容，使得界面层次清晰、主题明确。

当设计的界面主题色彩偏柔和、素雅时，界面背景颜色要尽量避免使用纯色和暗色，可以选择使用淡色调或浊色调，防止背景颜色过分艳丽而导致界面主题不够突出。总体来说，抑制辅助色或背景色有利于界面主题色表现得更加醒目。

在该闹钟设置界面设计中，使用暗灰色调作为界面的背景颜色，低明度、低饱和度的深灰蓝色有效地突出了界面中的红色图形和图标，整体色彩表现柔和、舒适。

在该美食网站界面设计中，使用高明度的浅灰色作为界面的背景颜色，使界面给人一种干净、朴素的感觉，美食主题图片在灰色的背景衬托下显得非常鲜艳，表现效果十分突出。

4.2.6 使用留白突出界面主题

在UI设计中，需要为界面留有一些空白，一般分为无心留白和有意留白。由于内容较少而出现的留白是无心留白，特意安排的空白空间是有意留白。合理地留白处理能够给界面内容保留呼吸的空间，让界面更通透，浏览者不会被大量的密集文字压得喘不过气。

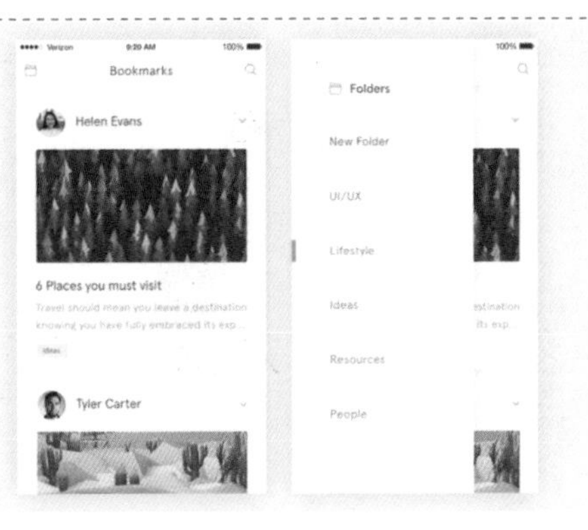

在该移动端App界面设计中，可以在元素的周围、元素和元素之间或界面布局中大胆留白。通过留白处理，不仅能够提高界面的可读性、区分内容主次，同时对布局也起到了重要作用，使得用户很容易发掘该移动端App的核心功能和内容。

在UI设计中，留白的处理非常重要，通过留白能够有效凸显出界面中的主题和重点内容，需要注意的是，界面中的留白并不一定就是白色，而是指在界面中合理地保留空白区域（没有任何内容的区域）。

在该数码相机宣传网站界面设计中，采用了左右均等的布局方式，这种布局方式给人强烈的对称感，并且分别使用了黑色和白色进行配色，形成了非常强烈的色彩对比，使得界面的视觉表现效果非常强烈。在该界面中还充分应用了留白的处理方式，将产品和少量的相关信息集中在界面的中间位置进行展示，能够很好地聚集浏览者的目光，使主题一目了然。

4.3 黑白灰配色技巧

在色彩搭配过程中，想要色彩在视觉上达到平衡，色彩布局完美，形成统一效果，必定要进行色彩的调和。黑色、白色、灰色统称为无彩色，它们是天生的调和色，在色彩搭配中可以加入黑色、白色、灰色进行调和处理，从而得到满意的效果。

4.3.1 调和白色使画面具有透气感

白色形成的光影效果能够呈现出很强的通透感和空间感，而不会给画面造成任何的负担。白色可以起到很好的衬托作用，是很容易被忽略却又不可或缺的调和色。

在UI设计中，常使用白色作为界面的背景色，可以使界面表现出洁净、明亮的感觉。在白色背景上搭配有彩色，可以将有彩色衬托得更加清晰、明确，并且能够有效弱化有彩色的嘈杂感，给人带来清爽的视觉效果。

在该服饰类网站界面设计中，使用纯白色作为界面的背景颜色，白色能够与任何颜色相搭配，并且能够有效地突出其他颜色的表现效果。在该网站界面中使用白色作为背景主色调，结合界面中大量留白的设计，有效突出界面中服饰产品的表现效果，使界面主题明确、清晰。

如果需要突出界面中某种有彩色的表现，可以使用白色作为界面的背景色，能够有效突出界面中其他有彩色的表现，使有彩色表现得更为醒目。

如果使用了有彩色作为界面的背景颜色，那么界面中的内容也可以添加白色的背景颜色，从而突出白色背景部分的表现，同样能够表现出很好的视觉效果。

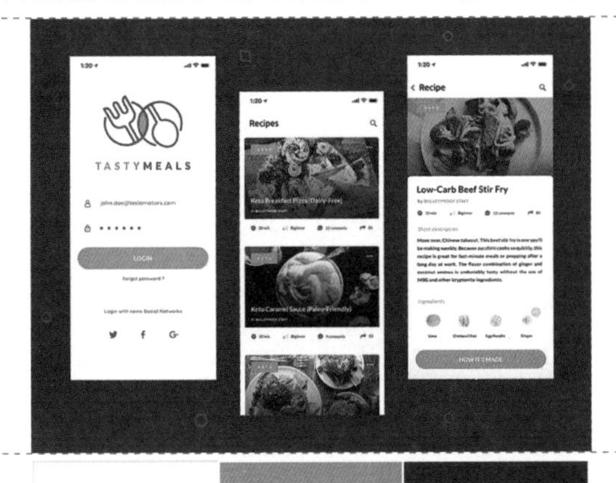

在该美食类App界面设计中，使用纯白色作为界面的背景颜色，有效地突出了界面中美食图片及相应的文字内容。在界面中点缀高饱和度的橙色，在白色背景的衬托下，使橙色更加醒目、突出。

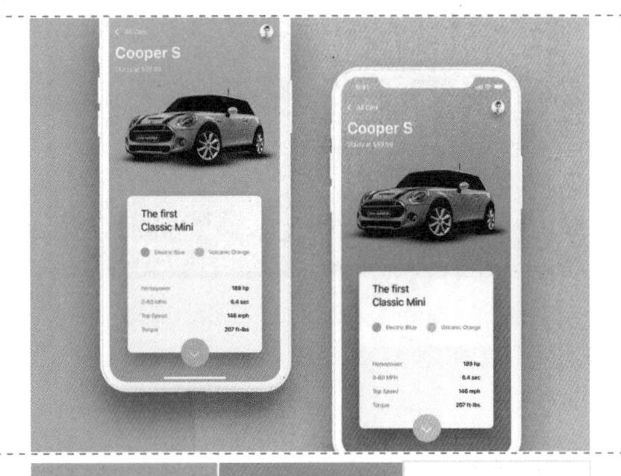

在该汽车产品相关的App界面设计中，使用青绿色到蓝色的渐变色作为界面的背景颜色，突出表现产品的个性与时尚定位，吸引年轻用户的关注。界面中的产品介绍文字内容搭配了白色的背景，从而使该部分内容从界面背景中凸显出来，使界面具有很好的视觉层次感和表现效果。

4.3.2 调和黑色使画面具有稳定感

黑色是具有重量感的颜色，有稳定的作用。在任何复杂的配色设计中，只要加入黑色进行调和，就能够使画面稳定下来，具有重心感和秩序感。

如果在UI设计中使用高明度、低饱和度的浅色调色彩搭配时，则整个画面就会给人轻柔的感觉；如果需要突出这类色彩的主角地位，则可以在画面中加入黑色进行调和，使画面具有稳定感。

如果在UI设计中使用了多种色彩进行搭配设计，则画面会显得比较凌乱，这时只需要在画面中加入黑色，就可以使画面配色表现出统一感和秩序感。

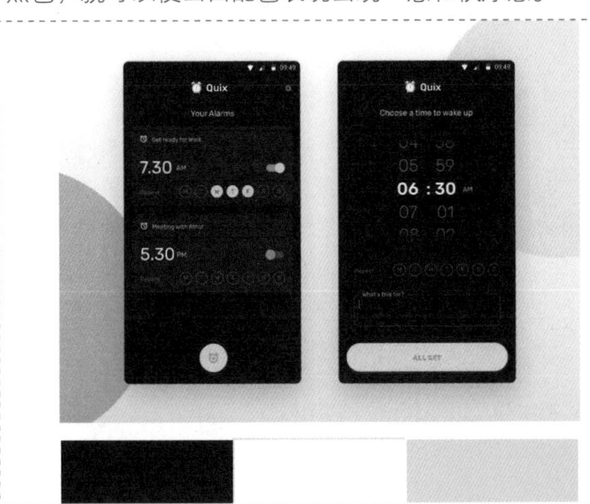

在该闹钟设置界面设计中，使用黑色作为界面的背景色，使界面给人带来稳定感与踏实感。在界面中搭配深灰色的色块及白色的文字，使得界面的层次感表现清晰、明确。界面中的重点功能操作选项使用高明度的黄色进行表现，与黑色背景形成了强烈对比，有效地突出了重点功能操作按钮，也使界面更具有活力。

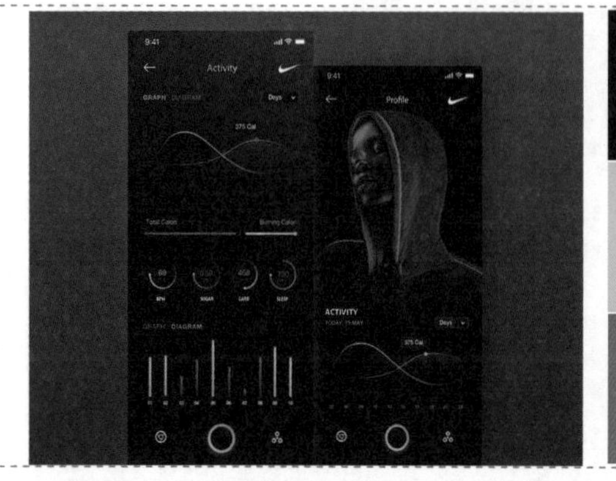

在该体育运动App界面设计中，各运动数据分别使用了高饱和度的青色和洋红色的图形进行表现，有效地区别了不同数据的表现效果，并且通过色彩的对比也使得界面更具有动感。为了使界面表现出稳定感与秩序感，使用黑色作为界面的背景颜色。

红色与黑色的配色能够给人带来强烈的视觉冲击力，留下深刻印象，而红色、黑色和白色的配色常常运用于时尚主题。黑色能够将本身就强烈的红色衬托得更加夺目，因此红色与黑色的配色能够产生独特的震撼力，可以很好地突出重点内容。在红色与黑色的搭配中加入白色，能够有效缓和压抑的感觉，形成平衡感。

在该网站界面设计中，使用黑色作为界面的背景颜色，有效地突出了界面中多种不同颜色的鞋子。虽然鞋子的颜色不同，但是每种颜色的明度和饱和度都相似，所以整个界面并不会显得混乱，反而使整个界面看起来非常协调。加入白色文字进行搭配，有效缓和黑色背景给人带来的压抑感。

4.3.3 调和灰色使画面表现出质感

灰色是比白色更柔和的调和色，它能够与任何色彩搭配使用。灰色能够很好地凸显有彩色的表现效果，但却又不会显得太过突兀，也完全不用担心灰色会夺取光芒。在配色中加入灰色进行调和，可以使色彩表现得更具有氛围感。

在该网站界面设计中，使用浅灰色作为界面的背景颜色，表现效果非常淡雅。在界面中搭配鲜艳的蓝色几何图形装饰，以及鲜艳的黄色主题文字，各种色彩与无彩色的背景形成了鲜明的对比，并且运用大量的留白，这些都使得界面主题非常突出。

在UI设计中，如果需要突出主题，可以使用灰色作为界面的背景颜色，特别是主题的色彩饱和度或明度较低时，需要表现出强烈的对比效果，如灰色与亮黄色的搭配。

如果希望界面表现出低调奢华的感觉，则可以在界面配色中加入灰色，选取与灰色差异较小的低饱和度色彩进行搭配，可以使界面表现出高雅的氛围。

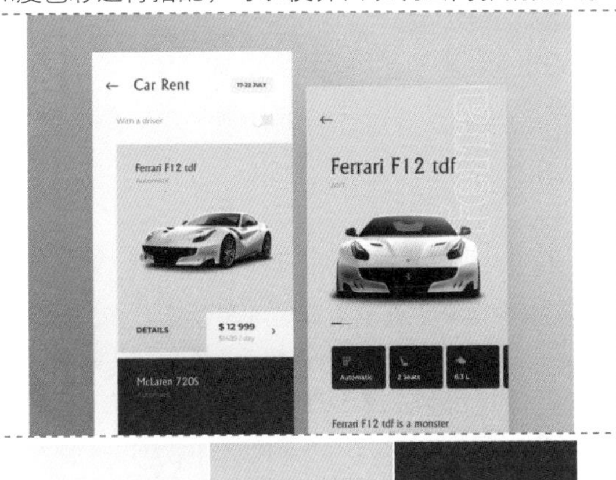

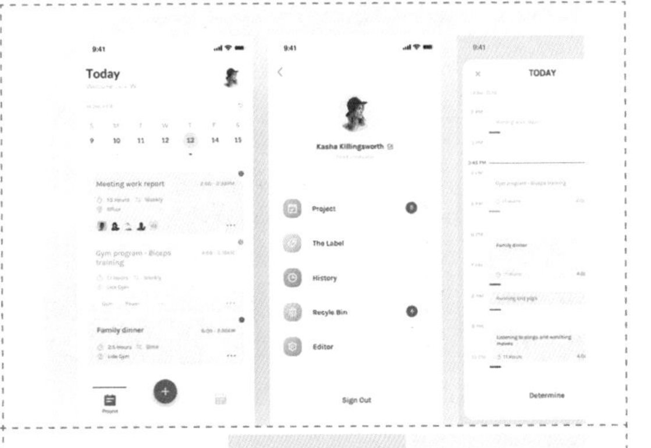

在该汽车产品App界面设计中，使用灰色作为界面的背景颜色，与高明度浅黄色的主题色相搭配，形成鲜明而强烈的对比，有效突出主题部分的表现效果，并且主题色与汽车产品的颜色相呼应。在界面中通过灰色与浅黄色的搭配，也很好地划分出界面中不同的内容区域。

在该事件备忘录App界面设计中，使用纯白色作为界面的背景颜色，使界面表现得十分简洁、清晰。在界面中使用了接近白色的浅灰色，以及其他多种不同色相的色彩进行搭配，这些色相的色彩都属于高明度、低饱和度，使界面呈现出柔和的对比效果。另外，划分不同的内容区域会使界面表现出柔和、高雅的氛围。

4.3.4 综合运用黑白灰搭配

无彩色能够整合画面配色的整体印象，使有彩色表达的意向更加明确而强烈。黑色与白色的配色给人极简的感觉，适用于表现高端、纯粹、坚定等印象的主题；而灰色则是搭配度极高的色彩，几乎能够与任何一种色彩组合搭配，不同的明度使灰色呈现出不同的面貌及丰富的层次感。

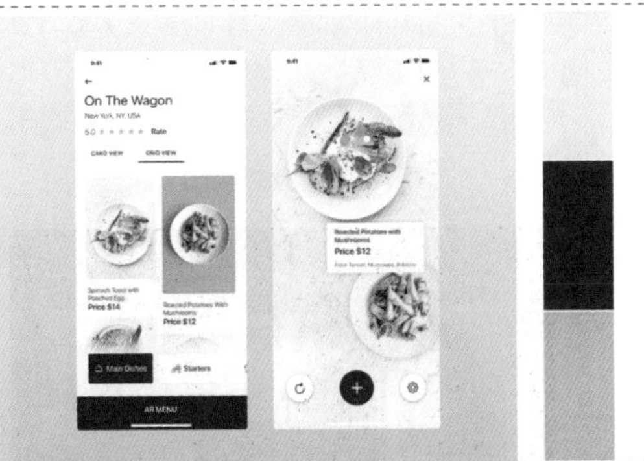

该音乐App界面采用了极简的设计风格，使用黑色作为界面的背景颜色，并且在界面背景中加入了接近黑色的深灰色，从而使界面背景表现出色彩层次感。而文字则使用了白色进行搭配，界面中没有任何的装饰，文字与背景形成了非常强烈的对比，使整个界面表现出时尚、现代、个性的效果。

在该美食类App界面设计中，使用接近白色的浅灰色作为界面的背景颜色，有效地突出了界面中的美食，衬托出美食的诱人色彩。并且界面中除美食外的其他元素也同样使用了灰色进行搭配，各功能操作按钮和图标使用了深灰色进行搭配，与浅灰色背景形成了色彩对比，表现出色彩的层次感。

在色彩搭配中，除了可以单独使用黑色、白色、灰色进行调和，也可以在界面中同时使用黑色、白色和灰色进行调和，这样会使整个画面的色彩搭配层次分明、主题突出、画面更丰富。

4.4 使用鲜艳的配色方案提升UI设计效果

近年来，在数字产品的UI设计中，我们会发现大量鲜艳的色彩和不同的渐变效果，而这些产品的类型包括主打趣味性和娱乐性的应用及相对严肃的功能性和商业性的产品。通过在UI设计中使用鲜艳的配色方案，从而有效提升UI设计的视觉效果。

4.4.1 提升界面的可读性和易读性

设计师在选择界面的配色方案时需要考虑很多因素，其中可读性和易读性是基本的因素。

鲜艳的色彩能够为界面元素提供足够好的对比度，有助于提升界面的可读性和易读性，使界面中的各个元素之间的区分度变得明显。但是高对比度并不一定总是奏效的，如果文本和背景之间的对比度过大，则可能会产生晕影从而导致阅读困难。这也是为什么需要设计师创造出相对温和、恰当的对比度，而高对比度在凸显展示性元素时是不错的选择。

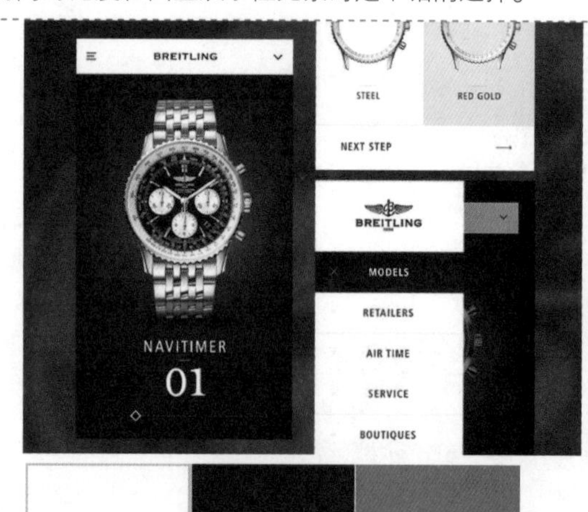

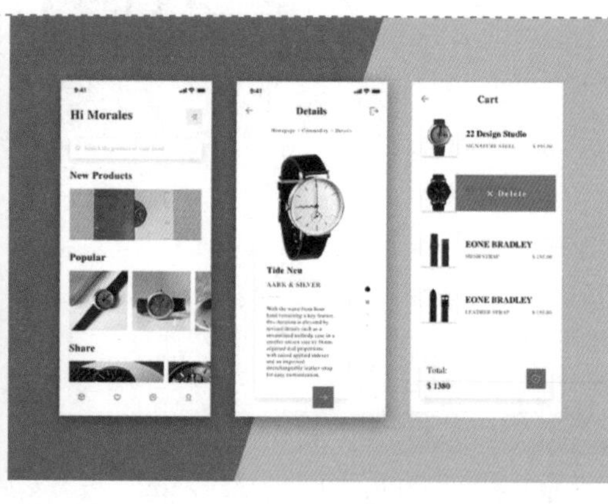

在该手表电商App的界面设计中，使用白色作为界面主色调，与接近黑色的深灰色进行搭配，使得界面内容具有很好的可读性和易读性。黑白配色表现出清晰、时尚、永恒的效果，并且纯白色的背景能够很好地突出产品。在局部点缀高饱和度的红色块来突出表现重要的图标和信息，使得界面信息层次非常突出。该手表电商App的多个界面保持了统一的配色风格，给人一种简洁、直观、统一的感受。

在该影视在线订票App界面设计中，使用深暗的灰蓝色作为界面的背景颜色，如果在界面背景上直接设计白色的小号文字，会使得内容的可读性大大降低，所以为文字介绍内容添加了白色背景搭配深灰色文字，有效地提升了文字内容的可读性。界面中重要的功能操作按钮使用高饱和度的红色进行搭配，与背景形成了强烈的对比，使界面具有很好的可读性和易读性。

在该耳机产品的宣传网站界面设计中，使用了高饱和度的蓝色到青色渐变作为界面的背景颜色，与耳机产品的颜色形成呼应。界面左侧放置相应的产品介绍文字内容，右侧为耳机产品图片，版面简洁、直观。在蓝色渐变背景上搭配白色的文字，形成柔和明亮的对比效果，使得文字内容非常清晰、易读。耳机产品本身就采用了红色与蓝色的对比配色，在界面中的表现效果非常突出。

4.4.2 锐化导航并提升互动

视觉层次几乎是所有数字产品中创造导航和交互的核心元素。UI 组件需要以层次分明的方式组织起来，用户的大脑才能通过层次所营造的差异区分对象，明白优先级。

色彩是有层次的，但是这种层次是如何被理解的，则和用户的思维有关系。红色和橙色是大胆鲜亮的色彩，乳白色和黄色是柔和的色彩，明亮的色彩更容易被注意，所以设计师会使用它们来表现界面中需要凸显的元素。将同一种色彩运用在界面中不同元素上时，相同的色彩会使得它们体现出在重要性或功能上的关联。

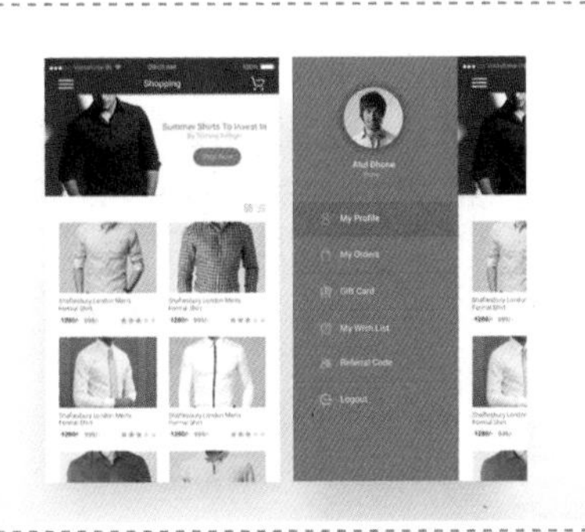

在该男性服饰电商App界面设计中，为了突出产品和信息，使用纯白色作为界面的背景颜色，标题栏则使用了深灰色，很好地划分了界面不同的内容区域，而该App左侧的导航菜单则使用了中等饱和度的红色背景，当显示出左侧导航菜单时，其背景色具有明显的优先级，有效地吸引了用户的目光。

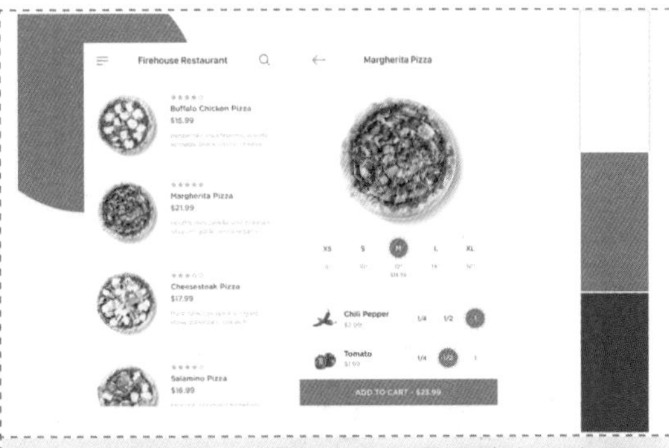

在该比萨在线预订App界面设计中，使用白色作为背景颜色，有效地突出了比萨的色彩，将用户的目光都吸引到美食产品上。在预订界面中，使用高饱和度的橙色来表现所选择尺寸规格、辣味程度及购买按钮等选项，既突出了相关功能选项，也使得这些选项之间产生相应的关联。

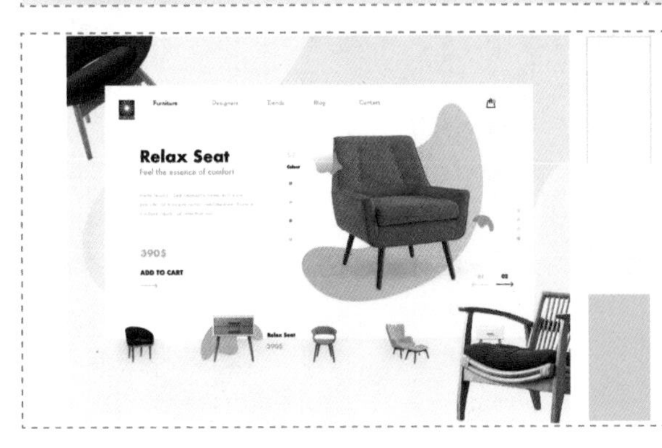

在该家居产品的网站界面设计中，采用了极简的设计风格，界面中除产品图片和少量说明文字外，几乎没有其他装饰，从而突出了产品。在该界面设计中，使用纯白色作为界面的背景颜色，突出家居产品本身的色彩，局部加入高饱和度的黄色图形，充分活跃了界面的整体氛围，使界面更加活跃、时尚，并且能够有效凸显相关产品。

4.4.3 可识别性

人类的大脑对于鲜艳大胆的色彩反应强烈，这也是为什么鲜艳的色彩更容易被记住。在数字产品的UI设计中，色彩相对更加鲜艳的UI设计会更容易脱颖而出。不过，通常而言，即便如此，色彩的选取也要基于目标受众和市场调研。

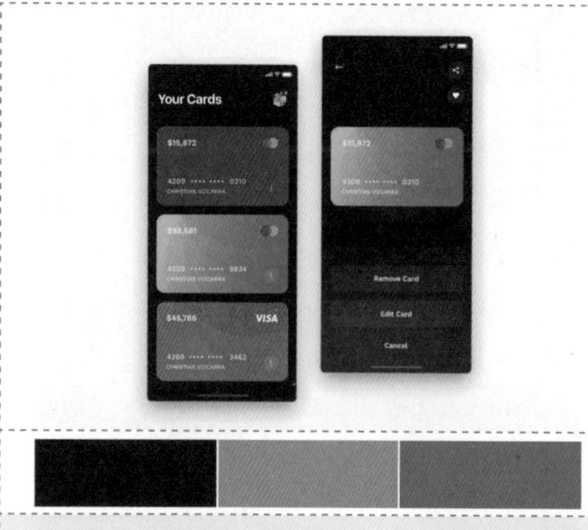

在该金融类App界面设计中，使用低明度的深蓝色作为界面的背景颜色，表现出稳重、踏实的效果。而界面中所绑定的银行卡则分别使用了不同的高饱和度鲜艳色彩进行表现，与界面背景形成了强烈的对比，使人们非常容易区分每张银行卡。

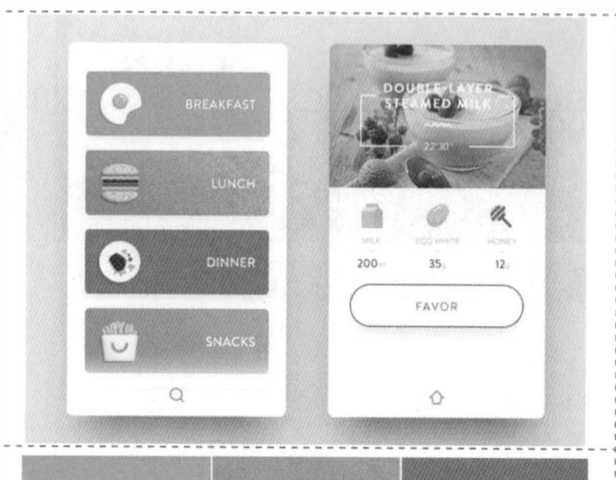

在该在线订餐App界面设计中，使用白色作为界面的背景颜色，使界面内容简洁、清晰。在美食类别列表界面中，使用不同的高饱和度鲜艳色彩来区分不同的美食，并且能够给用户带来良好的视觉效果，使界面显得丰富而活跃。

如果一个企业的Logo、产品和它的网站都使用了高度统一的配色，那么在一定程度上将品牌的识别度最大化了。通过这种方式，设计师借助高度一致的可视化解决方案可以提升品牌的知名度。

这是百事可乐系列饮料产品的网站界面设计，运用了其企业的标准色——蓝色作为界面的主色调，传达出与企业品牌形象一致的印象，并且有效地与其竞争对手表现出完全不同的色彩效果，实现品牌的差异化。蓝色是一种容易令人产生遐想的色彩，容易使人联想到大海、蓝天，给人一种舒适、清爽的感受。

4.4.4 营造氛围，传递情绪

色彩会影响人的情绪，并且能够营造氛围。我们的大脑对于不同的色彩有着不同的反应。色彩心理学研究表明，当我们的眼睛感知到一种色彩时，大脑会向内分泌系统释放对应的激素，刺激不同的情绪转变。

选择正确的色彩有助于让用户处于稳定的情绪当中，传递正确的信息。例如，如果想要创建自然或与园艺相关的产品UI设计，使用绿色或蓝色的配色能够很好地匹配这一主题，传递相应的感觉。

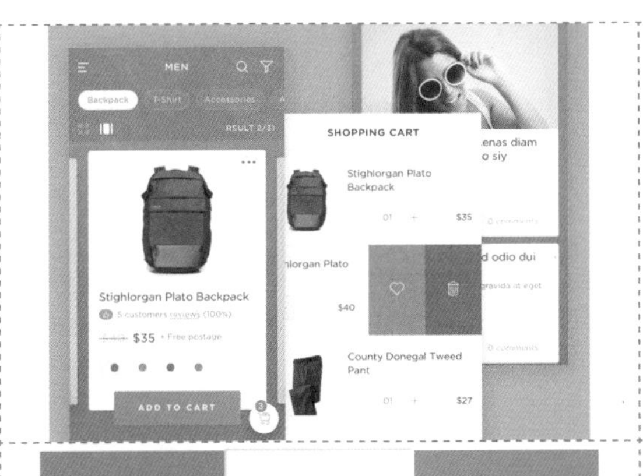

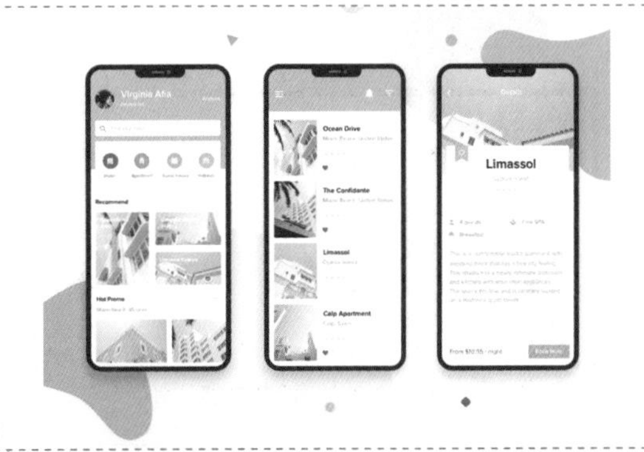

高饱和度的橙色能够给人带来活力与时尚的感觉。在该电商App界面设计中，使用高饱和度的橙色作为界面的主题色，界面中的产品及相关信息则使用了白色矩形背景进行突出表现，购买按钮则使用了蓝色进行配色，与橙色背景形成了对比，使得界面的色彩层次表现非常明显。

青蓝色象征着天空，给人一种自然、清爽的感觉。在该旅行相关App界面设计中，使用高明度的青蓝色作为界面的主题色，搭配白色的背景，使界面表现出蓝天、白云的大自然视觉效果，这种清爽、明亮、自然的氛围特别符合旅行主题，表现出旅行带给人们的悠闲与舒适。

在该产品宣传网站界面设计中，使用绿色作为界面的主色调，搭配同色系的黄绿色，使整个界面表现出清新、自然的氛围。界面中木纹素材的运用，强化了整个网站所要表现的自然、纯净、健康的理念。网站界面的色彩搭配特别能够打动人心，给人留下舒适、自然的感觉。

4.4.5 时尚的UI设计风格

明亮鲜艳的色彩和渐变色在UI设计领域是比较流行的趋势。现在越来越多的移动端应用和网站开始使用这样的配色来吸引用户，尽管竞争激烈，仍然十分吸引用户的注意力。

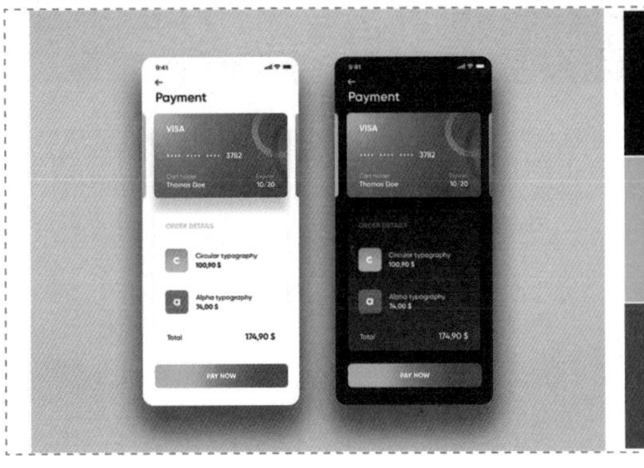

微渐变颜色在UI设计中的应用越来越广泛。在该金融类App界面设计中，提供了两种配色方案：一种是使用白色作为界面的背景颜色，另一种是使用接近黑色的深灰色作为界面的背景颜色。而界面中的图标、按钮、银行卡都使用了高饱和度的渐变色设计，使界面表现出强烈的现代感与时尚感。

在该网站界面设计中，使用高和度的黄色作为界面的主题色，表现出时尚与活力的效果，与浅灰色的背景颜色相搭配，浅灰色也是一种时尚的色彩，使得界面表现出明亮、活力的感觉。在界面左下角搭配灰蓝色，与黄色形成对比，增强界面的视觉表现效果。

4.5 鲜艳的配色方案在UI设计中存在的问题

在UI设计中使用鲜艳的配色方案能够有效提升界面的视觉效果，但是这样的配色方案同样存在一些需要注意的问题。本节将向读者进行详细介绍，便于读者在配色过程中避免出现此类问题。

4.5.1 鲜艳的配色不易搭配

配色方案并不是依靠自身的感觉搭配出来的，这样做很容易使配色出现问题。想要使UI设计表现出协调的配色效果，掌握色彩的运用规律、配色知识和技巧是非常重要的。

在UI设计中，越是鲜艳的色彩就越难搭配出优质的配色方案。为了让用户在使用产品的过程中感到舒适并且被吸引，设计师需要让整个界面保持协调和平衡，协调的色彩才能让用户感到舒适，给用户留下良好的第一印象。

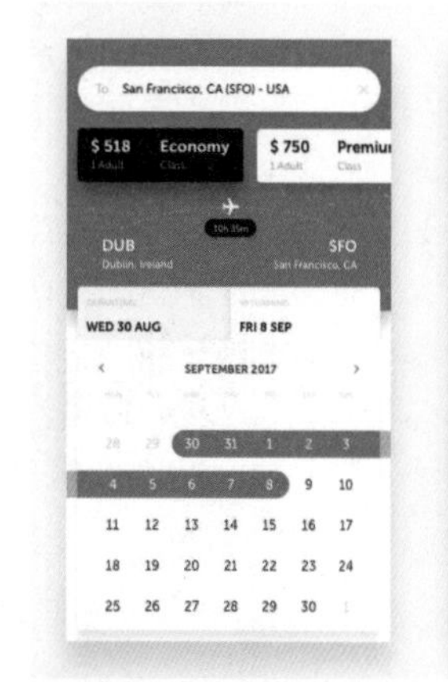

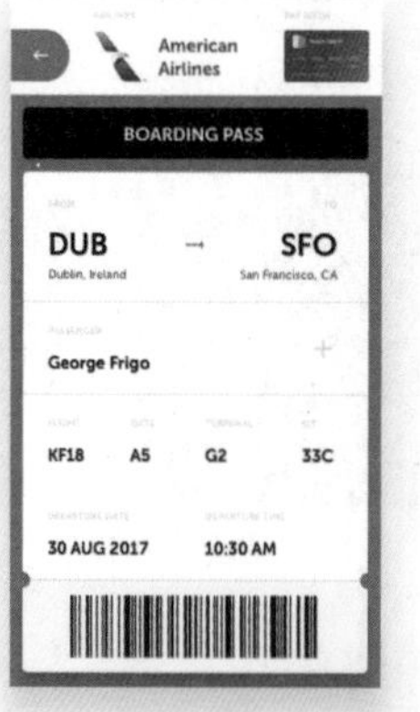

在该机票预订App界面设计中，使用单一的蓝色调进行配色，形成统一的界面视觉风格。使用蓝色作为界面的主题色，搭配无彩色中的白色和黑色，使界面表现出自然、清晰的视觉效果。单系色彩与无彩色搭配，使界面显得非常协调。

在该金融类App界面设计中，使用接近黑色的深灰色作为界面的背景颜色，使界面表现出高档感。界面中所绑定的银行卡使用高饱和度的橙色表现，界面中的关键信息文字和支付按钮则使用了高饱和度的蓝色进行配色，从而形成色相的对比，有效地区分了界面中不同的内容，并且使界面更具有活力。

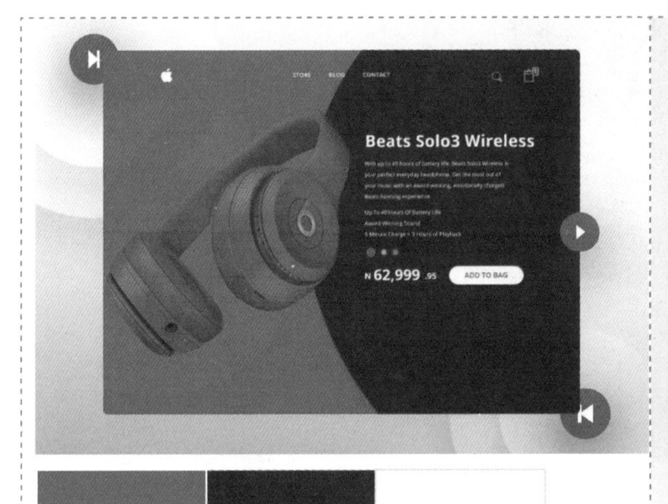

在该耳机产品的宣传网站界面设计中，使用高饱和度的红色作为界面的主题色，与耳机产品的色彩相呼应，使界面表现出热情、激情的效果。在界面中搭配深暗的深灰蓝色，与红色形成色相、明度、饱和度等多方面的对比，使得界面的视觉表现效果非常强烈，给人带来激情、富有活力的感觉。

4.5.2 缺少风格和调性

在UI设计中，使用明亮而鲜艳的色彩进行搭配能够使界面表现出风格和调性，如果使用太多明亮鲜艳的色彩进行搭配，就没有风格和调性了。

这也是为什么很多设计师在UI配色设计过程中都会使用6:3:1的配色比例，其中主色调为60%，次要的色调为30%，鲜艳的色调为10%，用来提升界面的整体调性。这样的配色方案能够创造出协调而有层次的配色，也更加容易让人感受到愉悦。

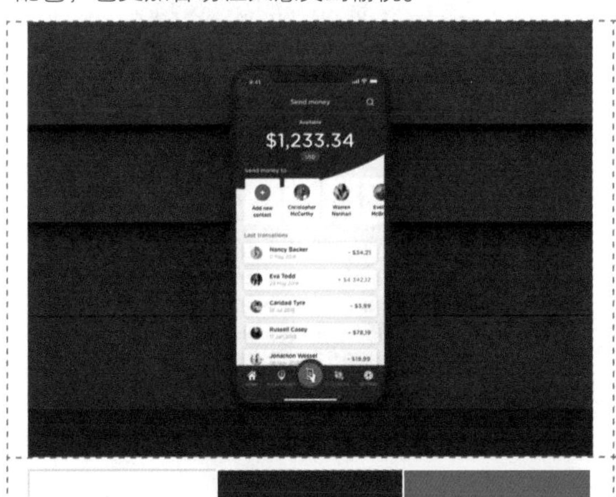

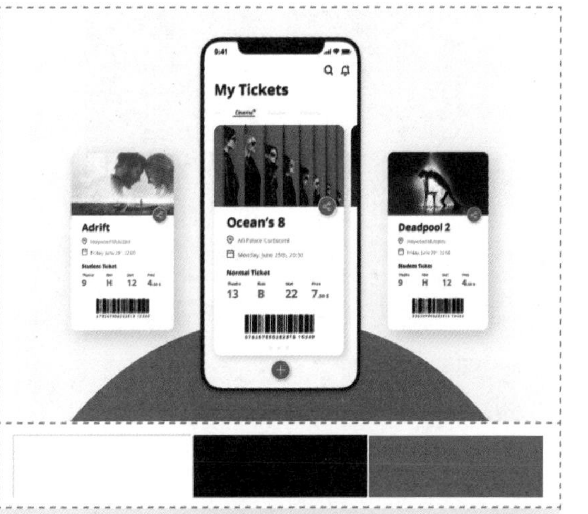

在该金融类App界面设计中，面积最大的是白色背景，而主题色深蓝色占据的面积小于背景色。界面顶部标题栏和底部标签栏使用深蓝色作为背景颜色，表现出稳重的效果，并且使界面中不同内容区域的划分非常清晰，为重要功能操作按钮点缀高饱和度的洋红色，与深蓝色形成了强烈对比，表现效果非常突出。

在该影视订票App界面设计中，并没有按照常规的6:3:1的比例进行配色，整个界面采用了极简的设计风格，使用纯白色作为背景颜色，搭配图片和简单的文字内容，使得界面信息非常清晰、直观。为界面中相应的信息内容添加阴影，从而使其与背景之间产生层次感。为界面中的关键信息和功能操作按钮点缀高饱和度的红色，使界面表现出热情、活跃的效果。

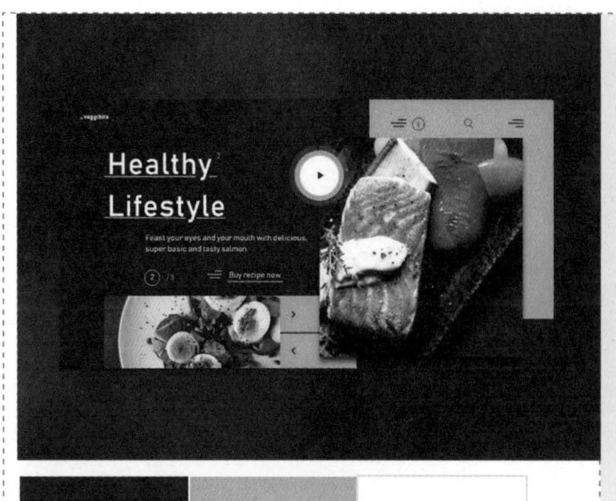

在该美食网站界面设计中，使用低明度的深灰蓝色作为界面的背景颜色，深暗的背景色能够更好地凸显美食，使美食丰富的色泽更加诱人。在界面中搭配高饱和度的黄色，与深灰蓝色的背景形成强烈对比，使界面更加活跃、富有现代感。在深蓝色的背景上搭配少量纯白色的介绍文字，使界面表现得简洁、直观。

4.5.3 鲜艳的色彩并不适合所有群体

用户调研是产品设计的一个重要环节，界定和分析目标受众才能了解网站和 App 的设计预期。年龄、性别和文化等因素都影响着潜在用户的偏好，比如儿童喜欢黄色和紫色，但是绝大多数的成年人并不会偏好这两种色彩，男性和女性都喜欢蓝色和绿色这样的冷色调，但是通常男性要比女性更喜欢橙色，同时，绝大多数男性更加偏好黑、白、灰这样的中性色，女性则不然。

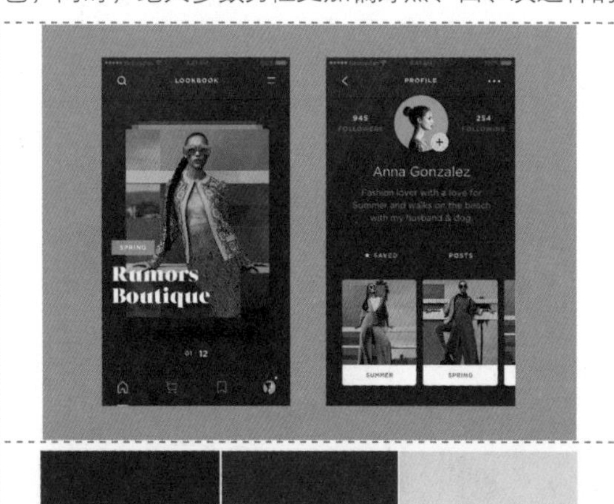

在该电商App界面设计中，使用了鲜艳的高饱和度色彩进行配色，还使用蓝色到蓝紫色的微渐变色彩作为背景颜色，而界面中的商品图片都是饱和度较高的设计风格，使得界面表现出强烈的时尚气息。这种高饱和度的时尚配色能够得到年轻时尚人群的青睐，而中老年用户则会感觉过于花哨，并不会很喜欢。

在该汽车控制App界面设计中，使用接近黑色的深灰色作为背景颜色，搭配少量的白色文字，使得界面信息内容非常清晰、直观。深暗的灰色能够给人带来非常强烈的高档感与质感，同时也符合该汽车产品的定位。在界面局部点缀蓝色的按钮，突出重点功能，该界面的配色方案更受男性用户的偏爱。

鲜艳的色彩所面临的情况也是一样，即使我们所设计的是娱乐性较强的应用界面或网站界面，同样需要考虑目标受众的具体情况。中年用户更喜欢轻量级的色彩，明亮大胆的色彩并不是他们的偏好。

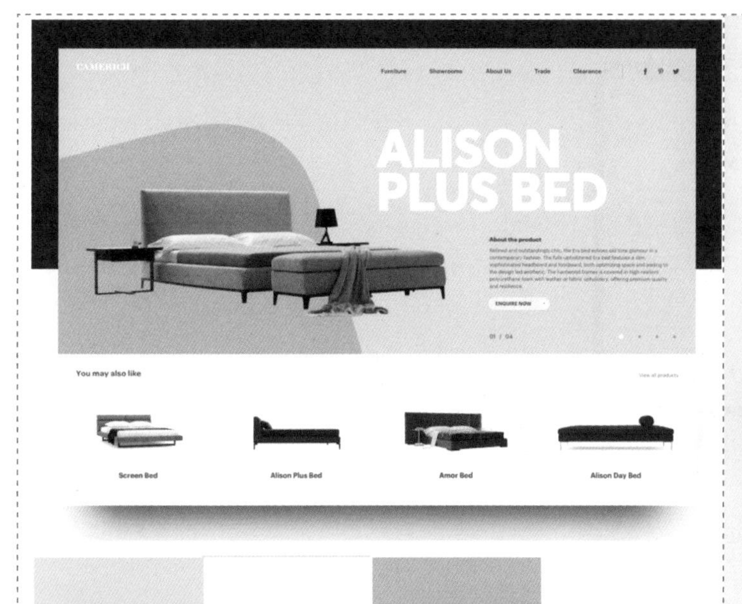

在该家居产品网站界面设计中，使用高明度的浅灰色与白色作为界面的背景颜色，使界面背景表现出明亮、简洁、清爽的效果，并且浅灰色能够给人带来一种品质与典雅感。在界面局部点缀中等饱和度的橙色，其浊色调的效果与浅灰色背景搭配在一起，让人感觉到舒适与典雅。该网站界面的配色方案整体给人一种淡雅、舒适的感受，中老年用户会比较喜欢。

4.5.4 鲜艳的色彩在移动端屏幕上显得过于扎眼

明亮的色彩会产生强烈的对比，有助于突出界面中的元素，并且提供良好的可读性和易读性。对比度适度就好，太过于强烈的对比带来的效果并不会很理想，尤其是在有限空间、使用场景复杂的移动端UI设计上。

在小屏幕上，过于明亮的字体会让眼睛不舒服，这也是为什么要控制对比度的原因。想要让眼睛感到舒服，经常需要反复调整对比度。

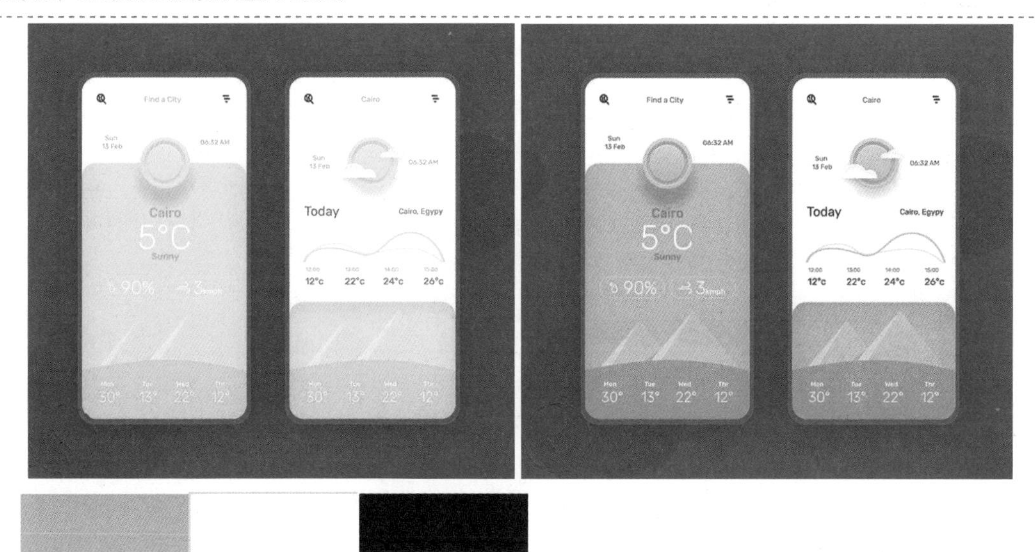

在左侧的界面设计中，黄色为明度最好的色彩，而白色是无彩色中明度最高的色彩，将白色与高明度的黄色进行搭配，使得界面非常明亮，但是黄色背景上的白色文字辨识度比较低，使人看不清楚。在右侧的界面设计中，降低了黄色的明度，使用白色与中等明度的黄色进行搭配，界面同样能够表现出明亮、活跃的意象，并且界面中的文字内容更加清晰、易读。

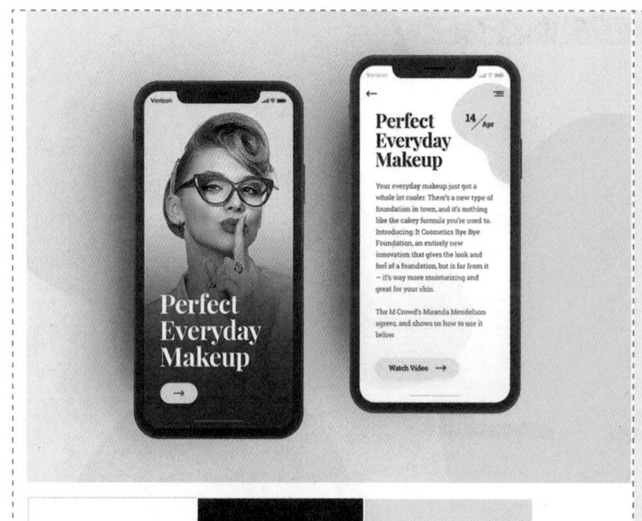

对于新闻、博客这种类型的App，文字内容较多的界面应该尽可能采用传统的白底黑字的配色表现方式，这种配色方式能够为文字提供良好的可读性和易读性。在该App界面设计中，文章内容界面中的文字较多，所以使用了白色作为界面的背景，搭配接近黑色的深灰色文字，使界面内容非常清晰、易读，点缀少量黄色，使界面更加活跃、富有时尚感。

4.6 UI设计深色系背景使用技巧

背景选取对于用户界面的使用效率是至关重要的，合理的背景设计让用户界面更易用；相反，一个不适合的背景则可能毁掉精心设计的用户界面。

影响配色方案和背景色选取的因素有很多，深色的背景在网页和App界面中运用时，优点和缺点一样明显。深色背景本身可以带来良好的用户体验，提供极具吸引力的解决方案。

4.6.1 应用深色背景的产品较少

在设计网站时可以看到很多采用深色背景的UI设计，视觉表现效果非常出色，但实际上真正使用深色背景的App产品还是少数的。

之所以在实际应用中使用深色背景的产品不多，最关键的原因就是出于对文字易读性方面的考虑。文字和背景应该使用高对比度的配色。白底黑字能将可读性提升到最高，黑底白字在可读性上的效果几乎是一样的。虽然这两种配色方式的对比度是相同的，但是后者还是会让用户对文字的识别稍慢一些。受限于配色方案，白色的文本内容相比于白底黑字的情况会显得更加纤细、模糊，整体的清晰度不如常见的黑字，这种情况在纯黑背景和纯白文字的搭配下最为明显。

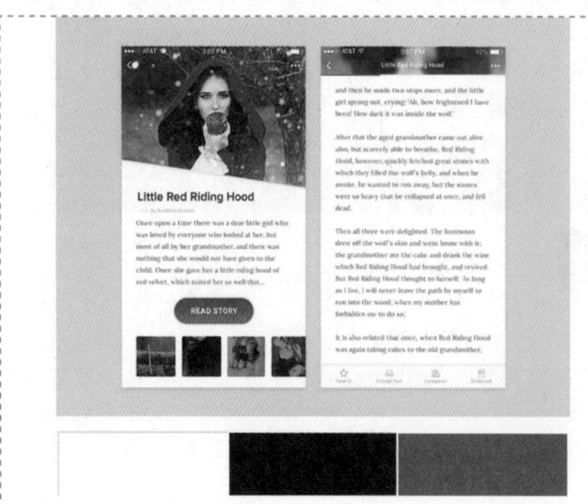

对于电子书或新闻这一类文字内容较多的UI设计，最好使用白色背景搭配黑色文字，这样能够为界面内容提供良好的可读性和易读性。在该电子书App界面设计中，使用了纯白色作为界面的背景颜色，搭配接近黑色的深灰色文字，界面中并没有其他装饰性元素，使得界面中的内容非常清晰、易读。

是不是电子书类的UI设计就不可以使用深色背景呢？当然不是，但是需要注意的是尽量避免使用纯黑色背景搭配纯白色文字，这样的对比太过于强烈，会让人感觉刺眼、不舒适。在该电子书App界面设计中，并没有使用纯黑色作为界面的背景颜色，而是使用了深灰色作为界面的背景颜色，搭配白色的文字，使得界面中的内容同样清晰、易读。但是这样的配色与白底黑字的配色相比，可读性还是稍弱一些。

对于并不是以文字内容为主的网站或App界面来说，用户对于深色的界面背景还是能够接受的。

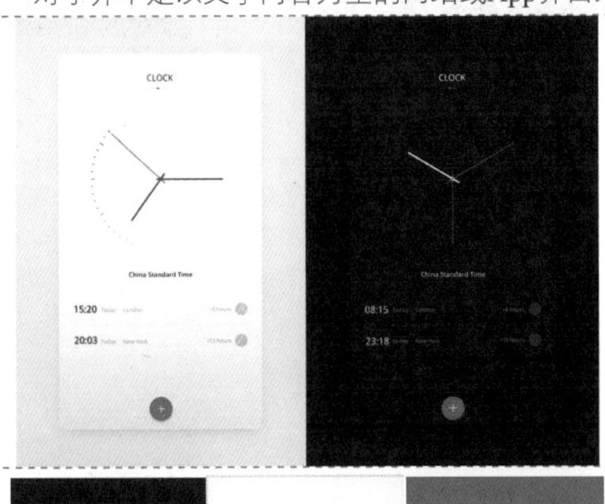

在该闹钟App界面设计中，提供了两种配色方案：一种是浅色背景搭配黑色文字，另一种是深色背景搭配白色文字。通过对比可以发现，深色背景的设计视觉表现效果更加突出，界面内容清晰、易读，并且深色背景能够给人一种现代感与时尚感，局部点缀高饱和度的洋红色，使得界面更富有活力。

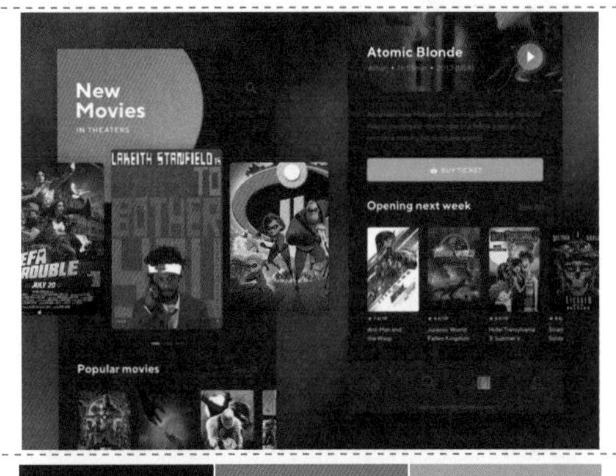

在该影视类App界面设计中，使用深灰色作为界面的背景颜色，底部工具栏使用了比背景稍浅一些的深灰色进行配色，从而体现出色彩层次并划分出不同的功能区域。在界面中点缀高饱和度的橙色和绿色，丰富界面的表现效果，使界面表现出时尚、华丽的视觉效果，给人带来愉悦感。

4.6.2 深色背景的适用条件

判断一个网站或App产品是否适用于深色背景，主要从文本的易读性、色彩的情感及使用的场景环境3个方面进行考虑。

1．文本的易读性

对于承载大量文本内容的界面我们并不推荐使用深色背景，而对于内容简洁、文字量较少的界面来说可以考虑使用深色背景进行设计。

2．色彩的情感

深色给人高端和酷酷的感觉，但深色也给人负面的感觉，尤其是大面积的纯黑色会让人感觉沉闷和压抑；白色则给人干净、清爽的感觉，大面积的白色会让人放松，也是我们最熟悉的背景颜色，如传统媒体、报纸、杂志等。

简而言之，在使用深色作为界面的背景颜色时需要考虑是否符合产品的定位和气质。

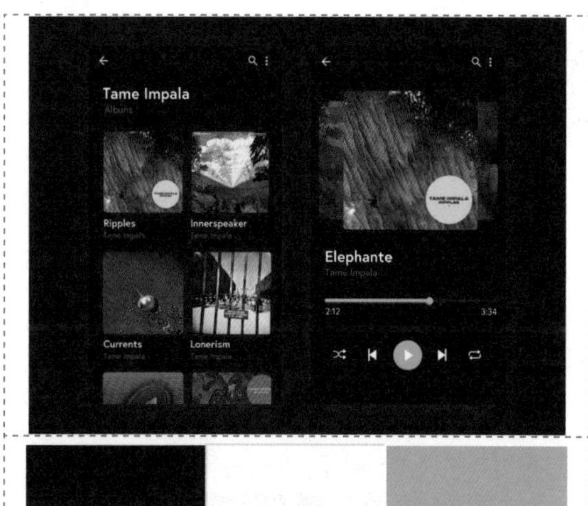

对于影视音乐类App界面来说，主要是图片和功能操作按钮的展现，文字内容较少，这样的界面完全可以使用深色的背景设计。在该音乐类App界面设计中，使用低明度的深蓝色作为界面的背景颜色，搭配音乐图片及白色的标题文字，使得界面内容清晰、易读。功能操作按钮则使用了白色和青色进行表现，与深蓝色的背景形成了强烈的对比，界面整体给人一种简洁、现代的感觉。

在该时尚男装宣传网站界面设计中，使用深灰色与白色将背景垂直划分为左右两部分，使界面背景表现出强烈的视觉对比效果。在左侧深色背景上搭配了白色的粗体宣传文字，而右侧白色背上搭配了男装品牌图片及简单的标题文字，整个界面给人很强的视觉表现效果，并且深色背景的加入，能够体现出该男装品牌的品质感与高档感。

3．使用的场景环境

产品使用的场景环境主要是指光线环境。在光线充足的环境中阅读黑底白色文字时，眼睛疲劳的速度会更快。但在夜间，由于人眼已经适应了较暗的环境，不会增加疲劳感。所以我们也可以根据用户的使用环境，定义界面背景颜色的深浅，如一些手机App界面设计就有夜间模式。

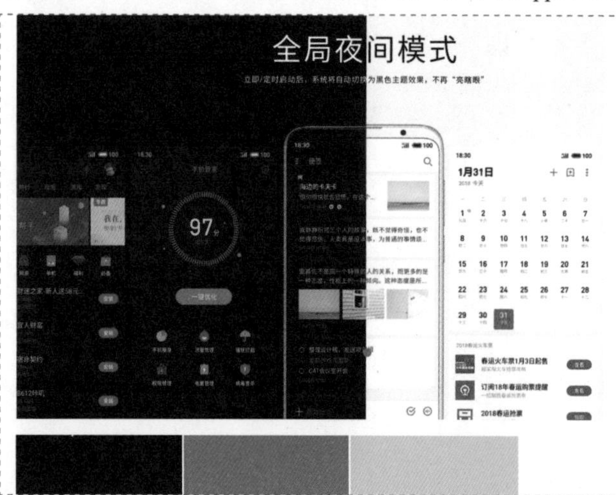

现在许多App界面都会设计夜间模式，夜间模式通常都会采用深色背景搭配浅色的内容，深色背景与夜间周围环境保持一致，从而使用户获得更好的视觉体验。例如，该App的界面设计，白天模式界面会使用传统的白色背景，而夜间模式界面则会使用深灰色背景，从而为用户带来更好的体验。

4.6.3 深色界面的视觉风格

通过深色的界面背景结合其他的视觉设计语言，能够使其呈现出不一样的视觉风格，在这里将深色界面的视觉风格分为以下两类。

1．极度扁平、简洁

在UI设计中使用纯色色块或线条设计为主，不做过多的修饰和质感处理，界面整体视觉效果干净利落。由于没有太多的细节设计，在这种情况下需要注意对比，如线条和字体大小、粗细、明暗的对比，从而避免界面太过于沉闷和单调。

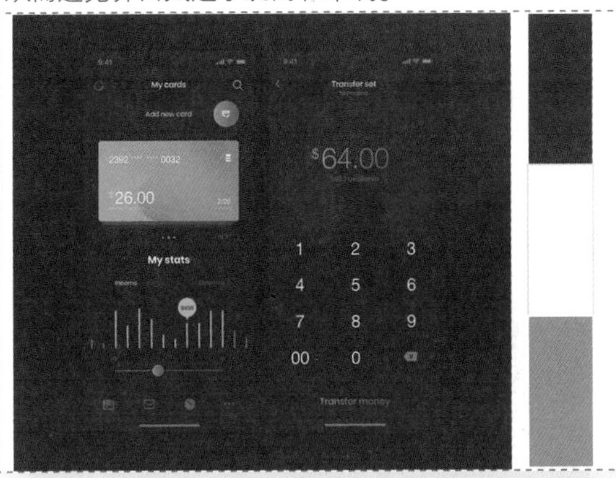

在该金融类App界面设计中，使用低明度的深灰色作为界面的背景颜色，在界面中搭配浅灰色的文字，使界面给人柔和、舒适的感觉。而界面中的重点信息内容则使用了高饱和度的青蓝色进行表现，有效地突出了关键信息并使界面表现得更活跃。

在该耳机产品的宣传网站界面设计中，完全使用无彩色进行设计，使用白色和深灰色垂直分割界面的背景，使界面表现出强烈的视觉冲突。黑色的耳机产品与白色背景形成了强烈的对比，体现出产品的高档感与品质感，整个网站界面给人一种极简、干净利落的感觉。

2．轻质感、炫彩

在深色的界面背景上，局部使用渐变色进行设计，通常还会结合轻量投影或光感的设计，从而突出界面的视觉表现效果。这种形式能够很好地刺激用户的视觉感官，适合应用于需要呈现热烈氛围的场景或者表现亲和力的产品。

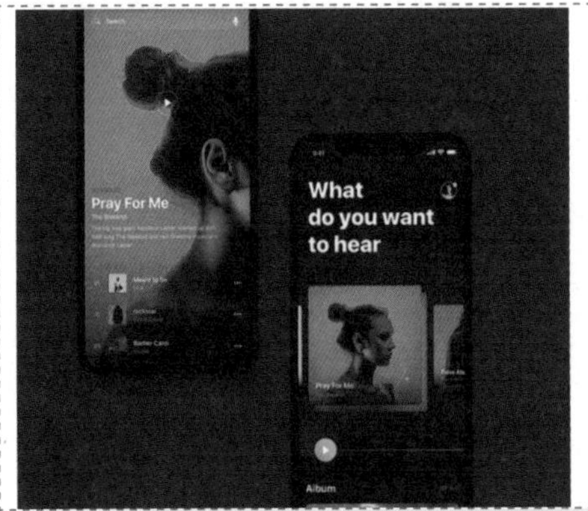

在该音乐App界面设计中，使用模糊处理的图片作为界面背景，并将背景的色彩压暗，表现出时尚而富有魅力的效果。界面中的图片都是高饱和度的炫彩图片，搭配简洁的白色文字，使界面表现出强烈的时尚感。播放控制按钮使用了高饱和度的青色进行搭配，与深暗的背景形成了对比，营造出时尚、个性的氛围。

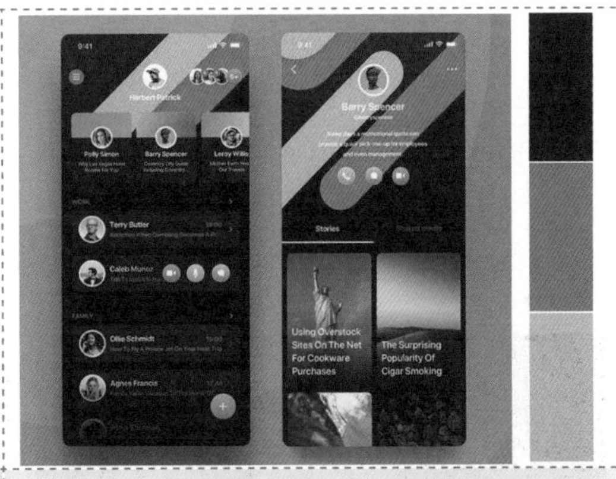

在该社交App界面设计中，使用低明度的深灰蓝色作为界面的背景色，而界面中的每条信息内容都设置了比背景明度稍高一些的灰蓝色，从而表现出界面的层次感。在界面顶部的背景中添加了红色与黄色的装饰性图形，使沉闷的界面顿时变得绚丽、时尚。

4.6.4 哪些类型的产品适合使用深色背景

黑色比其他的色彩表现显得更加深沉、厚重，这也使得它更适合于展示图片、插画、海报等内容。在拥有良好布局和组织结构下的界面，黑色能够显著地提升其他视觉元素的表现力，让内容更具有吸引力。以下几类产品比较适合使用深色背景进行配色。

1．运动类

健身运动能够让人联想到速度和力量，使用深色作为该类产品的背景是比较合适的，因为深色能够表现出力量与速度感。

2．高端品类

高价值的产品或奢侈品牌使用深色作为界面的背景能够让人感觉稳重、可靠，并且能够表现出产品的高级感和品质感。

在该运动健身类App界面设计中，使用深灰色作为界面的背景颜色，搭配健身图片和少量白色介绍文字，使界面非常简洁、清晰，并且深灰色背景能够给人一种力量感。界面中的图形则使用了高饱和度的青绿色进行搭配，为界面增添了运动活力。

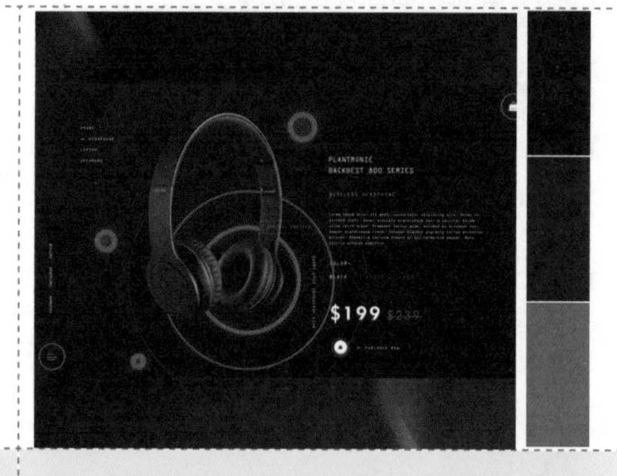

该高端耳机产品的宣传网站界面使用了接近黑色的深灰色作为背景颜色，与该耳机产品的色彩统一，使界面整体表现出一种高档、稳重、可靠的效果。在界面背景中点缀高饱和度的红色图形，打破了界面的单调性，同时也使界面更加富有激情。

3．艺术、视频、音乐类

艺术类产品的UI设计使用深色背景能够更好地凸显界面中的内容，传递设计感和艺术气质。这一点和高端品类相似，深色背景都是能够起到提高界面调性的作用。而音乐、视频类的产品界面使用深色作为界面背景，则是能够使界面营造出更强的氛围感和沉浸式体验。

在该摄影图片类App界面设计中，使用接近黑色的深灰色作为界面的背景颜色，表现出沉稳的气质，能够有效突出界面中摄影图片的表现效果，通过摄影图片使用户感受到独特的艺术气质。在界面中主要以图片展示为主，搭配少量的白色介绍文字，使得界面整体效果非常简洁、清晰。

在该影视类App界面设计中，使用低明度的深灰蓝色作为界面的背景颜色，表现出富有现代感的效果。在界面中搭配影视海报图片和白色的文字介绍，使得界面的表现效果清晰、直观。在界面的局部点缀不同高饱和度的色彩图标，有效地活跃了界面，为用户营造出欢快的氛围。

4．工具类

工具类产品的UI设计中通常内容都比较少，所以使用深色的背景并不会影响用户体验，反而通过使用深色背景能够让用户更聚焦于产品功能的使用。因为在黑底白字的情况下，人的生理感知会让白色内容更加突出，视觉刺激强烈，因此白色文字能够更快地引起用户注意，这可以说是深色界面的一个优势。

在该工具类App界面设计中，因为界面中的内容较少，主要是以图标形式展示相应的操作功能，所以使用了黑色作为界面的背景颜色。而界面中的功能选项和文字则使用了浅灰色进行搭配，使用户能够将视觉聚焦于界面中的内容，特殊的功能操作按钮使用了高饱和度的橙色进行搭配，在界面中表现得非常突出，能够有效活跃界面的整体氛围。

5．车载系统

车载系统UI设计多以深色背景为主，深色背景车载系统UI设计更多是出于安全性的考虑，为了避免让驾驶员分散注意力、减少炫目。黑底白字的界面设计在各种光照情况下（包括明亮、阴暗甚至黑暗的环境）都有很好的效果。

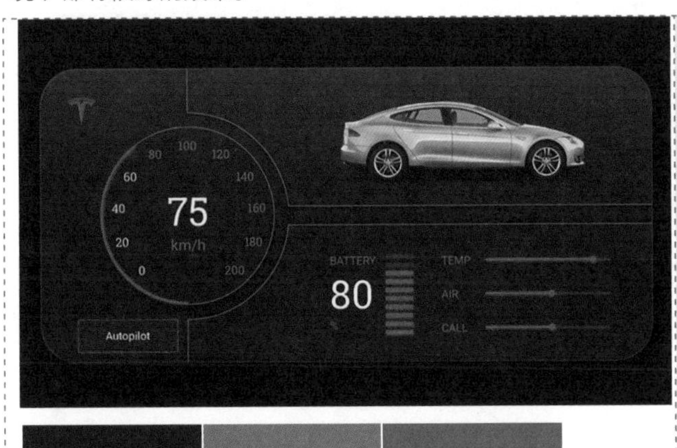

在该车载系统App界面设计中，使用了低明度、低饱和度的深灰蓝色作为界面的背景颜色，搭配浅灰色的文字，使界面整体表现稳重、大气，界面中的文字内容表现柔和、不刺眼，并且保持了清晰的视觉效果。在界面中点缀高饱和度的红色，从而凸显相关的行车信息，视觉效果突出，并且加入红色，会使该车载系统App界面更加富有动感和激情。

4.6.5 使用深色背景需要注意的问题

在使用深色作为界面的背景颜色时，如果没有合理地规划细节，则用户容易在布局中迷失配色方向。本节将向读者介绍使用深色作为界面背景时需要注意的一些细节问题。

1．背景颜色

在UI设计中，尽量避免使用纯黑色作为界面的背景，因为纯黑色的界面背景会让人感觉到压抑、沉闷；更不要在纯黑色的背景上搭配纯白色的文字，这样的对比太强，界面表现特别刺眼，很容易使人产生视觉疲劳。可以使用带有微渐变的背景颜色，或者使用具有一定色彩倾向的深色系作为界面的背景颜色，这样的界面让人感觉更透气。

2．文字颜色

纯黑色背景搭配白色文字容易使人产生视觉残影，而且高对比度的文字容易让阅读障碍人群更难阅读。因此在使用深色背景时，文字的最佳选择是白色或浅灰色等浅色系，从而避免背景与文字之间的对比度过高。

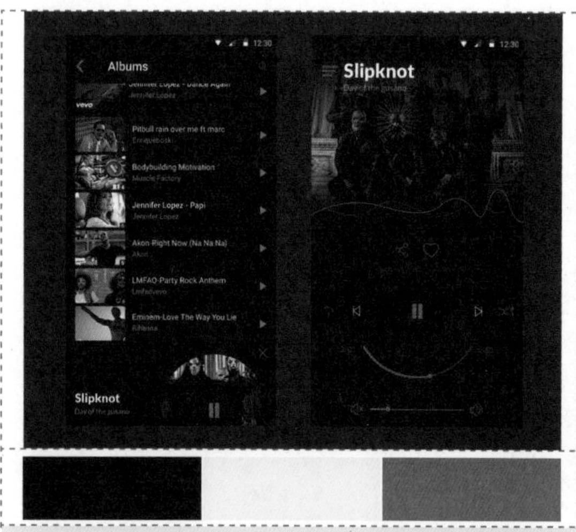

在该音乐App界面设计中，使用深灰色作为界面的背景颜色，给用户带来一种深沉、高端的感觉。在界面中搭配接近白色的浅灰色文字，文字与背景的对比明显，使界面清晰、舒适。在界面中局部点缀高饱和度的橙色，避免了无彩色搭配所带来的沉闷感，为界面注入了活力。

在该耳机产品的网站界面设计中，使用接近黑色的深灰色作为背景颜色，与灰色与红色配色的耳机产品形成统一的配色。在界面中搭配纯白色的文字，并且将重要的信息内容，如价格和购买按钮搭配高饱和度和红色，与深灰色的背景形成强烈的明度对比和饱和度对比，表现效果清晰、直观，并且层次感强烈，界面整体给人一种富有激情的感觉。

3．文字粗细

在深色背景上，过细的字体会让人难于阅读。

4．色彩

在深色背景的衬托下有彩色会更加突出，因此不能随意用色。审视有彩色部分是不是想要吸引用户注意的地方，用色太多会让用户丢失焦点。

5．形状

深色本身就带有“酷”和“冷”的气质，如果再搭配尖锐、硬朗的直角形设计，就会更加强化这种效果。如果搭配圆角形设计，就会调和一些深色带来的“冷”感，增加产品的亲和力和友好度。

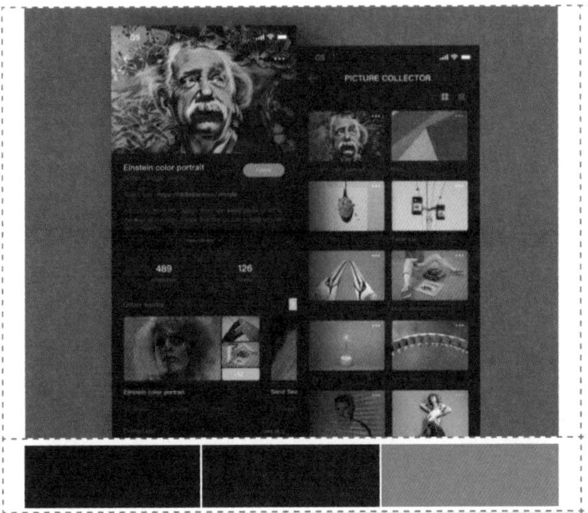

在该图片分享类App界面设计中，需要为用户提供一个干净的、避免受到干扰的界面环境，所以使用了低明度、低饱和度的深灰蓝色作为背景颜色，有效地突出了界面中的图片，并且在界面中使用扁平色块进行设计，只在按钮的选中状态上使用高饱和度色彩。

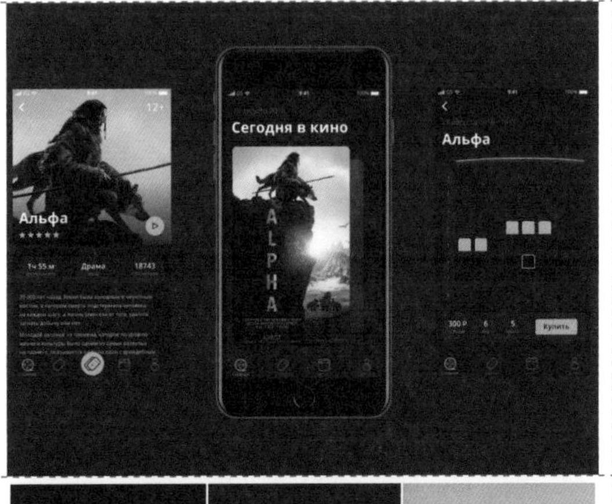

在该影视类App界面设计中，使用深灰色作为界面的背景颜色，搭配浅灰色的文字，使得界面的表现效果清晰、柔和。界面中的图片、按钮、色块都使用了圆角的处理方式，并且个别图标还设计为圆形，使界面更加具有亲和力。点缀高明度的黄色，突出了重点信息，并且使界面更具有活力。

6．图标设计

在深色背景上，面性图标比线性图标更好识别，但也不是不能使用线性图标，需要注意的是线性图标的线条不能太细。可以在非选中状态的图标上应用线性设计，而在选中状态的图标上使用面性设计，使图标的两种不同状态区分更明显。

除了使用线性图标和面性图标来区分不同的状态，还可以通过色彩进行区分，直接调整图标的明暗，或者使用有彩色和无彩色进行区分，都能够起到很好地区分效果。

不同颜色有效区分不同状态

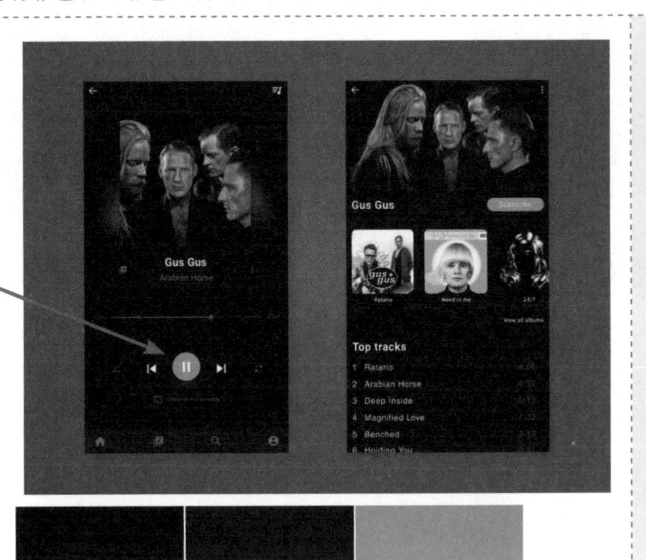

在该音乐App界面设计中，使用接近黑色的深蓝色作为界面的背景颜色，搭配深暗的专辑封面图片，使界面表现出一种坚定、稳重、神秘的效果。在深蓝色背景的界面中使用面性图标设计，比线性图标的表现效果更加清晰、直观，并且当前选中的图标使用了高饱和度的青绿色突出表现，有效地区分了其他类型的图标，使界面具有良好的识别性。

7. 层级关系

在浅色背景的UI设计中，常常使用投影来表现界面中各元素之间的层级关系。

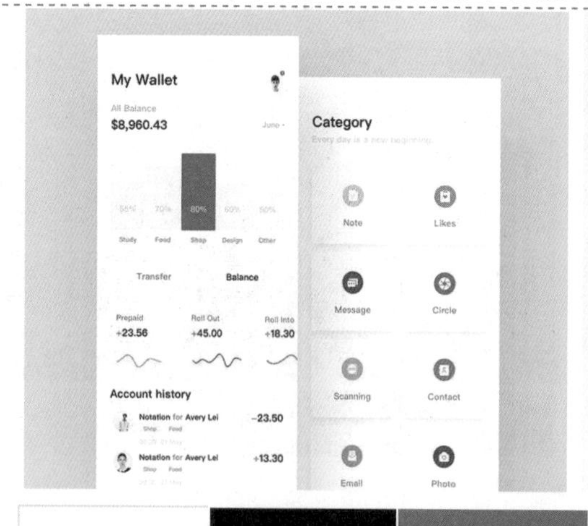

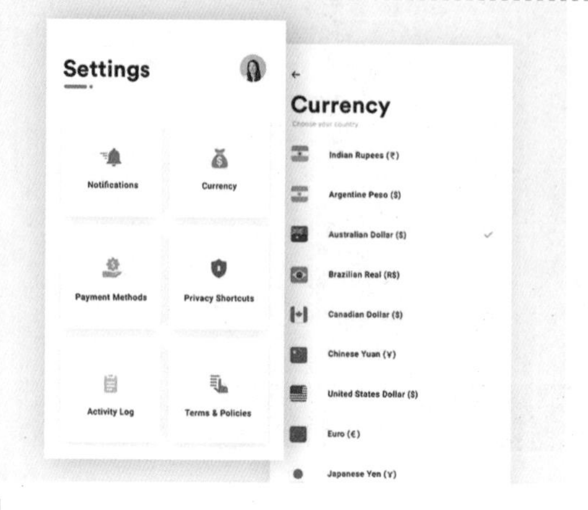

在该App界面设计中，使用白色作为背景颜色，使界面中的信息内容非常清晰、易读。在设置界面中，为不同的设置选项设计了不同颜色的图标及文字说明，非常容易区分，各选项卡都添加了投影效果，从而使各设置选项从背景中凸显出来，体现出界面的层次感。

如果使用深色作为界面的背景颜色，为界面中的元素添加投影，效果并不是很明显，这也是为什么很多深色背景界面的视觉效果都非常扁平化的原因。那么在深色背景界面设计中，如何体现层级关系呢？我们可以通过下面的案例分析来进行理解。

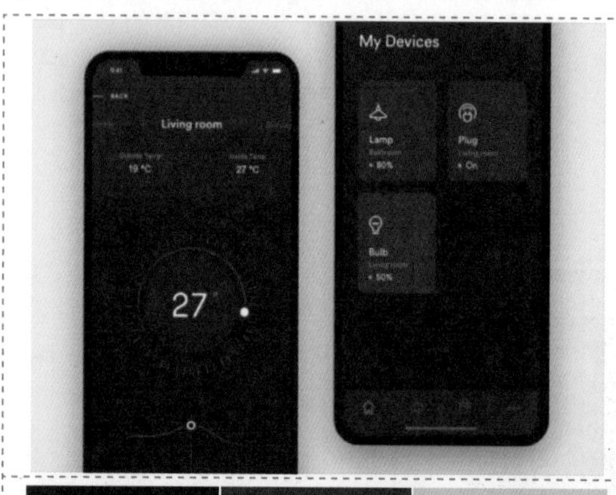

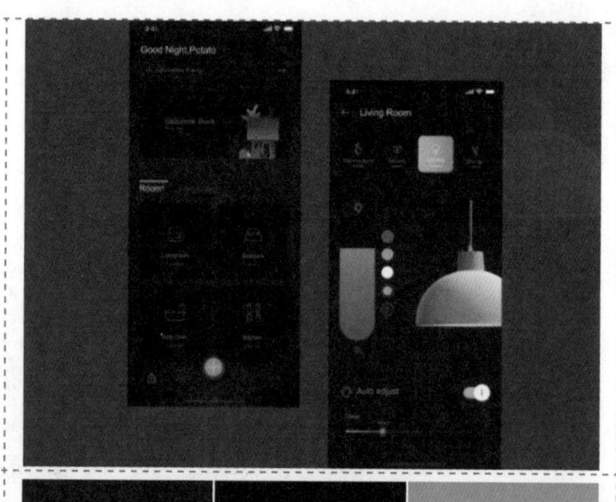

在该智能家居管理App界面设计中，使用低明度、低饱和度的深灰蓝色作为界面的背景颜色，在界面设计中使用了卡片的形式实现了信息聚合和层级划分，卡片的颜色比界面背景颜色的明度稍高，让人感觉更加靠前，给人一种可点击的感觉。

同样是一款智能家居管理App界面设计，使用低明度和低饱和度的深灰蓝色作为界面的背景颜色，界面中的卡片颜色使用了比背景更深的深蓝色，有一种被“按下”的感觉，但是广告条图片使用了同样的深蓝色设计，使得界面中的广告条图片与卡片之间的层级关系并不是那么明确。

4.7 UI配色欣赏

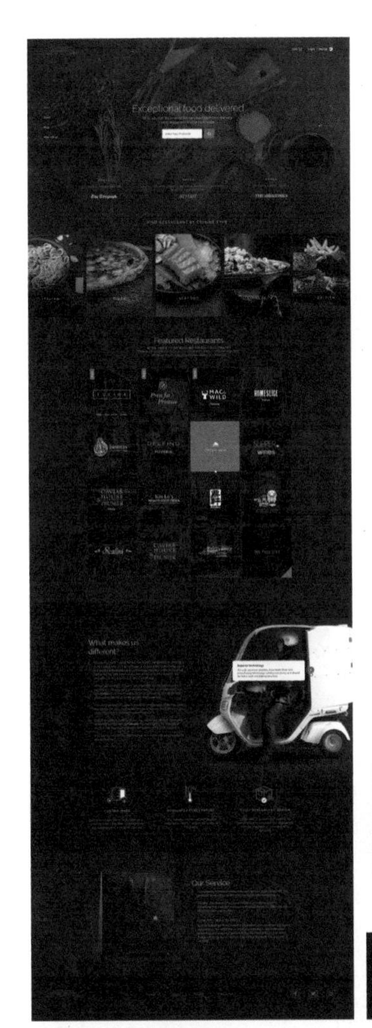

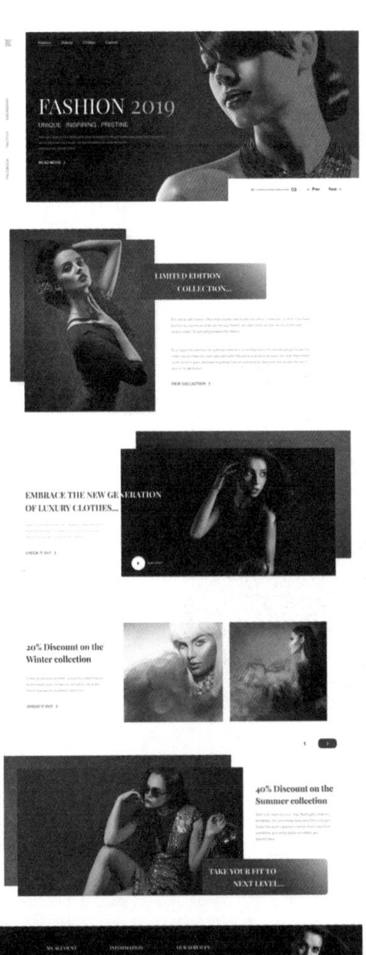
FASHION 2019
LIMITED EDITION COLLECTION...
EMBRACE THE NEW GENERATION OF LUXURY CLOTHES...
20% Discount on the Winter collection
40% Discount on the Summer collection
TAKE YOUR FIT TO NEXT LEVEL...

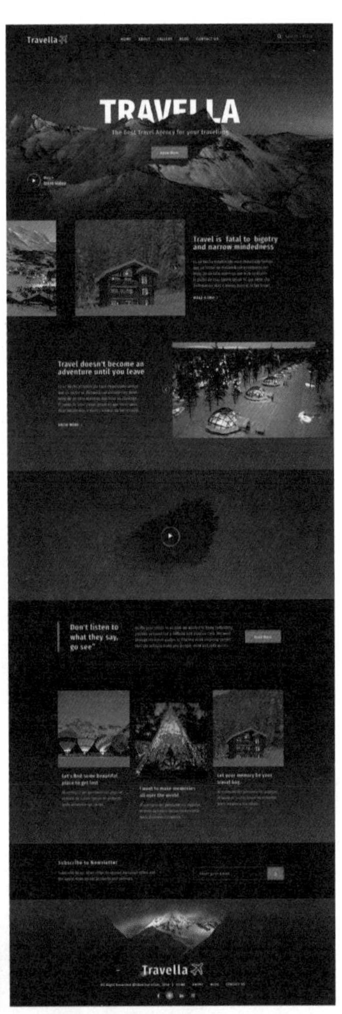
Travella
TRAVELLA

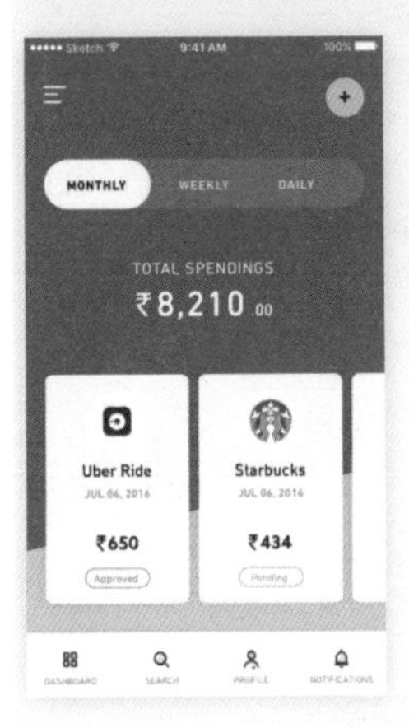
MONTHLY
WEEKLY
DAILY
TOTAL SPENDINGS
₹8,210.00
Uber Ride
₹650
Starbucks
₹434

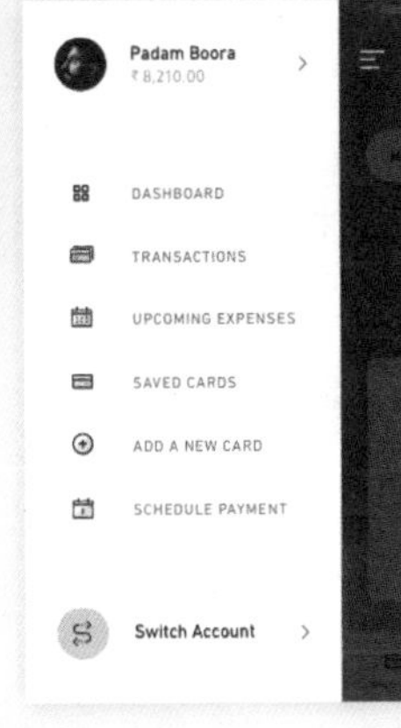
Padam Boora
DASHBOARD
TRANSACTIONS
UPCOMING EXPENSES
SAVED CARDS
ADD A NEW CARD
SCHEDULE PAYMENT
Switch Account

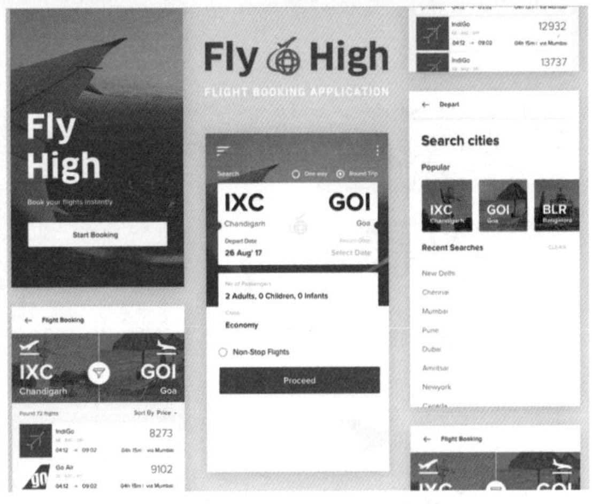
Fly High
Fly High
FLIGHT BOOKING APPLICATION
Start Booking
IXC
GOI
Chandigarh
Goa
Search cities
Popular
Recent Searches
2 Adults, 0 Children, 0 Infants
Economy
Non-Stop Flights
Proceed
8273
9102
12932
13737

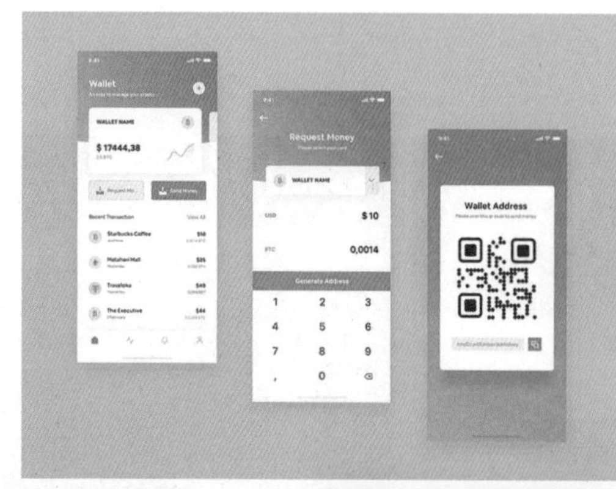
Wallet
$ 17444,38
Request Money
$10
0,0014
Generate Address
Wallet Address

CAR
SHARING
Mid-size
Pick a location
PICK
Carpool drive
SUV

All New Collection 2017
Urban Park.
ADD TO CART

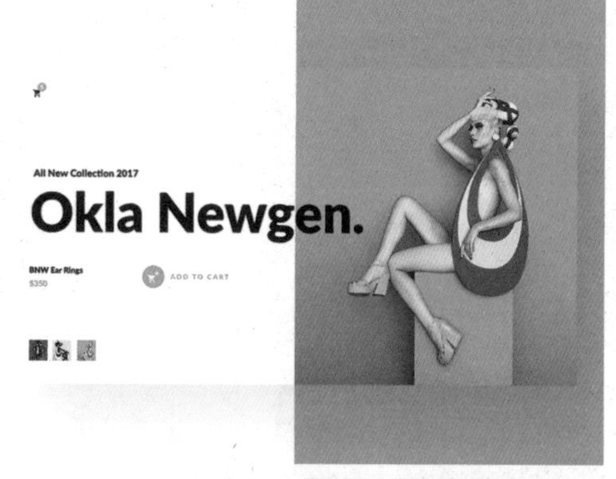
All New Collection 2017
Okla Newgen.
ADD TO CART

Good day, John
Crypto accounts
Fiat accounts
€522.24
£1,719.36
Cards
€2.76
$1,211.37
55.3218 ETH
Purchase Ethereum
Rate change
Latest transactions

Guatemala
El injerto
Choco Frappe
Caramel Frappe
Choco Cookies Frappe
Cappuccino

Cappuccino
500ml
$20
Quantity
TAKE AN ORDER

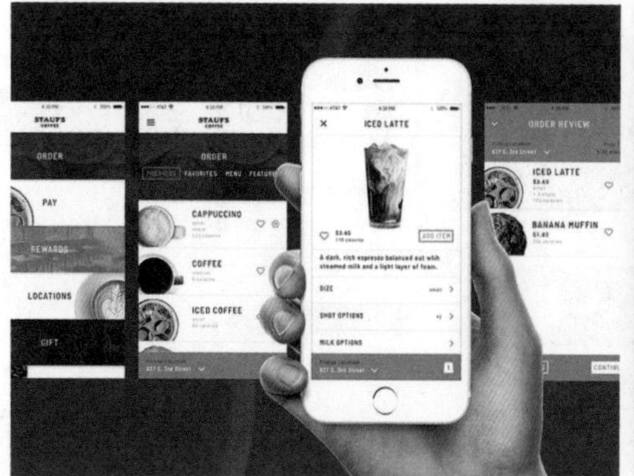
ICED LATTE
ORDER REVIEW
CAPPUCCINO
COFFEE
ICED COFFEE
BANANA MUFFIN
PAY
LOCATIONS

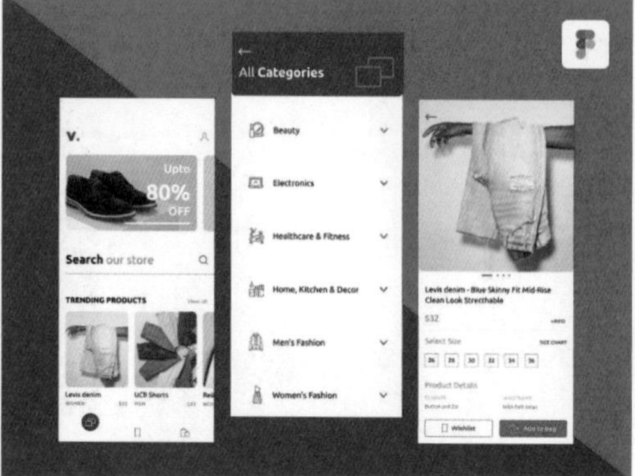
All Categories
Upto
80%
OFF
Search our store
TRENDING PRODUCTS
Beauty
Electronics
Healthcare & Fitness
Home, Kitchen & Decor
Men's Fashion
Women's Fashion

第5章　网站UI配色

色彩对人的视觉影响非常明显，一个网站的设计成功与否，在某种程度上取决于设计师对色彩的运用和搭配。网站设计属于平面图形设计，不用考虑立体图形、三维动画效果，对于平面图形而言色彩的冲击力是最强的，它很容易给用户留下深刻的印象。因此，在进行网站UI设计时，我们必须高度重视色彩的搭配。

5.1　网站UI配色常见问题

在网站UI设计过程中，尽管我们已掌握了一定的色彩理论，但是在实际配色时，难免会出现一些问题，总是觉得配色不够完善。本节将对网站UI配色中经常遇到的问题进行总结和归纳，为读者提供参考。

5.1.1　培养色彩的敏感度

用户可以尽量多收集生活中的色彩素材，依照不同的颜色和材质进行分类， 这就是最好的色彩资料库，以后在需要配色时， 就可以从色彩资料库中找到适当的色彩与质感。

该户外运动品牌宣传网站为了充分展示户外运动的特点，使用精美的绿色森林图片作为界面的背景，使浏览者仿佛置身于户外场景中。在图片上方叠加放置网站导航菜单，以及少量的图标，能够使浏览者具有很强的身临其境的感觉。为界面中的品牌Logo和重要的功能操作按钮点缀高饱和度的红色，与绿色背景形成对比，突出了品牌Logo和功能操作按钮，也使界面更加富有活力。

除了要收集色彩，也要训练自己对色彩明暗的敏感度。色相的协调虽然重要，但如果没有明暗度的差异， 配色也就不会美。在收集色彩素材时，可以同时测量一下亮度，或者制作从白色到黑色的亮度标尺，记录该色彩素材最接近的亮度值。

运用以上两种方法，日积月累，对色彩的敏锐度就会越来越强。

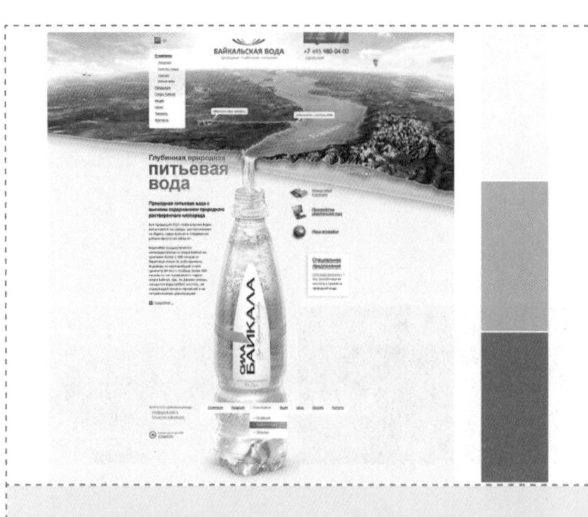

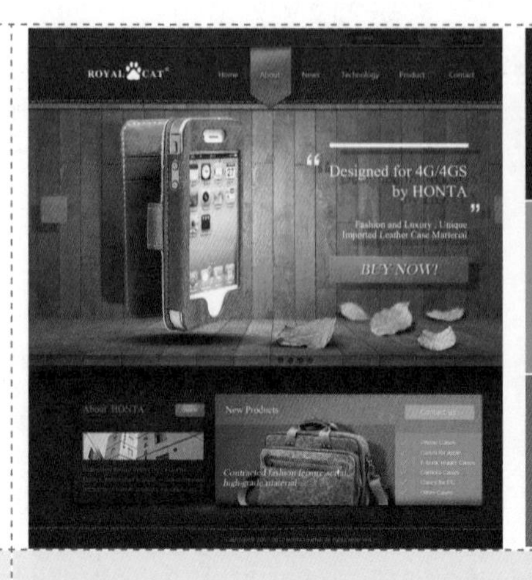

该纯净水产品宣传网站的设计非常富有创意，完全使用大自然的色彩进行搭配处理，将大自然与产品巧妙地结合在一起，表现出产品的自然、纯净。蓝天、白云、绿地等大自然的景色能够为浏览者带来自然、健康、亲切的感受。

在该皮具产品的宣传网站界面设计中，使用深棕色作为界面的主色调，表现出稳重感。在界面中搭配木纹素材，使界面表现出很强的质感，能够与该企业所生产的皮具产品形成很好的呼应，也突出表现了产品的质感。

5.1.2 通用配色理论是否适用

在浏览各种不同的网站设计时，会发现很多设计已经不能使用原有的配色原则去套用， 特立独行的风格形象主题更令人印象深刻。

不被传统配色理论所束缚，去尝试风格新鲜的网站UI配色，这是时代变迁带给人们思想观念的转变，将不完全符合配色原则的色彩搭配在一起，也许能够创造出与众不同的视觉感。

但并不是完全摆脱传统的配色模式，而是在了解了配色原则后，能够跳出传统配色方式的局限。

在该摩托车产品宣传网站界面设计中，使用接近黑色的深灰色作为背景颜色，与摩托车产品的色彩相呼应，体现出产品的金属质感，并且深灰色能够给人带来高档的感受。在界面中搭配高饱和度的红色，与深灰色的背景形成强烈的对比，并且红色部分图形采用了倾斜和几何形状设计，使得界面表现出强烈的动感与激情，迎合该摩托车产品的定位和需要传达的产品理念。

在该美食类网站界面设计中，并没有使用能够引起人们食欲的橙色或红色作为界面的主题色，而是使用了高明度、低饱和度的浅棕色作为界面的背景颜色，给人带来一种温馨、柔和的感觉，正如该网站界面中突出表现的美食产品的汤色，让人感觉非常温暖。

传统配色的网站通常会在视觉上直接传达要表达的主题，含义明确，留给人的印象和带给人的感受往往是比较鲜明的。

5.1.3 配色时应该选择单色还是多色组合

单个颜色的明暗度组合，给人的统一感会很强，容易让人留下深刻印象。双色组合会使颜色层次明显，让人一目了然，产生新鲜感。多色组合会让人产生愉悦感，丰富的色彩也会使人更容易接受， 在色彩排列上也会因顺序变化给人们带来截然不同的感觉。

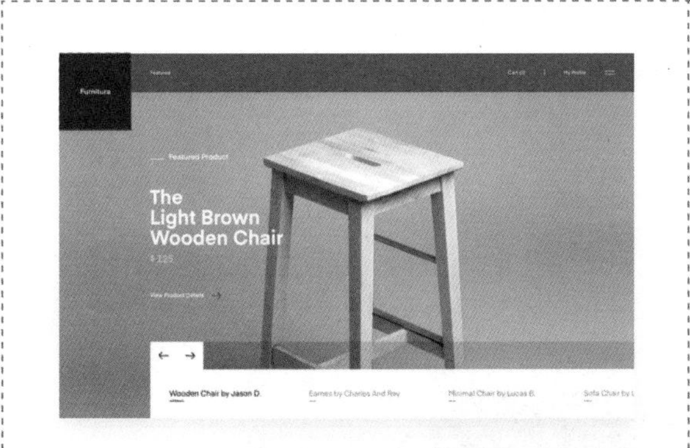

在该家居产品的网站设计中，使用蓝色作为界面的主题色，导航菜单使用了高饱和度的蓝色背景，而产品部分则使用了高明度、中等饱和度的蓝色，Logo使用了深蓝色背景，在界面中加入白色进行调和，使得整个界面的色调统一、和谐，给人一种清爽、自然的感觉。

在该耳机产品的宣传网站界面设计中，使用该耳机产品的配色作为其宣传网站的配色，中等明度的棕色作为主题色，给人一种优雅、舒适的感觉，与白色相搭配，使界面表现出淡雅、悠闲、舒适的效果，点缀少量的高饱和度蓝色，使得界面更加清爽。

在该时尚服饰网站界面设计中，使用了多种高饱和度的鲜艳色彩进行搭配，使界面表现出时尚、个性，充满年轻活力的效果。虽然使用了多种颜色进行搭配，但是因为每种颜色的明度和饱和度都非常接近，既不会觉得哪种颜色过亮，也不会觉得哪种颜色过暗，所以能够使界面在表现欢乐、活力氛围的同时，整个界面又显得非常协调统一。

如果想让人产生新奇感、科技感和时尚感，那么可以尝试采用特殊色，如金色、银色，就能够产生吸引人的效果。

虽然在网站配色时多色的组合能让人产生愉悦感，但是人的眼睛和记忆只能存储两到三种颜色，过多的色彩可能会使界面显得较为复杂、分散。相反，越少的色彩搭配越能在视觉上留下深刻印象，也便于设计师进行合理搭配，更容易让人们接受。

在该食用油产品的宣传网站设计中，使用满屏的自然图片作为界面的背景，给人一种源于自然的印象，带来非常直观的感受，也能够有效地传达产品的形象。在界面中搭配绿色、蓝色等自然色彩，有效地突出了该产品的自然、健康品质。

5.1.4 快速实现完美的配色

在进行网站配色时，可以试着联想某个具体物体的色彩印象。从物体色彩出发，想要表现出一种清凉、舒适的感觉，可以联想到水、植物及其他有生机的物体，这样在你的脑海中浮现的代表颜色就有蓝色、绿色、白色， 就可以把这些颜色挑选出来加以运用。

在该房地产企业的宣传网站设计中，完全使用大自然的色彩进行配色，使用高清晰的自然风景图片作为网站界面的背景，给人带来直观的自然感受。在界面中使用较深的墨绿色作为界面主题色，表现出自然、幽静、舒适的氛围，搭配中等饱和度的棕色与浅灰色，给人非常大气、和谐的感觉。

在选定色彩时，先确定一个界面的主色调， 再搭配一个或两个合适的辅助色，如果想要呈现一种沉着、冷静的感觉，就应该以冷色调中的蓝色为主。

配色在面积、比例和位置稍有不同时，带给人们的感觉也会不同，在制作时可以考虑多种配色组合，挑选效果最佳的配色色彩。

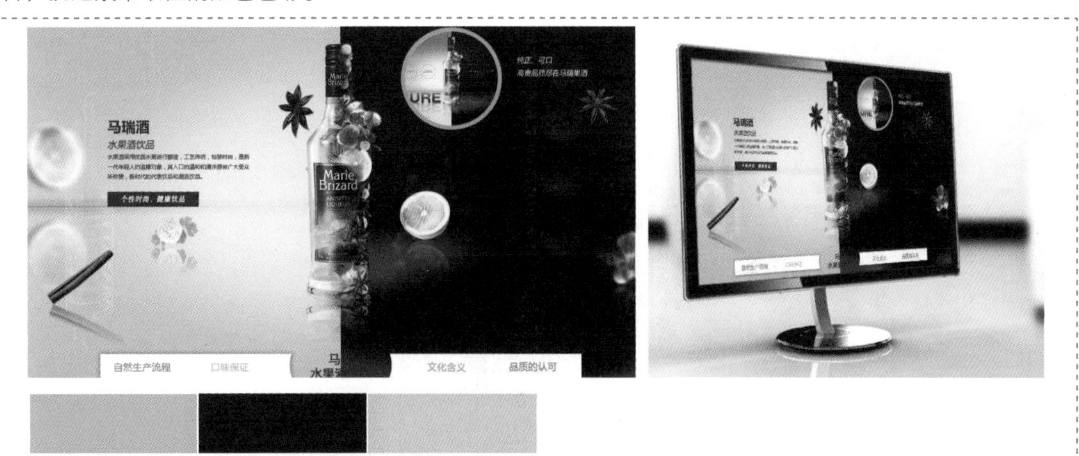

在该酒类产品的宣传网站界面设计中，整体以冷色调为基调，给人纯净、轻快的感觉，透明感十足，深蓝色可以带给人理性和高雅的感觉，浅蓝色的融入，带给人明净、纯天然的感觉，黄色象征着温暖与舒适，适量点缀黄色能带给人轻快、活力的感觉。

在对网站进行配色时，使用的颜色最好不要超过 3 种，使用过多的颜色会造成页面繁杂，让人觉得没有侧重点。一个网页必须确定一种或两种主题色，在对其他辅助色进行选择时，需要考虑辅助色与主题色的关系，这样才能使网页的色彩搭配更加和谐、美观。

5.2 网站UI元素色彩搭配

网站界面中的几个关键元素，如网站Logo 与广告、导航菜单、背景与文字及链接文字的颜色应该如何协调，是用户在进行网站配色时需要认真考虑的问题。

5.2.1 Logo与网站广告

Logo 与网站广告是宣传网站最重要的元素，所以这两部分一定要在网站页面上脱颖而出。怎样做到这一点呢？可以从色彩方面进行处理，将Logo、广告的色彩与网站界面的主题色区分开来。有时为了更加凸显页面中的Logo与网站广告，还可以使用与主题色形成互补的色彩作为Logo与网站广告的色彩。

在该汽车宣传网站设计中，使用汽车图片作为该网页的背景，而汽车图片整体呈现灰暗的浊色调，给人一种低调、沉稳的感觉。界面左上角的网站Logo及界面顶部位置的按钮则使用了高饱和度的红色，既为灰暗的页面注入热情与活力，也有效突出了网页中的Logo与按钮。

在该食用油产品的宣传网站设计中，使用白色作为界面的背景颜色，为了使网站Logo的表现效果更加突出和清晰，为Logo添加了绿色背景，使其在白色的网页背景中凸显出来。并且宣传广告的整体色调也是偏大自然的色调，既突出了Logo，也表现出了产品的自然与健康。

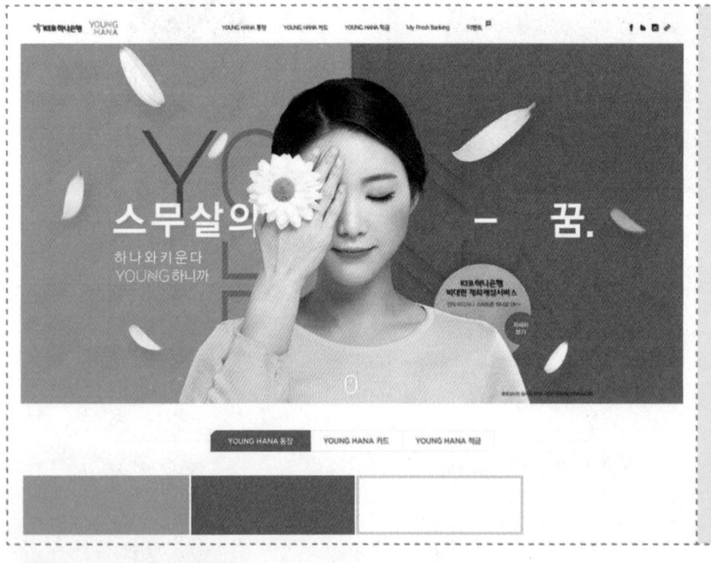

在该网站界面设计中，使用白色作为界面的背景主色调，而界面顶部导航菜单下方的宣传广告则使用了高饱和度的青色与洋红色搭配，青色与洋红色将宣传广告垂直平分，形成非常强烈的对比效果。加入人物素材及简单的广告文字，使宣传广告在界面中的表现效果非常突出，使浏览者进入网站第一眼就能够注意到。

5.2.2 导航菜单

导航菜单是网站视觉设计中的重要元素，它的主要功能是更好地帮助用户访问网站内容。一个优秀的导航菜单，应该从用户的角度进行设计，导航菜单设计的合理与否将直接影响到用户使用时的舒适度。在不同的网页中使用不同的导航菜单形式，既要凸显导航菜单，又要注重整个页面的协调性。

网站的导航菜单可以使用稍微具有跳跃性的色彩，吸引浏览者的视线，让浏览者感觉网站结构清晰、明了、层次分明。

在该咖啡产品的宣传网站设计中，使用浅棕色作为界面的主色调，表现出咖啡给人带来的温暖与醇香感受。在网站界面中采用垂直导航菜单，将垂直导航菜单放置在页面的左侧，并通过黑色的背景色块来突出导航菜单，而且背景色块的形状还带有一些弧度，使得导航菜单的结构清晰、非常便于识别和操作。

在该网站界面设计中，局部位置通过使用色彩对比的方法来突出相应的元素。网站中的导航栏与产品图片都采用了高饱和度的绿色进行搭配，与界面背景低饱和度、低明度的色彩形成了强烈的明度对比，通过高对比度的色彩，使得整个界面充满活力，并能够突出网站的导航栏和产品。

5.2.3 背景与文字

如果网站界面使用了背景颜色，就必须要考虑背景颜色与前景文字的搭配问题。网站界面需要拥有良好的可读性和易读性，所以背景颜色可以选择饱和度或明度较低的色彩，文字则可以使用较为突出的亮色，让人一目了然。

艺术性的网页文字设计可以更加充分地利用这一优势，以个性鲜明的文字色彩，凸显网站的整体设计风格，或清淡高雅、或前卫现代、或宁静悠远。总之，只要把握住文字的色彩和网页的整体基调，风格一致，局部中有对比，对比中又不失协调，就能够自由地表达出不同网页的个性特点。

该公益活动宣传网站运用了简洁的设计风格，使用浅灰色作为界面的背景颜色，在界面左侧使用大号字体表现页面主题，并且使用高饱和度的红色，突出主题中心，较小的深灰色字体表现出介绍内容，简洁、自然，通过不同的字体大小和颜色形成对比，突出重点信息。

在该儿童空调产品的宣传网站设计中，使用蓝色作为界面的主色调，表现出空调产品所带来的清凉、爽快感受，点缀洋红色和黄色，使界面更加活泼。界面中的文字内容较少，采用了深受儿童喜爱的卡通漫画风格来表现产品，宣传文字则采用了一种圆润、可爱风格的字体，从而使文字与界面的整体风格相符，表现效果更加突出。

在该网站界面设计中，使用深蓝色作为背景的主色调，表现出科技感。界面中的主题文字则采用了与背景形成强烈对比的白色，并且主题文字本身也采用了白色与黄色等多种高饱和度色彩的处理方式，使得主题非常突出。

有些网站为了让浏览者对其留有深刻的印象，会在背景上做文章。例如，一个空白页的某部分使用了大块的亮色，给人豁然开朗的感觉。为了吸引浏览者的视线，突出背景，所以文章就要显得暗一些，这样才能将背景区分开来，以便浏览者阅读。

5.2.4 链接文字

一个网站不可能只有一个页面，所以文字与图片的链接是网站中不可缺少的一部分。现代人的生活节奏非常快，不可能浪费太多的时间去寻找网站的链接。因此，要设置独特的链接颜色，让人感觉它的与众不同，自然而然地想去单击链接。

这里特别指出文字链接，因为文字链接区别于叙述性的文字，所以文字链接的颜色不能和其他文字的颜色一样。

突出网页中链接文字的方法主要有两种：一种是当鼠标指针移至链接文字上时，链接文字改变颜色；另一种是当鼠标指针移至链接文字上时，链接文字的背景颜色发生改变，从而突出显示链接文字。

在该网站界面设计中，使用高饱和度的蓝色作为界面的背景色，给人一种清爽、开朗、可靠的感觉。在界面中搭配橙色的文字与图形，与背景形成对比，使得文字和图形的表现效果非常强烈。界面顶部的超链接文字默认为白色，当鼠标指针移至超链接文字上方时，超链接文字变为深蓝色，突出超链接文字。

在该茶饮料产品宣传网站的设计中，使用高饱和度的黄色作为界面的主题色，在界面中与大幅的视频广告相搭配，使界面表现出强烈的时尚感与现代感。当鼠标指针移至界面顶部的导航菜单文字上方时，会在该导航菜单文字的下方显示绿色的背景颜色，从而突出导航菜单选项，绿色的背景使网站界面增添了一份清新、自然的效果。

5.3 根据受众群体选择网站UI配色

色彩是我们接触事物时第一时间感受到的，也是印象最深刻的。打开网站，最先感受到的并不是网站所提供的内容，而是网页中的色彩搭配所呈现出来的一种感受，各种色彩争先恐后地沿着视网膜印在我们脑海中，色彩在无意识中影响着我们的体验和每一次单击。

5.3.1 不同性别的色彩偏好

色彩带给人的感受存在着客观上的代表性意义，但是在每个人的眼中所实际感受到的色彩存在着大大小小的差异。如果设计师想在网站设计中通过色彩恰当地传递情感，就要从多个方面考虑色彩的实用性。首先，在设计网页之前必须要确定目标群体；然后，根据其特性找出符合喜好及可运用的素材，做好充分的选择，这对网页设计师来说是十分有帮助的。

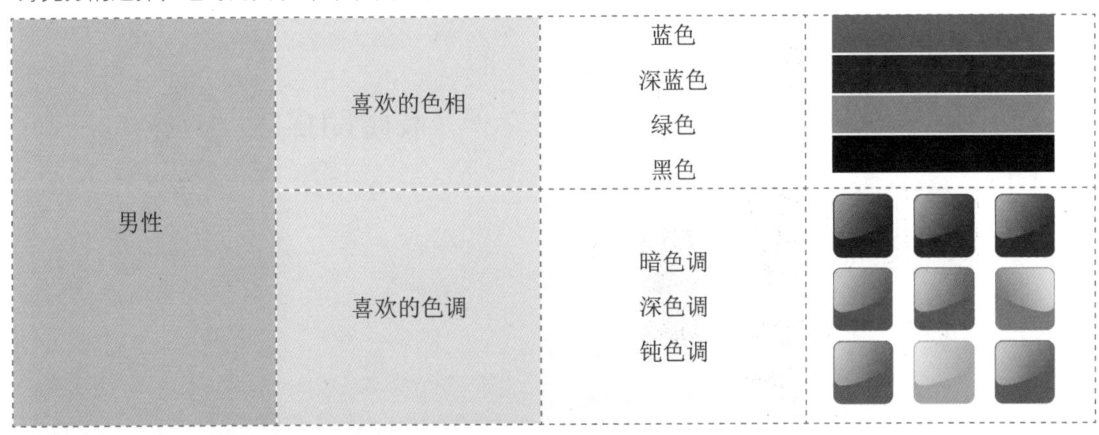

男性	喜欢的色相	蓝色 深蓝色 绿色 黑色	
	喜欢的色调	暗色调 深色调 钝色调	

在该功能型运动饮料产品的宣传网站设计中，使用黑色作为界面的背景主色调，搭配了黑白处理的运动人物作为界面的背景，很好地体现出了产品的特点。在界面中搭配中等明度的棕色和绿色，表现出该产品的活力，界面整体让人感觉富有力量与活力。

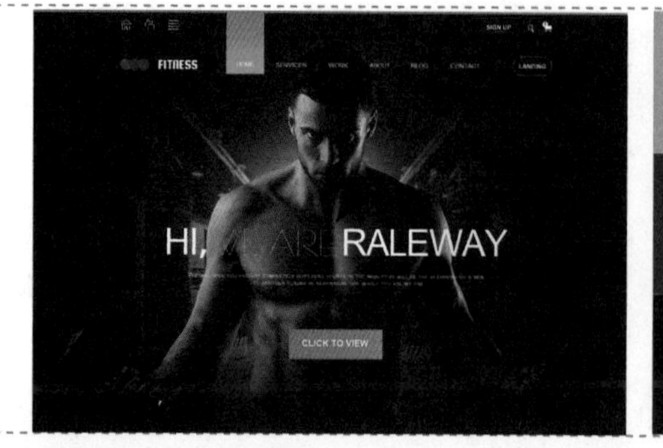

该运动健身网站使用接近黑色的深蓝色作为界面的背景主色调，搭配深暗的灰蓝色，并且与运动人物素材相结合，表现出力量感与品质感。在界面局部点缀高饱和度的橙色，表现出活力，同时也可有效突出界面中的重点信息。

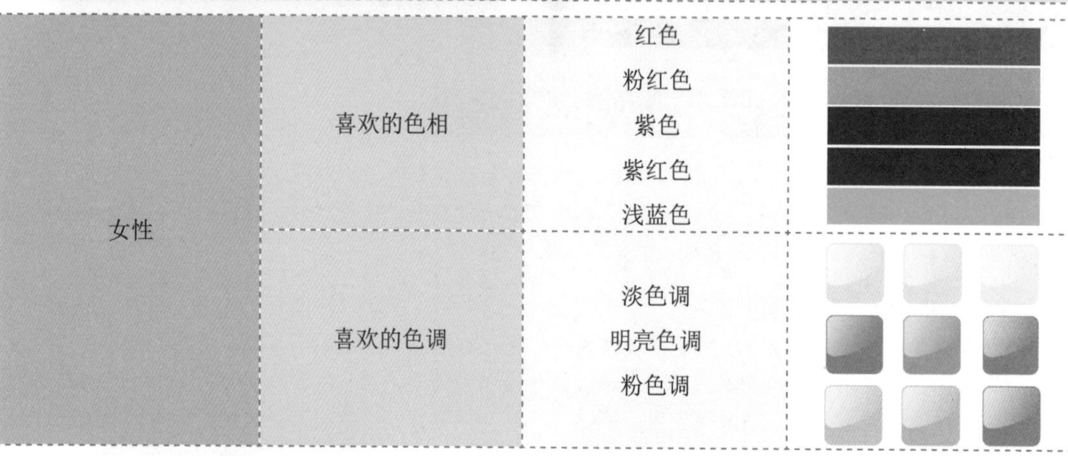

女性	喜欢的色相	红色 粉红色 紫色 紫红色 浅蓝色	
	喜欢的色调	淡色调 明亮色调 粉色调	

高明度色彩能够给人一种柔和、舒适的感觉。在该女性化妆品网站界面设计中，使用高明度的浅粉红色与白色相搭配，使页面显得温和而可爱，在页面中使用洋红色能够突出重点内容。

该化妆品网站使用明度很高的浅黄色和粉红色构成了页面的主色调，给人一种清新、自然、柔美的感觉，使用高饱和度的鲜艳色彩进行点缀，体现出年轻女性的甜美与可爱。

5.3.2 不同年龄的色彩偏好

不同年龄段的人对颜色的喜好有所不同，比如老人通常偏爱灰色、棕色等，儿童通常喜爱红色、黄色等。

年龄层次	年龄	喜欢的颜色	
儿童	0~12岁	红色、橙色、黄色等偏暖色系的纯色	
青少年	13~20岁	以纯色为主，也会喜欢其他的亮色系或淡色系	
青年	21~40岁	红色、蓝色、绿色等鲜艳的纯色	
中老年	41岁以上	稳重、严肃的暗色系或暗灰色系、灰色系、冷色系	

该儿童网站使用高饱和度的黄色作为主色调，给人一种明亮、欢乐的感觉，搭配同属于暖色调的橙色，使页面表现得更加活泼而愉快，局部点缀少量蓝色，使得界面的整体表现更加富有活力。

该时尚购物网站主要针对青年人群，网站使用浅灰色作为页面背景的主色调，浅灰色背景能够有效突出页面中的商品图片。在页面中局部搭配高饱和度的黄色和蓝色的色块图形，使得页面效果更加时尚。

在该产品宣传网站设计中，将产品形象自然地融入整个页面中，成为页面的一部分。网站的色彩搭配也取自该商品的包装色彩，使用接近黑色的深灰色作为主色调，在页面中搭配金色的标题文字和白色的文字内容，使其表现效果简洁而醒目，给人一种沉稳、高档的感觉，能够很好地吸引中年用户的关注。

该旅游景区宣传网站页面使用低饱和度的土黄色作为主色调，搭配传统文化韵味的人物和图形，使整个页面表现出稳重、宁静的氛围，并且页面中多处运用富有中国传统文化特色的元素，能够满足中老年人对传统文化的情感渴求。

色彩的运用不是一成不变的，并不是说购买按钮一定要使用红色或橙色进行搭配，而下载按钮一定要使用绿色进行搭配。具体的色彩风格需要认真地了解设计需求，确定网站定位与情感印象。例如，稳重、可信赖、活泼、简洁、科技感等，确定了网站定位，我们就可以确定如何选择合适的色彩风格来进行设计。

5.4 根据商品销售阶段选择网站UI配色

色彩是商品重要的外部特征，决定着产品在消费者脑海中是去是留的命运，而色彩为产品创造的高附加值的竞争力更为惊人。在产品同质化趋势日益加剧的今天，如何让品牌第一时间“跳”出来，快速锁定消费者的目光呢?

5.4.1 产品上市期的网站UI配色

新的商品刚刚推入市场，还没有被大多数消费者认识，消费者对新商品进行了解需要有一个接受的过程，如何才能强化消费者对新商品的认可呢？为了加强宣传的效果，增强消费者对新商品的记忆，在宣传网站页面设计中，尽量使用色彩艳丽的单一色系色调为主，以不模糊商品诉求为重点。

该果汁饮料网站页面使用高饱和度的绿色作为主色调，通过使用不同明度的绿色进行搭配，从而很好地表现出果汁产品的新鲜与健康品质。并且网页还使用了卡通形象的表现方式，加深浏览者对果汁饮料的印象，表现效果突出而醒目。

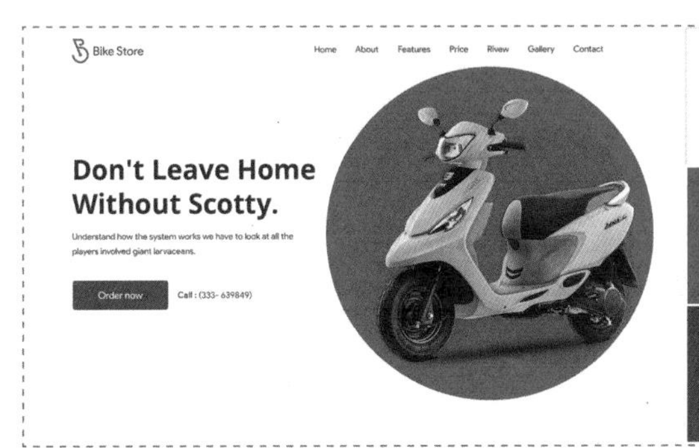

在该电动车宣传网站界面设计中，使用线白色作为背景颜色，而电动车图片则搭配了高饱和度的红色圆形背景，突出电动车，给人很强的视觉冲击力，有效加深浏览者对电动车的印象。

5.4.2 产品拓展期的网站UI配色

经过了前期对产品的大力宣传，消费者已经对产品逐渐熟悉，也拥有了一定的消费群体。在这个阶段，不同品牌同质化的产品也开始慢慢增多，无法避免地产生竞争，如何才能够在同质化的产品中脱颖而出呢？这时产品宣传网站必须要以比较鲜明的色彩作为设计的重点，使其与同质化的产品产生差异。

在该剃须刀产品的宣传网站设计中，使用高饱和度的蓝色作为界面的主色调，给人一种清凉与爽快的感受。利用高饱和度的黄色和绿色进行搭配，使得界面色彩鲜明、对比强烈。

在该茶饮料产品的活动宣传网站设计中，使用了高饱和度的橙色作为界面的主色调，使人心情愉悦、充满活力。在界面中搭配了高饱和度的绿色，表现出产品的健康和绿色品质。

5.4.3 产品销售期的网站UI配色

经过不断的进步和发展，产品在市场中已经占有一定的地位，消费者对产品也十分了解了，并且产品也拥有了一定数量的忠实消费者。这个阶段，维护现有消费者对产品的信赖就会变得非常重要，此时在网站UI设计中所使用的色彩，必须与产品的理念相吻合，从而使消费者更了解产品的理念，并感到安心。

在该柠檬茶饮料产品的宣传网站设计中，使用高饱和度的黄色作为页面的背景主色调，表现出明亮、欢快、充满活力的氛围，在页面局部点缀少量的绿色和蓝色，使页面更加生动。

在该知名饮料的活动宣传网站设计中，使用与该品牌形象统一的红色作为页面的主色调，表现出喜庆与欢乐的氛围。并且为页面背景应用了皮质的纹理，使得页面背景的质感表现更加强烈。采用卡通手绘的设计风格，使得整个页面更具有个性。

5.4.4 产品衰退期的网站UI配色

市场是残酷的，大多数产品都会经历一个从兴盛到衰退的过程，随着其他产品的更新，更流行的产品相继出现，消费者对该产品不再有新鲜感，销售量也会出现下滑，此时产品就进入了衰退期。这时要维持消费者对产品的新鲜感便成为重点，这个阶段网站界面所使用的颜色必须是流行色或具有新意义的独特色彩，将网站界面从色彩到结构进行一个整体的更新，重新唤回消费者对产品的兴趣。

在该比萨食品宣传网站界面设计中，一改以往使用橙色调为主的配色，使用深灰蓝色作为网站界面的背景主色调，搭配鲜艳的红色、黄色和绿色，使比萨更加诱人，唤起人们对该美食的欲望。

该游戏网站页面使用高饱和度的橙色与蓝色将版面分为左右两部分，形成对比效果，有效地突出了页面视觉表现效果。并且在页面中间位置将游戏人物同样运用拼接处理，给人一种非常独特的视觉效果，页面整体给人较强的视觉刺激，表现出欢乐、富有活力的效果。

5.5 如何打造成功的网站UI配色

色彩搭配既是一项技术性工作，也是一项艺术性很强的工作。因此，设计师在设计网站界面时，除了要考虑网站本身的特点，还需要遵循一定的艺术规律，才能够设计出色彩鲜明、风格独特的网站。

色彩是树立网站形象的关键，色彩的搭配对于用户体验有着非常重要的作用。在网站界面设计中，需要对颜色做减法，并且不断地调整色彩细微的明度、饱和度的搭配，正是对这些细节进行调整才能够使网站界面更加耐看。

5.5.1 遵循色彩的基本原理

不同类型的网站在色彩的选择上应该考虑浏览者的年龄和性别差异，从色彩的基本原理出发，进行有针对性的色彩搭配。当色彩的选择与浏览者的感觉一致时，就会增强认同感，提高网站的访问量；当色彩产生的感受与浏览者的心境不同时，就会产生隔阂，甚至是厌恶，网站就会变得不受欢迎。

除此之外，色彩的面积比例和色彩的数量等因素也对配色产生着重要影响。

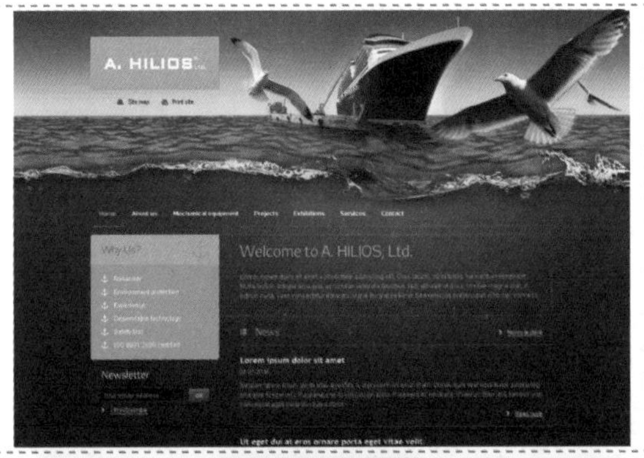

在该网站界面设计中，使用深蓝色作为页面的背景，表现出宁静而悠远的效果，将页面中的Logo和左侧内容栏的背景设置为黄色，与深蓝色的页面背景形成强烈对比，有效地增强了页面的活力。

该网站界面使用了绿色作为页面的主色调，通过不同明度和饱和度的绿色相搭配，从而使整个页面的色调统一。在页面中可以看到通过色调的明暗变化，有效地划分了页面中不同的内容区域，使得页面整体给人一种自然、和谐、统一的感觉。

在该旅游网站设计中，首页面使用全景图片充分展示旅游目的地的风景，从而有效地吸引浏览者的关注。向下拖动页面，则通过相应的布局方式分别介绍了旅游目的地的景点、酒店、美食等内容，简洁而统一的布局方式给浏览者带来一种简洁、舒适的感受。整个网站使用蓝色作为主色调，在页面中加入白色进行调和，表现出自然、柔和、清爽的效果。

5.5.2 灵活应用配色技巧

在进行网站配色时，使用的色彩最好不要超过3种，确定一种主题色，在对辅助色进行选择时，需要考虑其他色彩与主题色的关系，这样才能使网页的色彩搭配更加和谐、美观。可以通过调整主题色的明度和饱和度，产生新的色彩，分布在网页的不同位置，可以使页面色彩统一，又具有层次感。

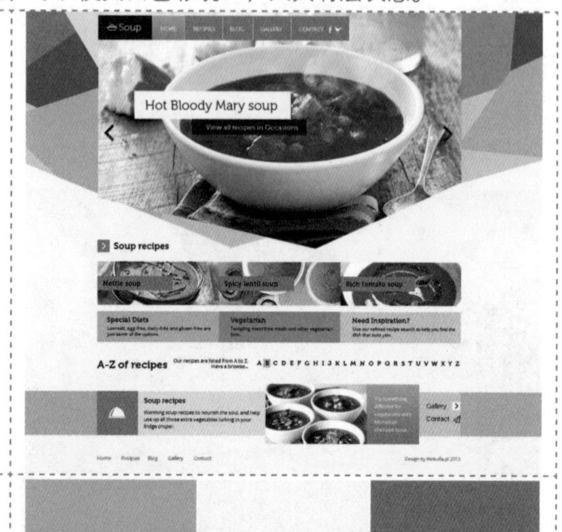

该纯净水产品的宣传网站界面使用了产品包装的蓝色作为主色调，蓝色能够给人一种清爽、自然的感觉。界面顶部的蓝色导航背景与底部的蓝色背景相呼应，中间使用浅灰色背景，表现出产品的纯净。网页整体配色与产品的形象相统一，给人一种和谐的视觉感受。

在该餐饮类网站界面设计中，使用中等饱和度的橙色作为主色调，在页面中搭配浅灰色背景，给人一种温馨、舒适的感觉。局部通过高饱和度的橙色进行搭配，有效地突出了重点信息内容，也使页面更具有活力。

在确定网站界面的主题色之后，还可以选择该主题色的对比色相进行搭配，形成视觉上的差异，可丰富整个界面色彩。另外，黑、白、灰3种无彩色可以和任何一种有彩色进行搭配，且不会让人感到突兀，能使界面表现出和谐效果。

在该汽车宣传网站界面设计中，使用高饱和度蓝色与红色的对比凸显汽车产品的两种不同类型，并且能够给人很强的视觉冲击力，背景使用浅灰色进行调和，整个界面让人感觉十分和谐。

在该瑜伽宣传网站界面设计中，使用白色和浅灰色作为页面的背景主色调，整个页面显得非常纯净、素雅。在局部搭配洋红色和紫色，体现出女性的柔美，页面整体给人纯净、柔美的感觉。

5.5.3 无彩色界面点缀鲜艳色彩

无彩色系是指黑色和白色，以及由黑白两色相混合而成的各种灰色。其中，黑色和白色是单纯的色彩，而灰色却有着各种深浅的不同。无彩色系的颜色只有“明度”一种基本属性。无彩色系的色彩虽然没有彩色系那样光彩夺目，却有着彩色系无法代替和无法比拟的重要作用，在设计中，它们会使画面更加丰富多彩。

点缀色是指网页中较小面积的颜色，通常用来打破单调网页的整体效果，如果选择与背景色过于接近的点缀色，将不会产生理想效果。为了营造出生动的网页空间氛围，点缀色应该选择比较鲜艳的颜色。

鲜艳的色彩与无彩色的背景形成了强烈的对比，有效突出重点信息。

使用无彩色方块分割背景，搭配精美的黑白摄影图片，使页面清晰而整齐。

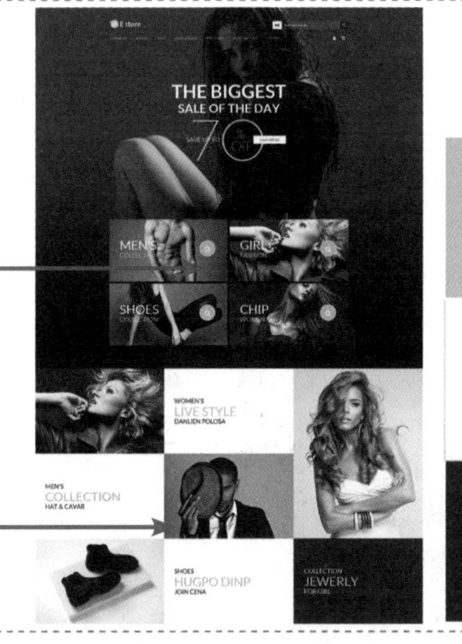

在该网站界面设计中，使用黑白的大幅人物摄影图片作为页面的背景，给人很强的艺术感。整个页面使用无彩色的黑、白、灰作为主色调，使用鲜艳的亮黄色作为点缀色，虽然亮黄色的点缀在页面中只占据很小的面积，但是人们第一眼往往会注意到鲜艳的亮黄色。而设计师将页面中折扣信息“70%OFF”的字体颜色设计为亮黄色，也是对折扣信息的强调。

在不同的网页位置上，对于网页点缀色而言，其他颜色都可能是网页点缀色的背景。在网页中点缀色的应用面积越小，色彩越强，点缀色的效果就会越突出。

在该汽车活动宣传网站的设计中，整个网站以交互的方式进行体现，能够给浏览者带来很强的互动体验感。使用接近黑色的低明度图片作为界面的背景，搭配高饱和度的红色汽车，以及白色与红色搭配的主题文字，与背景形成强烈的对比，产品与主题信息非常突出，并且能够给人带来动感、激情的感觉。

5.5.4 选择商品主色调作为网页主色调

上一节介绍了在无彩色页面中点缀鲜艳色彩，通过这种强对比方式能够有效地突出页面中重点信息内容。在实际的网站界面配色中，除了可以使用点缀色的配色方式，还可以选择以商品的色调作为该网站界面的主色调，从而使色彩彼此融合，页面配色更加稳定。

使用类似色进行搭配可以产生稳定、和谐、统一的效果。

在该汽车的宣传网站设计中，使用浅灰色渐变作为界面的背景颜色，灰色能够给人带来一种机械质感，并且能够体现出汽车的高档感。高饱和度的红色汽车与浅灰色的背景形成了强烈的对比，视觉表现效果非常突出。在界面中加入红色的三角形图形设计，与汽车的颜色相呼应，从而使得汽车在界面中不会由于太过孤立而形成空洞感，并且加入红色能够使界面表现出时尚动感与激情。

在该运动鞋产品的网站界面设计中，首页面使用设计精美的广告图像作为背景，搭配简洁明了的文字内容，并且对文字进行了设计，表现出强烈的时尚感。二级页面则通过从产品中提取主要色彩，采用色彩的冷暖对比突出产品，使二级页面表现出强烈的动感和视觉冲击力。使用倾斜分割的形式来构成页面，表现出强烈的动感效果。

5.5.5 避免配色的混乱

除了可以使用对比的方法来突出页面主题，我们还可以采用对色彩属性（色相、饱和度和明度）的控制来达到融合的目的。在突出网页主题时，我们需要增强色彩之间的对比性，而融合性配色则完全相反，是要削弱色彩的对比。

1．使用近似色搭配

当使用不同色相的颜色进行搭配时，能够营造出活泼、喧闹的氛围。在实际网页配色过程中，如果色彩感觉过于刺激或杂乱，则可以减小色相差，使用近似色进行搭配，从而使色彩彼此融合，网页配色更加稳定。

在该汽车宣传网站界面设计中，使用蓝色作为页面的主色调，整体给人和谐、统一的感觉。为了使页面不过于单调，通过变化蓝色的明度，从而实现明度对比，明度低的蓝色已经接近黑色，明度高的蓝色更接近白色，对比强烈，有效突出页面中心位置的主题。

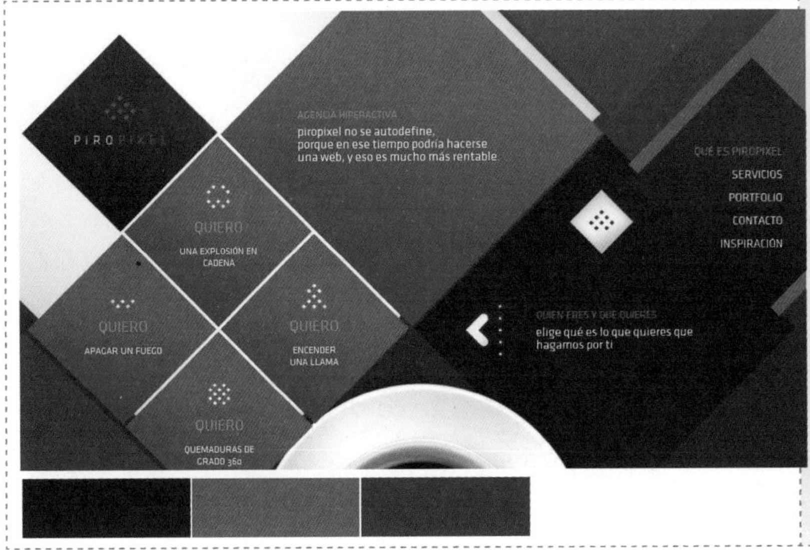

在该企业网站界面设计中，使用咖啡色作为页面的主题色，表现出醇厚、柔和、舒适的效果。在页面中使用多种大小不一的菱形色块背景来突出不同的信息内容，而各个菱形色块背景则使用了不同饱和度的咖啡色进行表现，从而使页面的整体色调统一、和谐，带给人温馨、温暖的感觉。

2．统一色彩明度和饱和度

在网页配色中，如果配色本身的色相差过大，但又想让网页传达一种平静、安定的感觉，则可以试着使用统一明度和饱和度的色彩进行搭配，这样可以在保持原有风格的同时，得到比较安定的配色效果。

在该箱包促销网页设计中，使用深蓝色作为页面的主色调，配合图像的运用，模拟出太空的景象，与旅行的促销主题相统一。在页面中搭配红色的图形，与页面顶部的深蓝色形成了强烈的对比效果，使页面富有活力，视觉效果非常突出。

在该美容护肤产品的宣传网站设计中，使用了多种色彩进行搭配，浅蓝色与浅黄色的渐变作为页面的背景颜色，给人一种柔和、明亮的感觉，搭配绿色的植物，表现出产品的自然与健康。虽然页面中使用了多种色彩进行搭配，但是每种色彩的明度和饱和度都相近，页面整体给人稳定、和谐的感觉。

在网站界面配色中需要注意，如果明度差过小、色相差也很小，那么很可能会导致界面产生一种乏味、单调的效果，所以在配色中要依据实际情况将两者结合起来灵活运用。

3．颜色的色彩层次

在网站界面设计中，虽然常常使用少量的色彩进行搭配设计，但是我们可以通过对色彩层次的处理，使画面更具有层次感，不至于效果太“平”。

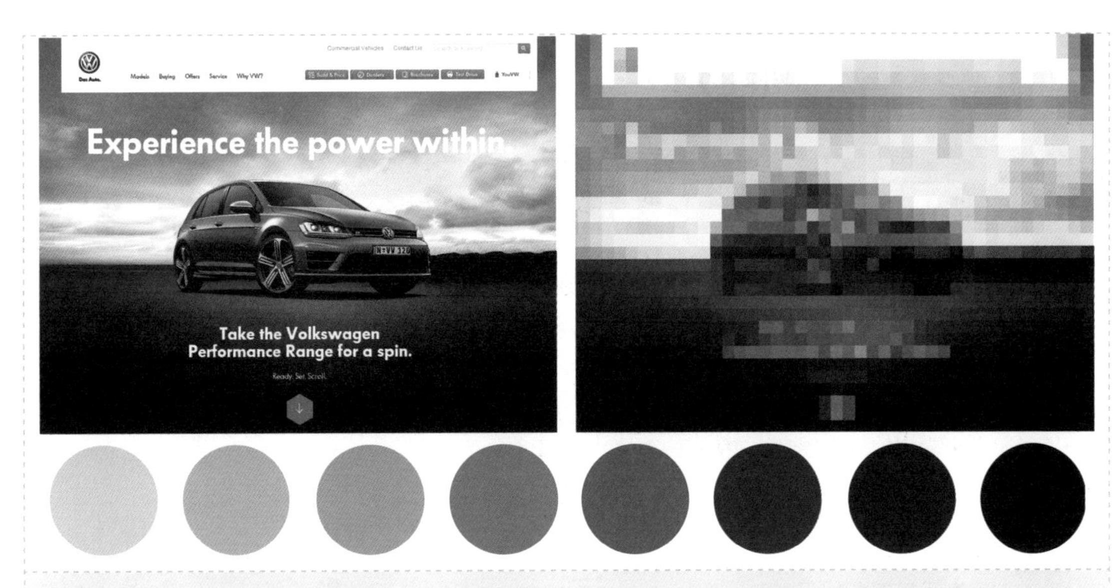

在该汽车宣传网站界面设计中，使用蓝色作为页面的主色调，与汽车产品的色彩保持统一，整体给人和谐、统一的感觉。为了使页面不过于单调，通过变化蓝色的明度从而实现明度对比，有效突出页面中心位置的主题。我们对该网站界面进行简单的处理，这样可以很容易看出画面中的色彩层次，从页面中提取8种不同明度的蓝色调，即表示该色调具有8个层次，正是因为这样的色彩层次处理才使整个页面看起来不会过于单调，而是富有色彩层次感。

5.6 根据网站内容进行UI配色

网站的内容、主题和企业本身已经确认的CI（企业识别）系统都与设计网站UI配色方案具有紧密的关联。如何将这几个方面结合起来，选择最佳配色方案是设计师需要研究的一项重要问题。本节根据不同的网站内容类型及特点介绍相应的网站UI配色方案，向读者展示成功的配色案例。

5.6.1 儿童网站配色

根据儿童的年龄特点，在网站UI设计过程中，使用能够帮助儿童健康发展、积极向上的颜色，如绿色、黄色或蓝色等鲜亮的颜色，让人感觉活泼、快乐、有趣、生机勃勃。

设计儿童网站一般要遵循健康、活泼、有趣等几个原则，脱离这些原则，也许不能引起儿童的兴趣，有的颜色甚至会对他们的心理产生不好的影响。

1. 案例分析

案例背景	案例类型	儿童网站界面设计
	针对群体	儿童
	表现重点	使用柔和的色彩作为界面背景色，在界面中点缀多种不同色相的高饱和度色彩
配色要点	主要色相	黄色、橙色、蓝色、绿色
	色彩表现效果	活泼、快乐、生机勃勃
	色彩辨识度	★★★★☆

色相位置：黄色、橙色、蓝色、绿色

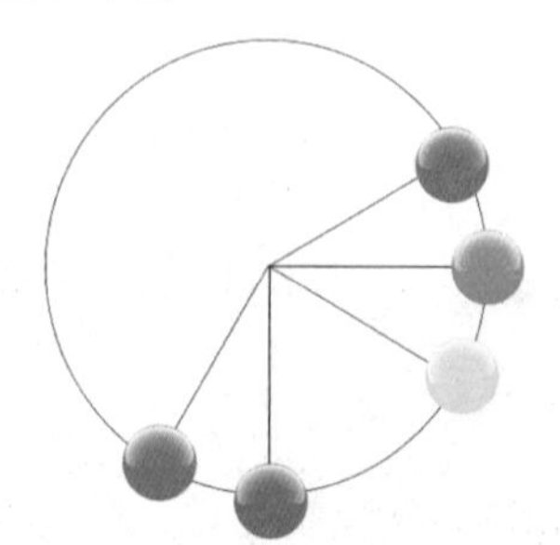

色调位置：鲜艳色调、明亮色调

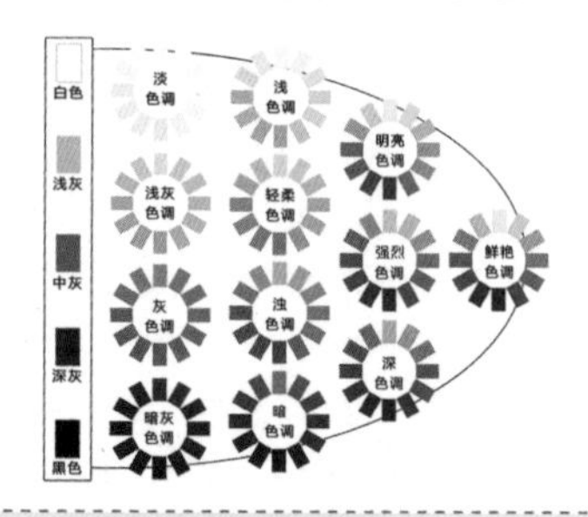

在该儿童网站界面设计中，使用高明度、低饱和度的浅黄色作为界面的背景颜色，给人一种柔和、舒适的感觉。在界面中的导航菜单、Logo等位置搭配了鲜艳的黄色，给人一种鲜明、富有活力的感觉，在局部位置少量点缀多种鲜艳的色彩，使界面表现出欢乐、生机勃勃的效果。

2. 配色方案

RGB(78,214,164) RGB(34,177,255) RGB(235,252,231)

RGB(45,132,206) RGB(172,210,11) RGB(220,234,219)

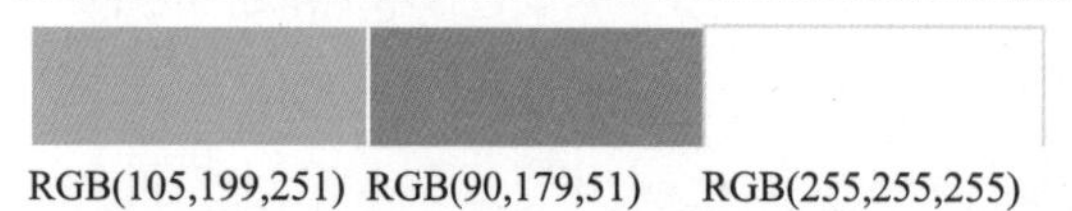

RGB(148,18,10) RGB(247,126,169) RGB(255,255,255)

RGB(250,152,201) RGB(128,198,231) RGB(255,212,229)

RGB(105,199,251) RGB(90,179,51) RGB(255,255,255)

RGB(218,15,15) RGB(90,179,51) RGB(192,255,0)

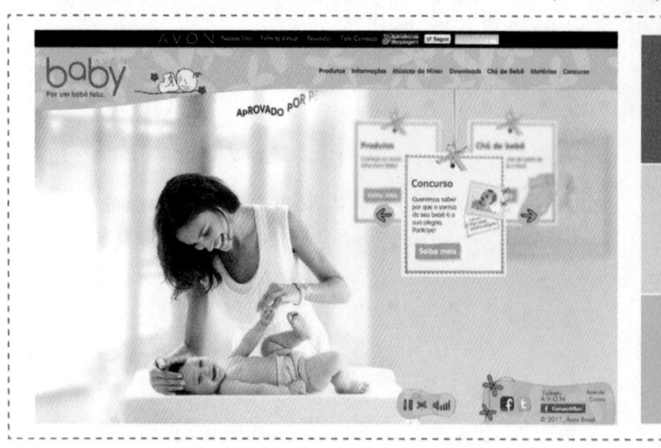

在该婴儿用品网站界面设计中，使用粉绿色作为界面的背景主色调，可以很好地体现网站所要表现的内容，同时淡雅的灰色和绿色相搭配更好地衬托出网站的主题，同时给人以温馨的画面感。

在该儿童网站界面设计中，使用红色作为主色调，红色可以更好地体现出儿童的天真活泼，同时与浅土色的搭配使得界面显得不那么跳跃，有稳定感，表现出产品的特质，整个网站界面给人活泼、亮丽的感觉。

5.6.2 体育运动网站配色

体育运动是人类以其身体运动为基础，以获得并保持自身健康为目标的一种手段。而体育运动网站是为了介绍和推广运动知识、体育项目和体育用品等目的而创建的。目前，体育运动类网站中所包含的内容有很多，如体育人物介绍、体育用品介绍、体育知识介绍等。

体育运动网站主要以运动为主，因此，在色彩选择上要根据体育运动的特点和网站实际内容，选择适合的配色方案，一般都使用具有活力、朝气和健康的色彩。

1．案例分析

案例背景	案例类型	体育运动网站界面设计
	针对群体	体育运动爱好者
	表现重点	使用高饱和度的配色方案，使整个界面给人青春洋溢的活力与运动感
配色要点	主要色相	绿色、灰色、橙色
	色彩表现效果	朝气、活力、积极向上
	色彩辨识度	★★★★★

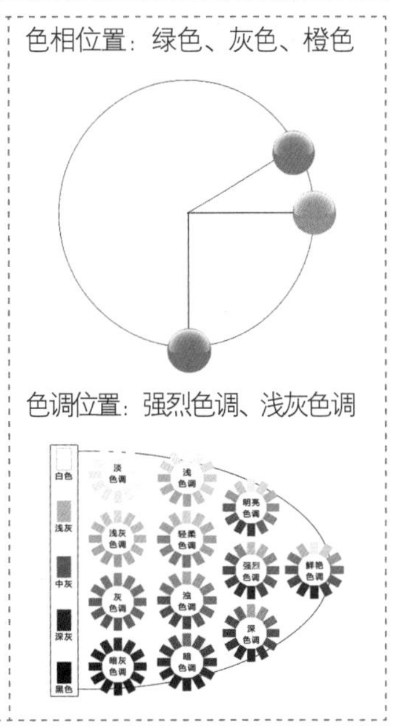

绿色是充满活力的色彩，在该体育运动网站界面设计中，使用高饱和度的绿色作为界面的主题色，表现出顽强的生命力，给人愉悦、动感、富有朝气的感受。搭配浅灰色背景，给人稳重的感觉。在界面局部点缀少量高饱和度的橙色图形，与绿色形成强烈对比，增强界面的活力。

2．配色方案

RGB(149,198,40) RGB(8,70,143) RGB(255,255,255)

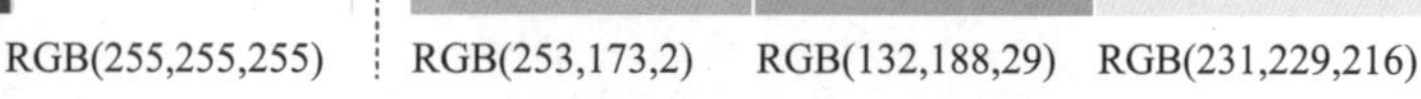

在该女子网球运动网站界面设计中，蓝灰色的背景很好地衬托出界面中的主题元素，给人带来运动感。在界面中局部点缀洋红色与紫色图形，表现出女子网球运动的特点。

在该残疾人运动网站界面设计中，使用蓝色作为界面的主题色，不同明度和饱和度的蓝色相搭配，结合残疾人运动图像，表现出残疾人的坚强、刚毅。特殊的界面布局形式表现出很强的运动感，给人留下深刻印象。

5.6.3 手机数码网站配色

手机数码网站主要用来说明、展示手机和数码产品的功能与样式，还可以通过网站进行在线购买等操作。不同的手机数码产品其特点也有所不同，在网站界面设计中也需要采用不同的设计风格。设计师在设计过程中，需要抓住手机或数码产品的样式风格、性能特征等特点，设计与其风格相匹配的网站界面。

手机数码网站的设计风格通常比较时尚、大方，具有现代感，色彩多选择蓝色、紫色、灰色等具有时尚感的颜色。

1．案例分析

案例背景	案例类型	手机宣传网站界面设计
	针对群体	年轻数码消费者
	表现重点	使用大自然的色彩进行搭配，让人感觉非常自然、亲切
配色要点	主要色相	浅蓝色、绿色
	色彩表现效果	清爽、自然、舒适
	色彩辨识度	★★★★☆

色相位置：浅蓝色、绿色

色调位置：浅色调、明亮色调

在该手机宣传网站界面设计中，使用明度和饱和度较高的蓝色作为界面的主题色，蓝天、白云的背景给人无限的遐想空间，营造出一种自然、清新的感觉。在界面中搭配明度和饱和度相同的蓝色、绿色等几何图形，使界面非常清爽、自然，而不规则几何图形的运用又使得界面充满时尚感与现代感。

2．配色方案

RGB(213,22,22)	RGB(253,163,17)	RGB(255,222,218)
RGB(0,121,166)	RGB(110,188,33)	RGB(252,252,218)
RGB(34,86,162)	RGB(2,179,138)	RGB(217,242,230)

RGB(0,0,0)	RGB(206,0,0)	RGB(239,239,239)
RGB(113,97,170)	RGB(220,111,185)	RGB(221,221,221)
RGB(255,204,1)	RGB(7,7,7)	RGB(244,239,217)

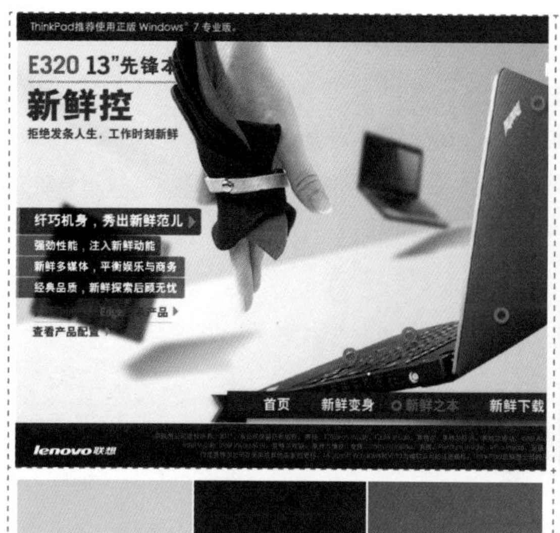

在该笔记本电脑网站界面设计中，黑色与红色形成了鲜明的对比，给人醒目的感觉，并且手元素的应用又增添了界面的趣味性。笔记本电脑在摆放位置，以及大小的设置上都是十分合理的，符合了透视学的原理，从而给人带来无限的延伸感，阴影的应用也为增强界面的空间感起到了辅助性作用。

在该数码相机产品宣传网站界面设计中，使用浅灰色渐变作为界面的背景颜色，搭配黑色相机产品，表现出了其高档感与质感。界面左上角的品牌Logo和相机产品的名称文字则使用了高饱和度的黄色进行搭配，在无彩色的界面中非常突出，也使界面更加富有活力。

5.6.4 文化艺术网站配色

文化艺术网站是文化艺术作品在网络空间的一个浏览平台，主要致力于传播文化艺术、研究视觉设计艺术、可供用户进行交流的网络空间。文化艺术网站的内容主要介绍摄影、绘画、设计等艺术作品。

文化艺术网站在色彩搭配上可以是个性的、张扬的，也可以是虚拟的、另类的，只要设计师能够想象出合理的设计蓝图，都可以使用夸张的设计手法，将想象实现在界面上。

1．案例分析

案例背景	案例类型	文化艺术中心宣传网站界面设计
	针对群体	文化艺术爱好者
	表现重点	使用高明度的浅茶色搭配同色系的棕色，表现出柔和、沉稳、安定的效果
配色要点	主要色相	棕色、浅茶色
	色彩表现效果	沉稳、安定、柔和
	色彩辨识度	★★★★☆

色相位置：棕色、浅茶色

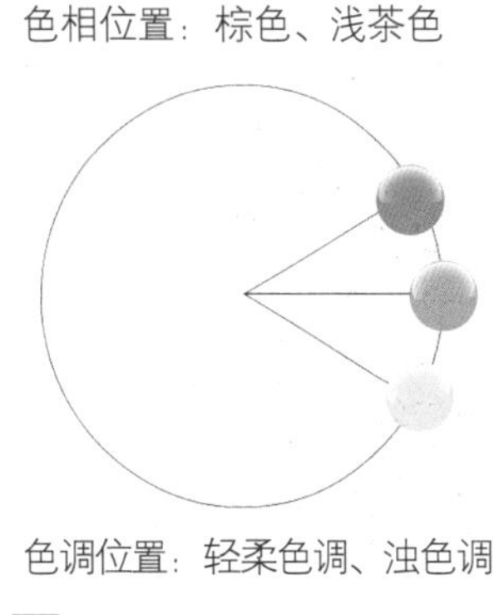

色调位置：轻柔色调、浊色调

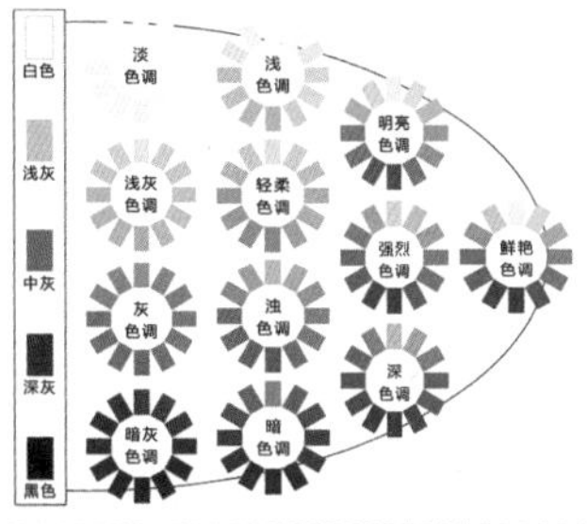

这是一个文化艺术中心的宣传网站，在该网站界面设计中，使用高明度、低饱和度的浅茶色作为界面的背景颜色，浅茶色是一种低调的色彩，给人柔和、舒适的感觉，在界面中搭配同色系的棕色，给人沉稳、可信赖的感觉，能够很好地营造出文化艺术氛围。在界面的布局设计中，打破了传统的图形表现方式，采用了三角形的表现形式，这种与众不同的构图方式，更能够给浏览者留下深刻的印象。

2．配色方案

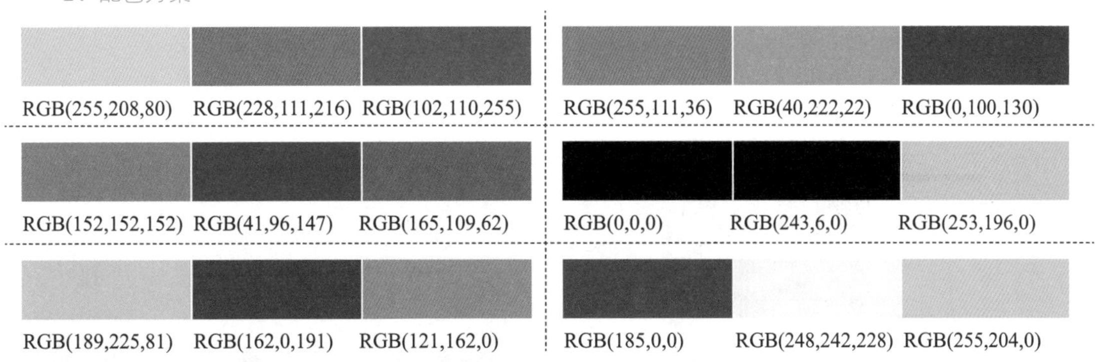

在该网站界面设计中，使用橙色作为界面的主色调，给人温暖、欢快的感觉，搭配灰色调的素材图片，以及独特的版式结构，使整个界面的视觉冲击力较强，表现出浓郁的艺术气息。

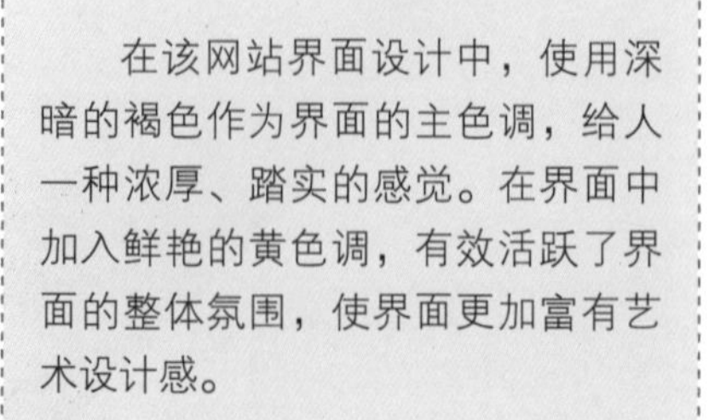

在该网站界面设计中，使用深暗的褐色作为界面的主色调，给人一种浓厚、踏实的感觉。在界面中加入鲜艳的黄色调，有效活跃了界面的整体氛围，使界面更加富有艺术设计感。

5.6.5 服装服饰网站配色

服装服饰网站主要为相关企业提供网络推广服务，加强与广大同类企业的合作，加大企业品牌的宣传力度，帮助企业打造品牌的一种网络营销手段。这类网站以“产品+信息”立体互动为服务特色，为广大服装服饰企业搭建一个融推广、展示为一体的网络平台。

服装服饰网站的配色方案可以是独具个性的，也可以是大众化的，只要适合网站主题，都可以为网站设计所采用。

1．案例分析

案例背景	案例类型	时尚女性服饰网站界面设计
	针对群体	年轻女性
	表现重点	通过多种高饱和度鲜艳色彩的点缀，使界面表现出时尚感与活力感
配色要点	主要色相	浅灰色、蓝色、橙色
	色彩表现效果	年轻、时尚、富有活力
	色彩辨识度	★★★★☆

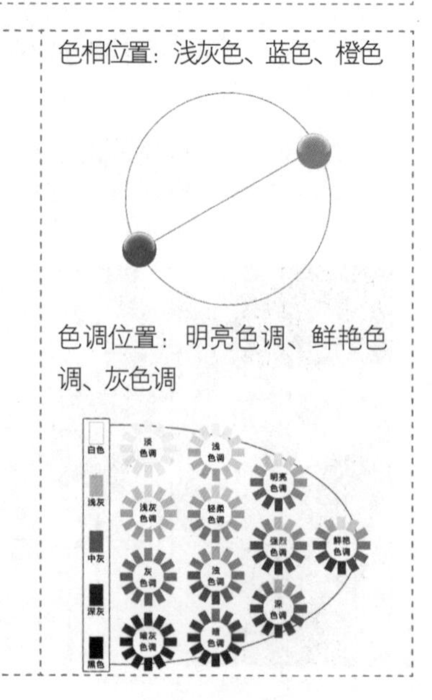

在该时尚女性服饰网站界面设计中，使用浅灰色作为背景的主色调，能够突出主题内容，并且浅灰色能够给人带来时尚感，搭配鲜艳的蓝色与橙色，并与浅灰色背景形成强烈对比，使界面富有活力。在鲜艳的色彩上搭配纯白色的文字，在白色和灰色背景上搭配黑色文字，内容清晰、易读。

2．配色方案

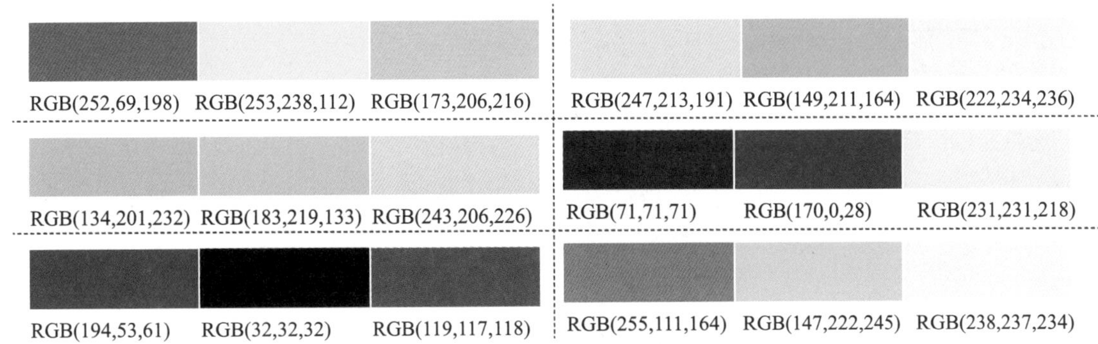

该时尚女装网站使用了纯白色作为界面的主色调，使界面简洁、大方，搭配鲜艳的洋红色与黄色，突出表现该服装品牌的时尚与活力。

该男装品牌网站使用墨绿色作为界面的主色调，给人一种厚重与坚实的感觉，搭配低饱和度的浅土色，给人一种低调、坚实、成熟的感觉。

5.6.6 影视音乐网站配色

影视音乐网站是以休闲娱乐为主的大众性网站，相对其他网站而言，有其独特的一面。影视音乐网站也会采用文字、图片、动画、视频等传播形式显示网站的风格、特点和内容，但是在设计上更加突出本身张扬的个性，如色彩更为绚丽、表现形式更加丰富等。

影视音乐网站是集娱乐性、趣味性于一体的休闲个性网站，以前沿、时尚、流行为特点，因此，在设计网页时，应该根据网站的内容，以亮丽的色彩为主。

2．案例分析

案例背景	案例类型	音乐网站界面设计
	针对群体	音乐爱好者
	表现重点	使用蓝色与深蓝色相搭配，使界面表现出深邃、梦幻的氛围，加入其他高饱和度色彩的点缀，使界面更加时尚、动感
配色要点	主要色相	蓝色、深蓝色、红色、紫色
	色彩表现效果	时尚、梦幻、动感
	色彩辨识度	★★★★☆

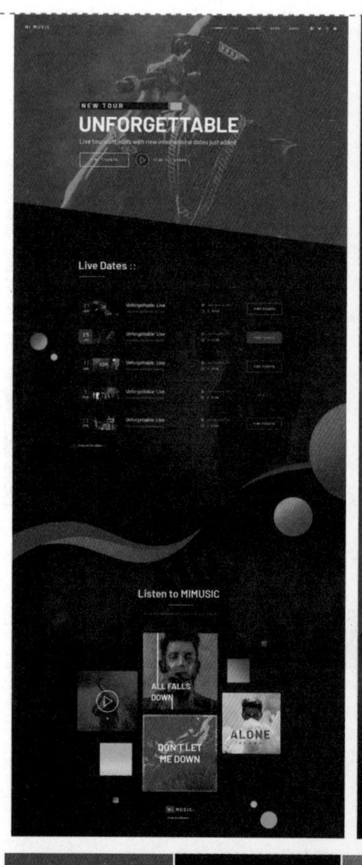

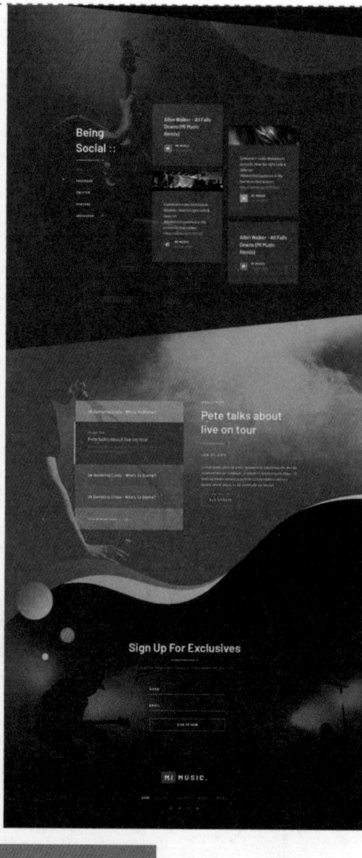

色相位置：蓝色、深蓝色、红色、紫色

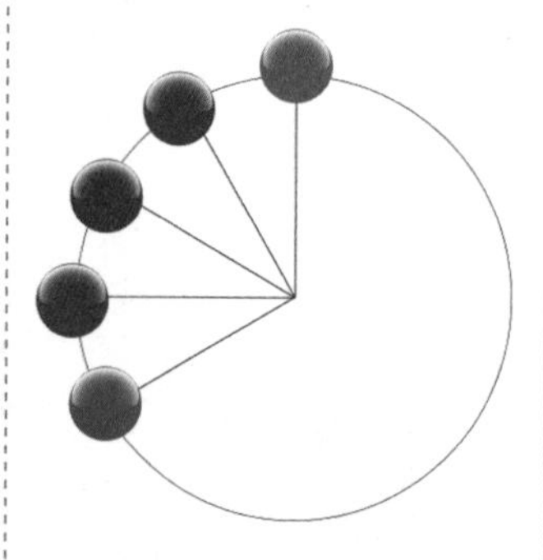

色调位置：暗灰色调、强烈色调

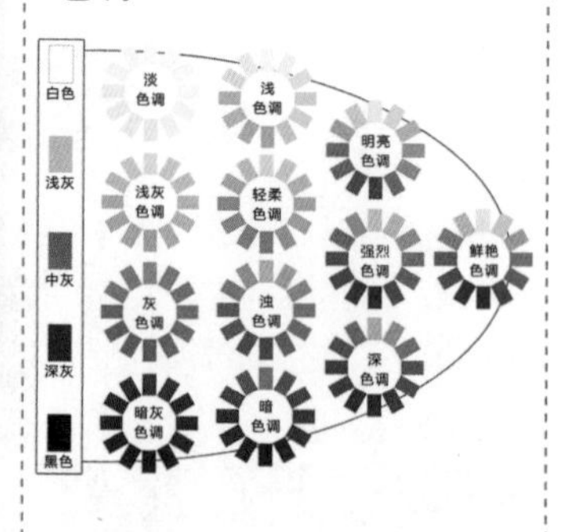

在该音乐网站界面设计中，使用蓝色作为界面的主题色，使用高饱和度的蓝色与低饱和度灰暗的深蓝色相搭配，对界面内容进行倾斜分割，蓝色与深蓝色之间形成强烈的明度和饱和度对比，并且在背景中融入音乐现场图片素材，使界面表现出音乐现场的幽暗与梦幻氛围。在界面中点缀高饱和度的蓝色、紫色、红色等渐变图形，使界面更加时尚，也使人们感受到音乐的美好。

2．配色方案

RGB(7,0,151)	RGB(110,188,228)	RGB(211,239,253)	RGB(194,112,174)	RGB(194,163,194)	RGB(235,225,232)
RGB(253,28,86)	RGB(251,184,126)	RGB(252,249,211)	RGB(109,191,80)	RGB(220,203,60)	RGB(224,235,235)
RGB(40,83,195)	RGB(121,184,129)	RGB(246,246,246)	RGB(154,66,188)	RGB(185,211,70)	RGB(230,239,250)

该音乐网站使用了高饱和度的黄色、红色与紫色相搭配构成界面背景，多种高饱和度颜色的搭配给人一种活力、欢乐的感觉，并且采用了不对称倾斜拼接的布局方式，使界面更加富有个性。

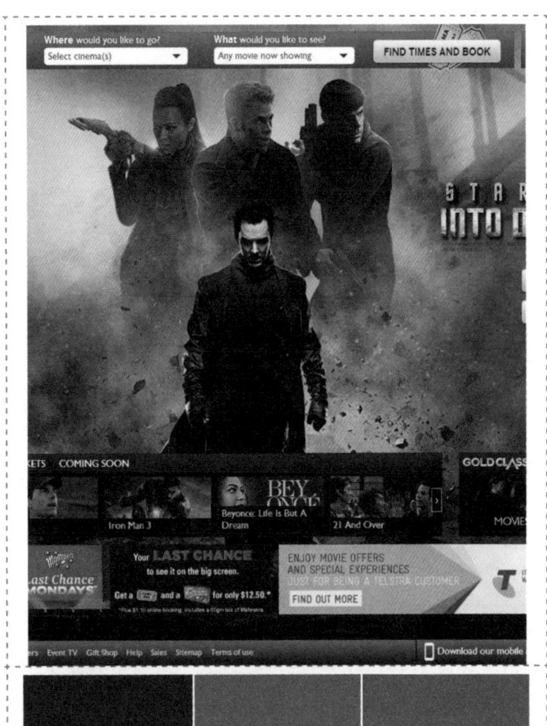

在该在线影院界面设计中，使用电影海报作为界面的背景，充分吸引用户的关注，搭配深灰色的主色调，使界面表现出一种稳重感和深沉感，在界面局部搭配红色，有效突出重点功能和内容。

5.6.7 旅游休闲网站配色

旅游休闲网站的交互性、实时性、丰富性和便捷性等优势，促使旅游休闲业迅速融入网络经济的浪潮之中。网络作为新的旅游信息平台，为旅游休闲业的发展提供了新的契机，也为广大设计师提供了更多的发挥空间。

由于旅游休闲网站有很大的自由设计空间，所以在色彩搭配上也有很多的配色方案。大自然是五光十色、多彩绚丽的，设计师可以参照大自然中的颜色，选择合适的色彩来设计旅游休闲网站。

1．案例分析

案例背景	案例类型	旅游度假网站界面设计
	针对群体	爱好旅行的年轻人
	表现重点	使用蓝天、白云、大海等素材与高饱和度的蓝色相结合，表现出清爽、自然的效果，局部点缀橙色，使界面更具有活力
配色要点	主要色相	蓝色、橙色、白色
	色彩表现效果	自然、清爽、活力
	色彩辨识度	★★★★★

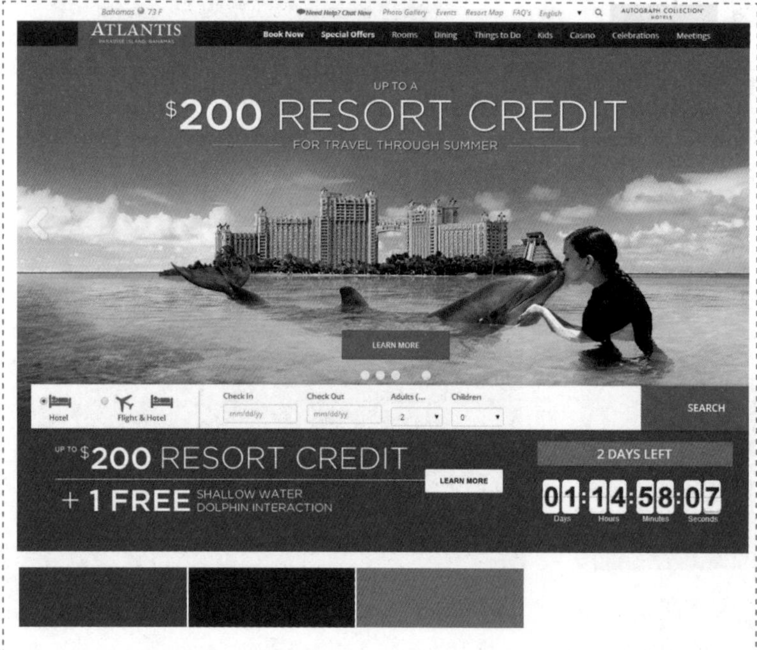

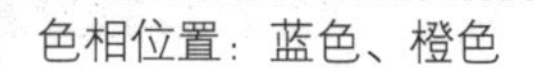

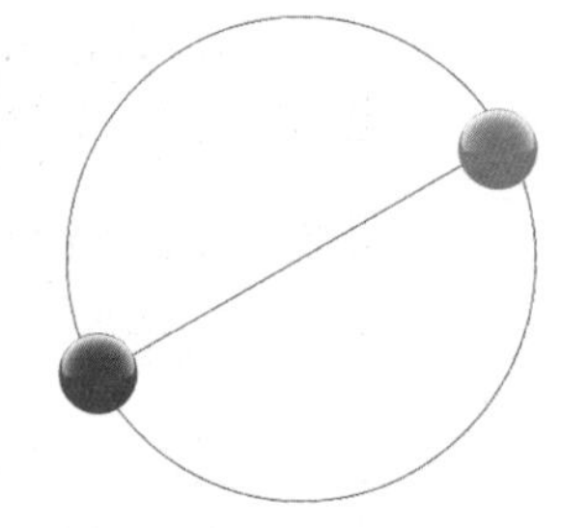

色调位置：明亮色调、鲜艳色调

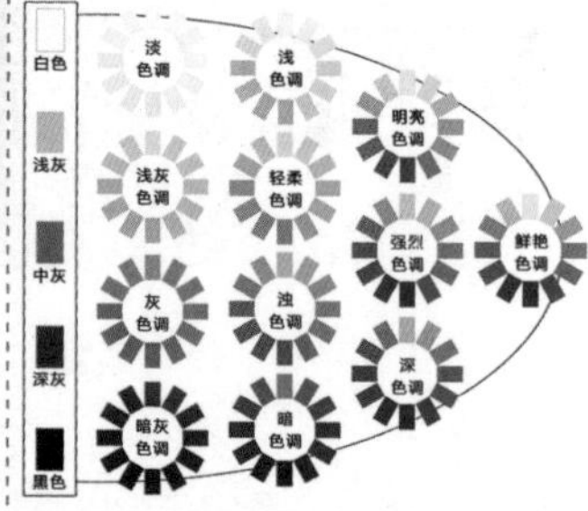

在该旅游度假网站界面设计中，使用蓝色作为界面的主题色，结合蓝天、白云、大海等素材，使网站呈现出一幅大自然的清爽画面，为用户带来悠闲、清爽、自然的感受。在界面局部点缀高饱和度的橙色，有效突出重点功能，同时也使界面更加富有活力。添加白色的文字，与蓝色背景形成强烈对比，表现效果清晰、自然。

2．配色方案

RGB(52,180,250) RGB(252,227,85) RGB(216,162,84)

RGB(128,210,208) RGB(216,229,182) RGB(215,187,148)

该希腊旅游宣传网站使用蓝色作为界面的主色调，给人心旷神怡的感受，以实景意境让人心生向往，采用清爽的蓝色搭配浅灰色，呈现出网站休闲、舒适、自然的特点。

RGB(254,204,0) RGB(163,208,19) RGB(246,238,218)

RGB(250,159,89) RGB(254,201,95) RGB(241,238,233)

该旅行活动宣传网站使用黄色作为界面的主色调，更能展现出活动的青春活力气息，搭配蓝天、草地、大海等大自然的元素，更能吸引人们的目光，引起人们的关注。

5.6.8 美食餐饮网站配色

美食餐饮网站主要以美食或餐饮品牌的宣传、推广为主，在这种类型的网站设计中，通过色彩的搭配，以及清晰诱人的美食图片来吸引用户，增强用户的食欲。

在美食餐饮网站的配色设计中，通过色彩的搭配能够让人感觉到食物的美味可口，一般主要使用黄色、橙色等暖色系色彩进行搭配。在配色过程中，如果过分降低色彩的饱和度，就会减少人们的食欲，因此配色时需要特别注意。

1．案例分析

案例背景	案例类型	烘焙美食网站界面设计
	针对群体	美食爱好者
	表现重点	通过鲜艳的黄色与橙色进行色彩搭配，充分渲染出食物的美味与可口，增强人们的食欲

配色要点	主要色相	黄色、橙色、红色、白色
	色彩表现效果	绚丽、美味、活力
	色彩辨识度	★★★★★

色相位置：黄色、橙色、红色、白色

色调位置：鲜艳色调、强烈色调

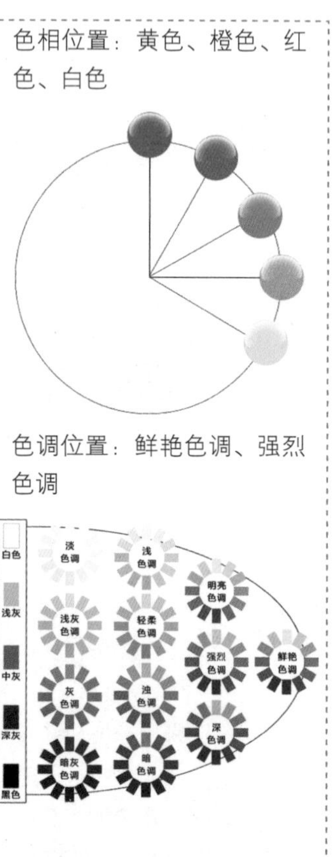

在该烘焙美食网站界面设计中，使用鲜艳的黄色作为界面的主色调，给人一种欢乐、愉快的感觉，这也是美味能够给人的感受。搭配与黄色邻近的橙色与红色，使界面表现出强烈的诱惑感，突出食物的美味。使用白色与浅黄色在界面中划分出不同的内容区域，使界面内容的层次结构非常清晰。

2．配色方案

RGB(255,102,0)	RGB(102,204,0)	RGB(255,255,153)	RGB(0,204,102)	RGB(255,102,0)	RGB(255,255,0)
RGB(255,51,102)	RGB(252,255,51)	RGB(255,204,204)	RGB(255,153,204)	RGB(255,51,102)	RGB(255,204,0)
RGB(51,255,204)	RGB(255,153,153)	RGB(255,204,51)	RGB(102,153,255)	RGB(255,153,153)	RGB(255,255,153)

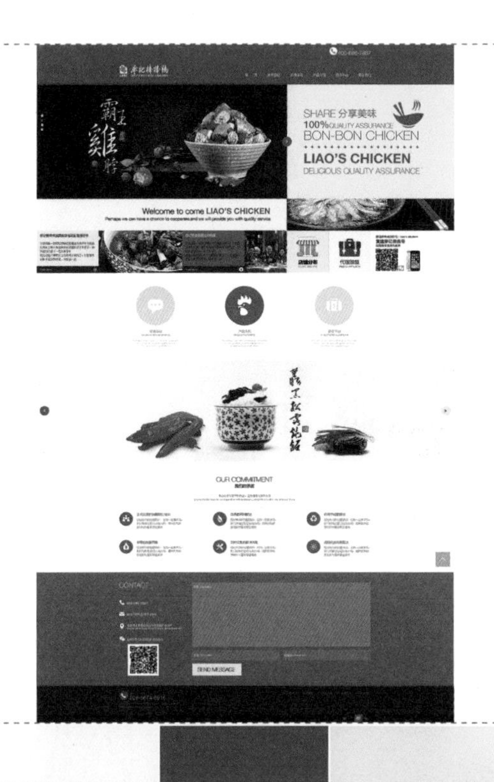

在该餐饮美食类网站界面设计中，使用不同明度的白色、浅灰色色块来划分界面中不同的内容区域。顶部导航菜单使用了高饱和度的红色背景，使界面层次表现得非常清晰，并且有效突出顶部的导航菜单。在界面局部点缀高饱和度的黄色，使网站界面表现出欢乐、热烈的氛围。

该网站使用浅灰色作为界面的背景主色调，有效突出界面中的主题内容，在界面局部使用高饱和度的红色来突出重点内容，同时也表现出食物的美味，增强人们的食欲。

5.6.9 医疗保健网站配色

不同的医疗保健机构因为服务对象不同，所以网站的内容、设计风格等方面也不尽相同。但通常此类网站内容应该是健康的、有科学依据的，在设计风格上应该注重沉稳、大方、结构清晰。

由于医疗保健网站是服务于广大人民群众的服务性网站，因此，其设计风格和网页配色等都要适合大多数人尤其是患者的心理感受。由于是服务性网站，对于设计师来说，在网页配色上不能太夸张、妖艳或妩媚。因为网站浏览者会有不同年龄段的人群，要使用积极的、正确的、客观的整体风格引导他们浏览网站，多选用温和、亲切、自然的色彩，最好不要选择过于浓重的色彩。

1．案例分析

案例背景	案例类型	生物医疗企业网站界面设计
	针对群体	大多数受众群体
	表现重点	浅灰色的背景使界面中的内容表现清晰、易读，局部搭配青色、蓝色等冷色系色彩，使界面更加自然、清新

配色要点	主要色相	浅灰色、青色、蓝色、蓝紫色
	色彩表现效果	清爽、自然、健康
	色彩辨识度	★★★☆☆

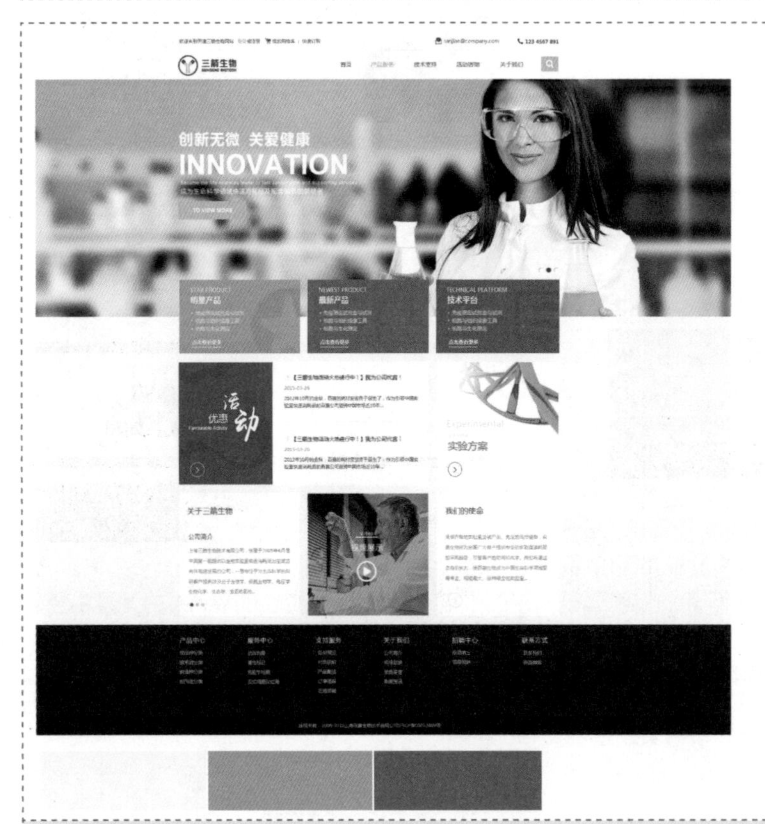

色相位置：浅灰色、青色、蓝色、蓝紫色

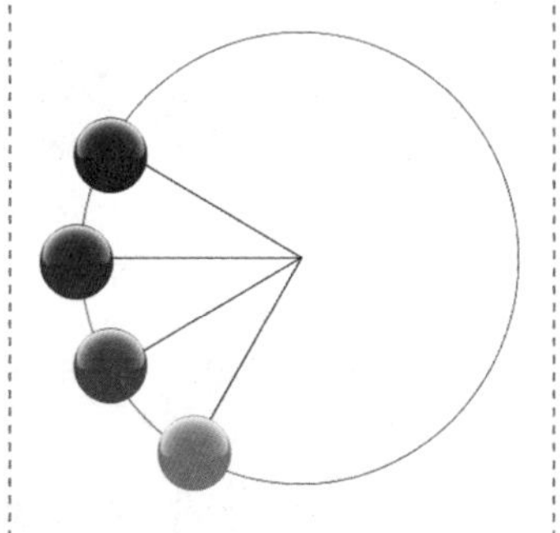

色调位置：白色、明亮色调

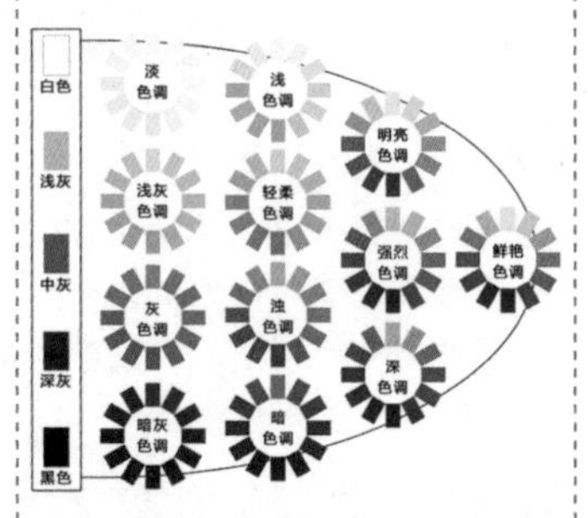

在该生物医疗企业网站界面设计中，使用接近白色的浅灰色作为界面的背景颜色，使界面信息内容更加明亮、清晰。在界面局部为不同的栏目分别应用了青色、蓝色和蓝紫色的背景颜色，这些都属于相邻的冷色系色彩，有效突出重点栏目内容，并且加入这些冷色系的色彩，也会使界面更加清爽、自然。界面中的信息内容并不是特别多，采用传统的布局方式，能够清晰地表现出界面的布局结构，并为浏览者提供清晰的浏览和阅读顺序。

2．配色方案

RGB(23,134,107) RGB(66,174,147) RGB(190,232,222)

RGB(56,121,177) RGB(226,223,214) RGB(233,237,241)

RGB(148,155,28) RGB(195,224,245) RGB(236,236,236)

RGB(131,190,92) RGB(229,213,199) RGB(237,240,216)

RGB(125,162,164) RGB(215,232,233) RGB(236,232,217)

RGB(247,202,46) RGB(176,231,249) RGB(255,255,255)

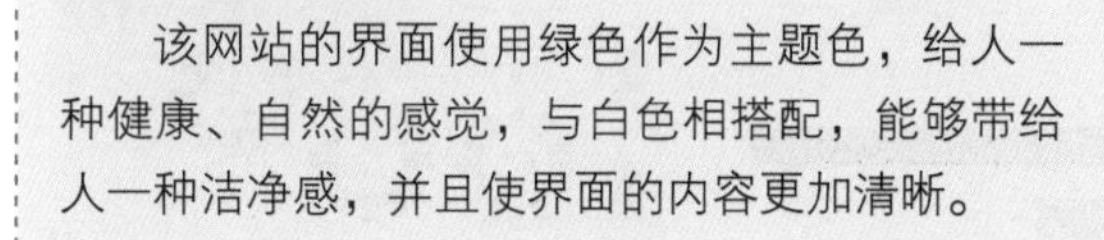

该网站的界面使用绿色作为主题色，给人一种健康、自然的感觉，与白色相搭配，能够带给人一种洁净感，并且使界面的内容更加清晰。	该网站使用纯白色作为界面背景的主色调，给人一种洁净、大方的感觉，搭配蓝色调，带给人清爽感与科技感，在局部点缀红色，形成强烈对比，突出重点信息。

5.6.10 房产家居网站配色

房产家居网站主要介绍房产市场信息和家居装饰等内容，网站的栏目形式可以多种多样。例如，房产家居论坛、房产家居搜索、房产家居信息发布等，这些都是根据企业创建网站的目的而决定的。不管内容如何，对于设计师来说只要设计出符合企业形象、特点的网站即可。

房产家居网站在设计上一般都追求形象、美观和大气，因此在设计这类网站时，可以采用绿色或蓝色系进行配色。当然，网页配色不一定非要使用某一种系列的色彩，只要颜色搭配合理，能够突出房产家居项目的特色即可。

1．案例分析

案例背景	案例类型	家居装饰网站界面设计
	针对群体	大多数受众群体
	表现重点	使用白色与浅灰色作为界面的背景主色调，给人清爽、简洁、大气的感受
配色要点	主要色相	白色、浅灰色、绿色
	色彩表现效果	清爽、简洁、大气、自然
	色彩辨识度	★★★☆☆

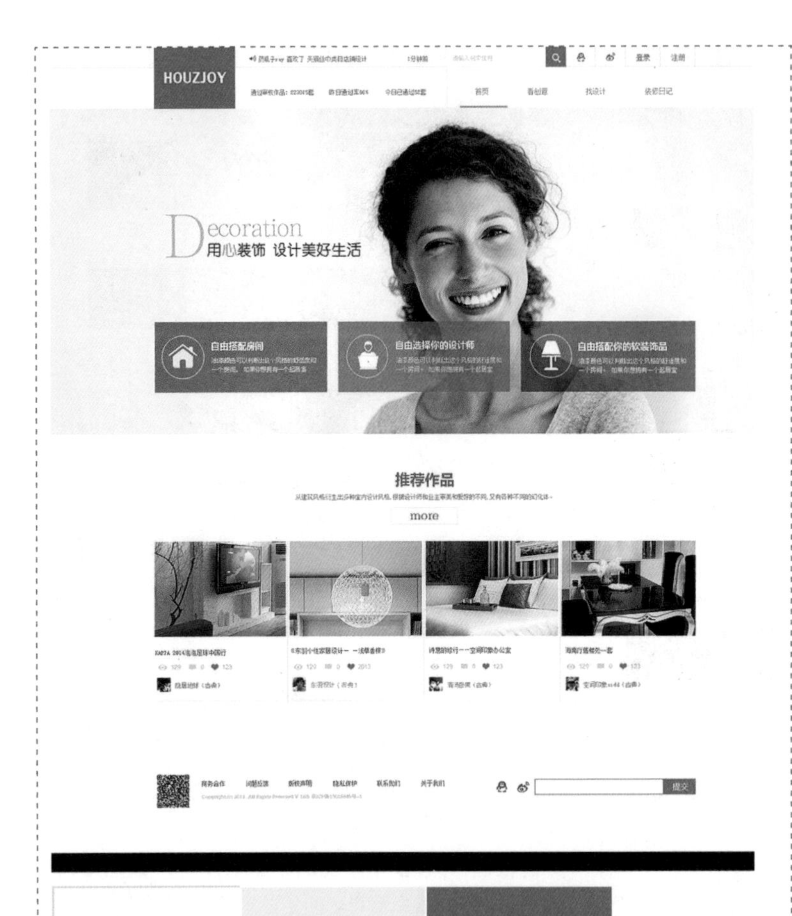

色相位置：白色、浅灰色、绿色

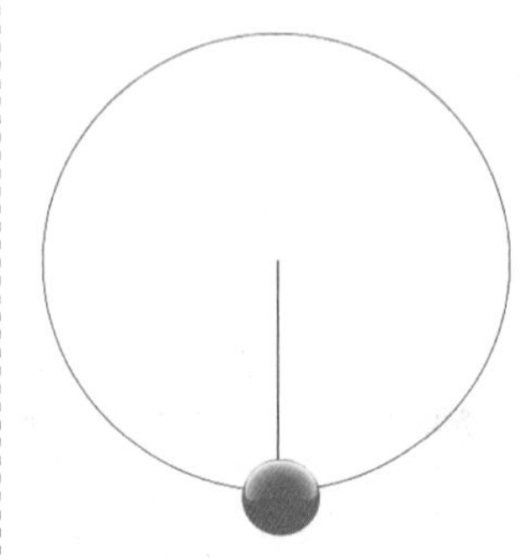

色调位置：明亮色调、白色、浅灰色调

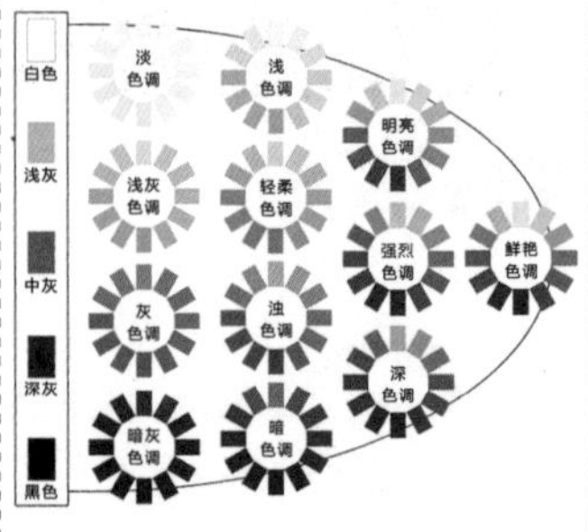

白色具有纯洁、明快、纯真、洁净与和平的表现效果，纯粹的白色背景对于网页内容的干扰最小。在该家居装饰网站界面设计中，使用白色作为界面的背景颜色，给人明亮、舒适的感觉，搭配浅灰色，使整个界面看起来简洁、纯净，浅灰色也会使界面看起来更精致。为界面中的重要选项部分点缀绿色，有效地突出了重点信息，并且能够给人带来健康、清新的感受。

2．配色方案

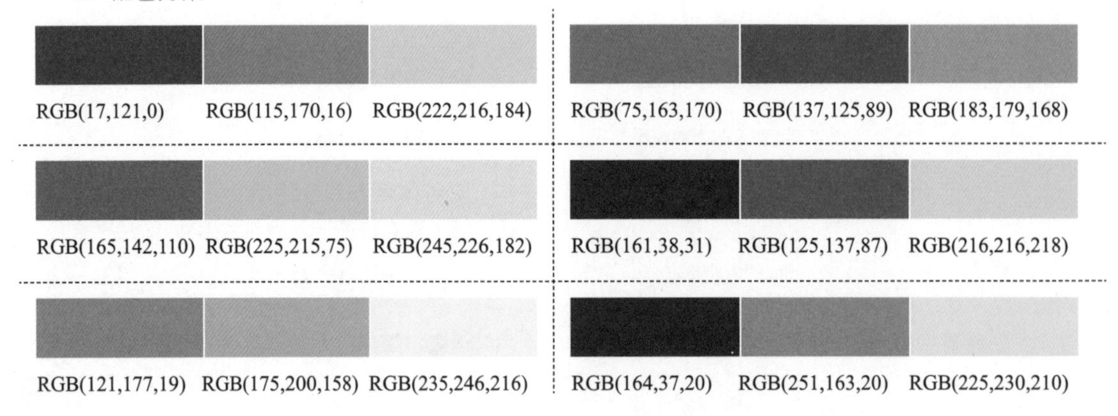

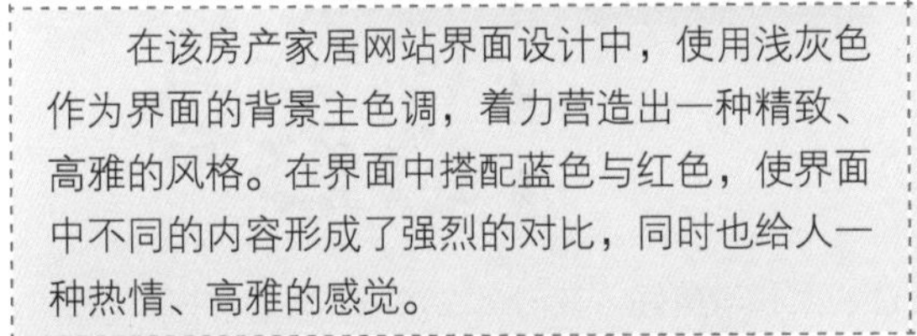

在该房产家居网站界面设计中，使用浅灰色作为界面的背景主色调，着力营造出一种精致、高雅的风格。在界面中搭配蓝色与红色，使界面中不同的内容形成了强烈的对比，同时也给人一种热情、高雅的感觉。

该家居活动宣传界面使用深暗的褐色作为背景的主色调，给人一种沉稳、厚重的感觉，使人安心，搭配同色系的棕色，给人一种稳重、舒适的感觉。

5.7 常见网站配色效果

不同的网站有着不同的风格，风格独特的网站往往能够给人留下深刻的印象。影响网站风格的因素有很多，而色彩无疑是其中重要的一个元素。优秀的设计师应该能够自如地运用各种颜色的调和与搭配，将自己对网站整体风格和创意的设计思想实体化。下面将根据常见的网站配色效果介绍相应的配色方案，向读者展示成功的配色案例，帮助读者掌握适当的配色方案，树立网站配色风格的技巧。

5.7.1 女性化网站配色

女性化的配色应用是表达女性美丽的配色模式。一般暖色系是能够体现女性柔和特色的色彩，若在搭配明度差较小的柔和颜色，则能更好地表现出女性的柔和。

柔和的暖色系色彩是具有春天气质的颜色，常用来表现春天百花齐放的艳丽，与同色系的色彩相搭配，能够得到柔和、明媚的色彩效果。

1．案例分析

案例背景	案例类型	女性网站界面设计
	针对群体	年轻女性
	表现重点	使用高明度的暖色系色彩相搭配，使界面表现出柔和、娇媚，突出女性化特点
配色要点	主要色相	浅粉红色、浅黄色、白色
	色彩表现效果	柔和、优美
	色彩辨识度	★★★☆☆

色相位置：浅粉红色、浅黄色

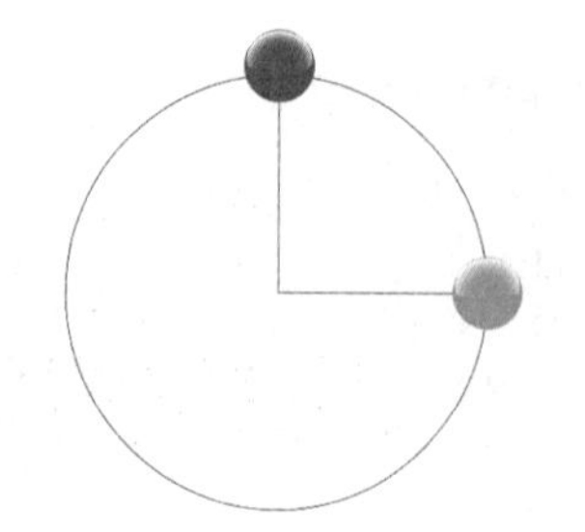

色调位置：明亮色调、柔和色调

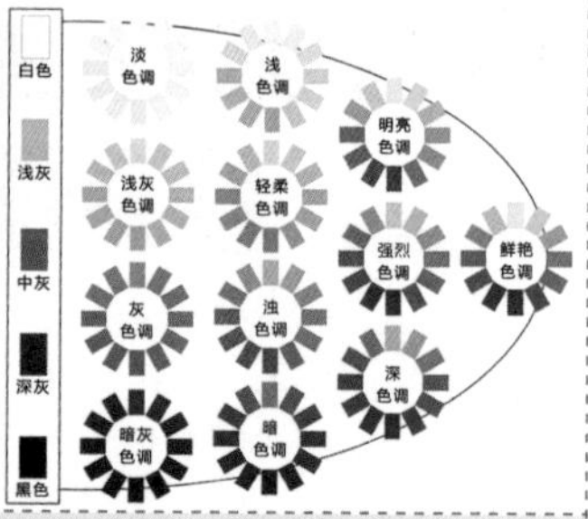

浅粉红色是一种很纯美的颜色，它能够表现出女性的柔和与美好。在该女性网站界面设计中，使用浅粉红色作为背景的主色调，在界面顶部搭配纯白色背景，突出导航菜单，纯白色给人纯净、素雅的感觉。在界面中搭配暗红色的文字与图形，使界面色调统一，并且视觉效果清晰。

2．配色方案

RGB(250,158,158) RGB(245,204,163) RGB(240,225,220)

RGB(217,140,140) RGB(240,186,168) RGB(253,230,207)

RGB(194,112,174) RGB(194,163,194) RGB(235,225,232)

RGB(198,140,217) RGB(250,158,204) RGB(255,255,255)

RGB(245,163,184) RGB(184,122,153) RGB(248,212,212)

RGB(240,117,179) RGB(240,168,168) RGB(240,222,168)

在该瑜伽健身网站界面设计中，使用高饱和度的紫色作为界面的主题色，在顶部的导航菜单和底部的版底信息部分应用紫色背景，从而形成上下呼应，表现出女性的柔美与浪漫，搭配高明度的女性瑜伽图片，使界面显得明亮、柔和，体现出女性特有的柔美。

在该网站界面设计中，使用粉紫色作为界面的主题色，与白色的界面背景相结合，表现出女性的浪漫、甜美与妩媚，点缀少量的绿色与橙色，表现出秋季浓浓的情感。

5.7.2 男性化网站配色

冷色系色彩是比较适合表现男性化的网站配色。使用明度差别较大、对比强烈的配色，或者使用灰色及有金属质感的色彩，能很好地描绘出男性特点。

想要体现出男性的阳刚气质，常常以灰色和深蓝色系为主，色调暗、钝、浓，配以褐色，给人稳重、男性化的感觉，显得理智坚毅，让人联想起男性的精神。

1．案例分析

案例背景	案例类型	男性用品网站界面设计
	针对群体	年轻男性
	表现重点	使用黑色与冷色系色调相搭配，给人稳重、男性化的感觉，让人联想起男性的精神
配色要点	主要色相	黑色、浅灰色、褐色、黄色
	色彩表现效果	刚强坚实、沉着稳重、男性化
	色彩辨识度	★★★★☆

色相位置：黑色、褐色、黄色

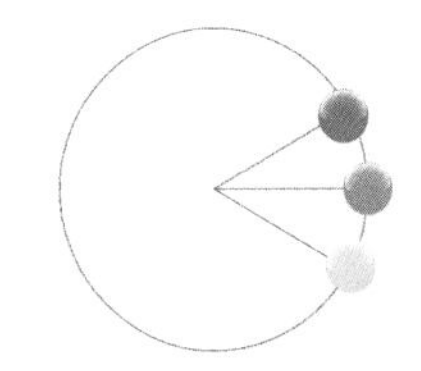

色调位置：黑色、暗色调、暗灰色调

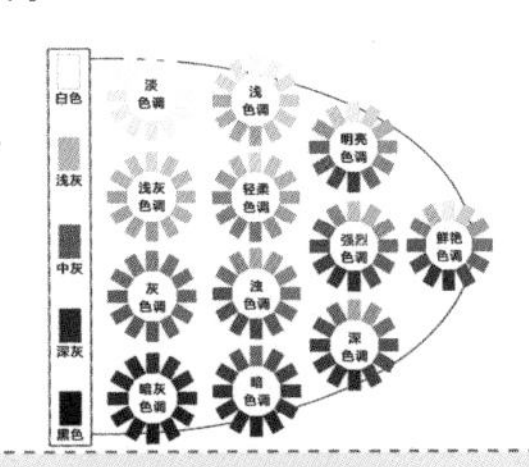

黑色是最暗的颜色，搭配其他色彩，对比强烈，同时黑色也能够体现出男性的刚毅性格。在该男性用品网站界面设计中，使用浅灰色作为界面的背景颜色，与顶部的黑色宣传广告图片相搭配，这种无彩色的搭配能够表现出沉着、稳重的效果。在界面局部点缀褐色和黄色，褐色具有男性的阳刚和沉稳，配以黄色，表现出理智、冷静的男性化特点。

2．配色方案

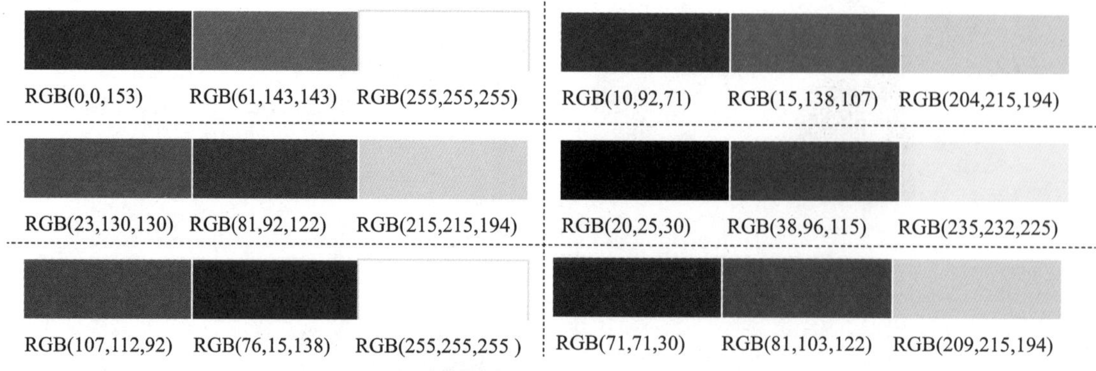

该运动健身网站使用深蓝色作为界面的主色调，通过深蓝色的三角形色块背景对界面进行倾斜分割，使界面更富有运动感，很好地体现出健身运动的动感与魅力。

该运动服装宣传网站使用高饱和度的蓝色作为界面背景的主色调，通过变化明度使界面背景增加色彩层次感。在界面中搭配黑色，使得界面给人一种沉着、稳重的感觉。

5.7.3 稳定安静的网站配色

低饱和度的冷色系给人一种凉爽感，使用这些颜色可以让人的心灵享受宁静。搭配大自然中小草或绿树这样的颜色，能够起到净化心灵的作用。

使用灰色调搭配能够使界面产生安稳的效果，少量的暗色能够在界面中强调明度的对比，在安稳中带着一股回归乡野、与世无争的意味。

1．案例分析

案例背景	案例类型	旅游网站界面设计
	针对群体	大众人群
	表现重点	使用低明度的深蓝色与白色相结合作为界面的背景颜色，划分出不同的内容区域，加入绿色点缀，使界面给人稳定、自然的感觉

配色要点	主要色相	深蓝色、白色、绿色
	色彩表现效果	稳定、和谐、自然
	色彩辨识度	★★★☆☆

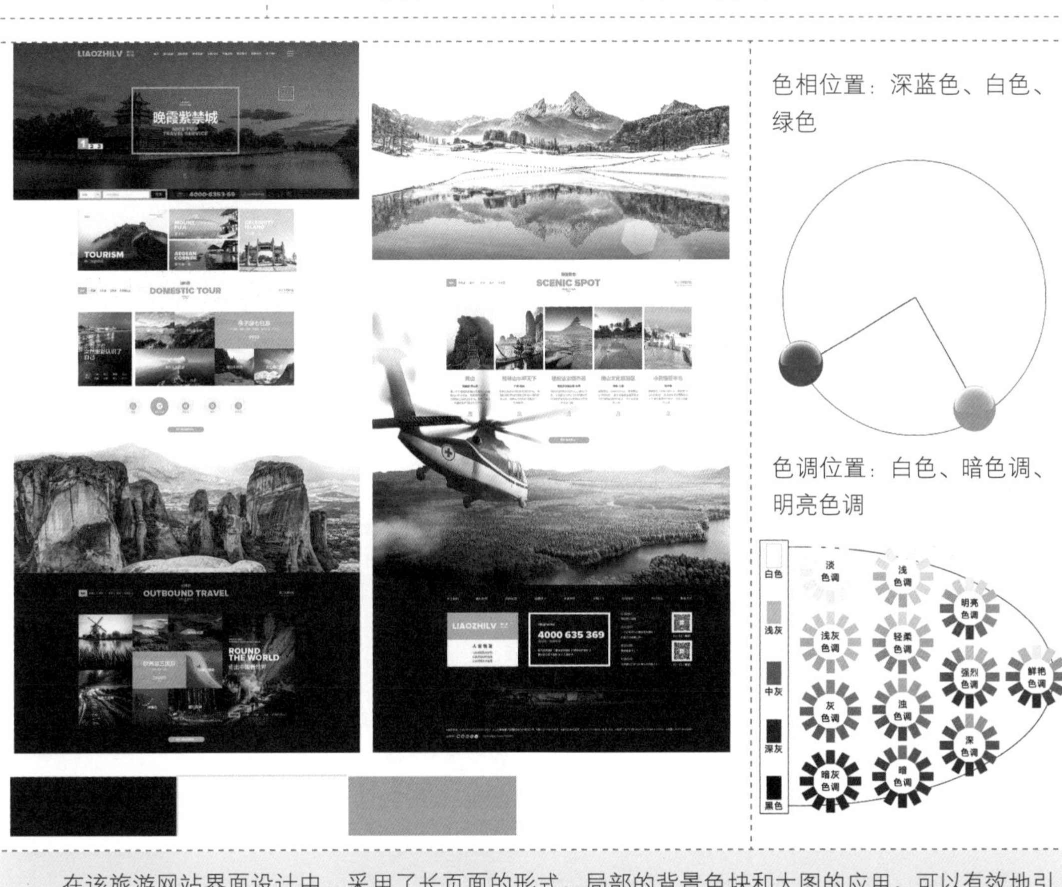

在该旅游网站界面设计中，采用了长页面的形式，局部的背景色块和大图的应用，可以有效地引导用户在大量的信息中迅速捕捉重点内容。使用深蓝色与白色背景相结合，在界面中有效地划分了不同的内容区域，并且深蓝色能够给人一种稳定、踏实的感觉。在界面局部点缀高明度的绿色，突出重点信息，并且绿色也会使界面更加富有自然气息。

2. 配色方案

RGB(194,163,171) RGB(186,194,163) RGB(163,179,194)

RGB(139,193,179) RGB(185,179,204) RGB(194,186,163)

RGB(194,174,112) RGB(194,209,148) RGB(194,133,112)

RGB(143,174,133) RGB(133,133,174) RGB(174,133,154)

RGB(194,171,163) RGB(172,200,211) RGB(179,194,163)

RGB(122,184,184) RGB(184,153,122) RGB(184,184,122)

该家居用品宣传网站使用了高明度、低饱和度的浅蓝色作为页面的主色调，给人一种清爽、自然、柔和的感觉，局部搭配棕色，使得界面让人感觉稳定而自然。

在该烘焙食品网站界面设计中，使用了高明度、低饱和度的浅棕色作为界面的主色调，给人带来柔和、舒适、温馨的感觉。将手绘风格的插图与真实的照片进行了完美的结合，使得界面的风格独特，并且能够给人带来很强的艺术感。

5.7.4 兴奋激昂的网站配色

通过颜色表现出的兴奋与平静等心理感觉和颜色的三要素（色相、明度和饱和度）有着密切的关系，高饱和度的暖色系带给人温暖、兴奋的感觉。鲜明的色彩总是让人感觉明快、令人振奋，它有着引人注目的能量，显得生机勃勃，高饱和度的色彩搭配给人一种大胆的感觉。

在众多色彩里，红色是鲜艳生动、热烈的颜色，它代表着激进主义、革命与牺牲，常常让人联想到火焰与激情。

低明度的色彩带给人沉稳的感觉，表面看起来很安定，隐约透露出一种动感，使用给人兴奋感觉的颜色作为基色，搭配温暖感觉的色调，会使整个界面的表现效果更加突出。

1. 案例分析

案例背景	案例类型	运动网站界面设计
	针对群体	热爱运动的人群
	表现重点	高饱和度的橙色能够给人带来活力的感觉，与蓝天、白云的大自然图片背景形成对比，使界面表现出活力、激昂的氛围
配色要点	主要色相	橙色、蓝色、白色
	色彩表现效果	热烈、活力、兴奋、激昂
	色彩辨识度	★★★★★

色相位置：橙色、蓝色、白色

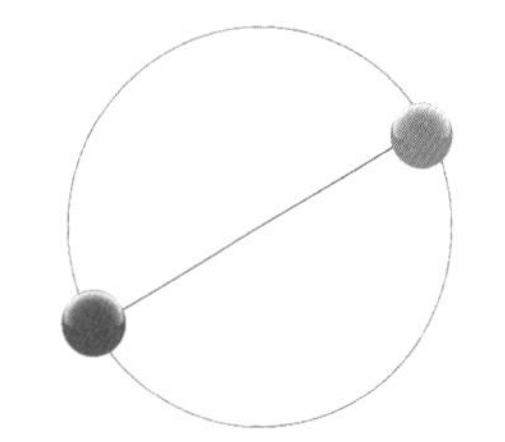

色调位置：白色、浊色调、鲜艳色调

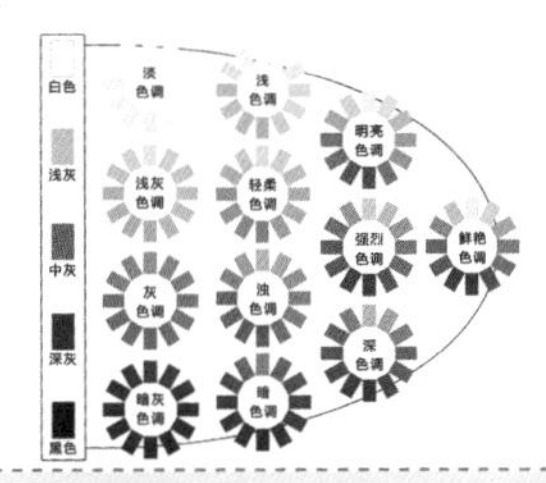

在该运动网站界面设计中，使用橙色作为界面的主题色，表现出动感与富有活力的效果。界面中橙色色块与背景中的蓝天形成对比，有效突出橙色色块中的主题内容，并且不规则的几何形状色块与运动人物相互叠加，又能够表现出界面的空间立体感，使得整个界面让人感觉充满活力与动感。

2．配色方案

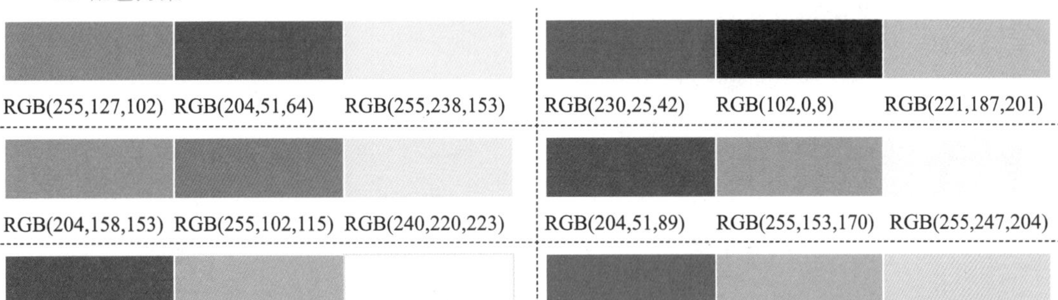

RGB(255,127,102) RGB(204,51,64) RGB(255,238,153)

RGB(230,25,42) RGB(102,0,8) RGB(221,187,201)

RGB(204,158,153) RGB(255,102,115) RGB(240,220,223)

RGB(204,51,89) RGB(255,153,170) RGB(255,247,204)

RGB(204,51,51) RGB(240,168,198) RGB(255,255,255)

RGB(255,51,51) RGB(153,204,51) RGB(255,204,221)

该家装涂料网站界面的布局形态新颖，采用大面积的鲜艳色彩，形象地阐述了界面的主题内容，巧妙运用色块会使界面具有强烈的视觉冲击力，使用户感受到活力与兴奋的感觉。

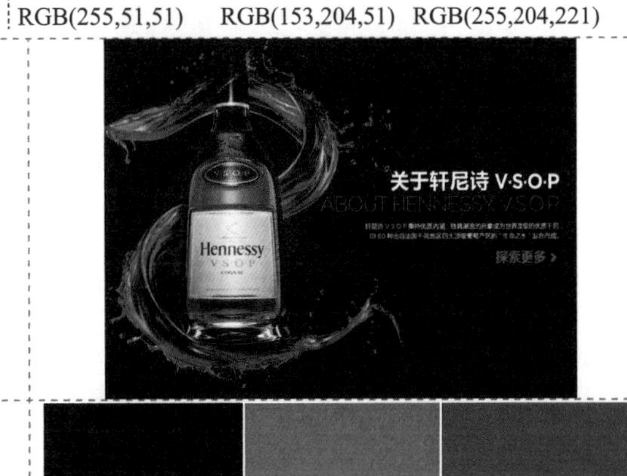

该酒类宣传网站使用明度最低的黑色作为界面的背景颜色，给人一种尊贵、高档的感觉，搭配暗红色的产品与图形，表现出一种动感，整体给人一种兴奋与激情的感觉。

5.7.5 轻快律动的网站配色

色彩的轻重感和色彩三要素中的明度关系密切，鲜艳的高明度色彩给人轻快的感觉，如果同时再加上白色，则还能增添清洁、明亮之感。

高明度的色调能够表现出柔嫩的效果，与对比色搭配能够展现出美好动人的风采；与互补色搭配，会给人亲近柔和的感觉；高明度色彩与同色系搭配，能够表现出含蓄之美；与邻近色搭配，能够表现出青春童话般的美妙联想；搭配低饱和度的间色或互补色，会给人带来享受和欢乐的感觉。

1．案例分析

案例背景	案例类型	果味酒类产品宣传网站界面设计
	针对群体	追求小资情调的人群
	表现重点	使用明亮的低饱和度色彩与同色系色彩相搭配，表现出轻快、自然、律动的感觉
配色要点	主要色相	黄绿色、绿色、白色
	色彩表现效果	轻快、自然、律动
	色彩辨识度	★★★★☆

色相位置：黄绿色、绿色、白色

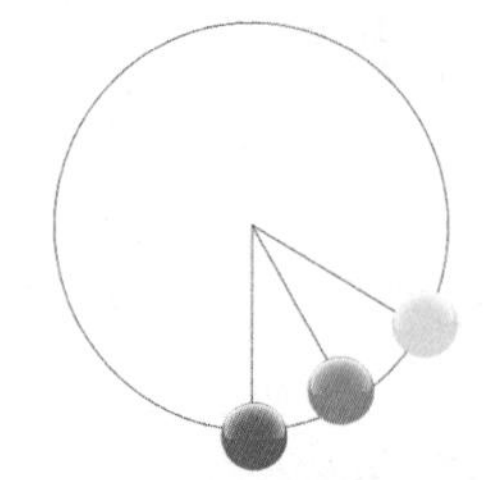

色调位置：明亮色调、轻柔色调

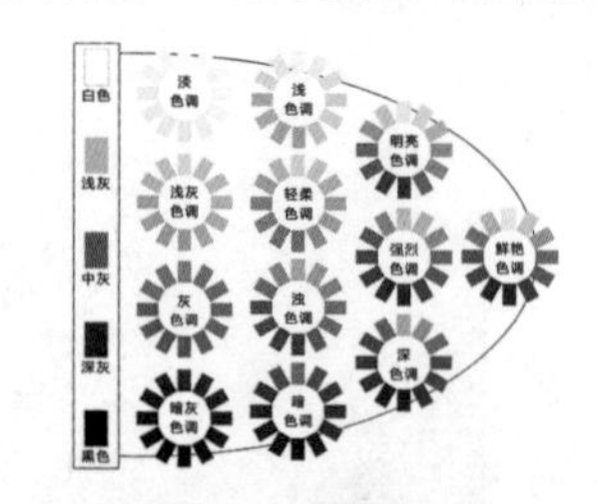

在该果味酒类产品的宣传网站界面设计中，使用高明度的黄绿色作为界面的背景颜色，给人一种柔和、美好的感觉。绿色给人新鲜、自然的感觉，在界面中搭配同色系高饱和度的绿色，给人带来轻快的感觉。导航菜单使用了白色背景，使界面更加明亮、通透，不同颜色的导航菜单文字表现出律动感。

2．配色方案

RGB(184,215,225) RGB(184,184,225) RGB(225,225,184)

RGB(240,230,220) RGB(184,225,225) RGB(215,184,225)

RGB(215,184,209)	RGB(215,215,194)	RGB(194,199,215)	RGB(240,220,220)	RGB(204,189,220)	RGB(212,220,189)
RGB(204,189,220)	RGB(220,240,235)	RGB(220,212,189)	RGB(225,194,184)	RGB(225,215,184)	RGB(184,215,225)

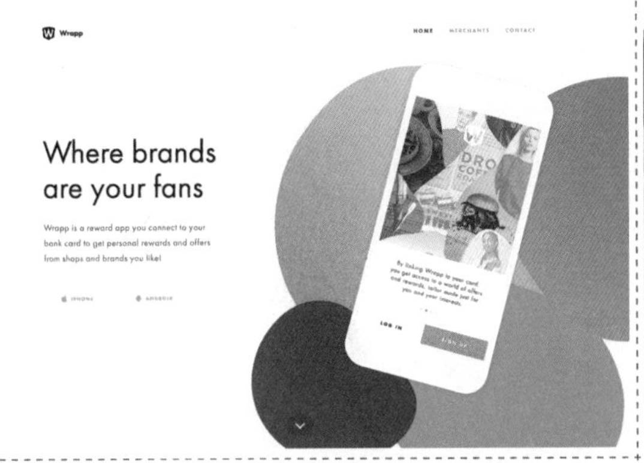

该网站使用明度很高的浅灰色作为界面背景的主色调，给人一种清爽、简洁的感觉。在界面中通过多种高饱和度色彩图形来衬托内容，加入高饱和度色彩会使界面表现出轻快感与律动感。

在该洗发水宣传网站中使用黄色与同色系不同明度的色彩相搭配，通过色彩明度的不断变化给人带来一种轻快感，再加上深色的曲线线条，增强了整个界面的律动感。

5.7.6 生动活力的网站配色

暖色系的配色一般让人觉得生动、朝气蓬勃、富有活力。如果暖色系的配色使用不当，则会让人觉得过于轻浮，或者让人的眼睛易于疲劳。因此，为了使这种生动、富有活力的感觉更加自然，恰当地使用调色显得尤其重要。例如，如果红色显得过于刺激，搭配黄色与红色的中间色，则可以增加柔软感；如果使用绿色系颜色，也能够给人一种稳定、安静的感觉。

1．案例分析

案例背景	案例类型	饮料产品宣传活动网站界面设计
	针对群体	学生、年轻人群
	表现重点	使用暖色系的黄色搭配邻近色能够使界面表现出充满活力的氛围
配色要点	主要色相	黄色、橙色、蓝色
	色彩表现效果	生动、朝气蓬勃、富有活力
	色彩辨识度	★★★★★

色相位置：黄色、橙色、蓝色

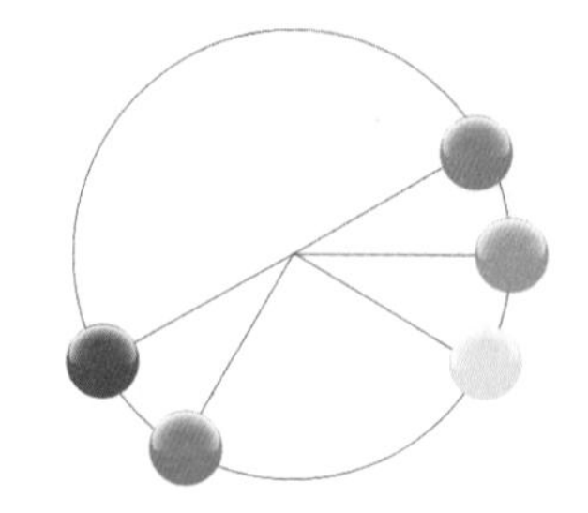

色调位置：鲜艳色调、明亮色调

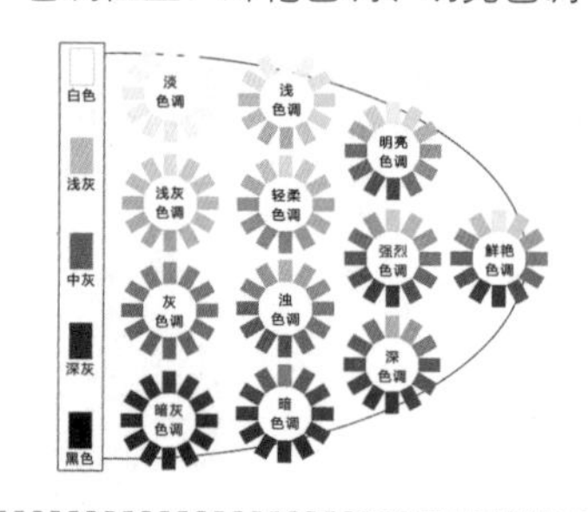

在该饮料产品的宣传活动网站界面设计中，使用高饱和度的黄色作为主色调，与蓝天、白云的插图形成鲜明的呼应，表现出活力与朝气。在界面中搭配黄色的邻近色橙色，既可以使界面的色彩层次更加丰富，也可以使界面更加生动，导航菜单文字及小图标都使用了蓝色进行搭配，与黄色形成强烈对比，使界面更具有活力。

2．配色方案

RGB(225,217,102) RGB(255,140,102) RGB(217,255,102)

RGB(240,186,168) RGB(204,240,168) RGB(168,222,240)

RGB(255,255,102) RGB(255,179,102) RGB(179,255,102)

RGB(209,240,117) RGB(117,209,240) RGB(255,255,255)

RGB(225,102,102) RGB(140,255,102) RGB(255,217,102)

RGB(125,232,232) RGB(232,125,125) RGB(232,232,125)

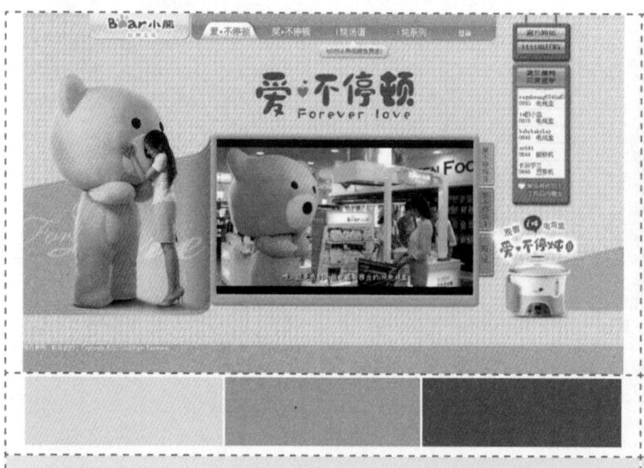

在该小家电宣传网站中，使用浅黄色作为界面的背景色，表现出温馨感，搭配高饱和度的橙色与红色，给人满满的温暖感，同时也使界面更加活跃、生动、充满活力。

在该茶饮料宣传网站中，使用绿色作为界面背景的主色调，使用大自然的茶园图片作为界面的满屏背景，给人一种清爽、自然、健康的感觉。在界面中搭配与该品牌形象统一的黄色，使界面更加朝气蓬勃、充满活力。

5.7.7 清爽自然的网站配色

搭配清澈的蓝色系色调会使画面显得清爽，添加近似色的点缀，更能彰显画面的天然性。例如，大自然的气息能够带给人清新的享受与希望的力量，常用于网页设计和广告设计中，与对比色搭配能呈现出清爽、清澈的感觉。

高明度的色调能够表现出清爽、明快的感觉，与原色、间色或复色搭配，给人开朗、豪放的感觉；与邻近色搭配，效果会很自然和谐，使人们产生一种舒适、惬意的感受。高明度的冷色调能够给人一种开朗、积极向上、轻松诙谐的感受，常用于日化用品设计与漫画设计中，加入天蓝色，显得包罗万象。

1．案例分析

案例背景	案例类型	果汁饮料宣传网站界面设计
	针对群体	青少年人群
	表现重点	使用大自然中的色彩进行搭配处理，使界面表现出自然、清爽的效果
配色要点	主要色相	绿色、黄绿色、黄色
	色彩表现效果	自然、清爽、健康
	色彩辨识度	★★★★☆

色相位置：绿色、黄绿色、黄色

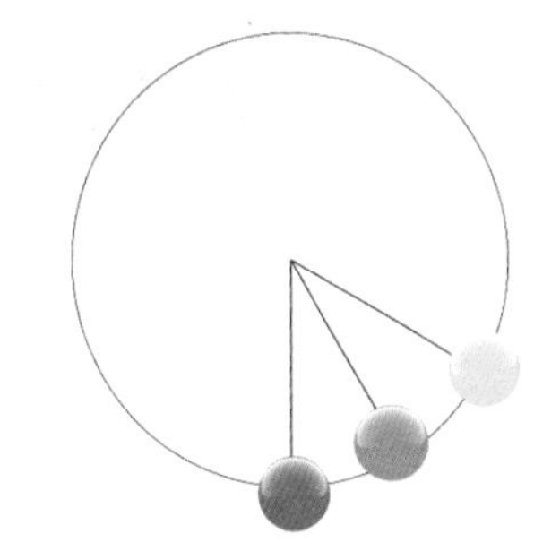

色调位置：轻柔色调、明亮色调

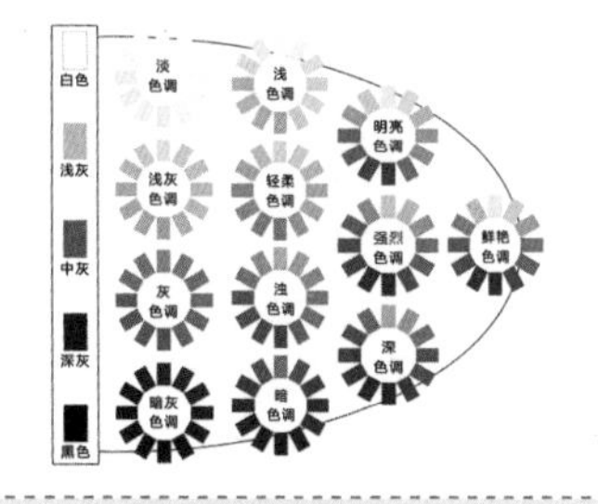

在该果汁饮料宣传网站界面设计中，使用高明度、低饱和度的浅绿色作为界面的背景颜色，使界面表现出柔和、清新、自然的效果。在界面中搭配大自然的色彩，如绿色、蓝色、黄色等，从而使界面显得更加清新、自然。卡通的手绘水果图形与真实的人物和产品图片相结合，给人一种自然、可爱的感觉，界面的整体给人清爽、自然的感觉，能够给浏览者留下深刻而美好的印象。

2．配色方案

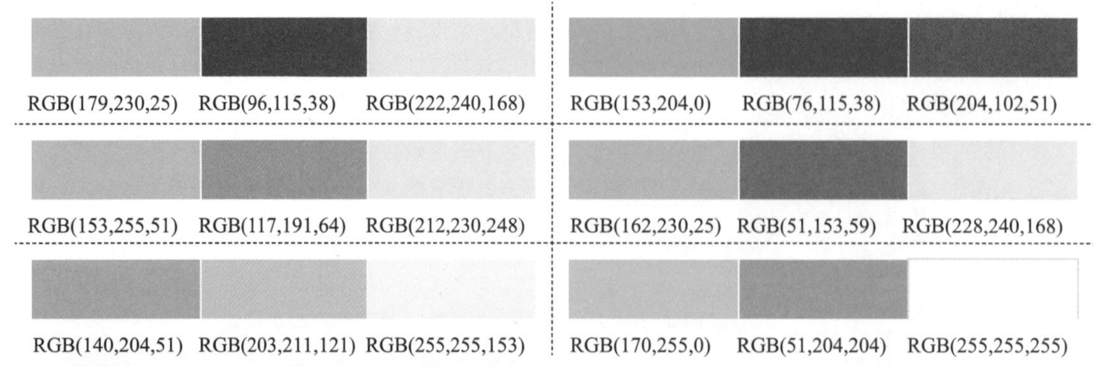

在该旅游度假网站界面的设计中，使用蓝天、白云、大海这些大自然的场景作为界面的整体背景，容易将人们带入场景中。使用蓝色的同色系色彩相搭配，让人感觉舒适、清爽，联想到在炎热的夏天，待在这样的地方是很惬意的事情。

该保健品网站使用高明度的蓝天、白云作为界面的背景，给人一种自然、清爽、柔和的感觉，有效突出绿色大树，界面整体构成一幅大自然的场景，让人感到惬意而舒适。

5.7.8 高贵典雅的网站配色

雍容华贵的色调常用于表现浓郁、高雅的情调与热情奔放的情感，还能表现出女性的柔美，常用于表现女性的礼服，根据色调的差异还可以表现出温暖、时尚的效果。使用明度和饱和度较高的暖色调，如红色、洋红色、橙色和黄色等，可以表现出华丽、绚丽的感觉。

低明度色彩表现效果沉稳，是一种具有传统气息的色彩，适用于表现庄重、典雅的气氛及浓郁、沉香的食物，与同色系、邻近色相搭配，色调和谐统一；搭配互补色，表现出干净、利落的效果。低明度、高饱和度的色调，能够给人高贵、时尚、华丽、典雅的现代感。例如，酒红色比纯红色更显成熟、有韵味，女性穿上这种色调的服饰会尽显女性魅力。

1．案例分析

案例背景	案例类型	时尚女装品牌的宣传网站界面设计
	针对群体	时尚成熟女性
	表现重点	使用低明度的深棕色作为界面的主色调，表现出高贵、典雅的品牌魅力

配色要点	主要色相	深棕色、深红色
	色彩表现效果	高贵、典雅、富有女性魅力
	色彩辨识度	★★★☆☆

色相位置：深棕色、深红色

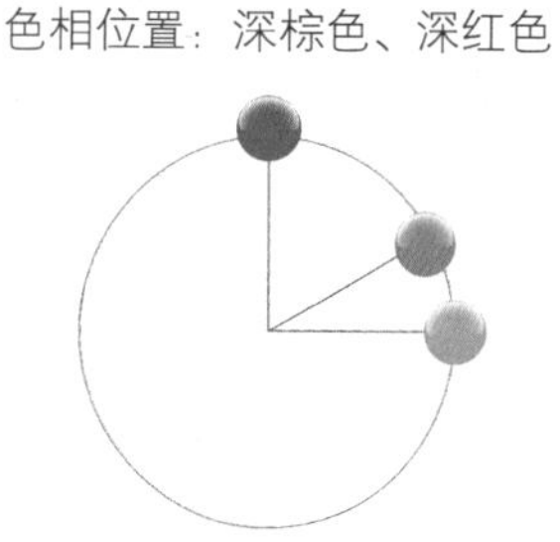

色调位置：暗色调、暗灰色调

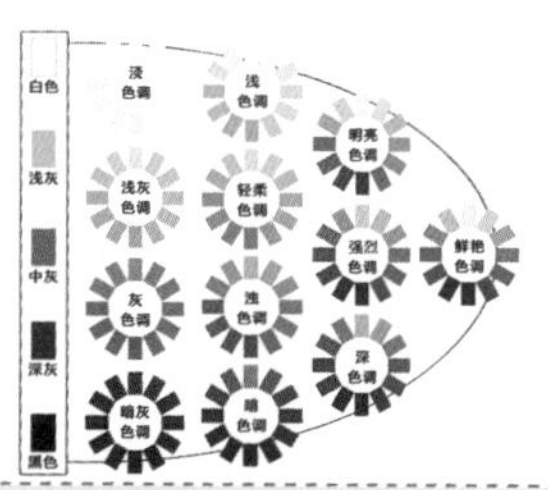

在该时尚女装品牌的宣传网站界面设计中，使用低明度深暗的棕色作为界面的主色调，深棕色能够给人一种沉稳、低调的感觉。界面整体色调统一，设计非常简洁，仅在背景中放置人物素材，并没有其他任何元素，给人一种精致、典雅的感受，并且能有效突出界面中的信息内容。

2．配色方案

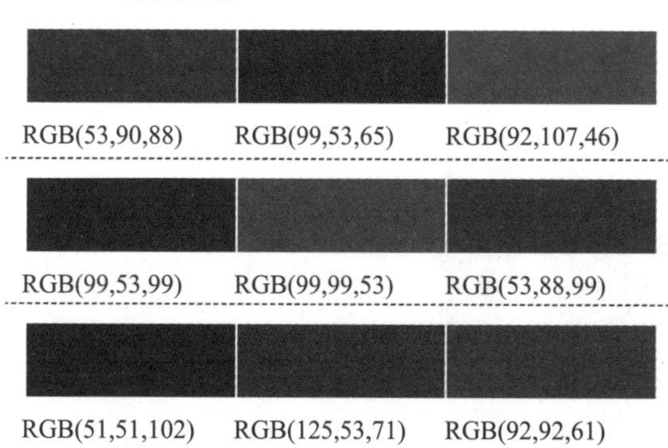

RGB(53,90,88) RGB(99,53,65) RGB(92,107,46)

RGB(99,53,99) RGB(99,99,53) RGB(53,88,99)

RGB(51,51,102) RGB(125,53,71) RGB(92,92,61)

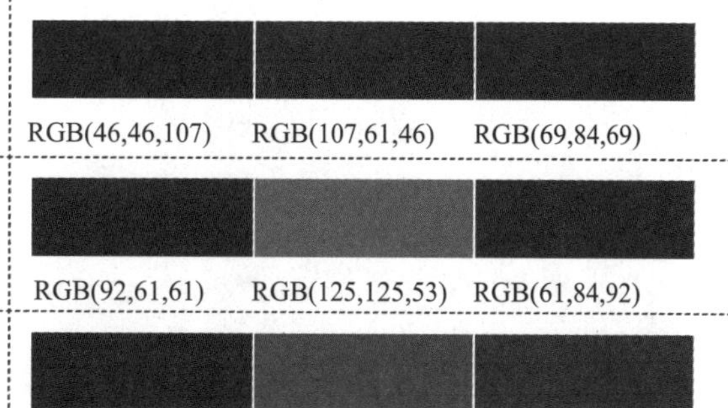

RGB(46,46,107) RGB(107,61,46) RGB(69,84,69)

RGB(92,61,61) RGB(125,125,53) RGB(61,84,92)

RGB(92,61,69) RGB(62,116,76) RGB(46,92,107)

该网站的界面采用华丽、经典的配色方案，土黄色渐变背景和车的金属质感营造出时尚，华丽的效果，局部橙色的点缀增加界面的时尚感和层次感，整个界面给人一种享受高品质生活的氛围。

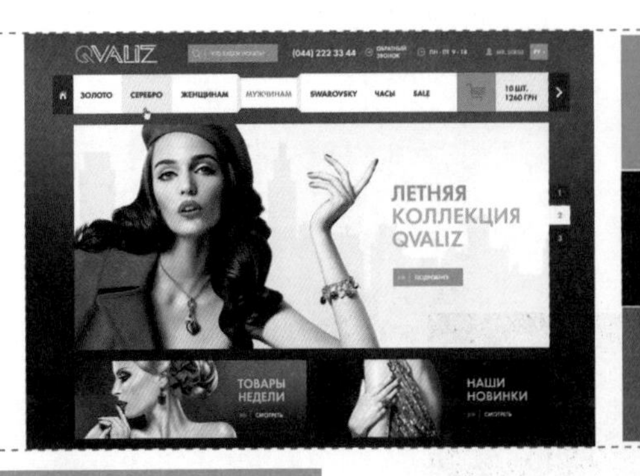

该网站使用红色到暗红色的渐变作为界面的背景主色调，营造出一种典雅的氛围，纷繁炫目的装饰给人一种华美的感觉，使整个界面表现出高贵典雅、雍容华贵的效果。

5.7.9 优雅的网站配色

紫色或粉色系列是最能够表现女性优雅气质的颜色，尤其是低饱和度的暗淡紫色或紫红色，能够非常好地表现出庄重、高品位的优雅感觉，明亮的粉色或紫色则能够完美地表现出温柔感和优雅感。

1．案例分析

案例背景	案例类型	时尚女装网站界面设计
	针对群体	年轻时尚女性
	表现重点	使用紫色作为界面的主题色，表现出女性的优雅与浪漫气质，搭配高饱和度的黄色，使界面表现出时尚感
配色要点	主要色相	紫色、黄色
	色彩表现效果	优雅、魅力、时尚
	色彩辨识度	★★★★☆

色相位置：紫色、黄色

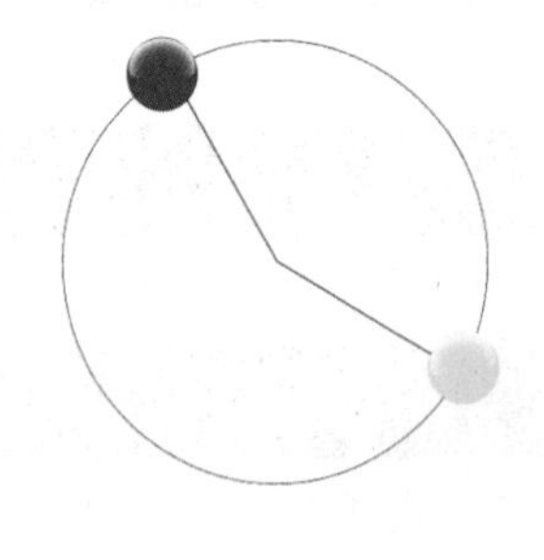

色调位置：强烈色调、深色调

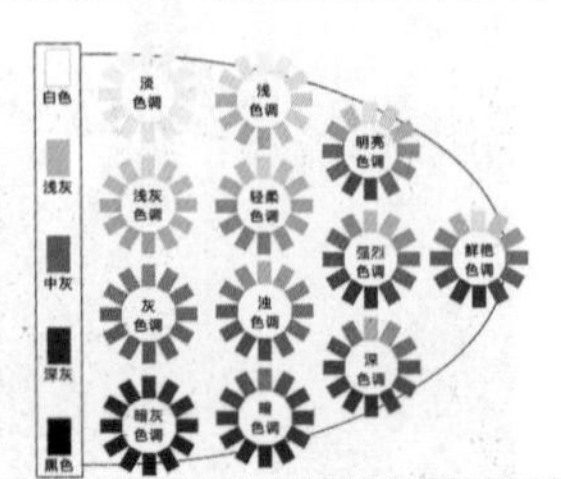

紫色是一种非常女性化的颜色，很适合表现与女性相关的内容。在该时尚女装网站界面设计中，使用紫色作为界面的主色调，对紫色明度进行变化，能够充分表现出女性的优雅与高贵气质。在界面中搭配高饱和度的黄色，使界面表现出活力与时尚感。

2．配色方案

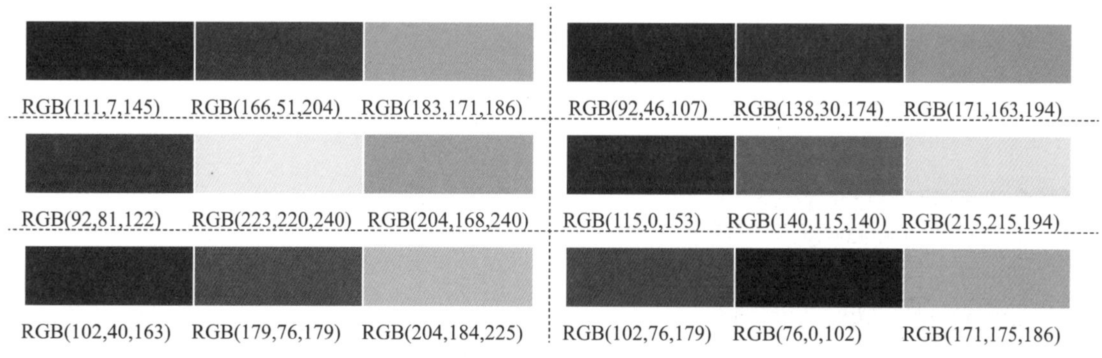

在该化妆品网站界面设计中，使用香槟黄作为界面的主色调，搭配白色，使整个界面表现得更加柔和、舒适、高雅。添加少量的蓝色文字与背景形成对比效果，增强了界面的视觉层次。

在该女装网站界面设计中，使用浅紫色作为界面的主色调，搭配白色可以更好地表现出温和的气质和氛围，展现出女性的优雅。搭配洋红色，并且点缀多种高明度色彩，更能够展现出女性的优雅感和时尚感。

5.7.10 成熟的网站配色

代表成熟风格的配色方案一般由暗淡系列的色调构成。暗淡且没有明度差的配色比较容易描绘出都市的成熟风采，低饱和度的红色和紫色则能够营造出优雅的氛围。同时，褐色系列的颜色显得自然，也能够体现出成熟感。

1．案例分析

案例背景	案例类型	企业网站界面设计
	针对群体	大众人群
	表现重点	使用深灰色与浅灰色搭配作为界面的背景色，清晰划分出不同的内容区域，并且给人大方、成熟的感觉

配色要点	主要色相	深灰色、浅灰色、橙色
	色彩表现效果	大方、成熟、稳重、活力
	色彩辨识度	★★★★☆

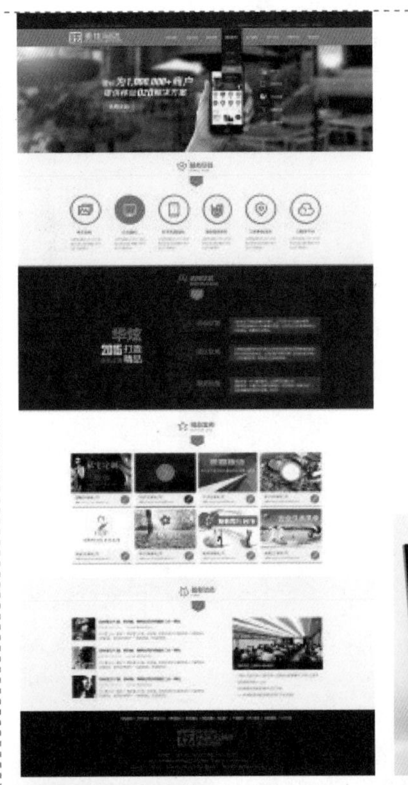

色相位置：深灰色、浅灰色、橙色

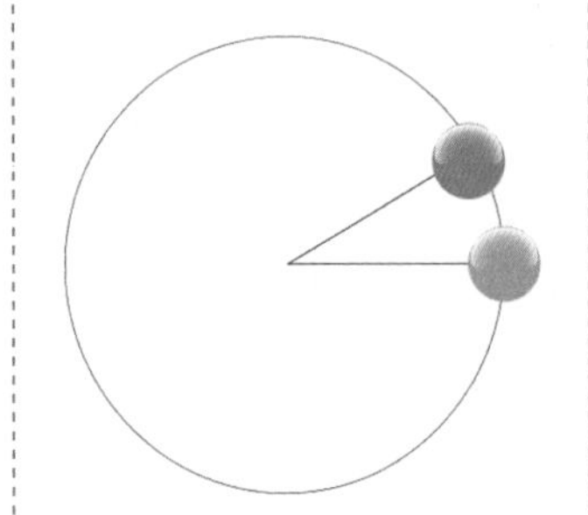

色调位置：灰色调、鲜艳色调

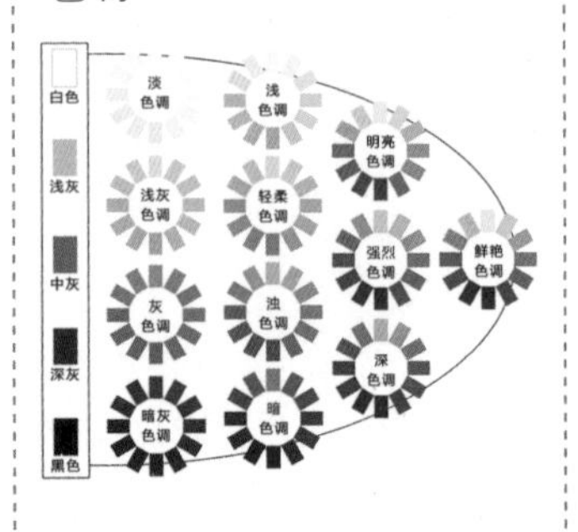

深灰色给人一种稳重、成熟的感受，浅灰色能够给人以时尚感和科技感，使用深灰色和浅灰色相结合来划分界面的背景区域，色彩明度的差异对比，使得界面的层次结构非常清晰。橙色是比较温馨、舒适的颜色，作为界面中的点缀色，能够有效突出界面中的重点信息内容，并且为界面带来活力感。在不同的背景色上搭配不同颜色的文字，使得文字非常醒目，整个网站界面给人一种大方、成熟、富有活力的感觉。

2．配色方案

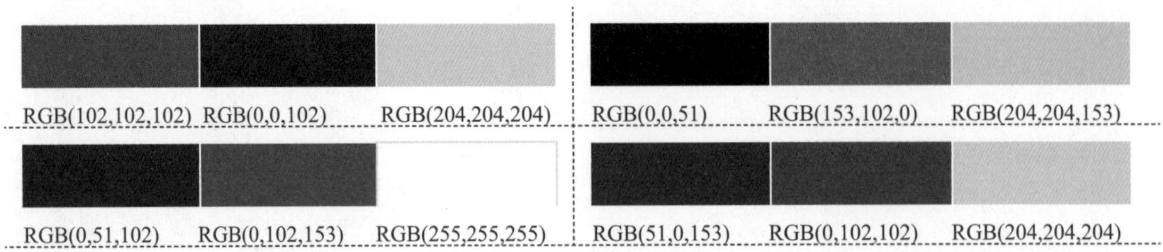

RGB(0,51,51) RGB(51,102,102) RGB(204,204,204)

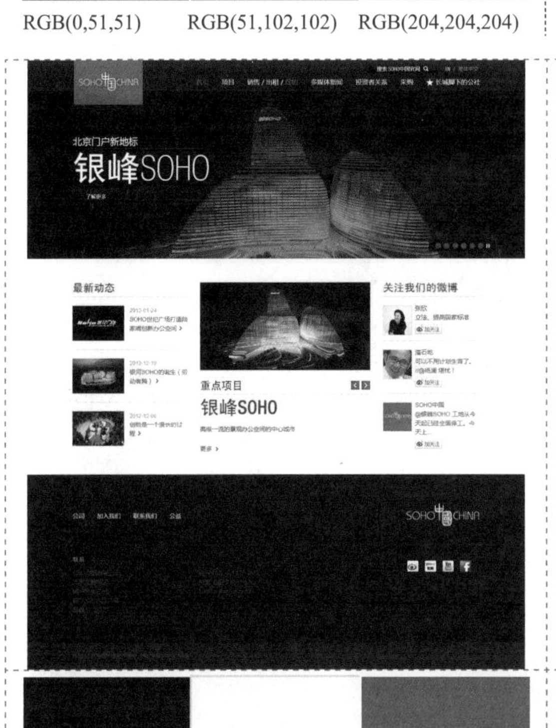

这是一个房地产企业的宣传网站界面，在界面顶部的导航菜单和底部的版底信息都使用了深灰色的背景，而中间内容部分则使用了接近白色的浅灰色背景，使得界面布局结构非常清晰。为左上角的Logo点缀高饱和度的红色背景，可以活跃界面的整体氛围，界面整体表现出简洁、大方、稳重的效果。

RGB(0,0,153) RGB(51,102,153) RGB(102,153,204)

在该茶产品的宣传网站设计中，使用了棕色作为界面的主色调，通过不同明度的棕色相搭配，有效划分出了界面中不同的内容区域，棕色是一种自然的色彩，能够给人一种厚重、沉稳的感觉。在界面局部点缀红色和蓝色，活跃界面的氛围，使界面表现出成熟感、稳重感，同时又富有现代感。

5.8 网站UI配色欣赏

Indian
A Legend is
Built One Rider
at a Time
SHOP ACCESSORIES

Start your
workouts
with
Tasks
Human
changed
the game
Diet & workout
all features

HB
Feel the
DANCE
RHYTHM
inside your soul
Contemporary dance style

gogoro
04.20
Sec
0-50
Faster is just the beginning. We pushed performance engineering to
all new levels, delivering unprecedented power, agility and control.

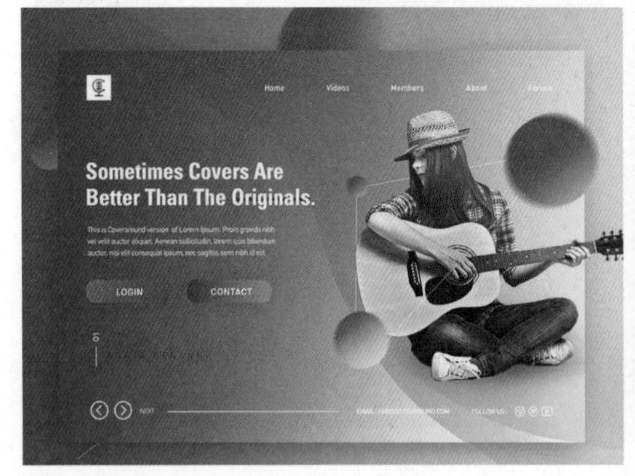
Home
Videos
Members
About
Sometimes Covers Are
Better Than The Originals.
LOGIN
CONTACT

WATCHESUP
01
FOSIL
$76.99
FOSSIL

第6章 移动端UI配色

随着科技的发展，移动设备已经成为人们生活的必需品之一，移动设备的UI设计受到用户越来越多的关注。在移动端UI设计中，色彩给人的感受是最直观的，不同性格的配色传达不同的情感，对于移动端UI配色来说，既要掌握一些方法和技巧，同时也要有一定的感性判断，想要拥有良好的配色能力，积累的过程是很重要的。

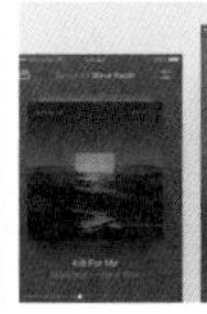

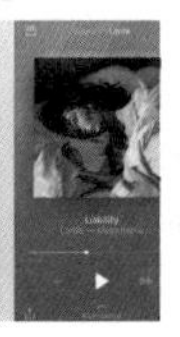

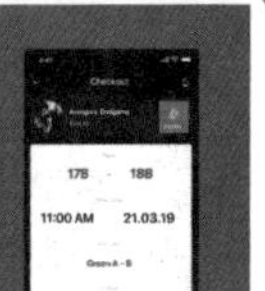

6.1 移动端UI设计概述

目前，智能移动设备的UI设计在视觉效果上已经达到了一个相当高的水平，如何让用户感到舒适、方便已经成为设计师需要考虑的问题，一切必须以人的需求为前提，这也是人本主义设计关注的焦点之一。未来，移动端UI设计在视觉效果更加突出的同时，人机交互性也会是设计师关注的重点，具有优秀的人性化设计，才是用户真正需要的。

6.1.1 视觉设计

移动端UI的视觉设计是一种信息的表达，充满美感的UI设计会让用户从潜意识中产生青睐，甚至于忘记时间成本和它“相处”，同时加深了用户对品牌的再度认知。由于每个人的审美观不太相同，因此必须面向目标用户去设计用户界面的视觉效果。

在移动端应用的原型完成之后，就可以进行视觉设计了。通过视觉的直观感觉为原型设计进行加工，可以在某些元素上进行加工，如文本、按钮的背景等。

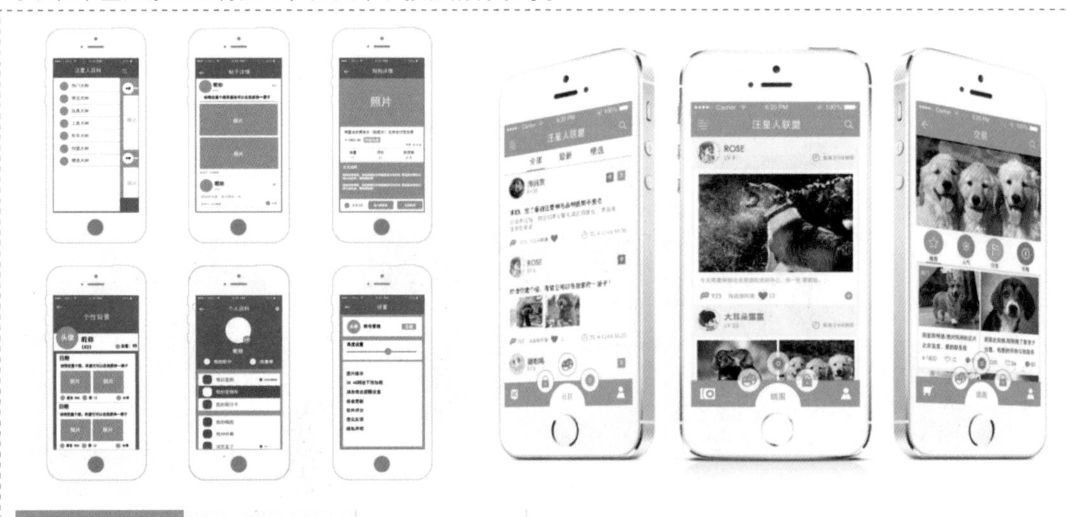

在与宠物相关的App界面设计中，首先设计App的原型，然后根据原型来设计界面。使用青色作为界面的主题色，与同色系的高明度浅蓝色和白色相搭配，使界面非常清晰、明亮，给人一种清爽、自然的感觉，统一色调的配色使界面显得非常和谐。

如果需要满足传达信息的要求，移动端应用界面的视觉设计就必须基于以下3个条件。

1．确定设计风格

在对移动端应用界面进行视觉设计之前，先要清楚该应用产品的目标用户群体，设计风格也需要根据目标用户的认识度而调整，其实就是先要根据目标用户确定设计风格。所以，设计的风格要迎合目标用户的喜好。

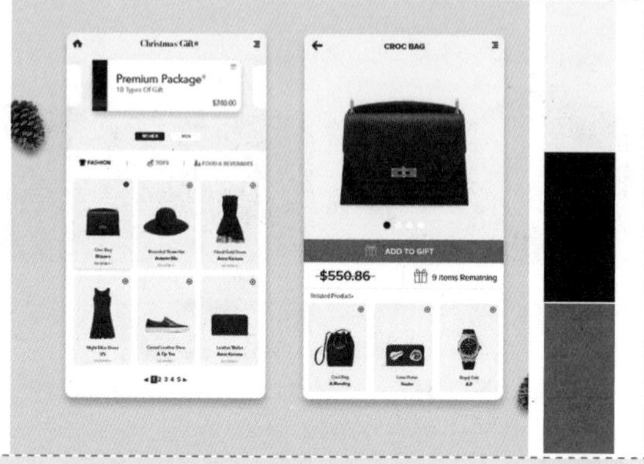

在该电商App界面设计中，其商品图片都是高饱和度的色彩，表现出非常个性与激情的效果，这样的个性配色表现出强烈的时尚与个性色彩，很好地迎合了追求个性的时尚年轻人士的喜好，但对于中老年用户来说，会感觉个性感太强。

同样是服饰类电商App界面设计，该服饰类产品大多以无彩色系为主，所以使用了无彩色进行配色，使界面表现出一种素雅、高档的效果，只在局部点缀了高饱和度的红色，突出表现重点功能。这样的配色能够体现出高档感，适合有一定经济实力的中年用户，而年轻用户会感觉缺乏活力。

2．还原内容本身

美观的内容形式与富有真实感的UI设计使用户在体验时会感到自然。移动端应用的界面是用户了解信息和产品的主要途径，因此在设计时，要尽量还原产品本身。当产品的界面越接近真实世界时，用户的学习成本就会越低，产品的易用性就会越高。

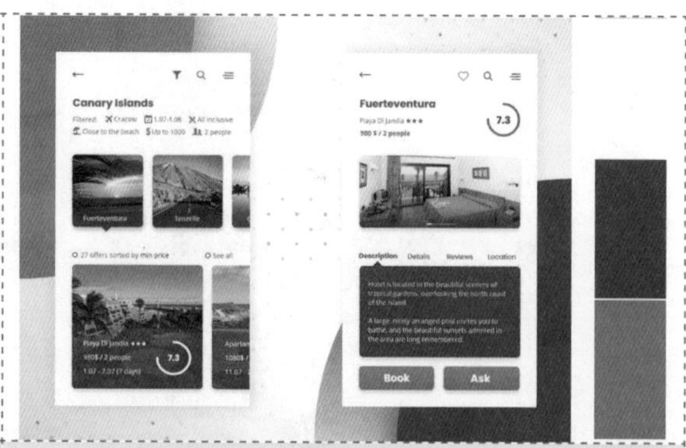

色彩可以辅助界面信息内容的表现，例如在该天气App界面设计中，使用不同的界面背景颜色来辅助当前天气信息的表现，晴天使用红橙色到黄色的微渐变背景，而阴天则使用低饱和度的灰蓝色微渐变背景，使界面中的天气信息更加直观、形象。

在该旅行类App界面设计中，为了突出相关信息，使用高饱和度的蓝色作为界面中文字信息内容的背景，使文字内容更加突出、清晰，便于用户阅读。界面中的重点信息和按钮则点缀了高饱和度的橙色，与蓝色形成强烈对比，突出不同内容，使界面更富有活力。

3．制定设计规范

大多数用户都有自己的使用习惯，如何才能让UI设计符合用户的喜好，就需要制定一个视觉规范。视觉设计也可以说是一种宣传，以最直观的方式传达出品牌风格信息。移动应用界面也是同样的，在有限的屏幕上通过视觉设计，将操作线索、过程和结果清晰地传达给用户。

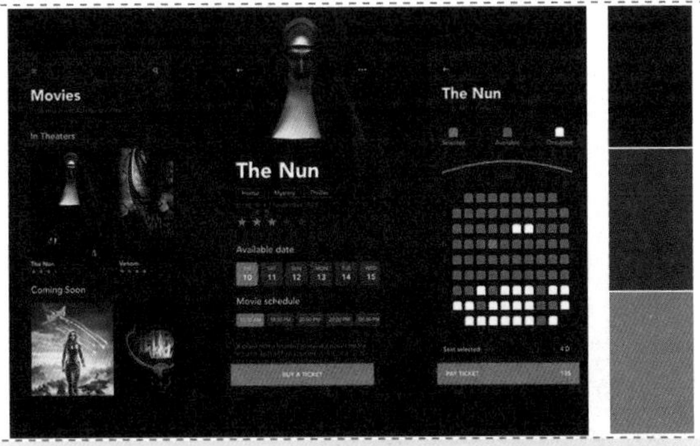

这是一个在线购票App界面，使用深灰色作为界面的背景颜色，很好地突出了界面中电影海报的表现效果，在界面中为购票流程的相关选项点缀高饱和度的橙色，使其与界面的深灰色背景形成强烈的对比，很好地吸引了用户的目光，通过色彩引导用户可以完成整个在线购票的流程，视觉表现效果非常清晰。

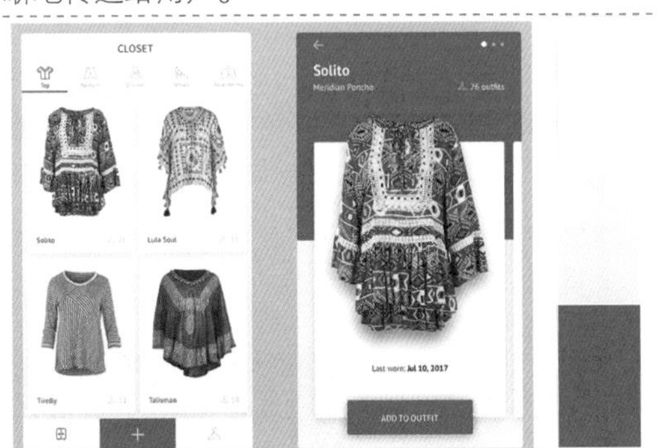

在该女性用户服饰类电商App界面设计中，使用高饱和度的洋红色作为主题色，体现出女性的甜美与华丽感，而白色的背景色能够更好地突出服饰产品的色彩，为界面中重要的功能操作按钮点缀洋红色，使其表现效果更突出，用户点击洋红色的功能操作按钮，即可完成商品的购买操作。

6.1.2 版式设计

移动端UI的版式设计与报纸杂志等平面媒体的版式设计有很多共同之处，在UI设计中占据着重要的地位。在有限的屏幕空间上将视听多媒体元素进行有机的排列组合，将理性思维个性化地表现出来，是一种具有个人风格和艺术特色的视听传达方式。在传达信息的同时，也产生了视觉上的美感和精神上的享受。

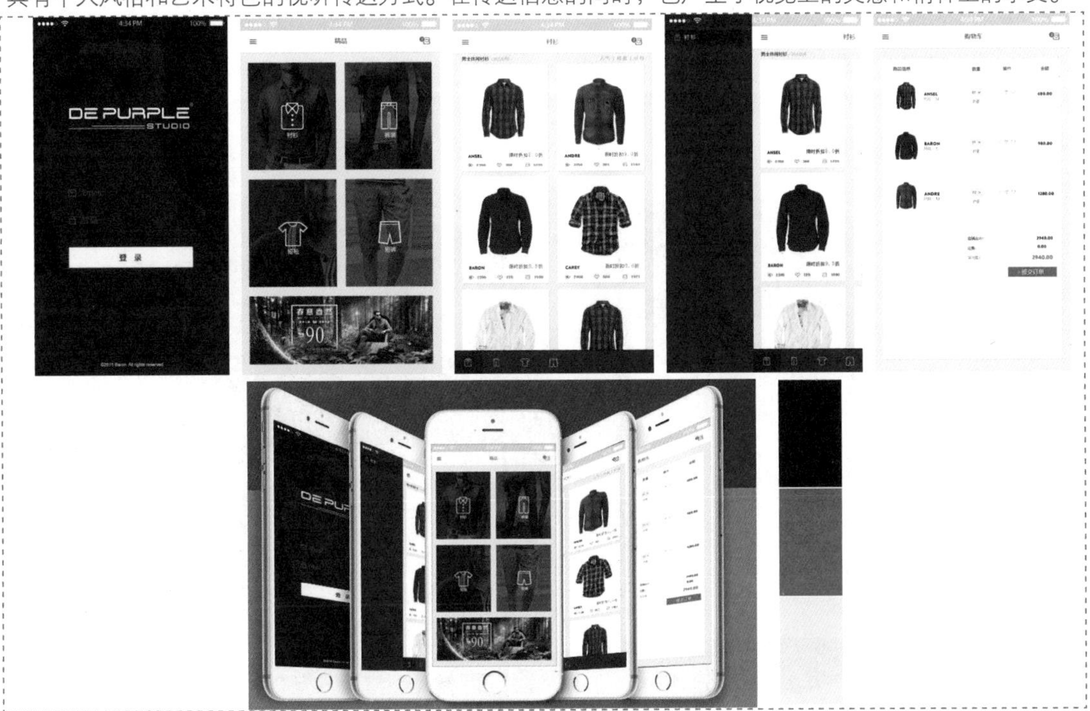

简单个性已经成为目前社会大众的需求，在该男装App界面设计中，运用图标与图像相结合，清晰地表现产品类别，整个界面的设计非常简约、干净，让人感觉舒服。使用蓝色作为界面的主题色，表现出男性的坚强和理性气质，搭配白色和浅灰色图标，使得界面内容与功能操作区的区分非常明显，并且将界面中的关键信息和交易按钮设置为红色，起到了突出作用。

合理布局对于移动端UI的版式设计尤为重要，一般来说，移动设备屏幕的尺寸有限，所以布局合理、流畅会使视线“融会贯通”，也可以间接帮助用户找到自己关注的对象。根据视觉注意的分布可知，人的视觉对屏幕的左上角比较敏感，约占比例为40%，明显高于其他区域。因此，设计师应该考虑将重要信息或视觉流程的停留点安排在注目价值高的最佳视域，使得整个界面的设计主题一目了然。

iOS和Android是目前在移动设备中使用较多的两种操作系统，下面分别介绍iOS系统和Andriod系统中的UI布局方式。

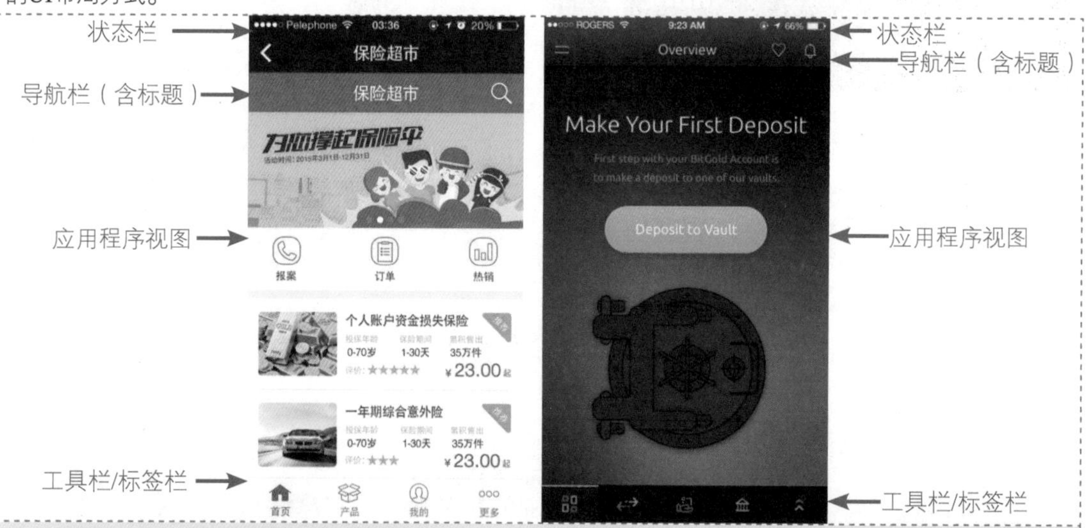

基于iOS系统的UI布局元素分为状态栏、导航栏（含标题）、工具栏/标签栏3部分。状态栏显示应用程序运行状态；导航栏显示当前应用的标题名称，左侧为后退按钮，右侧为当前应用操作按钮；工具栏与标签栏共用一个位置，在界面的最下方，因此必须根据应用的要求选择其一，工具栏按钮不宜超过5个。

基于Android系统的UI布局元素一般分为4部分，分别是状态栏、标题栏、标签栏和工具栏。状态栏位于界面最上方，当有短信、通知、应用更新、连接状态变更时，会在界面左侧显示，而界面右侧则是电量、信息、时间等常规手机信息，按住状态栏向下滑动，可以查看信息、通知和应用更新等详细情况；标题栏部分显示当前App的名称或功能选项；标签栏放置的是App的导航菜单，标签栏既可以在App主题的上方也可以在App主题的下方，但标签项目数不宜超过5个；针对当前应用界面，是否有相应的操作菜单，如果有则放置在工具栏中，在点击手机上的“详细菜单”键时，屏幕底部就会出现工具栏。

6.1.3 色彩在移动端UI设计中的作用

在设计移动端UI之前，应该先考虑产品的性质、内容和目标受众，再考虑究竟要表现出什么样的视觉效果，营造出怎样的操作氛围，从而制订出更加科学、合理的配色方案。在任何UI设计中都离不开色彩的表现，可以说色彩是UI设计中最基本的元素，色彩在移动端UI设计中可以起到以下作用。

1．突出主题

将色彩应用于移动端UI设计中，给界面带来鲜活的生命力，它既是UI设计的语言，又是视觉信息传达的手段和方法。

在移动端界面中，不同的内容需要不同的色彩来表现，利用色彩自身的表现力、情感效应及审美心理感受，可以使界面中的内容与形式有机地结合起来，以色彩的内在力量来烘托主题、突出主题。

在该运动健身App界面设计中，使用模糊处理的人物运动图像作为界面的背景，背景的明度较低，在界面中使用多种不同色相的鲜艳色彩来表现不同的选项，能够使用户明确区分界面中不同的内容，非常直观，清晰，有效突出重要信息。

在该金融App界面设计中，使用蓝色的主题色与白色的背景色相搭配，使界面非常清晰，给人一种理性的感觉。界面中重要的图标则使用了高饱和度的红色进行搭配，无论是与蓝色还是白色都能够形成强烈的对比，很好地突出了其表现效果。

2．划分视觉区域

移动端UI设计的首要功能是传递信息，色彩正是创造有序视觉信息流程的重要元素。利用不同色彩划分视觉区域是视觉设计中的常用方法，在移动端UI设计中同样如此。利用色彩进行划分，可以将不同类型的信息分类排列，并利用各种色彩带给人的不同心理效果，很好地区分出主次顺序，从而形成有序的视觉流程。

在该移动App界面设计中，标题栏和选项卡使用鲜艳的红色进行突出表现，而内容区域则使用深灰蓝色进行搭配，使得标题栏和选项卡在界面中的视觉效果非常突出。不同的功能选项区域分别使用了不同的背景颜色，有效地划分出了界面中不同的区域。

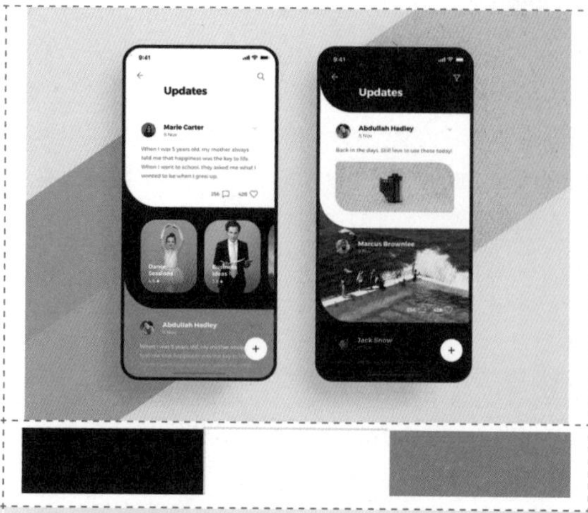

在该日志分享类的App界面设计中，使用了不同的背景颜色来划分不同的内容区域，使得界面的视觉表现非常清晰、明确，用户浏览起来会更加方便。并且在背景色块的设计上打破了常规的矩形设计，从而使界面表现出独特的视觉风格。

3．吸引用户

在应用市场中有不计其数的移动应用软件，即使是那些已经具有一定规模和知名度的应用软件，也要时刻考虑如何能更好地吸引用户的目光，如何做到这一点呢？这就需要利用色彩的魅力，不断设计出各式各样赏心悦目的应用界面，来迎合挑剔的用户。

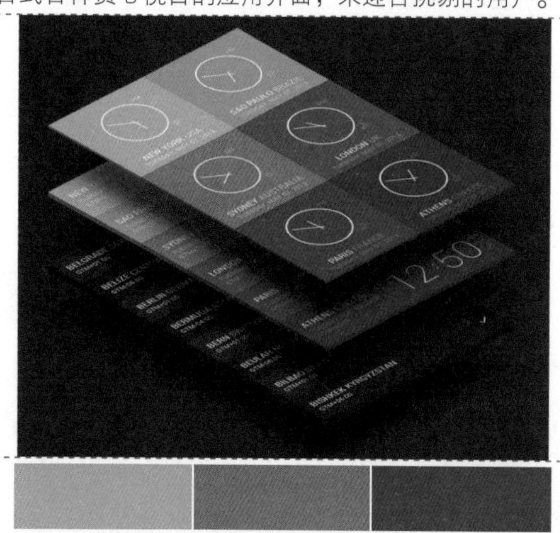

在该移动App界面设计中，使用不同的矩形色块拼接作为界面的背景，在界面中形成多个小方块，在每个矩形色块中放置相应的内容，对界面中的内容进行有效区分，使界面的信息表现非常明确，并且这种色块拼接的色彩搭配也能够给人带来一种新鲜感。

渐变色的应用是近几年移动端UI设计的新潮流，在该金融类App界面设计中，使用了洋红色与蓝色的渐变色设计作为界面的主题色，搭配纯白色的背景色，使界面表现出时尚、现代、柔和的视觉效果，给用户带来一种新奇感。

4. 增强艺术性

将色彩应用于移动端UI设计中，可以给界面带来鲜活的生命力。色彩既是视觉传达的方式，又是艺术设计的语言，好的色彩应用，可以大大增强界面的艺术性，也使得界面更富有审美情趣。

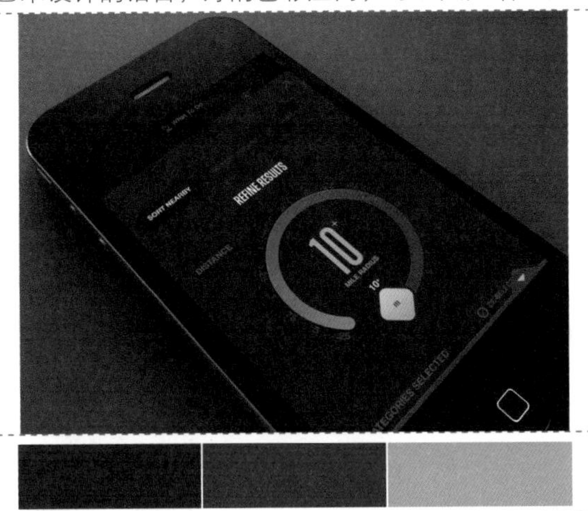

在该移动App界面设计中，使用了非常简约的设计风格，使用深灰色作为界面的背景颜色，在界面中搭配白色和浅灰色的文字，界面信息非常清晰，界面中间位置的主题内容设计成圆环状图形，并为其搭配从蓝色到紫色的渐变颜色，使其与界面背景形成强烈对比，有效突出主题内容。

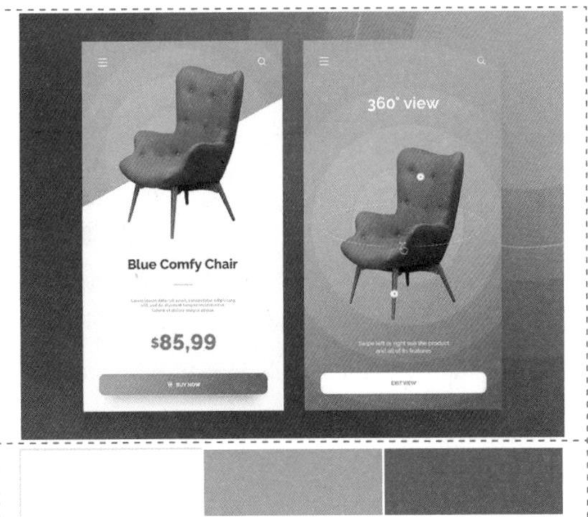

在该家居产品App界面设计中，使用纯白色的背景搭配蓝色的产品图片，很好地突出了产品，并且在界面的白色背景中加入了倾斜的蓝色背景色块作为装饰，从而使界面更加独特而富有艺术性，体现出界面的审美情趣。

6.2 移动端UI配色需要注意的问题

扁平化设计已经成为当下众多UI设计的主流风格，而鲜明的配色更是扁平化设计风格的一大亮点。色彩搭配本身并没有统一的标准和规范，配色水平也无法在短时间内快速提高，因此，我们在对移动端UI进行配色设计的过程中还需要注意一些常见的问题。

6.2.1 切忌把赏心悦目、形式感放在第一位

需要明确的是，出色的UI配色对于产品的意义包括：使产品更易用；让用户愉悦；定义产品的视觉风格；传达产品的品牌形象等。

当拿到产品需求之后，先要明确该产品的用户群体，分析其功能、信息架构，从而确定产品的配色基调。所以，在产品UI的视觉设计过程中，配色需要根据产品的用户群体及功能来决定，切忌把赏心悦目和形式感放在第一位。

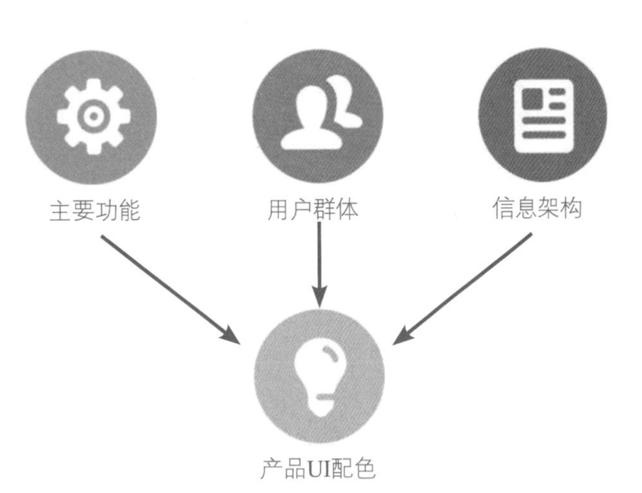

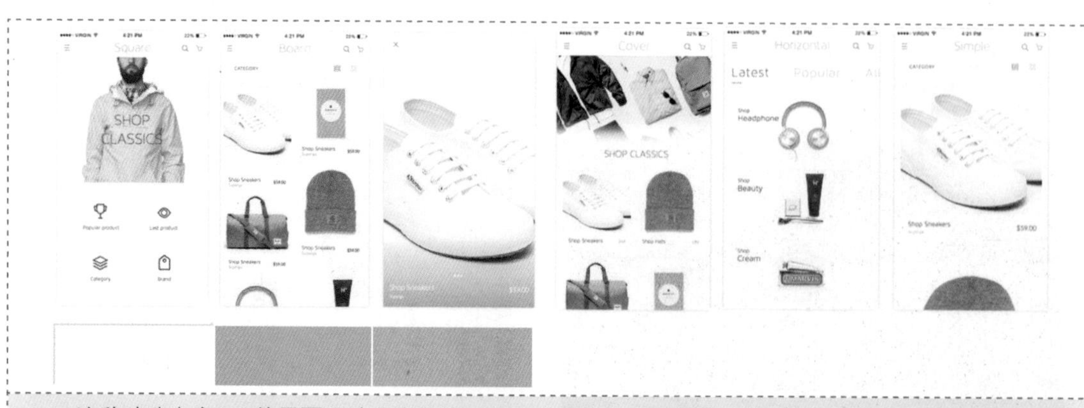

该移动端电商App的界面设计非常简洁，使用纯白色作为主色调，搭配简约的图形和商品图片，使得商品图片在界面中的效果非常突出，局部点缀明亮的黄色，使得界面更加富有活力。其操作步骤也非常简短，在界面中通过图标、说明等方式相结合，有效地引导用户完成商品购买操作。

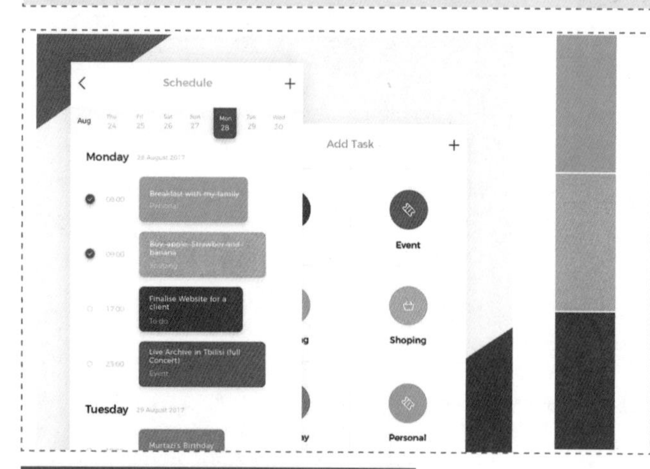

这是一个事件备忘App界面，使用纯白色作为界面的背景颜色，而各种不同类型的事件则使用了不同色相的图标进行表现，在备忘事件列表界面中，使用与图标色彩相呼应的不同色相颜色来作为各事件信息的背景颜色，非常便于用户进行分辨，使得界面信息清晰、易读。这些不同的色相都具有相同的饱和度和明度，从而形成和谐的视觉效果。

6.2.2 UI配色需要符合人们的预期

在生活中，当提到海洋，人们就会想到蓝色；当提到阳光，人们就会想到黄色；这些都是大自然给人们留下的色彩印象。

色彩还具有象征性，如红色象征热情，蓝色象征冷静，黄色象征温暖等，这些都是人们通过长期现实生活中的色彩印象建立起来的色彩感受。每一种色彩给人留下的印象感受是不一样的，这些色彩印象可以使产品迅速建立用户认知。我们在对产品的UI进行配色设计时，需要根据这些符合人们认知的印象去设计，尽量让配色符合人们的预期。

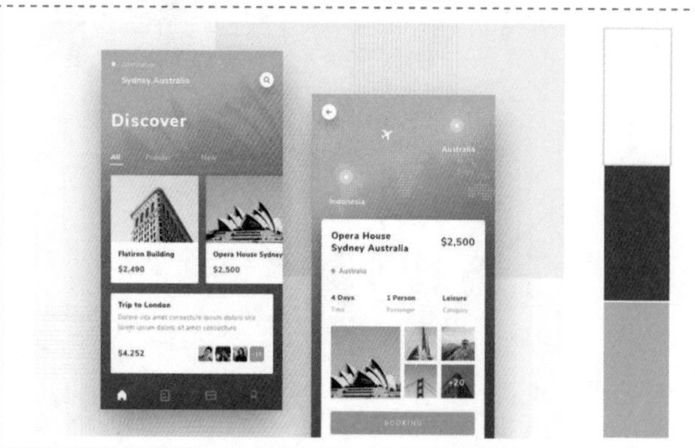

蓝色是大自然的色彩，能够使人联想到天空、大海等大自然的场景。在该旅游与机票预订App界面设计中，使用高饱和度的蓝色作为界面的主色调，使用青蓝色到蓝色的渐变作为界面的背景，表现出很强的色彩层次感，界面中的信息内容衬托了白色的背景，白色与蓝色的搭配使界面富有透气感。

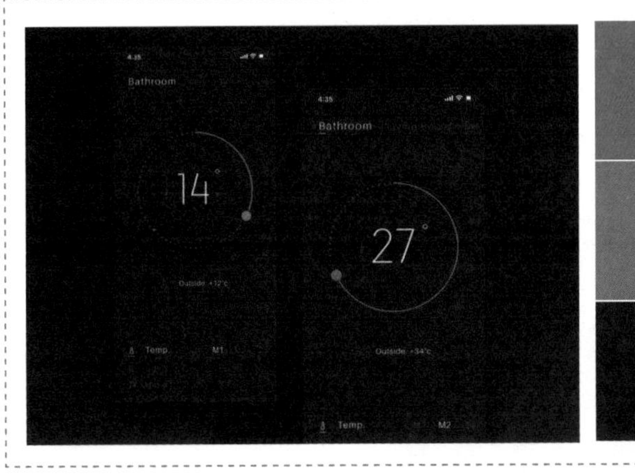

在该智能家居管理App界面设计中，使用低明度、低饱和度的深灰蓝色作为界面的背景颜色，给人一种沉稳、踏实的感受。当用户在界面中设置不同的温度时，界面中的图形将会使用不同的颜色进行表现，蓝色属于冷色调，当温度低于26度时，图形表现为蓝色，给人一种清凉、舒爽的感受；红色属于暖色调，当温度高于27度时，图形表现为红色，给人一种温暖、炎热的感受。

对于一些针对性比较强的产品来说，在对其UI进行配色设计时，需要充分考虑用户对颜色的喜好。例如，明亮的红色、绿色和黄色适合用于为儿童设计的应用程序。一般来说红色表示错误，黄色表示警告，绿色表示运行正常等。

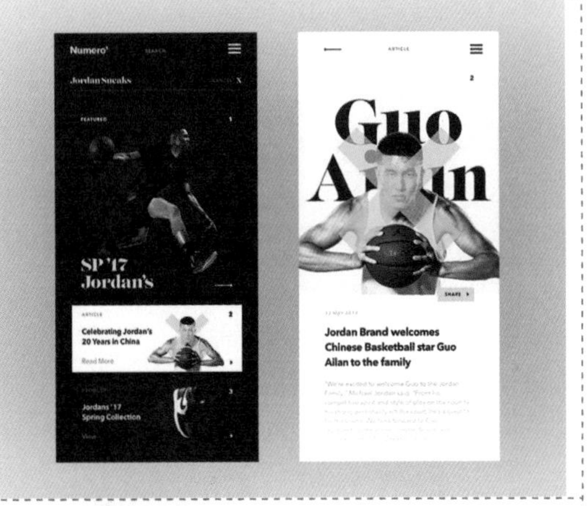

该服饰类电商App主要针对的用户群体为年轻女性，所以该App界面使用纯白色作为背景颜色，界面表现效果柔和而明亮。在界面中搭配了多种高饱和度的有彩色，表现出年轻女性的甜美与可爱。

在与篮球运动相关周边商品的App界面设计中，主要使用无彩色进行搭配，使用深灰色作为界面的背景主色调，给人一种厚重而富有力量的感觉，特别能够体现男性篮球运动的特征。在界面中点缀鲜艳的黄绿色文字和图形，为界面注入青春活力。

6.2.3 配色要便于阅读

要确保产品的UI设计具有良好的可读性和易读性，就需要注意UI设计中的色彩搭配。最有效的方法就是遵循色彩对比的法则，在浅色背景上使用深色文字，在深色背景上使用浅色文字等。在通常情况下，在UI设计中动态对象应该使用比较鲜明的色彩，而静态对象则应该使用比较暗淡的色彩，能够做到重点突出、层次突出。

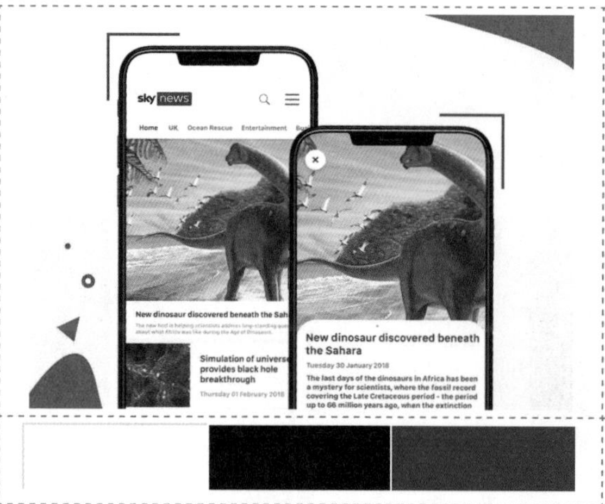

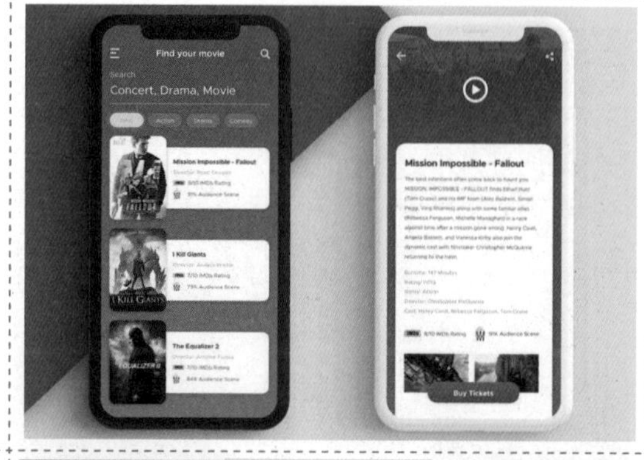

在通常情况下，对于新闻、电子书、博客等这类以文字内容为主的App界面，通常都会使用白底黑字的配色方式，这种文字配色方式最适合人们阅读，能够使界面中的文字内容获得最佳的可读性和易读性。

在该电影App界面设计中，使用紫色作为界面的背景颜色，在背景上搭配纯白色的文字，表现出柔和、优雅的感觉。为界面中的影片介绍文字内容衬托白色背景，从而使文字内容更加清晰，并且增加了界面的色彩层次感。界面中的功能操作按钮则使用了鲜艳的黄色点缀，使界面更具有活力。

6.2.4 保守地使用色彩

所谓保守地使用色彩，主要是从大多数用户考虑出发的，根据开发的移动端产品所针对的用户群体不同，在产品UI设计过程中使用不同的色彩搭配。在移动端UI设计过程中提倡使用一些柔和、中性的色彩进行搭配，便于大多数用户能够接受。如果在移动端UI设计中急于使用鲜艳的色彩突出界面的视觉表现效果，处理不当反而会适得其反。

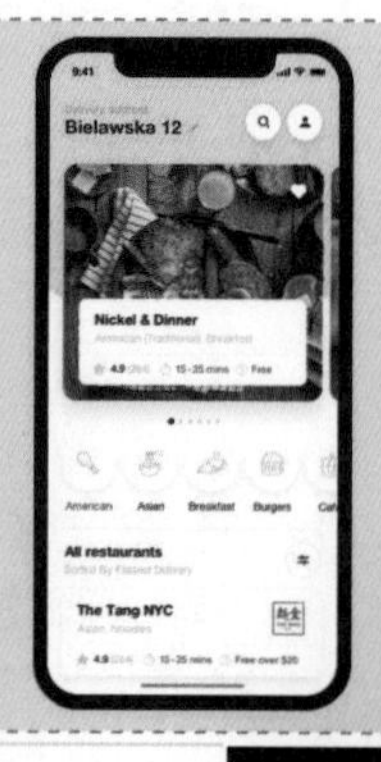

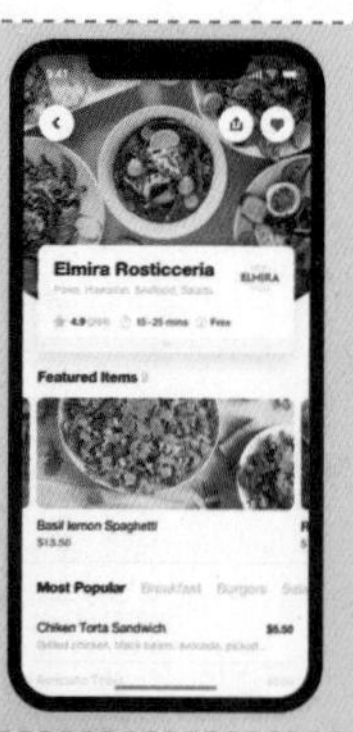

这是一个天气预报App界面，在天气晴朗的情况下，界面背景显示为高明度的蓝色调，表现出晴朗、舒适的感觉。而在夜晚，界面背景则会显示为深暗的灰蓝色调，给人一种宁静的感觉。这种随着时间和天气变化而改变的界面背景设计，非常适合表现天气界面，并且也受到了大众的喜爱。

在该餐饮美食类App界面设计中，使用纯白色作为界面的背景颜色，有效突出界面中的美食图片，使美食的色彩表现更加富有诱惑力。在界面中加入鲜艳的黄色进行搭配，为界面增添活力，并且鲜艳的黄色也能够促进人们的食欲。

6.2.5 杂乱的配色会增加用户的记忆负担

色彩就像音符一样，巧妙地组合才能谱写出美妙的音乐。想要让产品的UI设计看起来简洁、明快，使用起来简便、流畅，切忌在UI设计中使用杂乱的颜色。

在产品的UI设计中，除了需要对交互控件、字体等进行规范，产品的配色也应该进行规范、统一设置。建立统一的配色规范，才能够在UI设计中让信息结构的层次更加分明，功能更加明确，使UI设计给人一目了然的感受。

综合类电商App的界面设计需要做到分类清楚、层次分明。在该电商App界面设计中，使用浅灰色作为背景颜色，界面中商品信息的表现效果清晰、简洁。高饱和度的橙色作为界面的主题色，表现出热情而富有活力的效果，使用橙色的线性图标突出表现当前的栏目，以及重要的功能操作按钮，使界面的颜色不再单调，使用黑色的文字，与白色形成很好的视觉差效果，更清楚地描述商品。

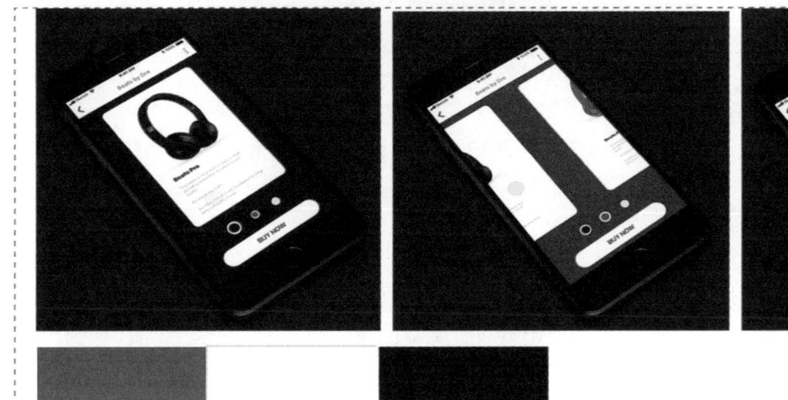
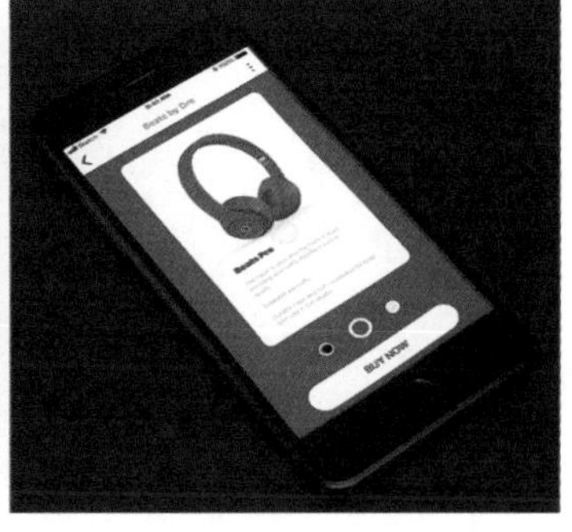

该移动端的商品介绍界面设计非常简洁、直观，重点以突出产品的表现为主。该商品拥有不同的颜色选择，所以在界面中可以通过左右滑动来查看不同颜色的产品效果，并且在切换不同颜色的产品图片时，该界面的背景颜色也会同时发生变化，给用户带来很好的视觉体验。

在移动端应用界面设计中，首先需要确定主题色，然后确定按钮、图标、链接、点击状态等可以点击交互的元素色彩，通常可交互的元素色彩与主题色保持一致。除此之外，文字的配色规范也很重要，可点击的文字一般使用主题色，其他的文字则按照重要程度使用灰色系加以区分。最后确定背景色规范，背景色可以对界面中内容模块的主次进行很好的划分。

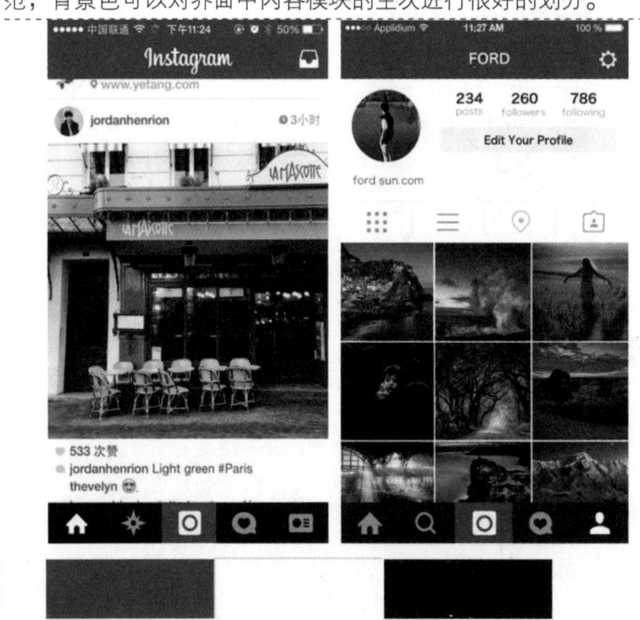

在该照片分享App界面设计中，其配色非常简洁、清晰。使用蓝色作为该界面的主题色，在背景部分，分别使用蓝色、白色和深灰色背景来表现界面中的标题栏、内容区域和底部的标签栏，使界面的层次结构非常清晰。在文字配色部分，可点击的文字使用了主题色，而其他文字则使用了不同明度的灰色。在图标配色部分，重点突出的图标使用了主题色，而当前选中的图标使用了深灰色背景与白色进行搭配，未选中的图标则使用了浅灰色背景。

6.3 移动端UI配色的基本流程

设计和绘画一样，不要刚开始设计就抠细节。首先我们应该确定UI的版式，然后调整UI的配色。在确定了UI的版式之后就可以开始着手进行UI配色了，我们可以将UI配色的基本流程分为以下几个阶段。

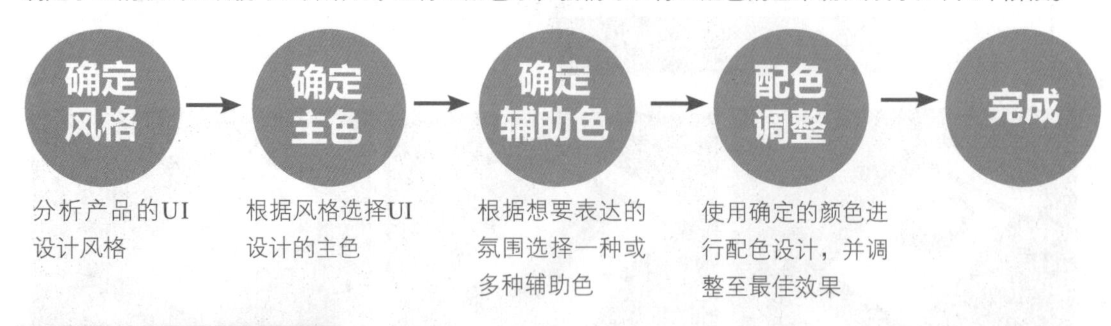

6.3.1 调性分析，确定风格

在对移动端UI进行设计之前，先要对该产品进行深入的分析，这是非常重要的一步，如果这一步错了，那么后面做得再好也没有用。比如，该产品的原始需求是希望UI设计能够表现出强有力的感觉，而你设计时表现出的是小清新的感觉，那么即使你设计得再出色也没有达到表现该产品的目的。

在开始对一款产品的UI进行设计时，正确的思维方式应该是“该产品的UI设计适合使用什么风格”，而不是“我想要使用什么风格来设计该产品的UI”。因为你想要使用什么设计风格别人并不关心，别人只关心产品UI设计所达到的效果，所以说设计不能以自我为中心。

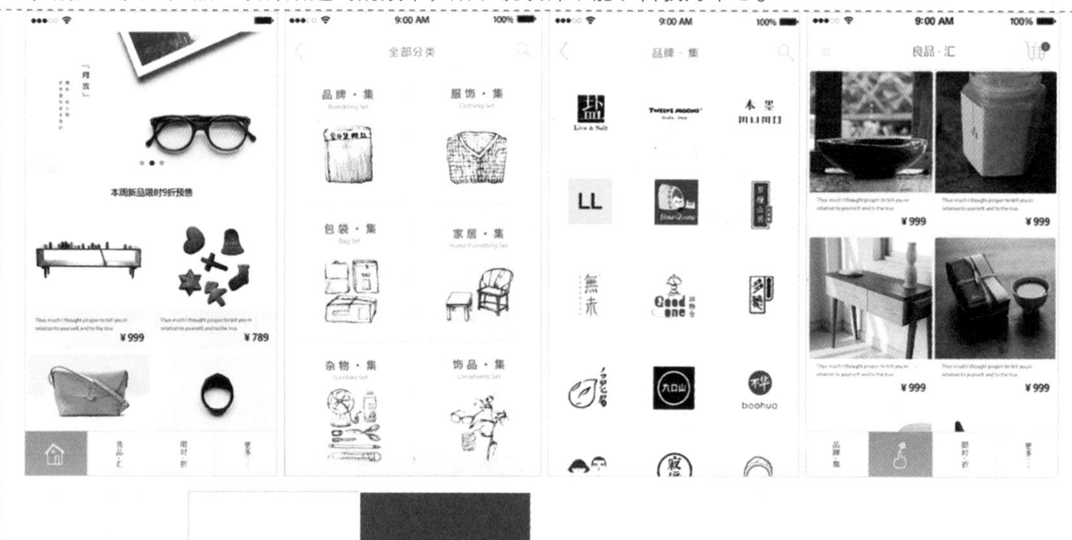

该电商App界面使用了极简的设计风格，整体采用纯白色与浅灰色调搭配，突出产品，给人一种清晰脱俗的视觉效果，不带有任何奢侈鲜艳的元素，界面层次分明，整齐简洁。该App界面设计的独特之处就是它的文艺范设计风格，也正是这种风格，才更容易受到用户的青睐。再加上结构清晰、类别丰富、功能强大，更容易打动人心，使用剪画来展现商品类别，使界面更加有趣。

在确定产品的设计风格时，可以多参考一些竞争产品，或者与本次设计调性相似的产品，通过多观察、多比较，从而获得设计灵感。例如，我们需要设计一个商品促销广告单页，在许多人的印象中都知道使用暖色系的红色或橙色进行设计表现，但事实上我们通过观察成功的设计作品，不止有红色和橙色相搭配，还有黄色和紫色等多种色彩搭配，也就是说一个调性不止一种色彩搭配。

在对UI进行配色设计时，不要只依靠传统的印象进行配色；要多看看相关竞争产品的配色方案，相互比较之后再确定。

这是某商城App界面的启动闪屏广告，使用黄橙色作为界面的主色调，搭配邻近的黄色和红橙色，使广告画面的颜色表现效果非常鲜亮，搭配黄色和白色的文字，突出表现广告内容，使广告内容整洁、层次分明。

在该购物商城App启动界面设计中，使用饱和度较高的紫色和蓝色作为界面的背景颜色，给人一种时尚、欢乐的感受，在画面中搭配其他各种高饱和度的色彩，营造出热烈的氛围，搭配白色的文字，使得主题文字在背景上的显示效果非常清晰。

6.3.2 确定主色

在UI配色设计过程中，很多时候都是主色与辅助色一起确定的，主色的作用是烘托氛围，辅助色的作用是为了平衡主色。

在选择UI设计中的配色时，可以根据设计风格确定UI需要为用户留下什么样的印象，首先确定是使用暖色系色彩还是使用冷色系色彩，然后选择具体的色相。

根据所要表现的意象，先确定使用暖色还是冷色	
暖色	冷色
温暖、活力、强烈	理智、冷静、干净
轻便、活泼	坚实、商业信息
积极、时尚	沉着、不浪费
餐饮、食欲	医药品、医院、健康
家庭感的温暖	对工作有帮助

红色	橙色	黄色	绿色	蓝色	紫色	洋红色
积极、热情	活力、开放	积极、欢乐	自然、健康	理性、坚实	优雅、幻想	女性、华美

1. 红色

红色是适合表现积极、热情的色彩，常用于综合性电商类移动端UI设计中。同时红色也是健康的色彩，是有活力的食品色，添加少许与红色形成互补的绿色，可以增强红色的开放感，衬托出健康的感觉。红色也可以表现出欢迎顾客、充满干劲的积极态度。

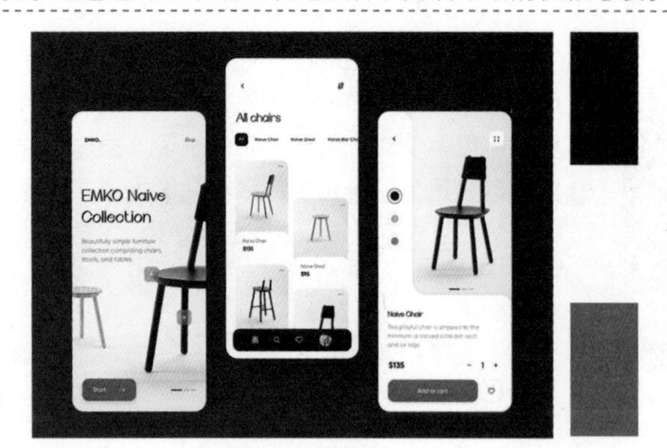

红色是综合性电商App界面设计中常用的色彩。在该家居产品电商App界面设计中，使用浅灰色作为背景颜色，有效突出家居产品图片和相关文字内容，使界面清晰、整洁。在界面中加入高饱和度红色的点缀，突出重点功能操作按钮，同时也使界面给人热情的感觉。

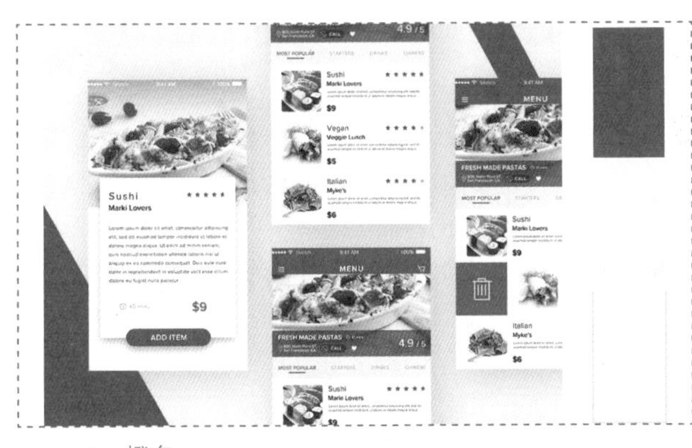

红色能够给人热情、好客的感受，在该餐饮美食类App界面设计中，使用纯白色作为界面的背景颜色，突出界面中美食图片和相关文字内容。在界面中为标题栏、重要文字，以及功能操作按钮搭配高饱和度的红色，使整个界面表现出热情、富有活力的效果。

2．橙色

橙色给人一种舒适感，它没有红色那么强烈的刺激性，常用于生活美食类的移动端UI设计中。橙色可以给人带来阳光、开放、稳定、明快、健康的感觉，并且还能够使人体会到温暖幸福感，让人联想到开朗的笑容，使人情绪变得轻松。

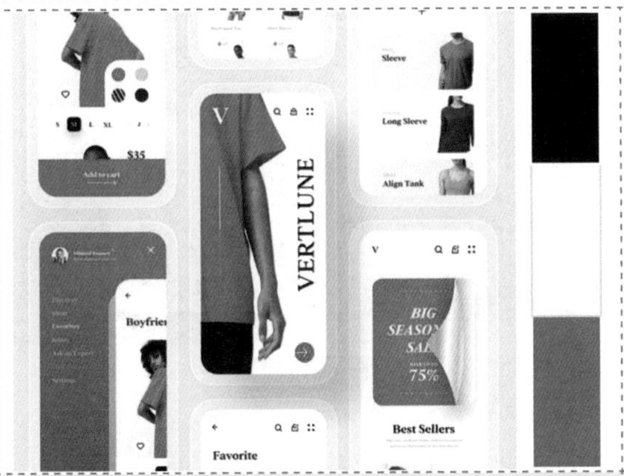

高饱和度的橙色能够给人带来活力与动感。在该服饰电商App界面设计中，使用高饱和度的橙色作为主题色，与白色的背景色相搭配，使界面表现出明朗、阳光、活力的效果，非常符合年轻人的特点。

橙色也是餐饮美食类App界面设计中常用的色彩，使用纯白色作为界面的背景颜色，搭配高饱和度的橙色主题色，使界面表现出温暖、幸福的效果，并且橙色能够增进人们的食欲。

3．黄色

黄色是一种引人注目的色彩，能够表现出积极、开放、欢乐的感觉。黄色能够表现出阳光感，能够表现非常自然、轻松、无拘无束的明快感。在社交和旅游类的移动端UI设计中常使用黄色进行配色设计。

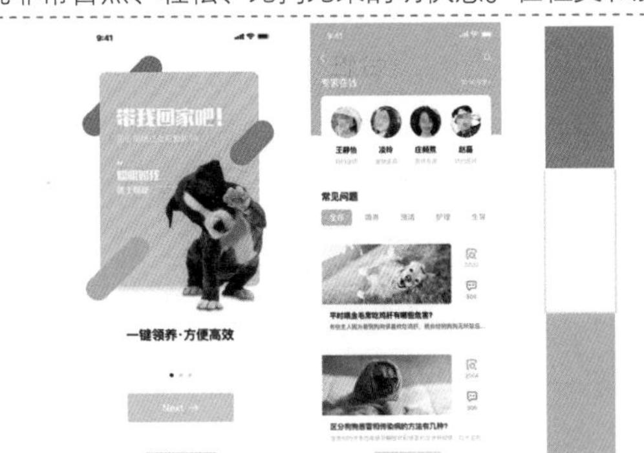

黄色是一种阳光、活力的色彩，在该宠物社交类App界面设计中，使用鲜艳的黄色作为界面的主题色，搭配白色的背景颜色，使界面表现出轻松、欢乐、阳光的效果。

在该旅行类App界面设计中，使用白色作为界面的背景颜色，在界面中搭配黑色的文字及风景图片，使得界面的内容清晰、易读。为了使界面更富有活力，在界面背景中设计了高饱和度的黄色矩形色块，从而使界面表现出无拘无束的明快感，更具有活力。

4．绿色

绿色是能够直接体现出自然能量的颜色，活力与冷静并存。绿色能够表现稳重、平和，拥有朴素而自然的安稳感。在生鲜、旅游类的移动端UI设计中常常使用绿色进行配色设计。

绿色总是能够给人带来自然、健康的感受，特别适合表现生鲜类产品。在该生鲜类App界面设计中，使用了绿色作为主题色，不同明度和饱和度的绿色相互叠加表现出优美的图形效果，搭配浅灰色的背景，使界面表现出清新、自然、健康的效果。

在该旅游出行类App界面设计中，使用绿色作为界面的主题色，绿色也与深蓝色同时作为界面的背景色，表现出一种平和、稳定感。在界面中搭配纯白色的文字，信息内容则搭配了纯白色的背景色块，从而体现出界面信息内容的层次感。

5．蓝色

蓝色代表冷静和理性，蓝色与白色的搭配能够表现出干净、清爽的效果。蓝色常用于表现冷静而理智的行业，如医疗、清洁用品、航空等，能够提升用户的信赖度，让人安心。

蓝色容易使人联想到蓝天、大海等大自然的场景，所以与大自然场景相关的行业都可以使用蓝色作为主题色。在该航空机票预定App界面设计中，使用高饱和度的蓝色作为界面的主题色，与纯白色的背景颜色相搭配，表现出蓝天、白云的自然、清爽感，使得整个界面看起来清晰、通透。

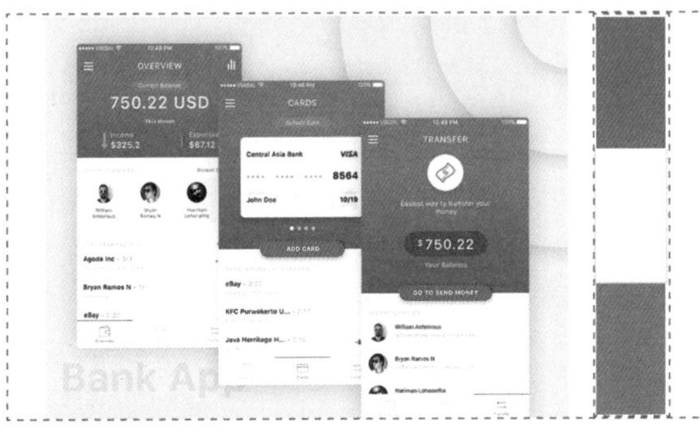

蓝色是富有科技感的色彩，能够给人带来理性的感受。在该金融支付类App界面设计中，使用高饱和度的蓝色作为主题色，与纯白色的背景颜色相搭配，在界面中划分了不同的内容区域，并且使界面表现出理性与科技感，让人信赖，为重点功能按钮点缀红色，突出其视觉效果。

6．紫色

紫色是女性特有的幻想色彩，带有幻想和温柔的感觉，体现优雅、艳丽。紫色在日常生活中是一种常见的色彩，能够表现出浪漫、优雅和梦幻感。在婚恋交友类或与女性相关的移动端UI设计中常常使用紫色进行配色设计。

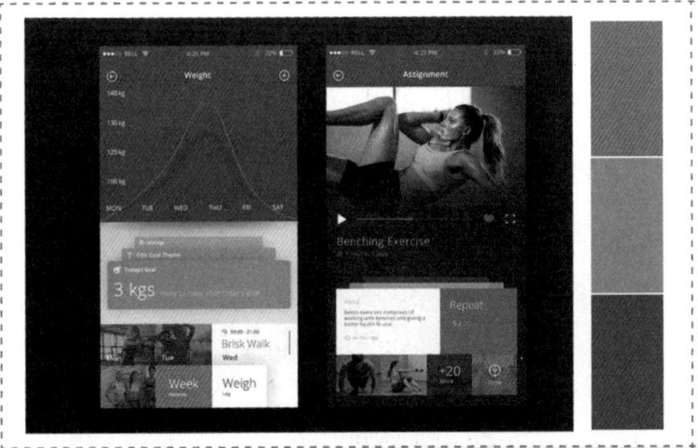

在该女性健身运动App界面设计中，使用紫色作为界面的主题色，使界面表现出艳丽与女性的温柔感。在界面中搭配同色系不同明度和饱和度的紫色及洋红色，使得界面的整体色调统一，给人一种华丽的感受。

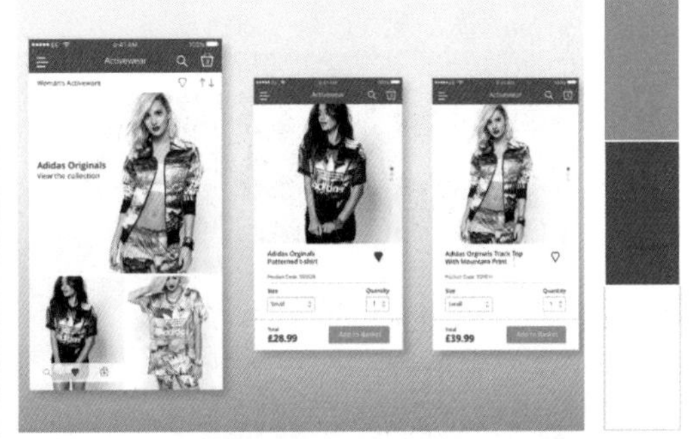

紫色是一种比较女性化的色彩，常用于与女性相关的界面配色中。在该女性服饰App界面设计中，使用纯白色作为背景颜色，突出服饰产品和文字内容，紫色作为界面的主题色，突出表现女性的优雅气质。

7．洋红色

洋红色也是一种女性化的色彩，能够表现出女性的甜美感。明快的洋红色可以产生轻快、优雅而华美的效果，暗色调的洋红色可以表现出高格调、成熟的华美感。洋红色常用于购物、母婴类的移动端UI配色设计中。

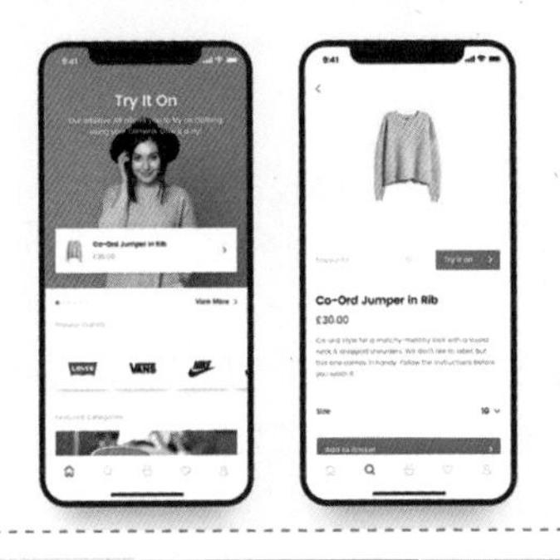

高饱和度的洋红色能够表现出女性的甜美与华丽感，在该女性服饰App界面设计中，使用纯白色作为界面的背景颜色，突出界面中的服饰产品和相关文字说明。使用高饱和度的洋红色作为主题色，突出界面中的重点信息功能，使界面更富有华美感。

在该母婴类App界面设计中，使用洋红色作为主题色，与纯白色的背景颜色相搭配，使界面表现出轻快、优雅、柔和的效果，非常符合母婴类产品所需要表现的氛围，界面中的产品分类图标则使用了不同的颜色进行表现，便于用户区分。

6.3.3 确定辅助色

确定了UI设计的主色之后，接下来可以根据主色来选择需要使用的辅助色。确定辅助色的方法有很多，如果想使UI表现的色调统一、和谐，则可以选择与主色相同的色相，但不同明度或饱和度的色彩作为辅助色；如果想使UI的表现效果更加融合，则可以选择与主色邻近的色彩作为辅助色；如果想使UI的表现效果更加活泼、强烈，则可以选择与主色形成互补的色彩作为辅助色。

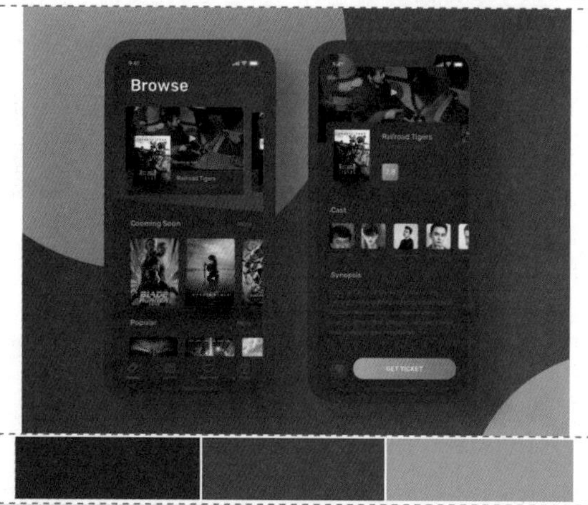

在该影视类App界面设计中，使用高饱和度、中等明度的蓝色作为界面的主题色，并且在界面背景中使用同色系不同明度的蓝色相搭配，从而使界面的背景表现出色彩层次感。在界面中点缀高明度的青色按钮，突出重点功能，青色与蓝色为邻近色，界面整体的色彩表现更加融合、统一。

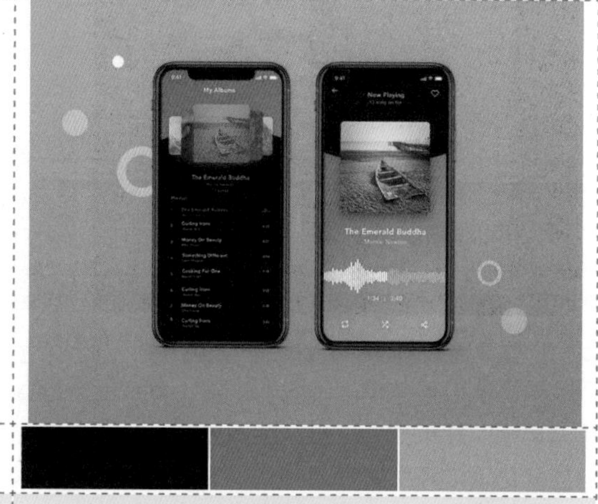

在该音乐App界面设计中，使用低明度的深蓝色作为界面的主题色，给人一种宁静、稳定的感受，而辅助色则选择了与深蓝色形成强烈对比的高饱和度橙色，从而在界面中形成非常强烈的视觉对比效果，使界面的视觉表现效果更加强烈，充满活力。

6.3.4 配色微调

相信大家都听过这样一句话“只有难看的搭配，没有难看的颜色”。即使确定了主色和辅助色，但是在画面中的搭配也不一定好看，设计的使命就是“不仅要准确的设计，还需要设计得好看”，所以接下来还需要对配色进行调整，使其达到美观、舒适的视觉效果。

如果画面中的主色与辅助色搭配在一起不好看，我们应该如何去调整呢？下面向大家介绍两种常用的调整方法。

1．调整色彩的明度或饱和度

建议先调整主色或辅助色的明度或饱和度，因为在一个画面中不可能有两个主角。当然也可以将主色和辅助色同时进行调整，但需要注意整个面面的调性是否会发生改变。

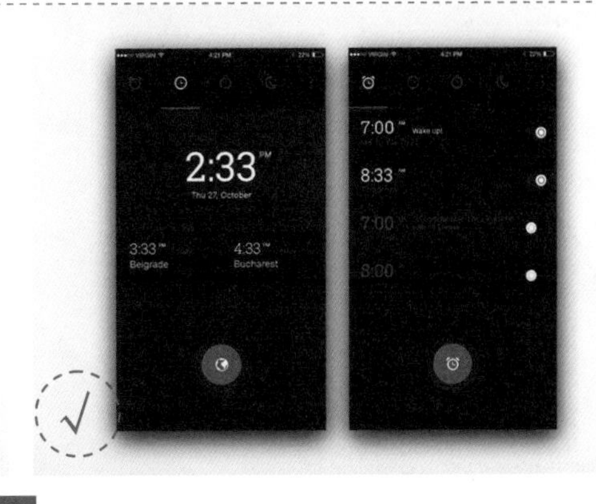

在该闹钟App设置界面设计中，使用明度和饱和度都比较低的深蓝色作为界面的背景颜色，给人一种宁静、稳重的感受，在左侧界面中的主题色使用了与背景色类似的低明度、低饱和度的深红色进行搭配，界面整体都属于低明度，表现效果灰暗，主题不明确。而在右侧界面中使用高饱和度的鲜艳红色作为主题色，与深蓝色的背景形成了强烈的对比，使界面的配色表现更加突出。

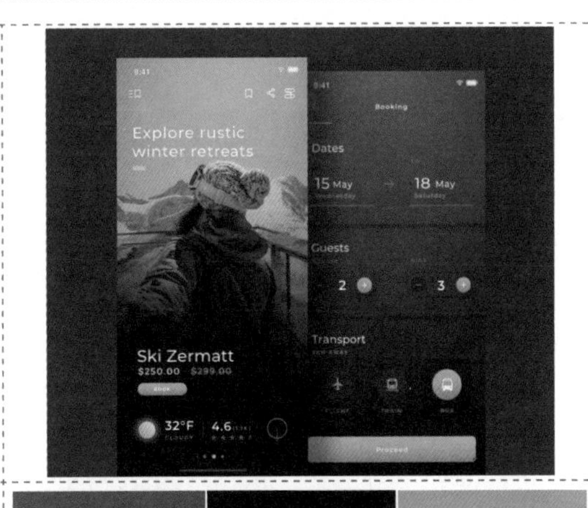

在该天气预报App界面设计中，使用蓝色作为界面的主题色，使界面表现出蓝天、白云的自然感、清爽感，使用同色系，不同明度的蓝色进行搭配划分出不同的内容区域，使界面的信息内容层次分明，界面整体色调统一、和谐。

在该旅行相关的App界面设计中，使用了低明度、低饱和度的深灰蓝色作为界面的背景颜色，表现出一种沉稳、低调的效果。在界面中搭配了同色系高明度、高饱和度的青蓝色，与背景形成明度和饱和度的对比，从而突出重点信息功能，使界面表现得更加清爽、自然。

2．加入黑色、白色、灰色进行调和

当使用两种或三种颜色搭配时，可以尝试加入无彩色的黑色、白色或灰色进行调和，会带来意想不到的惊喜。

在画面中加入白色进行调和，可以使画面更具有透气感。当白色显得有些廉价时，就可以在画面中加入浅灰色进行调和；当黑色显得沉重、闭塞时，也可以使用深灰色进行代替。

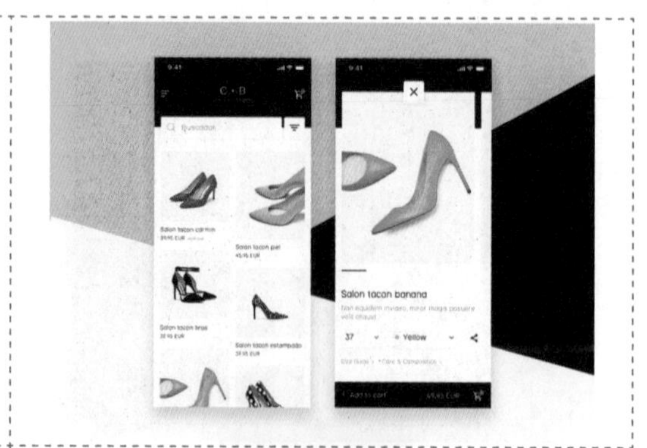

在该旅游出行类App界面设计中，使用不同明度的蓝色相搭配，在界面背景中表现出色彩的层次感，给人一种自然、清爽、舒适的感受。为界面中的信息内容搭配白色的背景色块，增强了界面色彩的层次感，并且界面背景上的图标与文字都使用了白色，增强了界面的透气感，让人看起来更加舒适。

在该高档女鞋产品App界面设计中，使用无彩色进行搭配，白色的背景突出了界面中的产品和文字信息，使用接近黑色的深灰色作为主题色，给人一种高档、大气的感受，而各产品图片都使用了浅灰色的背景，使界面更加富有高档感。

6.4 使用HSB色彩模式进行配色

RGB是一种常用的色彩模式，它通过对红、绿、蓝3种颜色的变化，以及它们相互之间的叠加来得到更多的颜色；而HSB色彩模式是通过色相、饱和度和明度3个要素来表达色彩的。在UI设计中，需要有规律地调节一组颜色时，使用HSB色彩模式会更加直观。

6.4.1 什么是HSB色彩模式

HSB 色彩模式以人类对颜色的感觉为基础，其中H表示色相，S表示饱和度，B表示亮度，如右下图所示为Photoshop“拾色器（前景色）”对话框中的HSB色彩模式。

H（Hues）表示色相，指色彩的相貌，用来区分不同的颜色。在通常使用中，色相是由颜色名称标识的，比如红色、绿色或橙色等。在“拾色器（前景色）”对话框中，我们可以上下调整来选择颜色的色相，即确定一个H数值，就是确定一个颜色的色相。

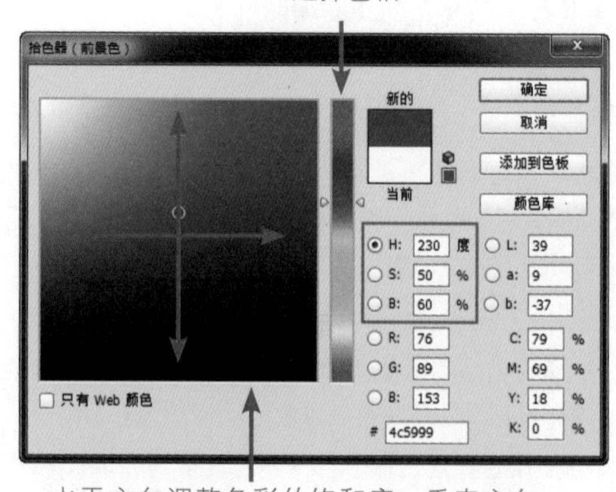

水平方向调整色彩的饱和度，垂直方向调整色调的明度

S（Saturation）表示饱和度，指色彩的鲜艳程度，也被称为色彩的纯度，取值范围为0%~100%，当数值为0%时为灰色。在最大饱和度时，每一种色相都具有最纯的色光。从“拾色器（前景色）”对话框中我们可以看到，箭头越向左颜色饱和度越低，箭头越向右颜色饱和度越高。也就是说，S数值越小，颜色饱和度就会越小；S数值越大，颜色饱和度就会越大。白色、黑色和灰色都是没有饱和度的色彩。

B（Brightness）表示明度，指色彩的明亮度。色彩越接近黑色明度越低，越接近白色明度越高。取值范围为0%~100%，当数值为0%时为黑色。从“拾色器（前景色）”对话框中我们可以看到，箭头越向上，颜色亮度越高；箭头越向下，颜色亮度越低。

6.4.2 使用HSB色彩模式进行配色的方法

在确定基色（主色）之后，我们可以通过HSB色彩模式轻松地找到它的同类色、邻近色、对比色等；也可以通过基色的确定来调整出柔和的渐变色。接下来我们以颜色为HSB(199,100,90)的蓝色为基色，介绍如何选择其他相应的配色。

1．同色系色彩

同色系是指同一类颜色，但是它们之间的饱和度不同，通过对S（饱和度）数值的调整，我们很容易得到基色的同色系颜色。

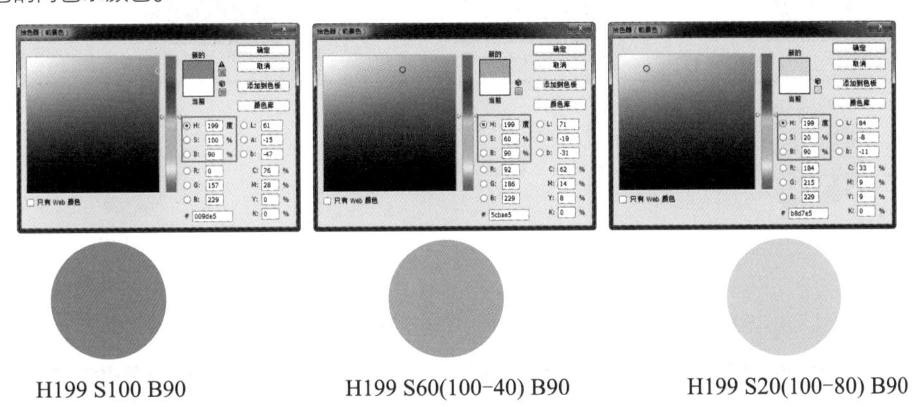

H199 S100 B90　　H199 S60(100−40) B90　　H199 S20(100−80) B90

2．同类色

同类色是指色相中距离基色15度的颜色。

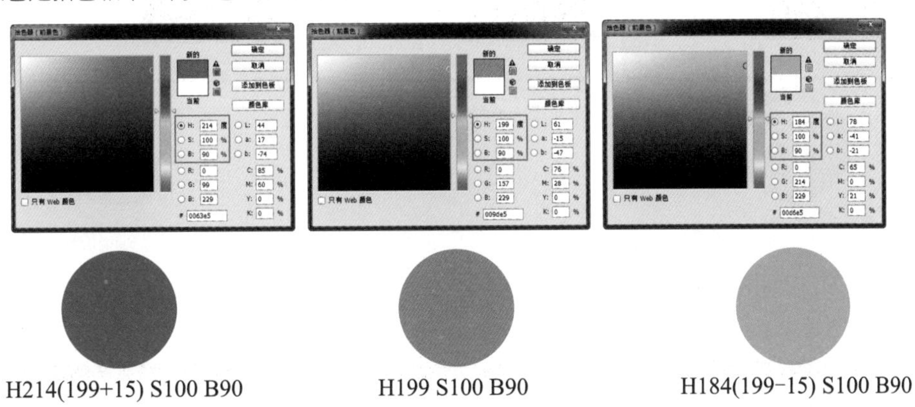

H214(199+15) S100 B90　　H199 S100 B90　　H184(199−15) S100 B90

3．类似色

类似色是指色相中距离基色30度的颜色。

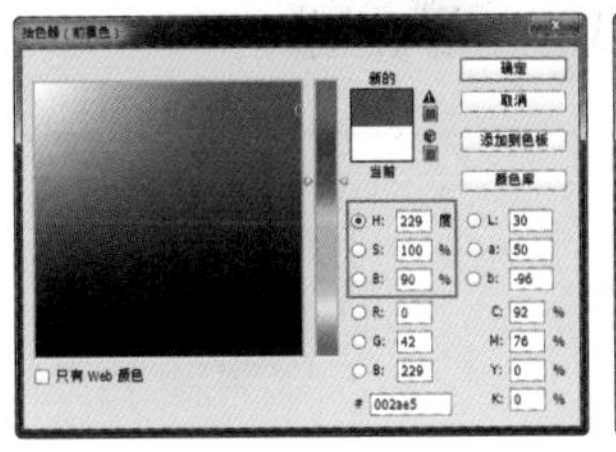

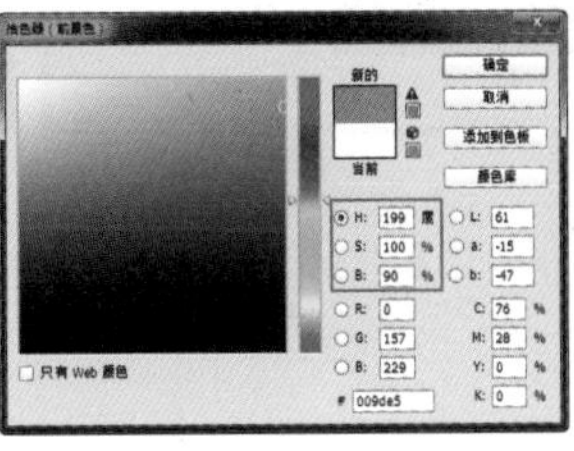

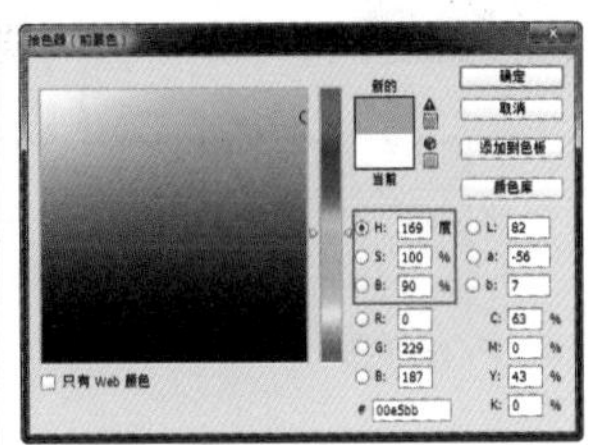

H229(199+30) S100 B90

H199 S100 B90

H169(199−30) S100 B90

4．邻近色

邻近色是指色相中距离基色60度的颜色。

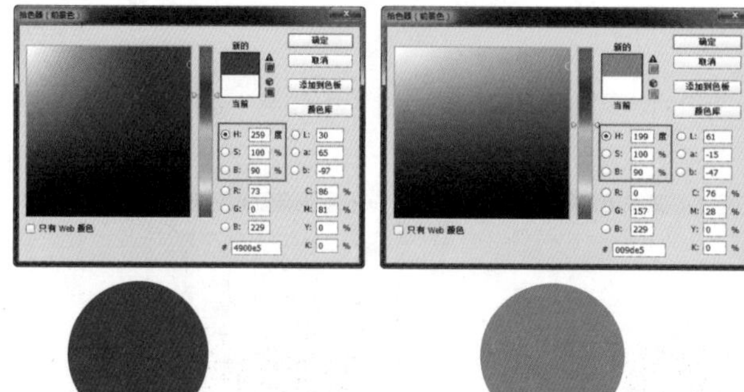

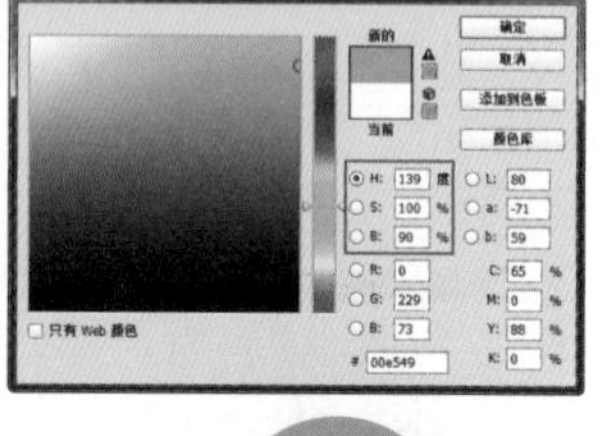

H259(199+60) S100 B90　　H199 S100 B90　　H139(199−60) S100 B90

5．中差色

中差色是指色相中距离基色90度的颜色。

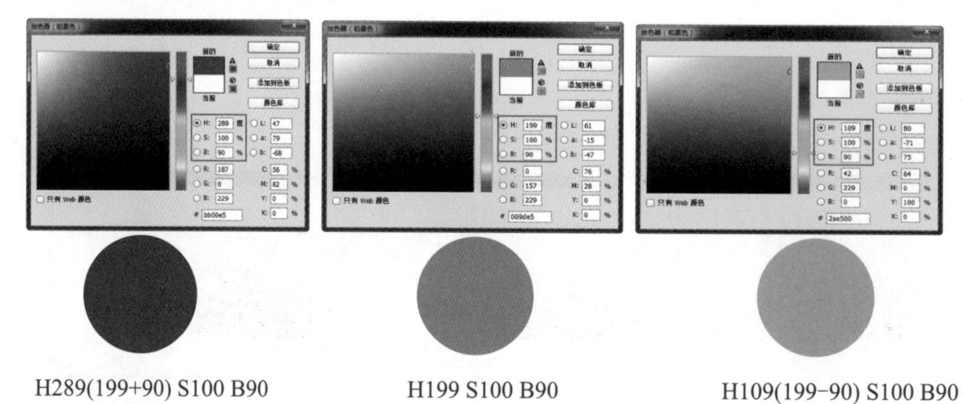

H289(199+90) S100 B90　　H199 S100 B90　　H109(199−90) S100 B90

6．对比色

对比色是指色相中距离基本120度的颜色。

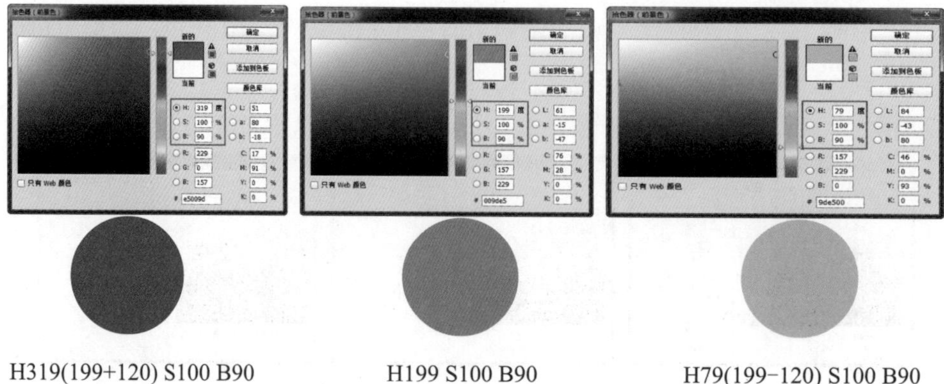

H319(199+120) S100 B90　　H199 S100 B90　　H79(199−120) S100 B90

7．互补色

互补色是指色相中距离基色180度的颜色。

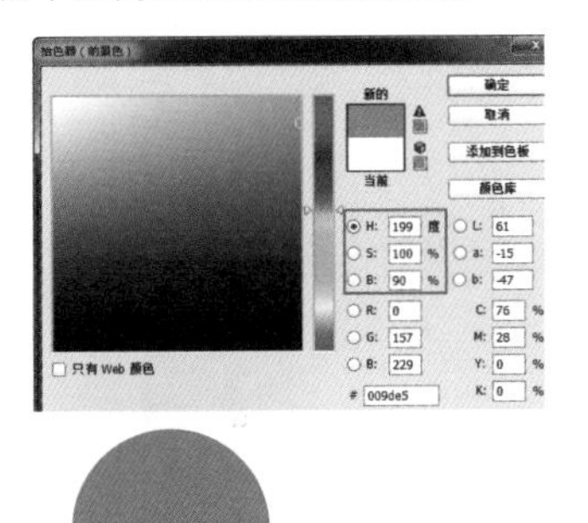

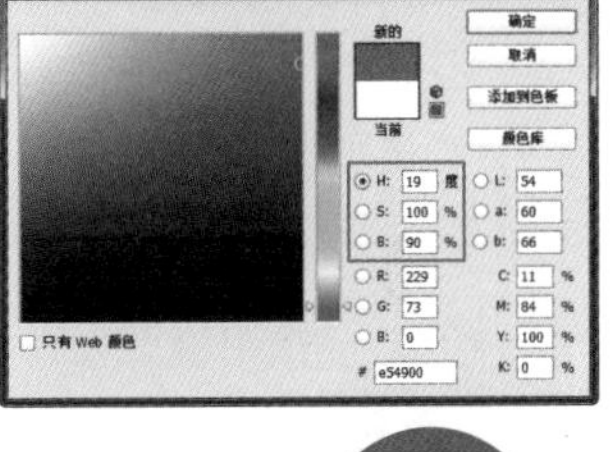

H199 S100 B90　　　　H19(199-180) S100 B90

通过上面的讲解，我们可以发现当确定基色之后，使用HSB色彩模式可以非常方便快捷地选择基色的同类色、类似色、邻近色、中差色、对比色或互补色作为配色中的辅助色使用。

6.4.3 柔和的微渐变配色

通过前面两节内容的讲解，我们可以通过HSB色彩模式能够很方便地实现配色的选择。除此之外，通过HSB色彩模式还能够非常方便地创建出柔和的微渐变配色方案。例如，使用同色系色彩或同类色创建出的微渐变效果。

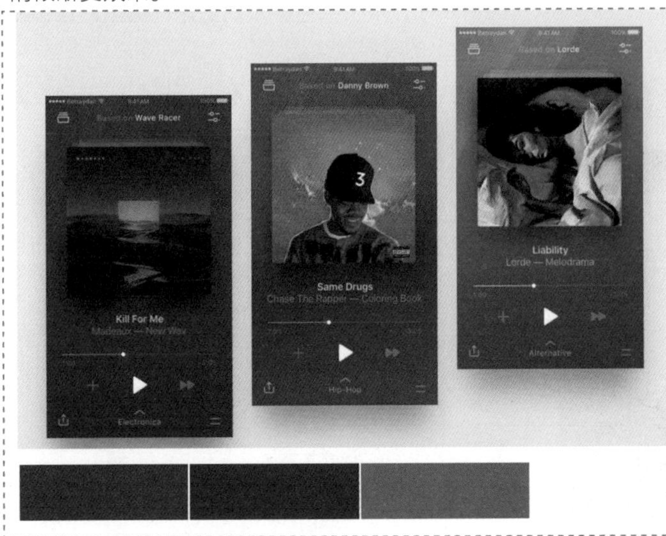

在该音乐App界面设计中，为用户提供了3种配色方案，这3种配色方案都采用了渐变的背景颜色设计，从而使界面表现出色彩的层次感，给用户带来出色的视觉体验。左侧界面设计，使用了紫色到蓝色的类似色创建渐变背景颜色，给人一种梦幻的感觉；中间界面设计，使用了红色到蓝色的互补色创建渐变背景颜色，给人一种热情、强烈的感觉；右侧界面设计，使用了蓝色的同类色创建渐变背景颜色，给人一种宁静、和谐的感受。

6.5 移动端UI设计常用配色方法

大多数设计师都希望能够摆脱各种限制，表现出华丽的色彩搭配效果。但是，想要把几种色彩搭配得非常华丽绝对没有想象中简单。想要在数万种色彩中挑选合适的色彩，这就需要设计师具备出色的色彩感。下面向读者介绍一些在移动端UI设计中常用的配色方法。

6.5.1 5种统一配色

1．相同色相的配色

相同色相配色又称为单一色相配色，是指在UI设计中只使用一种色相进行配色，通过调整颜色的饱和度和明度，可以生成多种协调的配色效果，能够表现出界面的统一性和流畅性，不会对眼睛造成太大的负担。

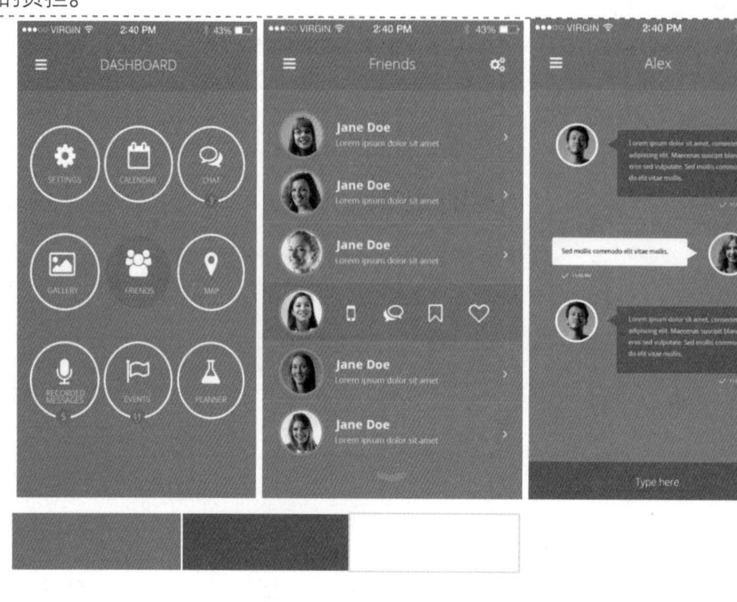

在该App界面设计中，只使用单一的红色作为界面的主色调，搭配白色的文字和线性图标，使界面非常清晰、简洁。该App的多个界面使用不同明度的红色作为不同内容区域的背景颜色，无论是界面设计风格还是界面中功能区域的布局都保持了一致性原则，用户在使用过程中，可以很方便地进行操作。

相同色相的配色方法，适用于表达简洁、高雅、干练的效果，不主张色彩表现的设计类型，但容易给人呆板、单调的感觉，所以在配色过程中要大胆地增加色调上的差异对比。

需要注意的是，无彩色系的黑白色搭配也可以认为是单色搭配，使用无彩色系进行搭配能够使界面中的内容成为最突出的部分。

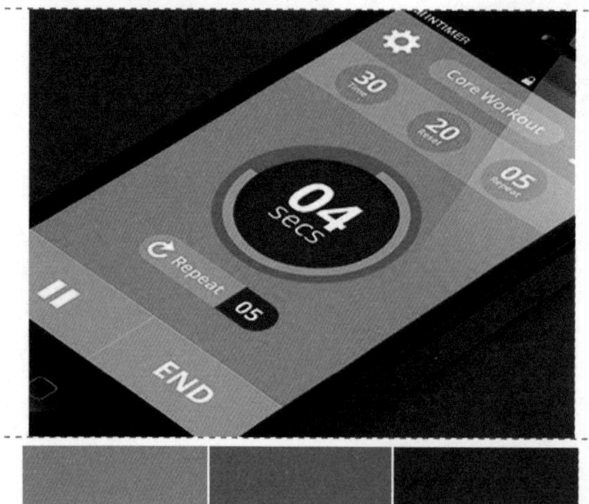

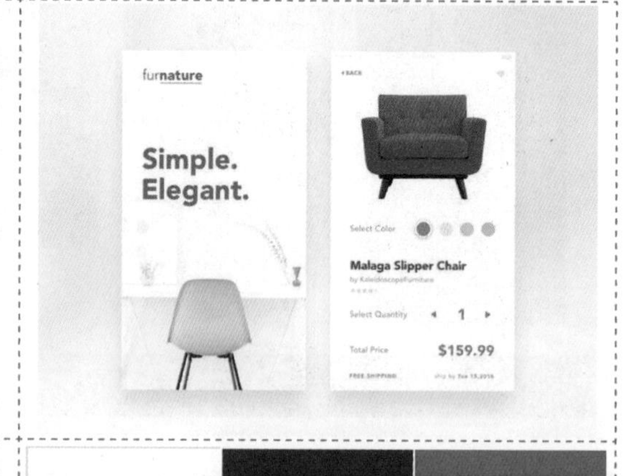

该App界面采用了单色的配色方式，使用蓝色作为界面的主色调，通过调整蓝色的明度和饱和度，从而在界面中实现色彩的层次感，以此来划分不同的内容区域，搭配无彩色的白色和深灰色，使得界面整体色调统一，给人一种清爽、简洁的感受。

这是一个家居产品电商App界面，使用纯白色作为界面背景，搭配简洁的深灰色文字，这种无彩色的搭配能够有效地突出界面中的家居产品，同时，彩色的家居产品打破了无彩色界面的沉闷感，使家居产品更加时尚，给人以高级感，凸显所售卖产品的品质。

2．邻近色相的配色

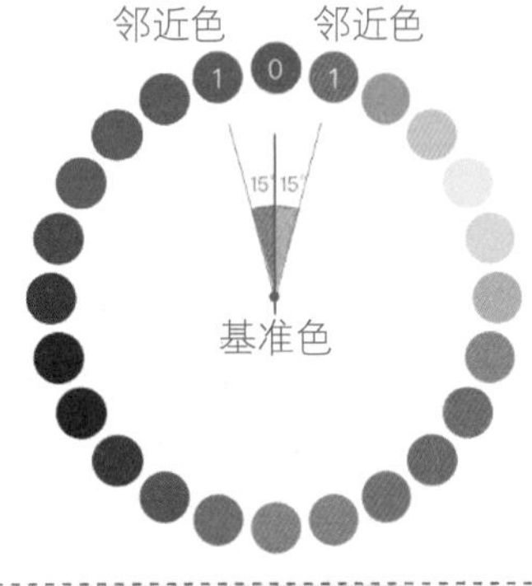

邻近色相是指色相环上相邻的色相，属于右图中的色相环1号，角度为当前基准颜色±15°以内。

邻近色相的配色方法，适用于表现简约、高雅、干练的效果，能够在色彩上营造出协调而连续的感觉。使用邻近色相进行配色同样容易给人呆板、单调的感觉，所以在配色过程中要大胆地增加色调上的差异对比。

该App的登录界面使用红橙色与黄橙色进行搭配，作为界面的背景主色调，给人一种热情、开朗、富有活力的感受。在界面中搭配简洁的Logo和登录表单元素，表现效果非常清晰、简洁。

该移动端美食App界面使用美食图片作为背景，在背景上搭配从蓝色到蓝紫色的渐变，并设置为半透明的效果，使界面表现出清爽、和谐、优雅的视觉效果。

3．类似色相的配色

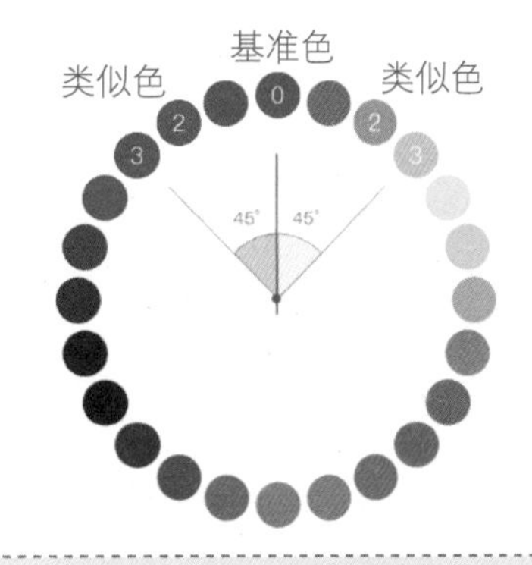

类似色相是指在色相环上相邻的色相（邻近色相也包含在类似色相当中），属于右图色相环中的2号、3号，角度为当前基准颜色±45°以内。

使用类似色相进行配色，会使界面表现得比较丰富、活泼，同时又不失统一、和谐的感觉。同样可以通过色调营造界面色彩的张弛效果，表现出稳重、和谐的效果。

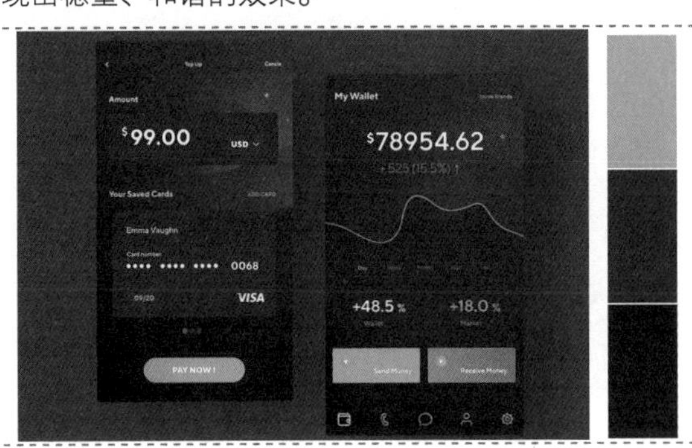

在该金融类App界面设计中，使用高饱和度的深蓝色作为背景颜色，深蓝色能够带给人很强的科技感，给人一种理性的感受。界面中的工具图标和按钮则使用了蓝色的类似色青色进行搭配，高明度的青色与低明度的深蓝色背景形成对比，活跃界面的表现效果，同时界面整体又不失统一、和谐的感觉。

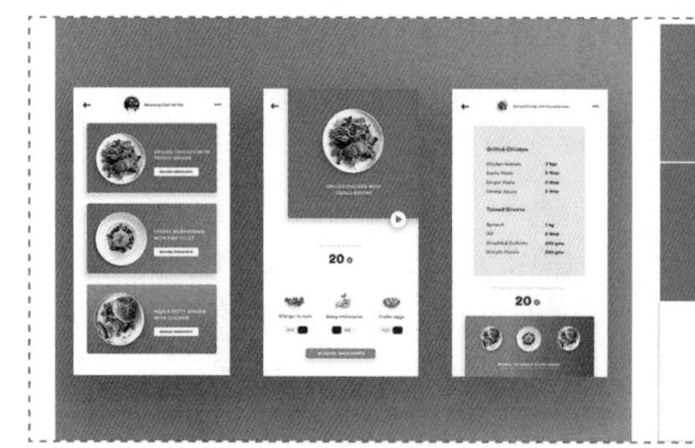

在该餐饮美食类App界面设计中，纯白色作为界面的背景颜色，界面中不同的美食产品则分别使用了洋红色、橙色的背景颜色进行表现，洋红色和橙色都属于暖色调，使界面表现出一种热情、开放的印象，并且能够有效地划分不同的内容区域。因为洋红色与橙色属于类似色相，所以界面整体表现和谐。

4．相同色调的配色

相同色调的配色是指在UI设计中无论使用什么色相进行搭配，只需要将所使用色彩的色调统一，就可以使界面表现出整体性和统一性。例如，浅色组合、明亮色组合、暗色调组合、纯色调组合等。

使用相同色调的配色方法，先要确定能够反应主题的色调，再进行配色，为了避免视觉效果的单调，尽可能多使用不同的色相。

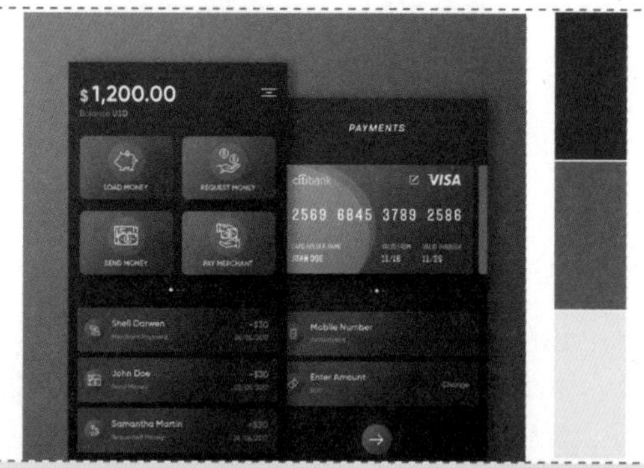

在该金融类App界面设计中，使用纯白色作为界面的背景颜色，界面整体给人清晰、明亮的感受。界面中所绑定的多张银行卡则分别使用了不同的颜色进行表现，便于用户进行区分，多种不同色相的颜色都使用了相同的鲜艳色调，从而使界面表现出和谐的视觉效果。

同样是金融类App界面设计，使用低明度、低饱和度的深灰蓝色作为界面的背景颜色，给人一种坚定、稳重的感受。各选项使用了比背景颜色明度稍高一些的色彩，并为各选项色块添加了阴影效果，从而使界面表现出层次感。整个界面都使用了暗浊色调进行表现，使界面表现出整体性与统一性。

5．类似色调的配色

类似色调的配色是指在UI设计中所使用的色彩具有相近的色调，与相同色调的区别主要在于通过明度和纯度的微妙差异，从而使界面表现出丰富的色彩层次。例如，浅色+明色组合、鲜艳色+浓重色组合、暗色+深色组合等。

在该电商App界面设计中，使用了明艳色调与浅色调的搭配，标题栏使用了明艳色调的蓝色，而商品分类列表则使用了不同的颜色，但都属于浅色调，类似色调的配色使界面看起来整体统一，给人一种舒适、和谐的感受。

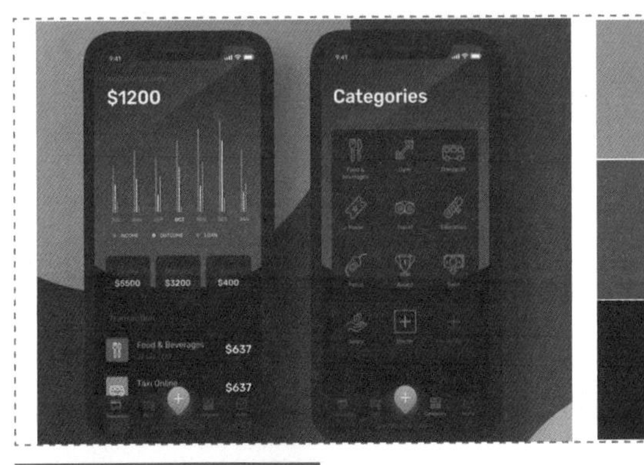

在该金融类App界面设计中，使用蓝色作为界面的主题色，在界面背景中使用深暗色调的蓝色与浓重色调的蓝色进行搭配，在界面中划分出不同的内容区域，同时也使得界面的色彩层次更加丰富。类似色调的配色使界面整体视觉效果和谐统一。

6.5.2 4种对比配色

1．中差色搭配——表现舒适、柔和的效果

中差色搭配不同于类似色搭配和对比色搭配，种类上却包含了从类似色到对比色的搭配，属于右图色相环中的4号~7号，角度为当前基准颜色±60°~±105°。中差色搭配的整体效果表现明快、活泼、令人兴奋，同时又不失调和的感觉。

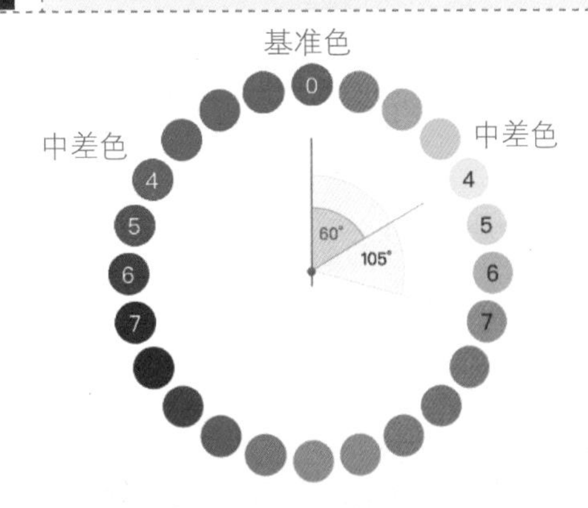

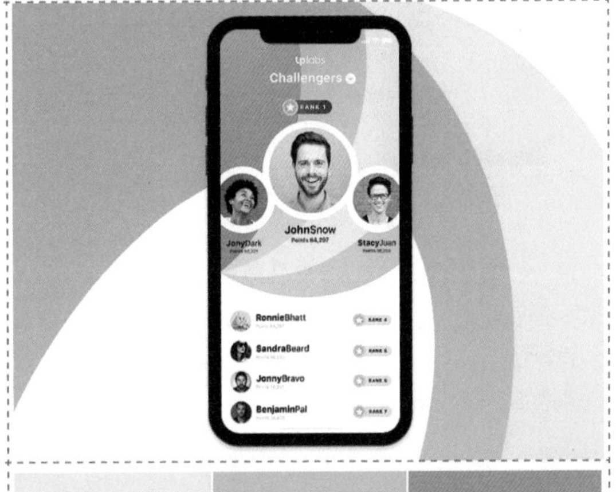

在该影视App界面设计中，使用深暗的、模糊处理的电影图片作为界面的背景，使用户将目光聚焦于清晰的界面内容上，在界面中使用洋红色与紫色进行搭配，使得信息内容的视觉效果明快、饱满，同时整个界面的配色又表现得非常协调。

在该App界面设计中，使用了蓝色、青色、黄色3种色彩进行背景配色，黄色、青色和蓝色都属于中差色配色，通过这3种色彩来设计弧形的装饰图形效果，使界面更加丰富、活泼，给人一种年轻、富有朝气与活力的感受。

2．对比色搭配——表现华丽、醒目的效果

对比色是指在色相环上位置呈三角对立的颜色，如红色与黄色、紫色与橙色等。对比色属于下图色相环中的8号~10号，角度为当前基准颜色±120°~±150°。

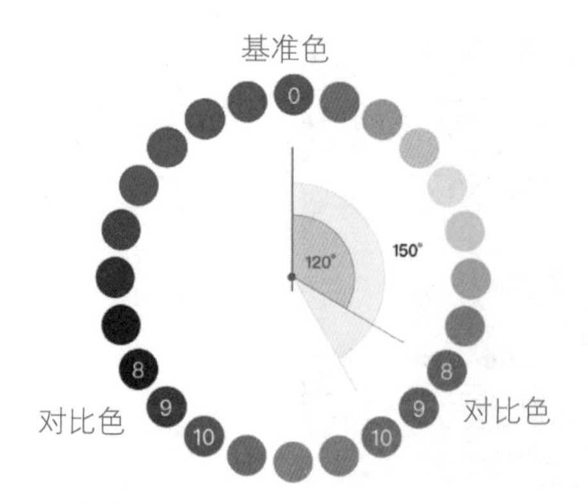

在UI设计中，可以使用对比色的搭配来突出界面中的重要信息，从而使其达到醒目的视觉效果。采用对比色搭配的界面表现效果醒目、刺激、有力，但也容易造成视觉疲劳，一般需要采用多种调和手段来改善对比效果。

在该化妆品App界面设计中，使用明亮的黄色作为界面的主题色，与产品包装的色彩相呼应，使界面表现出阳光、活力的效果。在界面中搭配黄色的对比色青绿色，使界面非常醒目、强烈，给人一种欢乐、夏日的感觉。

在该音乐App界面设计中，使用纯白色作为界面的背景颜色，在界面顶部搭配从红色到灰蓝色的渐变，而在界面的底部则搭配了蓝色的三角形色块装饰，与顶部的图形相呼应，并且红色与蓝色属于对比色，使界面更加活跃。

3．互补色搭配——表现强烈、冲突的效果

互补色是指在色相环上位置完全相对的颜色，如橙色与蓝色、黄色与紫色等。互补色属于右图色相环中的11号、12号，角度为当前基准颜色±165°～±180°。

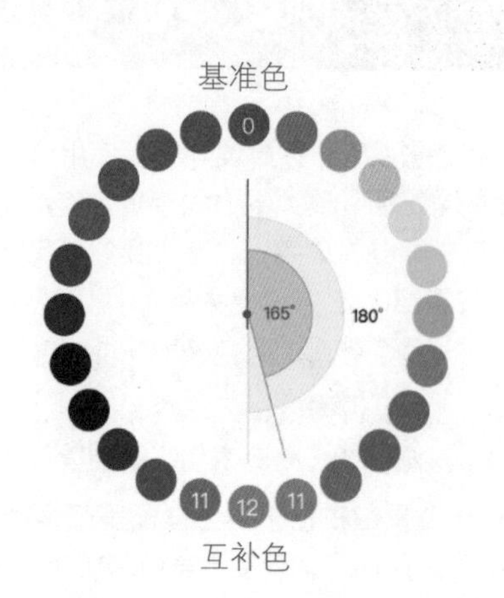

使用互补色搭配的界面能够表现出一种力量、气势与活力感，具有非常强烈的视觉冲击力。高纯度的互补色搭配，能够表现出充满刺激性的艳丽效果，但是也容易形成廉价、劣质的效果，可以通过色彩面积、色调的调整来进行中和搭配。

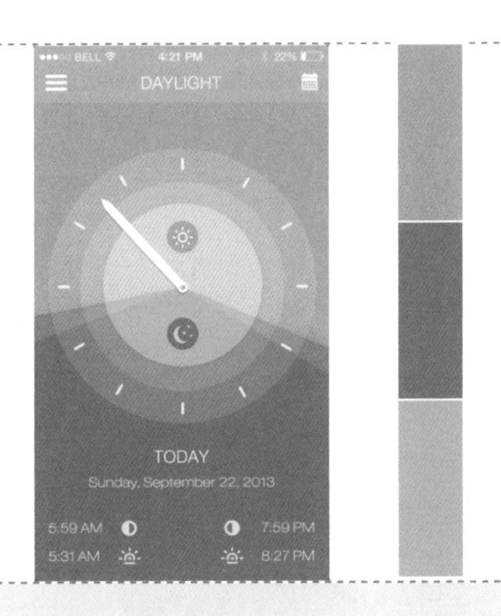

在该时间App界面设计中，根据白天和夜晚的时间将白天的背景设置为黄橙色，而将夜晚的背景设置为蓝色，形成非常强烈的视觉对比，从而使界面不仅有突出的视觉冲击力，并且个性的设计也会使人留下深刻印象。

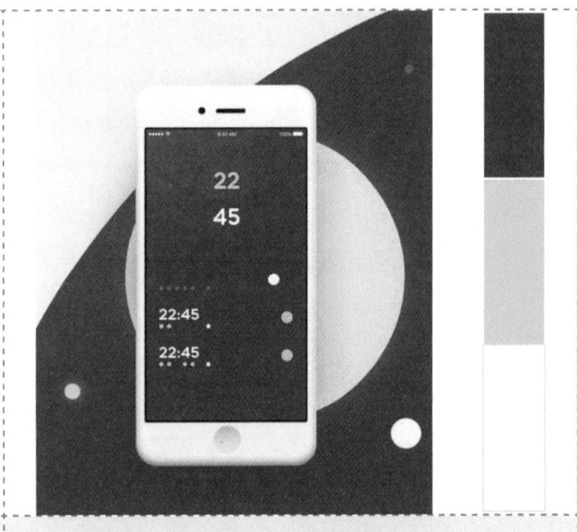

在该闹钟App设置界面设计中，不同明度的紫色形成微渐变的界面背景效果，体现出色彩的层次感，给人一种优雅的感受。界面中的重点信息和按钮开关使用了与紫色背景形成互补的黄色进行搭配，因为其面积较小，导致对比并不是十分强烈，但是对比色的搭配能够很好地突出重点信息。

4．对比色调搭配——突出变化和重点

对比色调搭配是指在UI设计中可以使用不同明度或不同饱和度的色彩进行配色，从而形成不同明度或不同饱和度的对比。特别是在使用相同色相或类似色相进行UI配色时，通过对比色调搭配同样可以使界面表现出鲜活、明快的视觉效果。

在该金融类App界面设计中，使用深暗色调的深蓝色作为界面的背景颜色，给人一种稳定、厚重的感受，界面中绑定的银行卡则使用了鲜艳色调的蓝色进行搭配，与背景的深蓝色形成了鲜明的对比色调，有效突出界面中的信息内容。

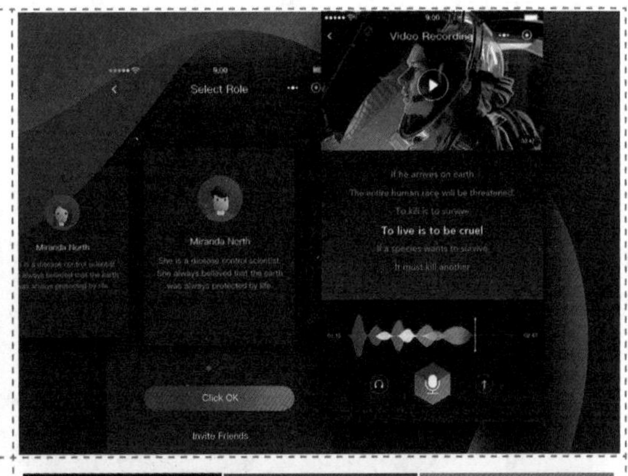

在该影视音乐类App界面设计中，使用深暗色调的深紫色作为界面的背景颜色，使界面给人一种神秘、高雅的感觉。界面中的图形及按钮则使用了鲜明色调的紫色到洋红色渐变，类似色相但不同色调的搭配，使界面更加明快、鲜活。

6.5.3 3种强视觉效果的配色

1．四角色搭配——表现健康、活力的效果

四角色是指分布在色相环上位置对等的4个角的配色，例如，红色+黄色+蓝色+绿色的组合，在鲜艳、浓重色调的配色中充分展现色彩的对比效果。

虽然四角色的配色方法是使用多种色彩进行搭配的，但还是需要以一种色相为主，再添加适当比例的其他配色，既适合表现简约的图案，也适合表现儿童题材的UI设计。

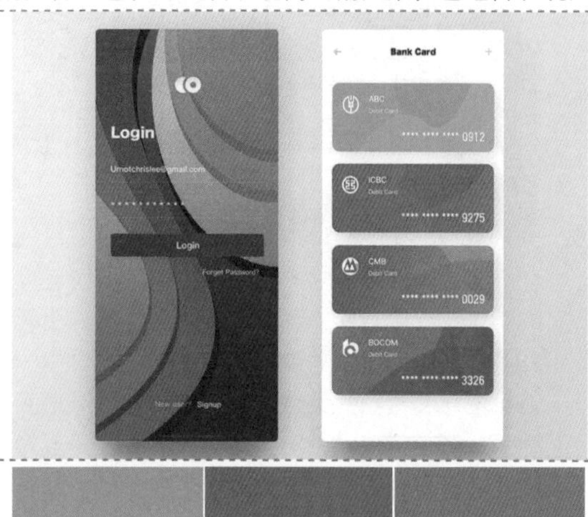

在该金融类App登录界面设计中，使用了多种高饱和度的鲜艳色彩进行搭配，使界面表现出现代、富有活力的效果。在绑定银行卡的界面中，使用纯白色作为界面的背景颜色，各银行卡则使用了不同的高饱和度色彩进行表现，有效区分界面中不同的银行卡，并且使界面更加具有活力。

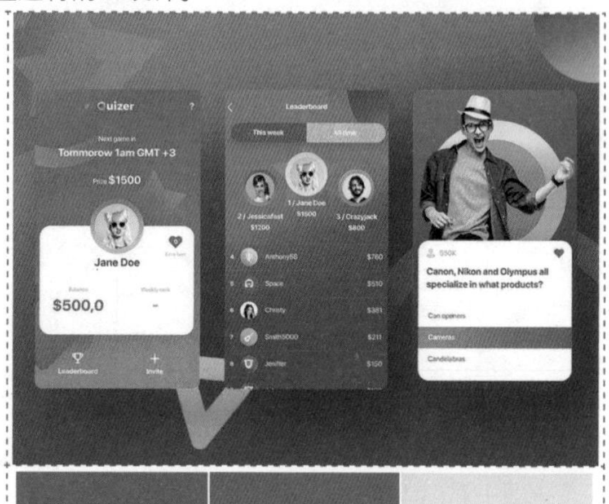

在该娱乐App界面设计中，使用了鲜艳的四角色搭配，不同的界面使用了不同的色彩作为主题色。在右侧的界面中使用蓝色作为背景的主色调，搭配黄色、青色、洋红色等构成的图形，使整个界面表现出鲜明、活跃、充满时尚活力的效果。

2．反自然搭配——表现前卫、时尚的效果

反自然搭配是指在色相差异较大的多色搭配前提下，通过反自然光，将暖色明度降低，冷色明度提高，从而刻意制作出不自然的感觉。这种反自然的配色方式，能够使UI设计表现出另类、前卫的效果。

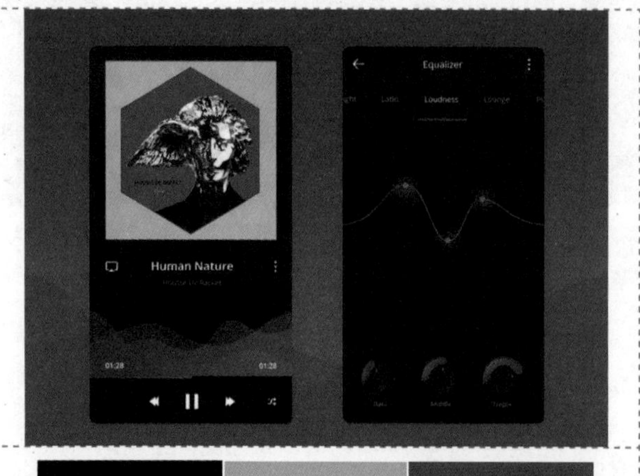

在该音乐App界面设计中，使用接近黑色的深灰色作为界面的背景颜色，给人一种沉稳而富有现代感，在界面中搭配紫色到洋红色的渐变图形，使界面的表现效果更加梦幻。界面中的图片背景为高明度的青色，而图片为中等明度的红色，这种反差使界面的表现效果更加另类、前卫。

在该运动App界面设计中，不同的运动使用不同的背景颜色进行区别表现。在右侧的界面设计中，使用中等饱和度的红橙色渐变作为界面的背景颜色，而界面中的运动曲线图形则使用了高明度的青色和蓝紫色表现，与背景形成强烈的对比，使得整个界面表现得更加时尚、个性。

3．多色搭配加点黑——表现强劲、有力的效果

多色搭配顾名思义就是使用多种色彩组合而成的一种搭配方式，一般不宜超过3种颜色，使用1种颜色作为界面的主色调，其余颜色作为辅助色使用。

多色搭配会使画面显得更加丰富、多彩、充满趣味性 ，在多色搭配中加入无彩色的黑色，从而形成强烈的对比，可以使有彩色的对比更加强烈。

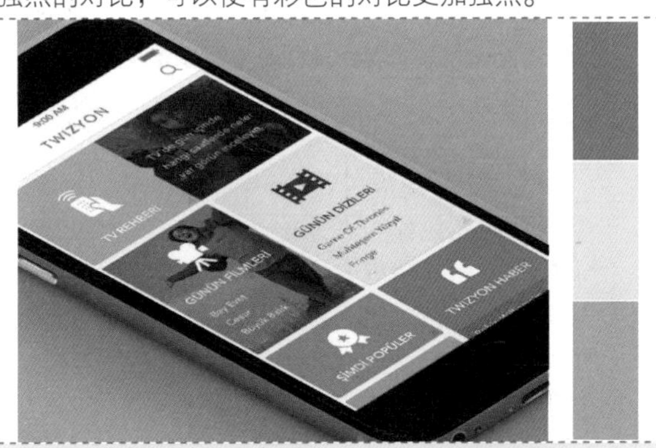

在该App界面设计中，使用多种鲜艳的大色块或图片作为背景，搭配简约的纯色图标与介绍文字，在界面中划分出不同的功能区域，非常便于用户阅读和操作。纯色块、简约符号图形、大字体能够表现出界面的简洁风格，现代感十足。

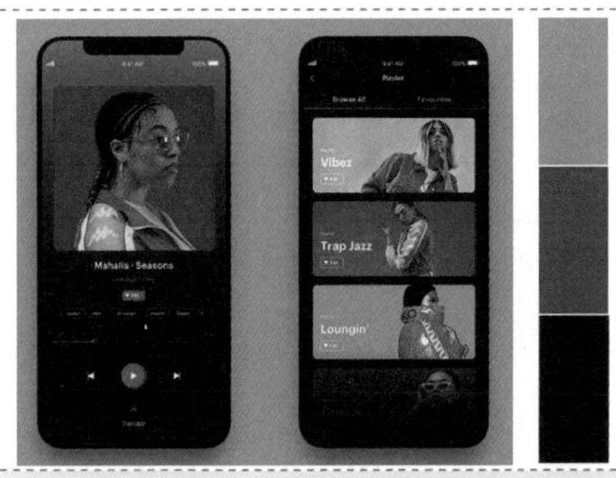

在该音乐App界面设计中，使用接近黑色的深灰色作为界面的背景颜色，界面中的歌手列表分别使用了不同的高饱和度色彩背景，在深灰色界面的衬托下，表现效果非常时尚，富有现代感，并且各个歌手列表之间也存在色相的对比，便于用户区分。

6.6 移动端UI配色技巧

优秀的配色是自然的、和谐的，能够给人带来愉悦的视觉感受。配色讲究的是使用必要的颜色来构建整个视觉体系，出色的配色方案能够很好地提升移动端UI设计的用户体验。本节将向读者介绍移动端UI配色的相关技巧，灵活掌握这些配色技巧能够使用户搭配出令人赏心悦目的色彩。

6.6.1 遵循6:3:1的配色原则

在移动端UI配色设计过程中，我们可以遵循6:3:1的基础配色原则，即主色占60%，辅助色占30%，点缀色占10%。

主色 60%　辅助色 30%　点缀色 10%

1．主色使用要点

在移动端UI设计中，通常使用品牌色作为主色，主色是界面中最关键的色彩，常用于界面中的导航栏、按钮、图标、标题等关键元素，加深用户的品牌记忆。

在主色的使用过程中需要注意的是，主色不是一种色彩，而是一种色相，可以通过对其色调进行调整，从而运用于不同的内容上；60%并不是指主色在界面中的使用面积，而是指主色在界面中的数量。

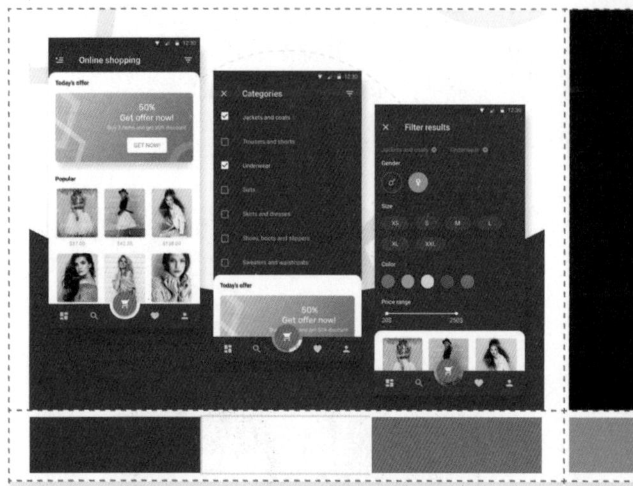

该女性服饰类电商App界面使用蓝紫色作为主色，搭配纯白色的辅助色，使界面表现出柔和、优雅的女性效果。界面中的购物车图标则使用了洋红色进行表现，洋红色为点缀色，与辅助色和主色都能够形成很好的对比，有效地突出了该图标。

在该智能家居管理App界面设计中，使用高饱和度的蓝色作为界面的主色，纯白色作为界面的辅助色，使界面的表现效果清爽、自然，让人感觉舒适。使用高饱和度的橙色作为界面的点缀色，界面中重要的图标使用橙色表现，能够起到很好的突出作用。

2．辅助色使用要点

辅助色常与主色一同出现，在界面中主要用于关键信息的区分，陪衬主色来平衡界面，丰富界面的视觉效果。

辅助色与主色的色彩关系如下图所示。

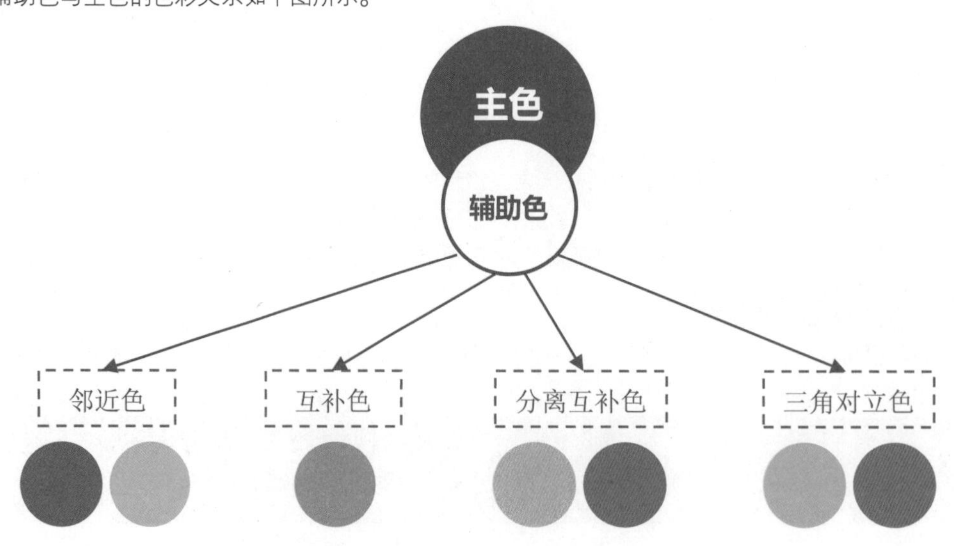

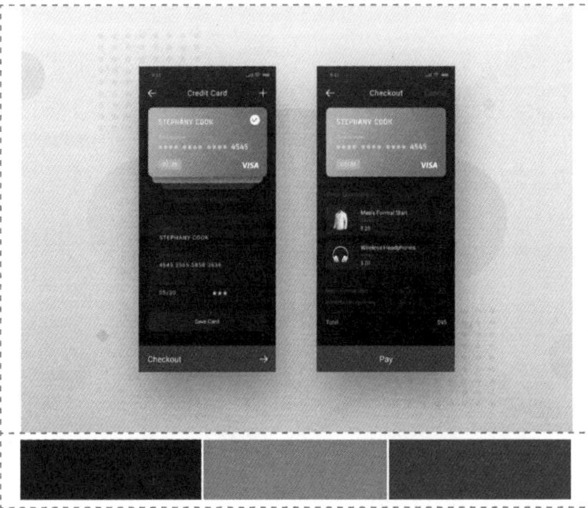

在该金融支付类App界面设计中，使用低明度的深蓝色作为界面的背景主色调，使界面给人一种稳重、理性的感受。使用蓝色的邻近色——青蓝色作为辅助色，并且使用了高明度的青蓝色与背景形成明度对比，很好地突出了重点信息内容，而界面整体则表现出和谐的效果。

在该App欢迎界面设计中，使用低明度的深蓝色作为背景主色调，选择使用蓝色的互补色橙色作为辅助色，界面中的图形使用了高饱和度的橙色进行表现，与深蓝色背景形成明度和色相的强烈对比，使欢迎界面表现出活跃、欢乐的氛围，充分吸引用户的关注。

3．点缀色使用要点

点缀色的使用面积较小，具有一定的独立性，通常在主色、辅助色都不能满足界面中关键信息表现时会使用点缀色，在需要平衡界面冷暖色调时也会使用点缀色。

通常使用与主色形成互补的颜色作为点缀色，并且点缀色常常使用明度和饱和度较高的鲜艳色彩。

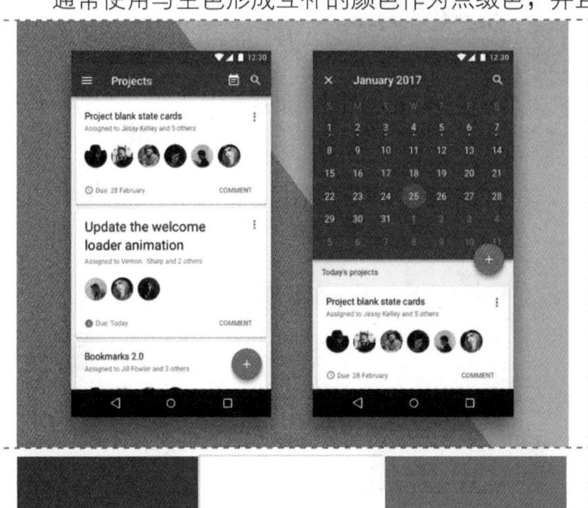

在该备忘记事App界面设计中，使用不同的背景颜色划分界面中不同的内容区域，蓝紫色为界面的主题色，使界面表现出优雅、理性的效果，白色背景使界面信息更加清晰。为界面中的重点图标应用高饱和度的橙色，无论是与主色还是辅助色都能够形成良好的对比，表现效果突出。

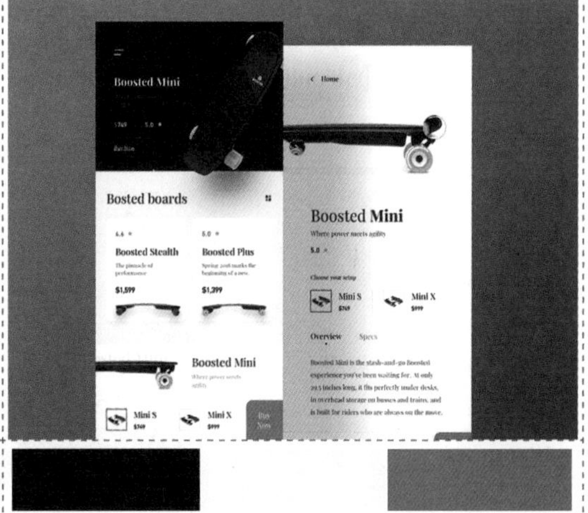

在该滑板产品电商App界面设计中，完全使用无彩色进行搭配，与产品的配色相呼应，给人一种时尚、高档的感觉。为了避免无彩色搭配所带来的沉闷感，在界面中点缀高饱和度的橙色，从而使界面更加富有活力。

6.6.2 控制界面的色彩数量

在移动端UI设计中不宜使用过多的色彩，在平面设计领域有“色不过三”的配色说法，在移动端App界面设计中同样要求在一个界面中尽量不要使用超过3种色彩，避免过多的色彩导致审美疲劳，这样用户浏览起来也比较舒适。

该电商App界面采用了极简的设计风格，使用无彩色进行搭配，以纯白色作为界面的背景颜色，在界面中规则排列相关的商品图片和简单的文字内容，除此之外，并没有其他任何装饰性元素，使得界面中的产品表现非常突出，界面中的重要功能按钮分别使用深灰色和高饱和度的橙色进行区别表现，突出重点功能，并且加入少量鲜艳色彩的点缀可以使界面显得不会过于沉闷。

在有些情况下，迫于产品的需要，可能使用的色彩会超过3种，在这种情况下也不能超过7种色相，可以通过调整每种色相的明度和饱和度来延展更多的颜色，既满足了产品的需要，又具有统一性。

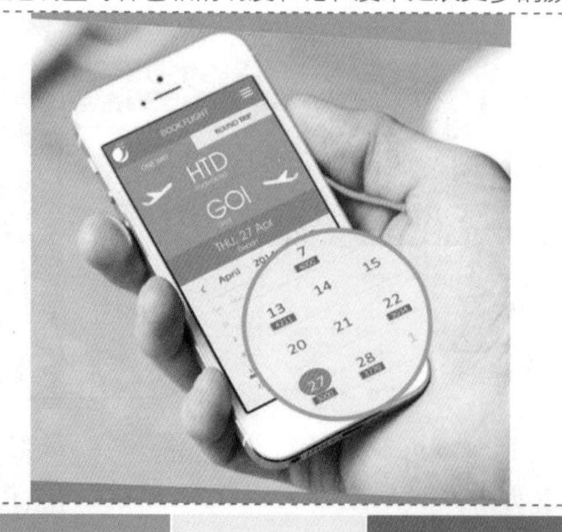

在该机票预定App界面中，使用蓝色作为界面的主题色，通过蓝色和浅灰色将界面划分为两个不同的功能区域，下半部分用于选择出行日期，上半部分用于选择出发地和目的地，界面中功能的划分非常清晰和明确。并且蓝色与接近白色的浅灰色进行搭配，能够表现出清爽、自然的效果，让人感觉舒适。

在该餐饮类App分类导航界面设计中，为了使用户能够轻松地分辨不同的分类，使用了不同颜色的图标来表现各分类选项，从而有效地区分各个功能区域图标，具有很好的辨识度，给人一种清晰、简约、一目了然的视觉效果。

6.6.3 巧用色彩对比

色彩对比几乎是所有视觉构图中的关键部分，它赋予了每个UI元素独特性，并使其引人注目。需要注意的是，如果在界面中使用相同色系的色彩进行配色，对比度较低，则无法达到吸引用户注意力的效果。

在该运动健身App界面设计中，使用接近黑色的深灰色作为背景主色调，选择深暗的深蓝色作为辅助色，体现出力量感，在界面中点缀高饱和度的橙色图形与文字，与深暗的背景形成非常强烈的对比，突出重点信息，同时也使界面更加富有活力。

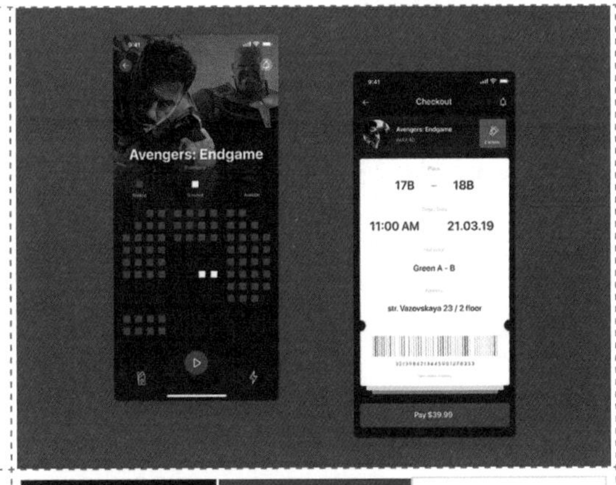

在该电影票在线预定App界面设计中，使用了低明度、低饱和度的深灰蓝色作为界面的背景主色调，搭配了同色系高饱和度的辅助色，使得界面整体色调统一，但是主色与辅助色使用了不同的明度和饱和度设置，从而能够形成明度与饱和度的对比，但对比效果没有色相对比那么强烈。

我们在UI设计过程中，常常根据所要实现的目标来控制色彩的对比度。例如，如果需要用户注意到某个特定的UI元素，就会使用鲜艳的、对比强烈的颜色来表现该UI元素。但是，将UI元素作为一个整体来说，高对比度的颜色可能并不总是奏效的。如果文本内容和背景颜色之间的差异太大，则很容易造成用户的阅读疲劳。这就是为什么建议设计师采用温和的色彩对比，并只在某些特定元素上应用高对比度的颜色。通过在不同的设备上进行用户测试，可以帮助设计师确保其配色方案的有效性。

该闹钟设置界面的设计非常简洁，为了突出界面中当前时间及重要功能，采用了无彩色与有彩色的对比。纯白色的背景颜色使界面非常简洁、清晰，而界面中的当前时间和相应的图标则使用了高饱和度的蓝色，从而形成了强烈的对比，突出重点信息。

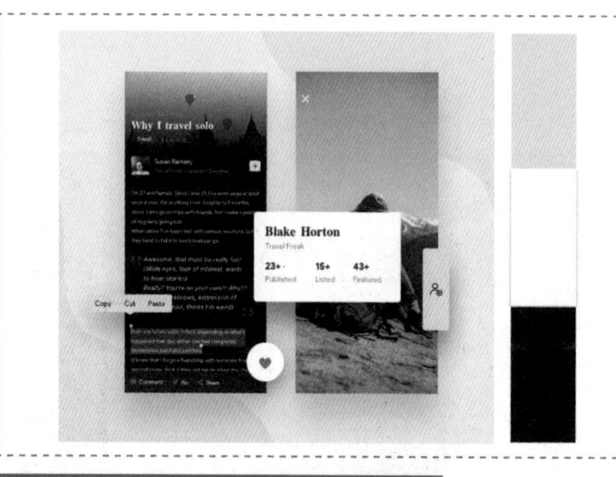

在该App界面设计中，如果界面使用了深色的背景，就需要搭配浅色的文字，从而保证界面内容具有良好的可读性。但是要避免使用黑色背景搭配白色文字，这种对比太过于强烈，长时间阅读会让人感觉不舒适。所以通常会使用深灰色背景或其他深色背景来搭配白色文字，这样的对比效果更柔和，避免用户产生阅读疲劳。

6.6.4 从大自然中获取配色灵感

大自然是世界上最好的艺术家和设计师，我们在自然环境中看到的颜色组合总是接近完美的。人们喜欢看傍晚和黎明，秋天的森林和冬天的山脉，因为这些充满了自然的色彩组合。

数码产品的成功在很大程度上取决于设计师为其UI设计所选择的颜色，正确的颜色搭配会给用户带来极大的舒适感。设计师通过运用合适的配色方案，就能使用户迅速理解产品的设计理念，引导用户执行适当的操作。

在该游艇App界面设计中，使用象征大海的蓝色作为界面的主题色，蓝色与白色的搭配可以使界面给人清爽、舒适的感觉。

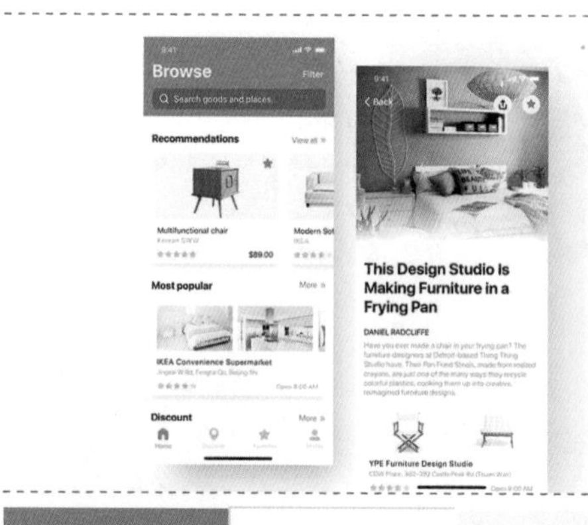

人们总是希望家居空间是自然、健康的，在该家居产品相关的App界面设计中，使用了绿色作为界面的主题色，使界面表现出了大自然的清新、自然和健康，给人带来舒适的感受。

6.7 UI配色的新趋势——渐变

渐变色几乎就是时尚的代名词。从微妙而优雅的渐变，到多彩的复古效果，渐变所带来的视觉吸引力，从视觉到交互上都有不错的提升。渐变是一种简约且实用性很强的元素，它可以创造出一些时尚的氛围，但是又不会有信息过载的担忧，这使得渐变成为一种富有感染力又非常实用的配色设计方案。

6.7.1 渐变色的趋势

渐变色是指某个元素的颜色从明到暗或由深转浅，或者从一个色彩缓慢过渡到另一个色彩，充满变幻无穷的神秘浪漫气息的颜色。

在扁平化设计刚刚兴起时，渐变是设计师避之不及的设计手法。然而，近几年渐变色逐渐回归到了人们的视野之中，也慢慢成为移动端UI设计的主要风潮之一。

这是一个记录孕产过程的App界面，使用暖色系的橙色到红色渐变作为界面的背景颜色，给人一种温暖、时尚的感受，并且所选择的是高明度、中等饱和度的色彩，给人一种柔和、舒适、不刺激的感受，在界面中搭配白色的文字和图形，使界面整体让人感觉柔和、温暖。

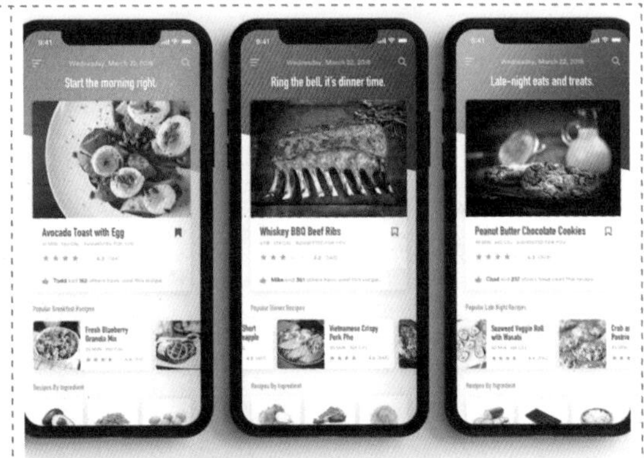

在该餐饮美食类App界面设计中，使用白色作为界面的背景颜色，突出界面中的美食图片和说明文字。早餐、午餐和晚餐界面的顶部使用了不同颜色的渐变背景，既能够使用户更好地区分不同的类型，同时渐变颜色的使用又能够活跃整个界面的氛围，使界面更富有现代感和活跃感。

渐变色兴起的原因在于扁平化风格极其容易造成同质性，如果设计师需要追求视觉丰富的设计语言，则会运用插画设计和动效设计，但是这些技巧短时间内难以快速掌握。而渐变色在实际设计中简单实用，可以快速提高设计的格调；而且其更具视觉冲击力的特点能够吸引用户的注意；简洁的图形和高饱和度的渐变色又能够较好兼顾设计的便利性和视觉的分量感。

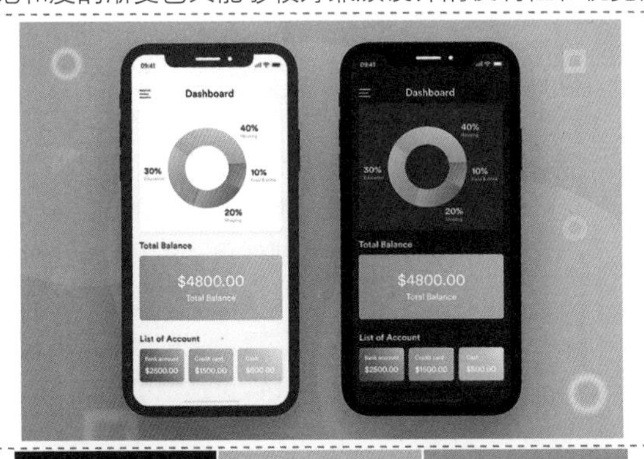

在该金融类App界面设计中，提供了浅色（白色）背景和深色（深蓝色）背景两种设计方案，在这两种设计方案中，界面中各元素的背景都采用了不同的渐变颜色进行表现，有效区分了不同的信息内容，同时也使界面的视觉表现效果更加丰富多彩，给人一种现代感与时尚感。

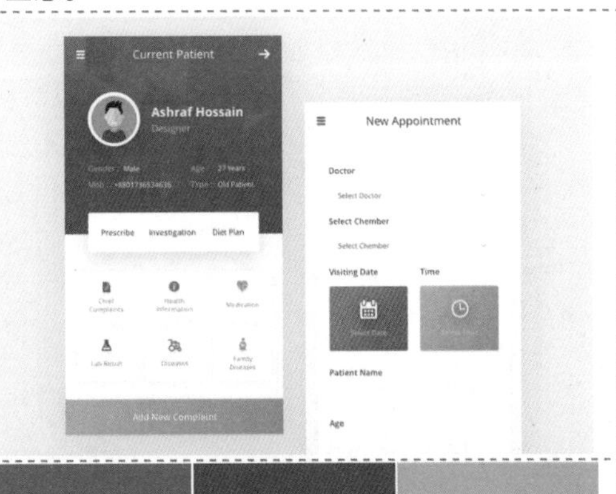

在该App界面设计中，使用不同的背景颜色在界面中划分出不同的内容区域，在个人信息部分使用蓝色到紫色的渐变背景，中间使用纯白色的背景，底部的按钮则使用了黄绿色到墨绿色的渐变颜色，使得整个界面的色彩层次丰富，视觉效果清晰、时尚。

6.7.2 线性渐变

线性渐变是渐变设计中基础的表现手法之一，也是常见的创作手法。一般来说，渐变的方式按照方向分为3种：横向渐变、纵向渐变和对角渐变。

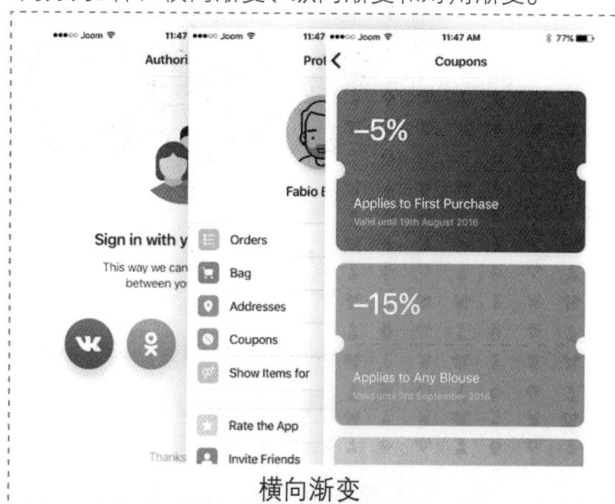

横向渐变

纵向渐变

在该电商App界面设计中，使用渐变色作为元素的配色，特别是优惠券界面，以卡片的形式呈现出了用户的优惠券信息，每张卡片使用了不同色相的双色渐变颜色，既突出了优惠券信息，同时也能够有效区分不同的优惠券，使得界面整体表现简洁、高雅。

该天气预报App的界面设计非常个性，巧妙地使用洋红色到蓝色的双色渐变，结合App界面中的时间线设计，使界面呈现出渐变背景效果。当用户在界面中上下滑动查看温度变化时，能够获得视觉上的时间流动感，主题和功能相呼应，相得益彰。

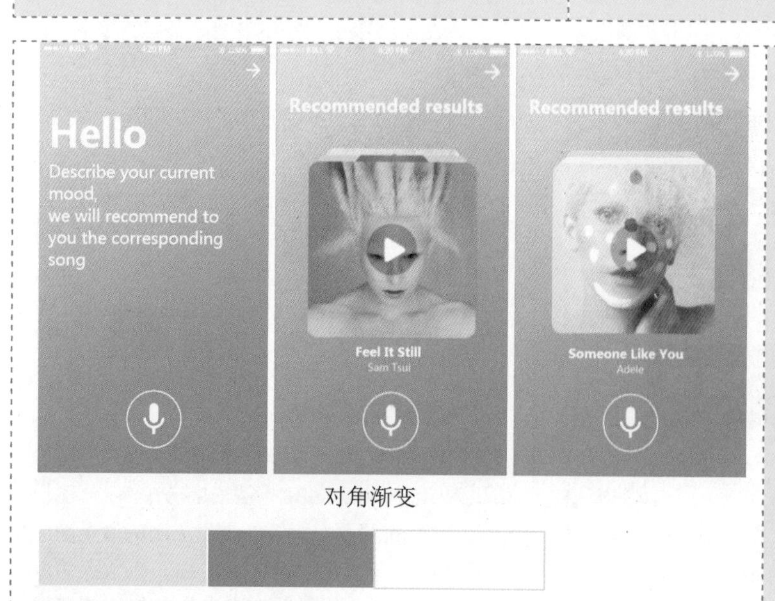

对角渐变

当用户打开该音乐App时，系统会自动询问用户的心情状态，从而自动筛选符合当前心情的音乐，实现智能推送。在界面设计中，巧妙地使用了从黄色到红色的对角渐变颜色作为界面的背景，暖色调的渐变背景使界面变得更加友好和亲切，对角渐变的配色使界面表现得更加动感、活泼，整个界面给人一种欢乐、动感的感受。

6.7.3 在图片上叠加渐变

作为一种设计趋势，在图片上叠加色彩已经流行了相当长的一段时间，从早期在图片上叠加单系色彩，到近期在图片上叠加渐变色，这是一个自然的发展过程。

在界面的背景、宣传大图上叠加渐变颜色，可以使它们的整体感更强，从而让用户注意到界面中其他更加重要、关键的元素，强化界面的可读性。在图片上叠加渐变颜色对于界面中的大图作用尤其明显，能够使界面的整体表现更加神秘、优雅，并且富有很强的吸引力。

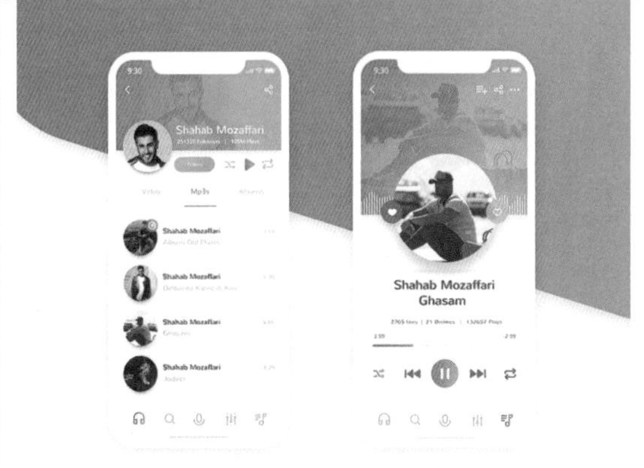

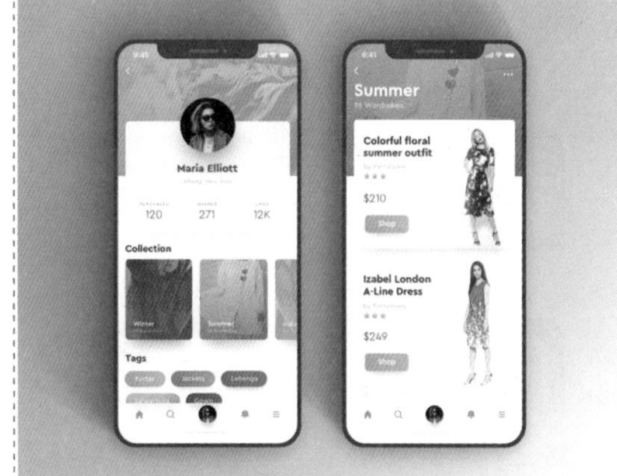

在该音乐App界面设计中，使用纯白色作为界面的背景颜色，在界面顶部使用当前所播放专辑相关的图片作为背景，并且在图片上叠加了橙色到红色的线性渐变，包括界面中的进度条和播放控制按钮都使用了相同的渐变颜色搭配，使界面表现出欢乐、热情的效果。

在该时尚女装产品App界面设计中，在界面顶部使用了不同的服饰产品图片作为背景，并且在图片上叠加了蓝色或橙色的渐变颜色，从而更好地渲染了界面的氛围，包括界面中产品分类图片上同样叠加了不同颜色到透明的渐变，使得整个界面表现出多彩的时尚风格。

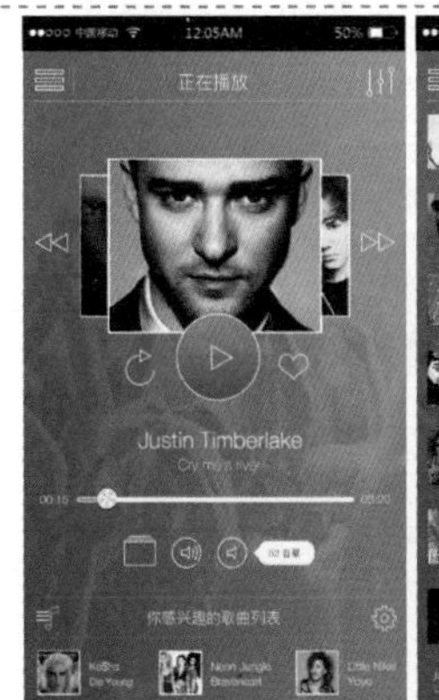

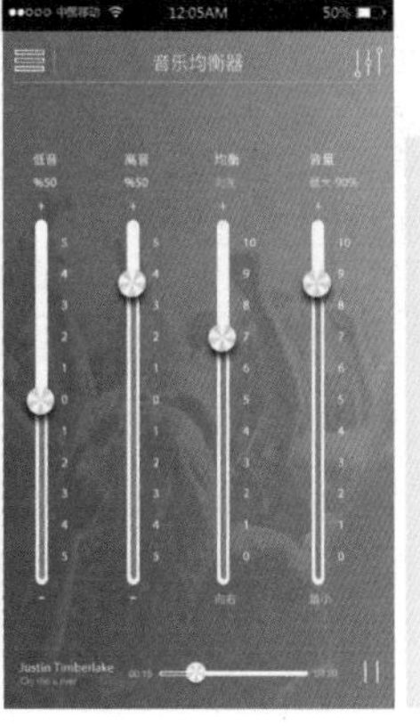

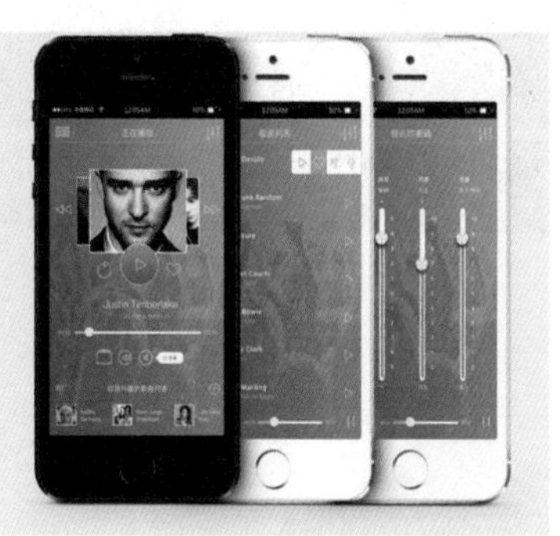

在该音乐App界面设计中，使用蓝色作为界面的主色调，给人一种清澈、舒适、流畅的感觉。使用与音乐相关的素材图像作为界面的背景，使界面具有律动感。使用蓝色的同类色渐变叠加在背景素材图像上，能够很好地渲染出音乐现场的氛围。在界面中搭配蓝色的图形和白色的文字，使界面的整体视觉效果非常统一，内容也很清晰。

6.7.4 多角度、多层次渐变叠加

渐变色在移动端UI设计中典型的案例就是Instagram（照片墙）的Logo图标设计，Instagram（照片墙）抓住了原有Logo图标的核心元素：彩虹、镜头和取景器，在Logo图标的背景上使用多角度、多层次的渐变叠加，打造出了简约而缤纷的彩虹意象，成为渐变色运用惊艳的案例。

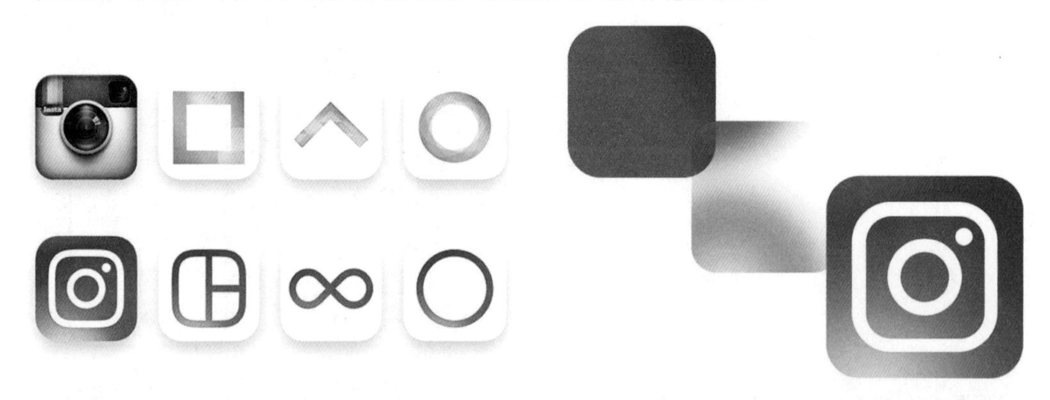

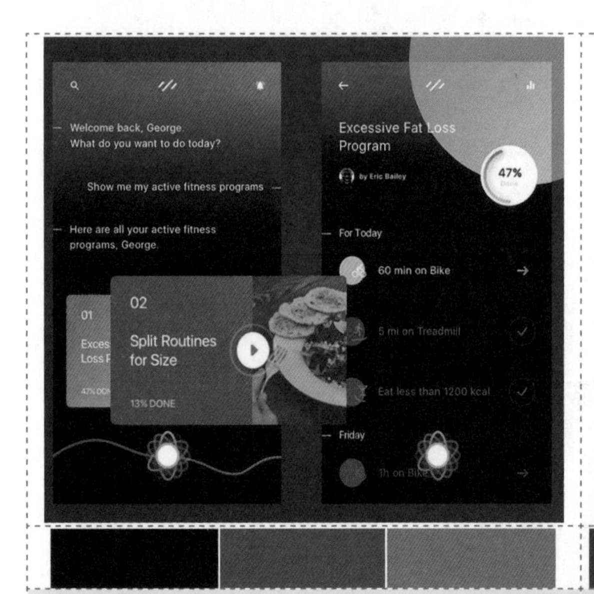

在该App界面设计中，使用接近黑色的深灰色作为界面的背景颜色，在界面顶部叠加了蓝色、紫色、洋红色等多层次渐变颜色，通过多层次、多角度渐变颜色的加入，顿时使整个界面表现出一种时尚、个性的风格。

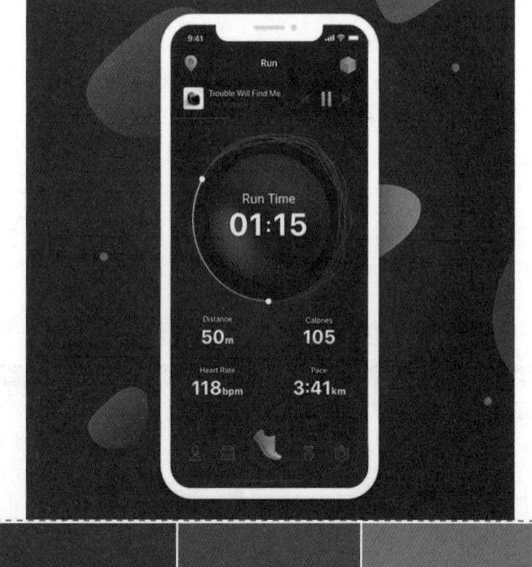

在该跑步运动App界面设计中，使用深蓝色到蓝紫色的微渐变作为界面的背景颜色，使界面表现出神秘感、梦幻感，为了突出界面中当前跑步时长的显示，设计了圆形的渐变背景，采用多层次、多角度的渐变叠加，使得界面更具有时尚、梦幻色彩，在界面中点缀橙色渐变图标，使其表现出动感。

6.7.5 具有功能性的渐变效果

渐变色在UI设计中的运用不仅局限于单一的背景装饰，也可以具备一些功能性。例如，在App的菜单界面设计中，常常会使用相同色、同类色、近似色、对比色、互补色来清晰地划分每个菜单项，使界面的视觉表现效果更加丰富多彩，同时也更富有节奏感和舒适性。

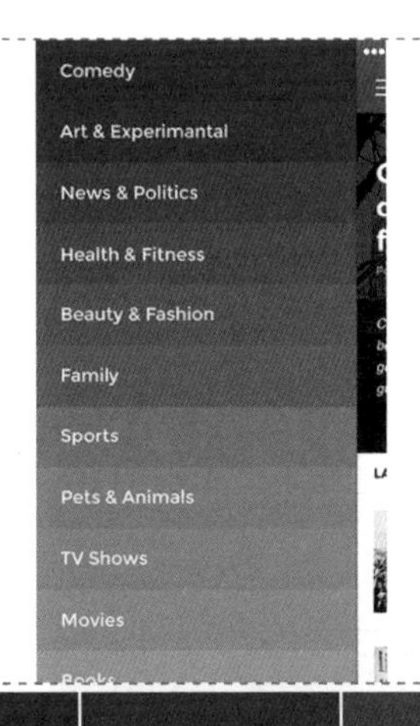

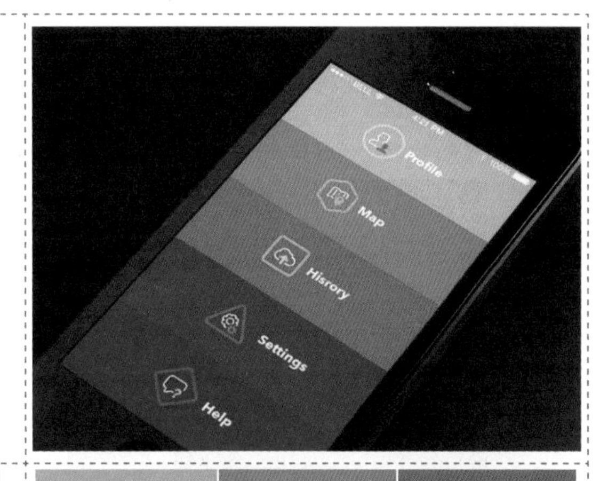

该App的界面导航菜单使用了紫色作为主色调，各导航菜单项使用了不同明度的紫色背景，对其进行了有效的视觉划分，而整体又能够形成协调且连续的视觉感受。

这是一个App选项列表界面，使用了不同的背景颜色，搭配简洁的图标表现各分类选项，使得各选项的划分非常清晰、直观，同时界面整体视觉表现效果丰富，给人很强的节奏感。

6.7.6 在UI配色中使用渐变的优势

在UI设计快速发展的背景下，渐变配色也是人们审美水平不断提高的产物。在移动端UI设计中，渐变配色常常配合投影和外发光等效果使用，从而增强元素的视觉效果。

1．增强界面背景的视觉吸引力

渐变是非常有用的、吸引人的视觉工具，为很多设计项目增色不少。虽然使用渐变的方法很多，但是最流行的依然是将图片和文本放置在有渐变色彩的背景上。渐变的背景能够帮助用户更好地感知和理解设计，当眼睛感知到屏幕上的色调和明暗变化时，会有意识地注意到特定的色彩和视觉焦点。

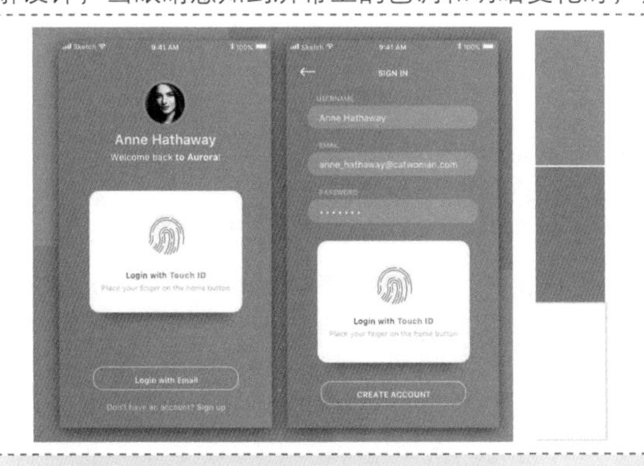

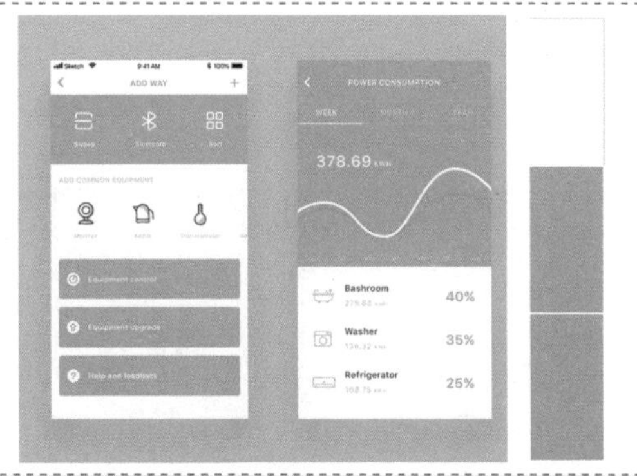

该App的启动界面和登录界面都使用了高饱和度的红橙色到砖红色的渐变作为界面的背景颜色，给人热情、活力的感受，微渐变的背景颜色同时还能够表现出色彩的层次感。在界面中搭配纯白色的文字和图形，使界面的表现效果非常直观。

在该智能家居控制App界面设计中，使用纯白色作为界面的背景颜色，界面的主题色则使用了青绿色到青蓝色的微渐变。青绿色和青蓝色都能够给人带来清爽、自然、洁净的感受，并且微渐变的设计更容易突出视觉焦点，与白色背景相搭配，使界面表现出清爽、健康的效果。

2．渐变文字营造视觉焦点

渐变颜色可以应用在界面背景中，而界面中的元素同样可以使用渐变颜色。如果将高饱和度的渐变颜色叠加在文字中，就能够创造出颇为抓人眼球的设计感。不过需要注意的是，在色彩的选取上，一定要有意识地控制对比度，这样才能保证可读性。

为文字使用渐变颜色多在启动界面或广告界面中，为主题文字应用渐变颜色，突出主题。在该广告界面设计中，使用深蓝紫色作为背景颜色，表现出典雅的效果，为主题图像下方的文字应用浅蓝色到浅黄色的渐变颜色，与界面中的图像色彩相呼应，给人一种舒适、高贵的感受。

在许多移动端的宣传界面中，也常常为界面中的主题文字应用渐变颜色，从而突出主题文字。在该宣传界面设计中，使用深蓝色富有科技感的图片素材作为界面的背景，突出科技感，在界面中心使用大号字体表现主题，并且为主题应用了青色到浅蓝色的渐变颜色，从而使主题文字的表现效果特别突出。

3．渐变色叠加让平淡的图片更出彩

色彩是有情绪的，将色彩叠加到图片上，能够赋予图片情感和情绪。当渐变色叠加在图片上时，即使图片本身的形式感并不强，但色彩的加持能够让整个场景更加时尚。

渐变色彩的叠加能够强化品牌，为界面赋予个性，与明亮的色彩和柔和的色彩所带来的效果截然不同。

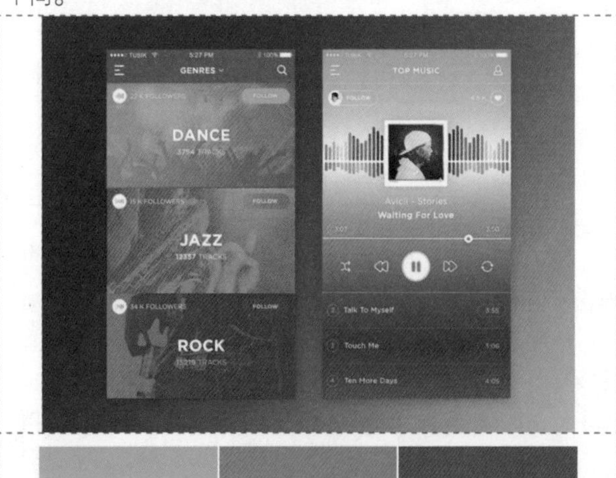

在该音乐App界面设计中多处应用渐变颜色。在音乐分类列表界面中，每种音乐分类都使用了一张相关的图片作为背景，在图片上方分别叠加了不同的渐变颜色，既能够通过色彩有效区分不同的音乐类型，同时也使图片更具有氛围感，使用户能够感受到音乐现场激情、欢乐的氛围。

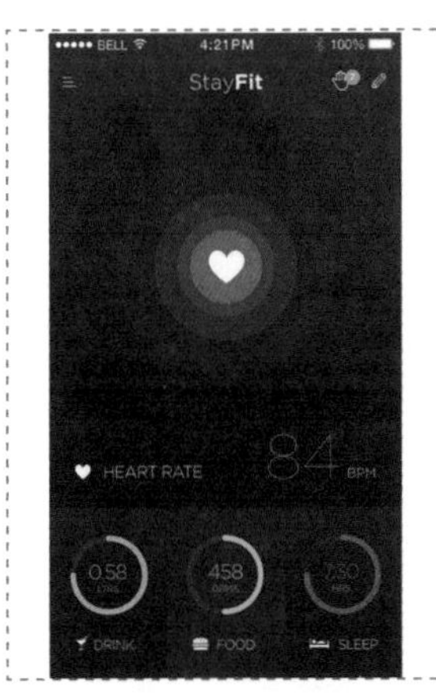

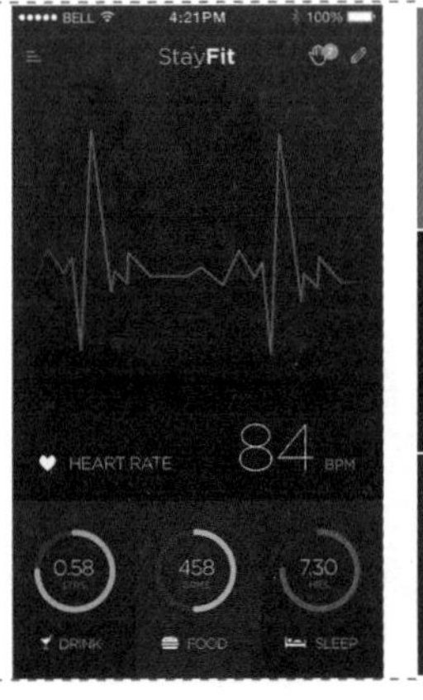

在该女性瑜伽运动相关的App界面设计中，使用女性瑜伽图片作为整个界面的背景，能够给用户带来非常直观的视觉感受，在背景图片上方叠加从紫色到深紫色的渐变，既能够有效突出界面中的信息内容，同时紫色也是女性化的色彩，表现出女性的优雅感，使得界面整体色调统一。

4．引导用户视线

好的渐变设计能够起到引导用户视线的作用。用户在获取信息时，大多是从上到下或从左到右来看的，我们常说的“F式”阅读方式就是这样。

在UI设计中，可以使用渐变色彩的明暗变化来强化这种阅读习惯，比如，从用户的阅读起点（界面左上角位置），色彩逐步渐变到界面底部，眼睛会先注意到明亮的部分，然后逐步移动到较暗的部分。

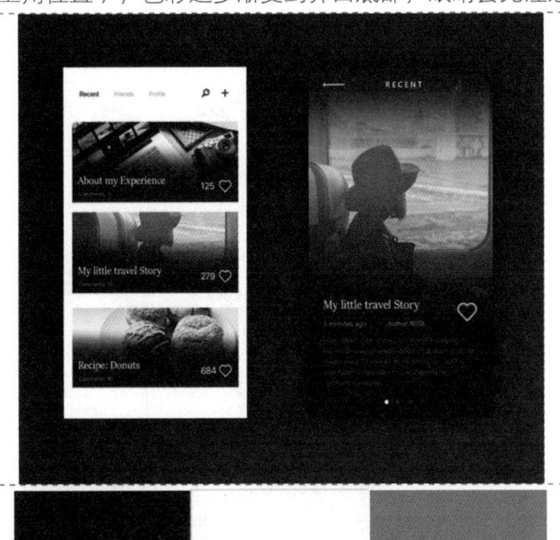

在该旅行分享相关的App界面设计中，每一篇的分享日志都会搭配相应的图片，在图片上叠加从透明到深灰色的渐变颜色，而将相应的文字内容安排在底部的深灰色背景上，用户先被图片吸引，然后将视线向下移动至深灰色背景区域，对用户视线起到了很好的引导作用。

在该事件备忘App界面设计中，使用紫色到深紫色的渐变颜色作为界面的背景颜色，紫色的明度从上至下逐渐变深，很好地引导了用户视线的移动。在界面中通过点缀与紫色形成互补的高明度黄色和青色，有效突出界面中的重点图标及添加的备忘事件，使得界面的整体视觉效果清晰、流畅。

5．令人难忘的色彩搭配

虽然渐变越来越被广泛应用，但是每种不同的配色方案所带来的体验其实是截然不同的。一些出色的渐变配色方案非常值得长期使用，品牌化的渐变配色方案也可以让用户更容易记住品牌的视觉特征。

渐变能够让色彩之间产生关联，甚至这几种色彩组成的渐变如同一种全新的色彩。尤其当这几种色彩和你的配色方案相互匹配时，这种视觉上的关联就显得非常强大了。

这是一个App欢迎界面，在每个欢迎界面中都使用了不同的高饱和度渐变颜色搭配简约的几何图形作为界面背景，在背景上方搭配白色的几何图形和简单说明文字，界面的视觉表现效果非常突出、大胆，给人带来全新的个性视觉体验。

6．构建独特的主视觉

当整个设计没有个性化特征时，一个渐变效果能够创造出有效且有趣的视觉。跳脱的、明亮的色彩或品牌色能够使UI设计非常有特色。

色彩的变化本身是非常有趣的，即便只使用色彩作为设计元素，也可以创造出足够优秀的设计作品，让界面充满吸引力。

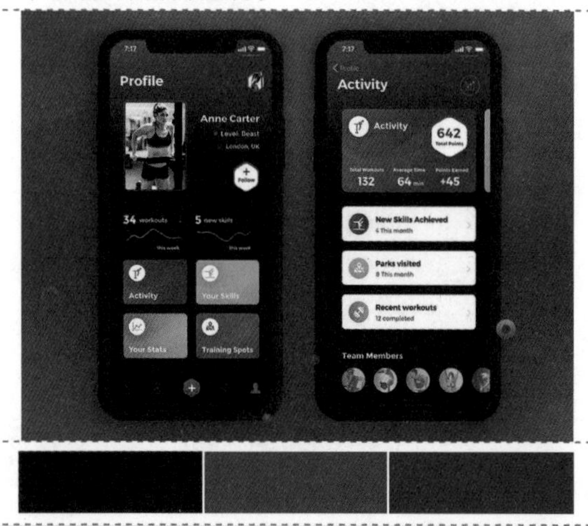

在该有关女性健身运动的App界面设计中，使用接近黑色的深灰色作为界面的背景颜色，表现出力量感和现代感，在界面背景中叠加紫色到蓝紫色的渐变，表现出女性化的效果，而界面中各选项以卡片的形式表现，并且分别使用了不同的渐变颜色，使得界面的视觉表现效果清晰、突出，整体给人一种丰富、时尚、充满活力的感受。

在该影视类App界面设计中，使用深蓝色到蓝色的渐变颜色作为界面的背景颜色，使界面表现出理性、自然的效果，在界面中搭配白色的文字，并使用白色背景色块突出相关信息。界面中重点功能按钮和图标使用高明度的青色到绿色的渐变颜色进行搭配，与蓝色的背景形成对比，同时也使界面显得更加自然、活跃。

6.7.7 渐变配色工具

了解了渐变颜色在移动端UI设计中的基本表现方式之后，对于设计师来说，想要掌握好渐变颜色，还需要在色彩搭配上多下功夫，本节将向读者推荐几款常用的渐变色设计工具。

1．uiGradients

官方网址为https://uigradients.com/。

这是一个专门提供UI设计渐变配色方案的网站，并为每一种颜色搭配取了相应的名字，单击左上角即可浏览所有颜色，还可以从上面导航栏中选择一种颜色，从而呈现出该色系对应的所有渐变色搭配方案，挑选到合适的渐变配色方案后，单击上面显示的颜色值即可快速复制。

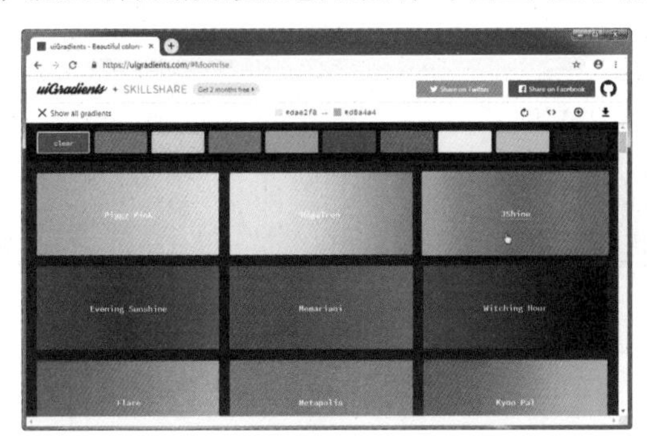

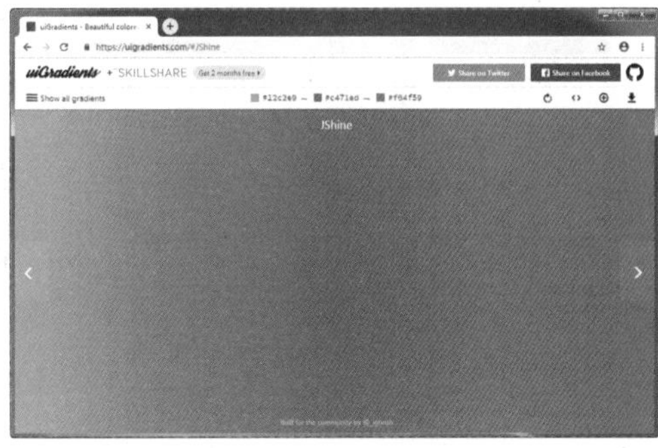

2．CoolHue

官方网址为https://webkul.github.io/coolhue/。

这是一个非常实用的渐变背景下载网站，提供了大约 30 种不同配色的渐变背景，可以免费下载为图片格式或生成相应的CSS 3渐变背景颜色设置代码，用户只需要将生成的代码加入CSS样式表文件中，就可以在所开发项目中的任意元素上套用渐变配色效果。

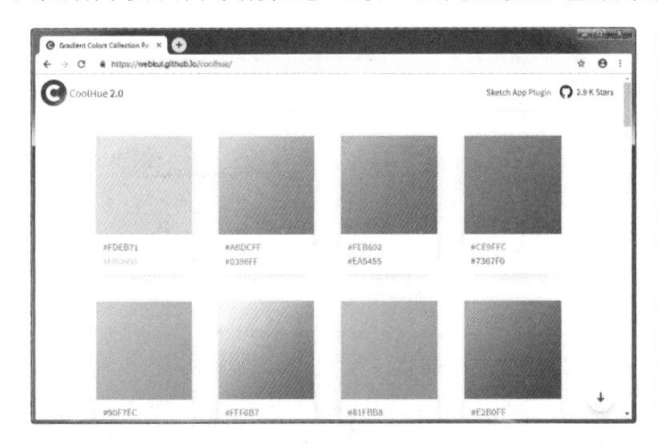

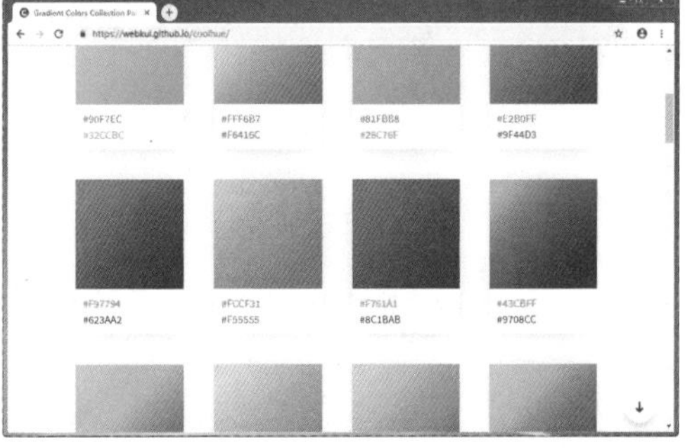

6.8 移动端UI配色欣赏

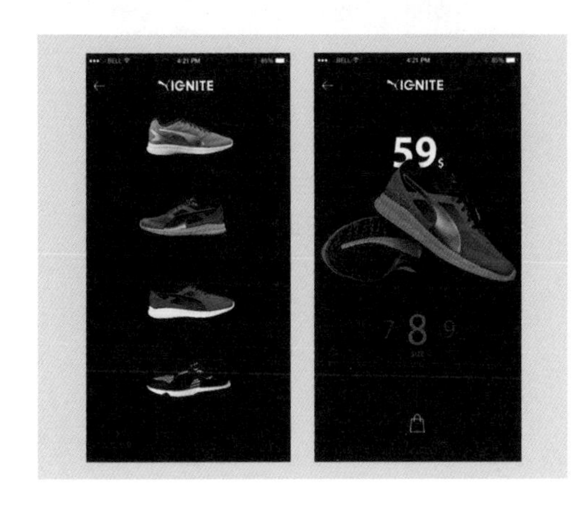

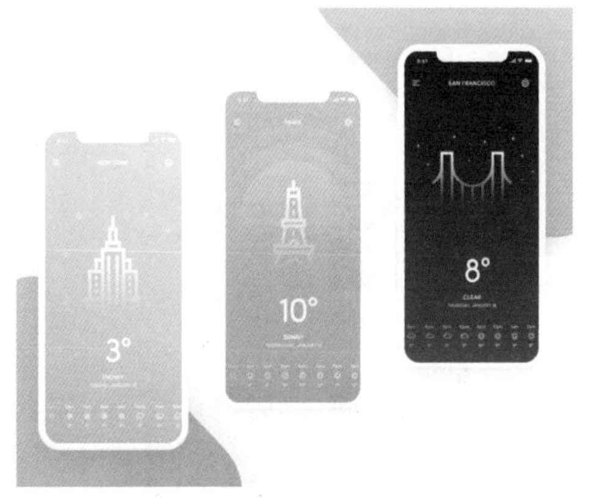

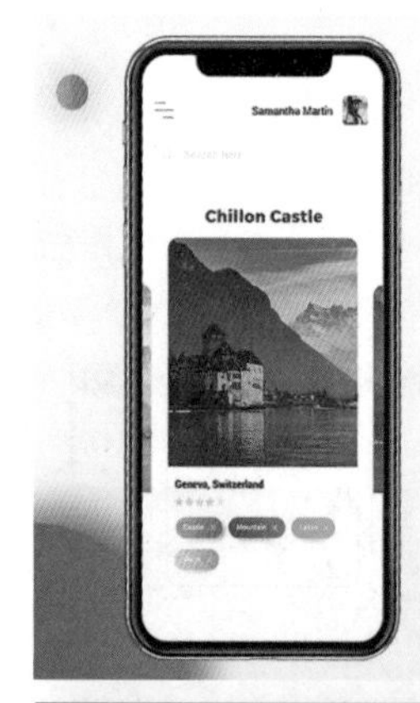
Samantha Martin
Chillon Castle
Geneva, Switzerland

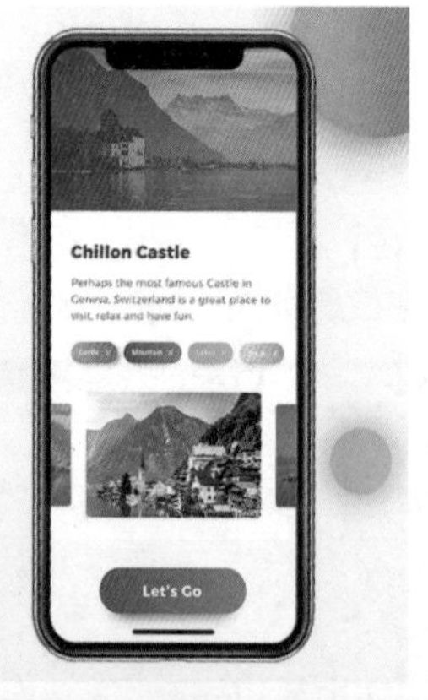
Chillon Castle
Perhaps the most famous Castle in Geneva, Switzerland is a great place to visit, relax and have fun.
Let's Go

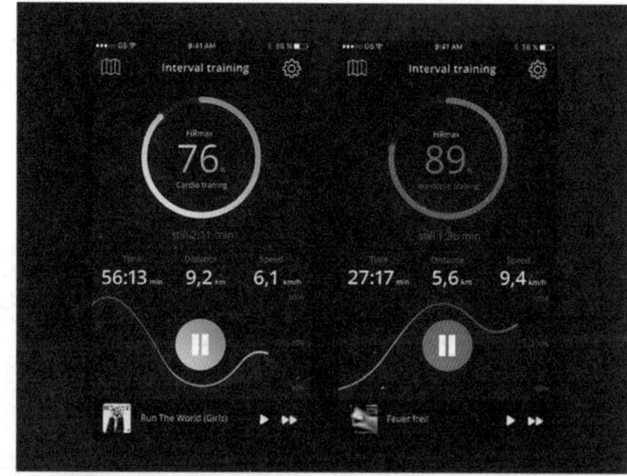
Interval training
76
89
56:13
9,2
6,1
27:17
5,6
9,4
Run The World (Girls)
Feuer frei

REGISTER
LOGIN
INCOME BALANCE
MY WALLET
VISA

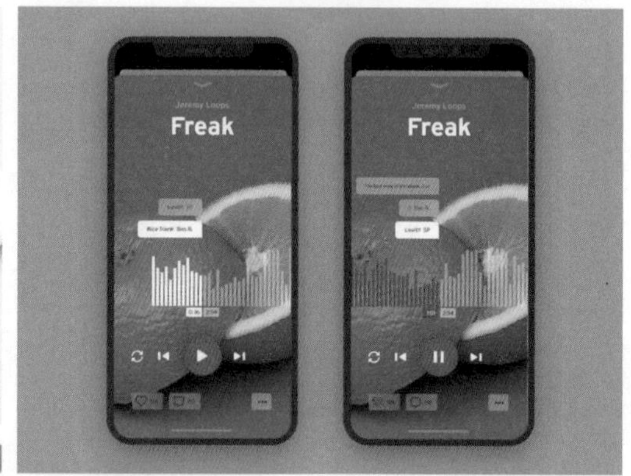
Freak
Freak

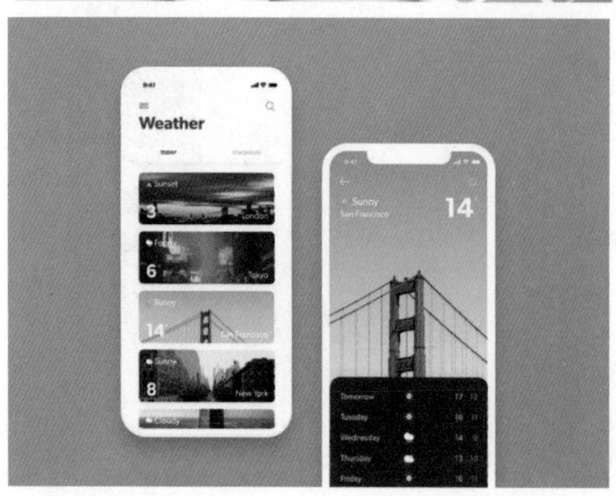
Weather
London
Tokyo
San Francisco
New York
Sunny
San Francisco
14

My Cards
VISA
6324
Transaction
Uber
Shopping
Dinner
Groceries
My Cards
VISA
6324
Transaction
Uber
Shopping
Dinner
Groceries